# 茶枝柑的综合研究与应用

主　编　林华锋　梁奇柱
副主编　石　磊　李　刚　王海贞
编　委　张远荣　张健锋　张炳均　张家富
　　　　覃锦超　刘兴华　张兴华　林华剑

东南大学出版社
·南京·

图书在版编目（CIP）数据

茶枝柑的综合研究与应用 / 林华锋，梁奇柱主编
. -- 南京：东南大学出版社，2024.10
ISBN 978-7-5766-1411-4

Ⅰ.①茶… Ⅱ.①林…②梁… Ⅲ.①柑桔类-水果加工 Ⅳ.①TS255.3

中国国家版本馆CIP数据核字(2024)第090884号

责任编辑：褚　婧　　责任校对：韩小亮　封面设计：王　玥　责任印制：周荣虎

**茶枝柑的综合研究与应用**

Chazhigan de Zonghe Yanjiu yu Yingyong

| 主　　编：林华锋　梁奇柱
| 出版发行：东南大学出版社
| 出 版 人：白云飞
| 社　　址：南京四牌楼2号　邮编：210096　电话：025-83793330
| 网　　址：http://www.seupress.com
| 电子邮件：press@seupress.com
| 经　　销：全国各地新华书店
| 印　　刷：苏州市古得堡数码印刷有限公司
| 开　　本：787 mm×1092 mm　1/16
| 印　　张：19.5
| 字　　数：430千字
| 版　　次：2024年10月第1版
| 印　　次：2024年10月第1次印刷
| 书　　号：ISBN 978-7-5766-1411-4
| 定　　价：80.00元

本社图书若有印装质量问题，请直接与营销部联系。电话：025-83791830。

# 序言

中华文明犹如广阔无垠的汪洋大海,海纳百川,兼容并蓄。2018年,习近平总书记在暨南大学视察时,勉励同学们"好好学习、早日成才,为社会作出贡献,把中华优秀传统文化传播到五湖四海"。《茶枝柑的综合研究与应用》是林华锋等人在多年的考察与研究基础上编著的,该书的出版是对中华传统中医文化传播和健康中国的献礼。

植物性食品在大健康产业的发展中具有巨大的潜在市场空间。随着人们健康意识的提升和健康需求的精细化,天然的、健康的功能性植物食品的需求量越来越大。植物性食品已经成为大健康产业新的增长点。

在意大利和西班牙等国家,政府鼓励民众吃素,50%以上的消费者开始理性地选择购买植物性食品;在美国和加拿大则有38%的消费者把植物性食品放在自己的购物菜单当中。大量研究证明了过度消费动物性食物不仅会引发健康问题,还会增加某些癌症的发病风险,同时会带来环境污染问题。动物性食物的生产消费会增加温室气体的排放,同时也会增加水资源的消耗,使森林面积减少。因此,越来越多的消费者对食物种类和性质提出了更高的要求:既要满足营养需求,也要符合健康的膳食模式,同时还要有助于环保和可持续发展。正因为如此,植物性食品已经成为未来食品发展的新突破口。

植物性食品来源于植物,是指以植物的茎叶、根部、种子和果实为原料,直接或加工后为人类提供能量和物质来源的食品。植物性食品涵盖的范围非常广,主要包括谷物、薯类、豆类、菌类、果蔬、茶类及其制品等。我国是世界上植物性食物品种、种类和种植面积最大的国家,但是相对于我国目前的人口状况来讲,我们所能够利用、使用和食用的产品品种依然是不够的。植物性食品比较适合我们中国人的脾胃,有利于改善有机体的生理功能。研究数据显示,自2013年至2017年,植物性的新型食品和饮料产品在全球范围内的复合增长率已经达到了62%。植物性食品的发展更加趋于大众化、健康化和年轻化。植物性食品研究与开发已经成为未来食品研究的风向标。

陈皮是我国千万种植物性食品中的一种,是我国传统的药用资源,具有很高的药用价值,又是传统的香料和调味佳品,更是现代植物性食品和功能性食品中的药材成员。

古诗有云："持久芳香入慧心，健脾和胃宜肠斟。化痰止咳行中气，一两陈皮一两金。"新会陈皮产业是陈皮产业中的佼佼者，从传统文化及其独特的传统制作技艺中走过来，致力于生产优质的陈皮。目前，新会陈皮产业正依托着粤港澳大湾区蓬勃发展的平台，朝着全产业链质量安全下"中国陈皮之都·世界陈皮中心"的建设目标迈进。作者寄希望于新会陈皮能在现代科学技术的接力与发展中不断发展与壮大，在健康中国的道路上展现其独特而又非凡的魅力。

2022 年 6 月 18 日落笔于北京

# 编写说明

改革开放以来,我国社会主义经济建设取得了长足发展,人民生活水平不断地提高。经济是社会发展的物质基础,产业发展是经济发展的核心问题。食品产业关系到国计民生,牵一发而动全身,破一点而损全局。作为人民群众的民心产业与朝阳产业,食品产业既关系到人民的生命安全和身体健康,也关系到国家社会的稳定和发展。

"湾区"作为一种区域经济协同发展的全新模式,已经发展成为当今全球经济的增长极与技术变革的引领者。当前,世界上已经形成了三大经济湾区:纽约湾区、旧金山湾区和东京湾区。粤港澳大湾区("9+2"城市群)有望成为全球第四个大湾区。作为新时代推动形成全面开放新格局的新尝试,粤港澳大湾区承担着跨区域协调发展和改革开放再出发的重任。"喜迎政策春风起,撸起袖子加油干!"粤港澳大湾区食品产业自然不会故步自封、踌躇不前。再者,粤港澳大湾区的食品产业底子较好,资源优势也明显,发展前景相当广阔。因此,积极推动农业产业结构调整,提升农产品的附加值,增加农民收入,实现大湾区食品产业的转型升级,是当前大湾区社会经济发展的一种有效途径。

本书主要围绕着茶枝柑和新会陈皮,对柑橘加工类药食同源食品(普通陈皮与新会陈皮)的药用功效、柑橘副产品及其产业研究与应用、柑皮茶产品的质量安全与检测、茶枝柑产业的发展状况以及新会陈皮文化的传承与发扬等多个方面的内容进行一一阐述。

首先,在产品药用功效方面,本书主要从陈皮(包括普通陈皮和新会陈皮)的传统药理学和现代药理学两个方面来介绍:在传统药理学方面,对陈皮的祛痰特性与用药规律进行浅述;在现代药理学方面,对陈皮的物质成分以及药理学功能展开详述。

其次,在柑橘副产品及其产业研究与应用方面,主要从柑橘副食品的开发与研究、昆虫饲料的研究与应用、畜禽营养的研究与应用、果肉在环保水产养殖中的研究与应用,以及其他产品的开发与研究五个方面来编写。其中,以茶枝柑果肉为原料的酒醋类产品的开发和茶枝柑果肉在昆虫饲料中的应用研究已取得成果并实现产业化生产,其他几个方面的产业化尚待形成或正在形成。

再次,在产品质量安全与检测方面,由于受到全球气候变化、环境破坏和农药污染等因素的影响,国内某些良好的生态资源难免遭受破坏。因此,新会陈皮作为传统中药的药用价值也如其他中药药材一样受到了不同程度的影响。但是,我们相信,只要我们始终坚持"绿水青山就是金山银山"的环保理念去努力呵护和改善生态环境,健康绿色的规模化生态柑橘种植产业便能持续地传承、发展与壮大。唯其如此,新会生态资源的"绿水青山"才能成就茶枝柑的"绿水青山"和新会陈皮产业的"金山银山",并最终实现人和自然的和谐、协调与可持续发展。

最后,在茶枝柑产业发展研究方面,新会茶枝柑产业因地制宜,紧握粤港澳大湾区设立和蓬勃发展的契机,正以一二三产业融合发展为路径,深入地发掘自身的潜在价值,强化创新引领,突出产业集群成链和延长产业链,培育发展的新动能,助力食品、药品和农业产业的综合提升,助力大湾区经济高质量发展。在新会陈皮文化传承与发扬方面,新会人从老祖宗那里继承了茶枝柑及其生产加工技艺,新会陈皮早已渗透到新会人民生活的方方面面,从食药医到文体旅,无不窥见其踪影。"一两陈皮一两金,百年陈皮胜黄金",这不仅是对陈皮的赞誉,也激励着一代又一代的新会人坚持不懈地去打造优质地道的新会陈皮,去传承新会陈皮文化及其制作技艺,去创新和发扬新会陈皮的文化精神与价值。

本书的编写和出版得到了暨南大学、新会中医院、广东三通农业有限公司、江门市新会区至专农业发展有限公司和广东天亭陈皮有限公司等多家单位及相关人士的支持与帮助。在本书编写过程中,编者不仅参考了大量国内外期刊论文、专利文献和网站资源,引用了许多图表与文字,还实地探访了部分陈皮企业单位并咨询了相关部门和专业人士,获得了不少经验与知识,但因篇幅所限,未能一一尽述,谨此表示衷心的感谢!本书附录三摘录于《广陈皮及新会柑普茶质量与保健功效研究》一书,在此也对苏薇薇教授及其科研团队表示感谢。另外,感谢江门市新会区三通农业有限公司李伟才先生、江门市新会区双水邑品堂茶艺厂张帝持先生为本书提供了宝贵的插图。

本书图文并茂,结构饱满,体系完整,内容充实。但是,由于编者的学识水平所限,书中尚存不尽完善和错漏之处,敬请广大读者积极批评和大力斧正,以使本书臻于完善!

编　者

2022 年 6 月

# 目 录

**第一章 茶枝柑的栽培与加工** ········· 001
第一节 柑橘概述 ········· 001
第二节 茶枝柑生物学特性 ········· 003
第三节 茶枝柑的种植 ········· 004
第四节 茶枝柑的病虫害与防治 ········· 021
第五节 茶枝柑果实采收与加工 ········· 035
第六节 茶枝柑果皮的包装和贮藏方式 ········· 038
第七节 陈皮的品质特征与鉴别方法 ········· 043
第八节 陈皮的炮制概况与新会陈皮的制作工艺 ········· 049

**第二章 茶枝柑产品类型与功效** ········· 056
第一节 陈皮 ········· 058
第二节 柑青皮 ········· 061
第三节 柑普茶 ········· 066
第四节 柑胎 ········· 067
第五节 柑橘花 ········· 069
第六节 柑橘络 ········· 070
第七节 柑橘核 ········· 074
第八节 柑橘叶 ········· 077
第九节 柑橘肉 ········· 080

**第三章 陈皮的传统药理学研究** ········· 084
第一节 四气五味与用药规律及陈皮传统应用 ········· 084
第二节 陈皮的传统药理及应用 ········· 093
第三节 痰证与陈皮功效 ········· 097

**第四章 陈皮营养成分的研究** ········· 107
第一节 常规营养成分 ········· 107
第二节 挥发油类成分 ········· 113

| 第三节 | 多糖类成分 | 120 |
| 第四节 | 黄酮类成分 | 123 |
| 第五节 | 生物碱类成分 | 125 |
| 第六节 | 柠檬苦素类成分 | 128 |
| 第七节 | 维生素类成分 | 130 |
| 第八节 | 化学元素成分 | 134 |

## 第五章 陈皮的现代药理学研究 143

| 第一节 | 抗氧化作用 | 143 |
| 第二节 | 改善消化系统的功能 | 149 |
| 第三节 | 对呼吸系统的作用 | 151 |
| 第四节 | 对心脑血管系统的影响 | 153 |
| 第五节 | 抗菌、抗病毒作用 | 156 |
| 第六节 | 抗肿瘤作用 | 157 |
| 第七节 | 抗炎症、改善免疫力的作用 | 164 |
| 第八节 | 调节肠道微生物的作用 | 165 |

## 第六章 茶枝柑副产品的开发与研究 175

| 第一节 | 柑橘副食品的开发与研究 | 176 |
| 第二节 | 柑橘副产品作昆虫饵料的研究与应用 | 181 |
| 第三节 | 柑橘副产品在畜禽营养中的研究与应用 | 182 |
| 第四节 | 柑橘副产品在环保水产养殖中的研究与应用 | 186 |
| 第五节 | 其他产品的开发与研究 | 187 |

## 第七章 茶枝柑含茶制品的研究与应用 194

| 第一节 | 柑普茶的概况 | 194 |
| 第二节 | 柑普茶制作工艺的研究 | 198 |
| 第三节 | 新会青柑普洱茶与橘皮普洱茶的风味比较 | 201 |
| 第四节 | 其他柑皮茶制品 | 203 |

## 第八章 柑皮茶产品的质量安全与检测 208

| 第一节 | 柑橘产品的农药残留检测 | 209 |
| 第二节 | 柑普茶微生物含量的检测 | 215 |
| 第三节 | 柑普茶黄曲霉毒素的检测 | 221 |
| 第四节 | 柑普茶中元素的检测 | 225 |
| 第五节 | 食品安全管理与茶枝柑产品质量控制 | 227 |

## 第九章　茶枝柑的产业化发展与守正创新　234
第一节　茶枝柑产业的特色与优势　234
第二节　茶枝柑产业化发展的状况、欠缺与机遇　237
第三节　茶枝柑产业的研究及其发展的 SWOT 分析　249
第四节　中医药学的文化传承与陈皮产业的守正创新　253
第五节　陈皮药膳文化的继承、实践与发扬　259
第六节　无人机技术及其在柑橘产业中的应用　265
第七节　农业病虫害新型防治技术的研究与实践　269

**附录一**　江门市新会陈皮保护条例　277

**附录二**　新会柑皮含茶制品　282

**附录三**　新会柑普茶质量标准　284

**附表一**　新会陈皮黄酮类化学成分　291

**附表二**　GB 2763—2021 规定的 217 种柑橘中农药 MRLs　296

后记　299

# 第一章

# 茶枝柑的栽培与加工

## 第一节 柑橘概述

联合国粮农组织(FAO)的统计数据显示,当前全球约有 150 个国家和地区生产柑橘。柑橘是世界第一大类水果,是全球重要的贸易农产品。自然资源禀赋决定着柑橘生产的基础条件,社会经济因素是驱动柑橘生产与发展的重要因素。我国气候条件适宜,幅员辽阔,有着丰富的生物资源,是世界重要的柑橘原产地和主产国。改革开放以来,我国柑橘产业快速发展,已成为全球最大的柑橘生产国,在全球柑橘贸易中占据重要地位。2015 年,全国柑橘总产量高达 $3.6\times10^7$ t,并且呈逐年递增趋势。2018 年,我国柑橘种植面积达到 2.4867 万 $km^2$,总产量达到 $4.1\times10^7$ t[1],约占全球柑橘总产量的 25%。目前,柑橘的全球生产区域正从美洲逐渐向亚洲和部分非洲国家转移。有关数据表明,我国柑橘生产地域具有"北冷南热"的空间结构,热点生产区域主要集中在西南地区、中南地区和华东地区的江西、湖南、广东、广西、湖北、四川、浙江、福建、重庆等地[2]。如今,柑橘产业的发展在我国水果产业的发展中具有举足轻重的作用。柑橘产业已成为我国南方丘陵山区、库区的农业支柱产业,在国民经济发展和产业扶贫振兴中占有十分重要的地位。

从 2007 年开始的十余年时间里,科学技术的迅猛发展使我国柑橘研究步入快车道。2007 年底,柑橘产业技术体系作为首批国家现代农业产业技术体系建设试点优先启动,成为我国柑橘研究与国际前沿接轨、与产业无缝对接的重要里程碑。科研内容从品种资源到产业经济学 6 个不同领域,涉及常规育种、生物技术、病虫敌害、栽培生理与营养、采后处理与加工、省力化机械、产业经济等研究方向,基本覆盖了柑橘的全产业链。柑橘产业技术体系的建立为我国柑橘研究提供了稳定的研究队伍。另外,研究经费的充足和研究问题的实践性、科学性,在全面提升我国柑橘基础研究水平的同时,也为解决产业实际问题和推动产业高质量发展提供了有力的资金与技术支撑。目前,我国柑橘研究的国际交流与合作活动也日趋活跃,国际影响力日益增强。

柑橘研究从重视产量转向重视果实品质、功能性成分、抗性、果树特有性状等方面,具体包括果实糖酸含量、色泽、苦涩味等重要品质性状,以满足消费者对高品质的需求。从关注产品的初生代谢物(糖、酸、淀粉等)向关注产品的次生代谢产物(包括类胡萝卜素、类黄酮和香豆素等)转变,旨在提升果品的营养品质。从关注抗性品质研究,特别是抗病性,通过解析柑橘对各种逆境的响应机制、克隆关键基因和进行抗性改良向关注柑橘特有的发育性状,如短童期、不育性与果实无核、无融合生殖/珠心胚等性状形成机制与调控过渡。组学技术,尤其是基因组学等大数据、重要园艺性状功能基因发掘等,成为柑橘研究的前沿。我国逐步建立了较为完善的基因组、代谢组、生化分析及基因功能研究平台,为柑橘基础理论研究冲击国际前沿提供了重要平台支撑。随着前期创建的杂交群体陆续开花结果,并基于收集的多个自然群体,正向遗传学、极端性状混池重测序(BSA-seq)、全基因组关联分析(GWAS)等以前主要在模式植物上使用的技术手段开始用于柑橘重要农艺性状关键基因的发掘研究。我国柑橘基础研究水平正全面提升,在柑橘基因组、果实品质形成机制、基础数据库建设、优异种质创制等方面已形成优势和特色,步入了国际同类研究的领先行列。同时,科学研究与技术推广在有序地进行,技术研发和品种选育在全面地推进。选育的新品种占世界选育品种的一半,研发推广的无病毒苗木生产技术、甜橙留树保鲜技术、温州蜜柑覆膜增糖和交替结果、黑点病防控、果园运输机械、绿色采后保鲜等系列技术广泛用于产业,提升了柑橘产业的整体水平和效益[3]。

随着我国柑橘栽培面积的扩大和产量的提高,柑橘类产品的工业化获得了丰富的原料供给,社会经济发展也具备了良好的产业基础。《中共中央关于制定国民经济和社会发展第十四个五年规划和二〇三五年远景目标的建议》指出:"优先发展农业农村,全面推进乡村振兴……加快农业农村现代化。"这不仅为柑橘产业的可持续发展带来了新的政策机遇,也为柑橘的科学研究与产业发展提供了更加广阔的舞台。广东省的柑橘种质资源丰富,是我国最早完成商业化柑橘栽培的地区之一。目前,广东所栽培的柑橘品种(品系)约有100多个,其中特色柑橘品种如沙糖橘(十月橘)、马水橘(阳春甜橘)、贡柑、春甜橘、化橘红、茶枝柑、蕉柑、广佛手等极具市场竞争力[4]。据不完全统计,广东省已经共计选育出金葵蜜橘、无籽砂糖橘、少核贡柑等33个柑橘新品种,为全省柑橘产业发展和品种结构调整提供了有力支撑[5]。因此,柑橘产业对广东地方经济发展起到了相当重要的推动作用。

此外,柑橘水果及其各类制品或产品既属于绿色食品又属于功能食品,柑橘产业在人类健康生活发展过程中发挥了不容忽视的作用。《"健康中国2030"规划纲要》指出:"制定实施国民营养计划,深入开展食物(农产品、食品)营养功能评价研究,全面普及膳食营养知识,发布适合不同人群特点的膳食指南,引导居民形成科学的膳食习惯,推进健康饮食文化建设。"该纲要不仅是推进健康中国建设的行动纲领,也无疑是在政策层面上发布了一个扶持和促进柑橘产业进一步发展的利好消息和行动指南。

随着经济的发展和健康文化理念的普及,药食同源柑橘如茶枝柑、化橘红和广佛手等传统产业兴起并发展迅速。茶枝柑作为柑橘属的一个独特的地方品种,是生产道地性中药新会陈皮(广陈皮)的重要原料,其种植历史逾700年,药用价值高,闻名遐迩,享誉中外。中共中央、国务院2019年10月印发的《关于促进中医药传承创新发展的意见》[6]指出:"中医药学是中华民族的伟大创造,是中国古代科学的瑰宝,也是打开中华文明宝库的钥匙,为中华民族繁衍生息作出了巨大贡献,对世界文明进步产生了积极影响。……传承创新发展中医药是新时代中国特色社会主义事业的重要内容,是中华民族伟大复兴的大事,对于坚持中西医并重、打造中医药和西医药相互补充协调发展的中国特色卫生健康发展模式,发挥中医药原创优势、推动我国生命科学实现创新突破,弘扬中华优秀传统文化、增强民族自信和文化自信,促进文明互鉴和民心相通、推动构建人类命运共同体具有重要意义。"

因此,发展茶枝柑产业不仅是广东柑橘生产活动的一环,也是国家的经济、科技和文化传承发展的一项重要举措。

## 第二节　茶枝柑生物学特性

茶枝柑(Citrus reticulata cv. Chachiensis)别名为新会柑、大红柑或陈皮柑。它属于被子植物门(Angiospermae)木兰纲(Magnoliopsida)无患子目(Sapindales)芸香科(Rutaceae)柑橘属(Citrus)植物。茶枝柑是新会地区的传统栽培柑橘品种,是生产中药广陈皮的上佳柑橘品种。茶枝柑喜好高温多湿的环境,适宜生长的区域范围在广东省江门市以新会区银洲湖为核心的潭江两岸冲积平原带和南部滨海沉积平原区。

茶枝柑果树为小型乔木,树性矮生,分枝多,枝条细长且柔软,直立向上,无针刺;树冠呈圆锥形或者谷堆形,5~6龄树高1.8~2.4 m,冠幅2.4~2.8 m。叶子互生,单身复叶,翼叶通常狭窄,或仅有痕迹,叶片披针形,椭圆形或阔卵形,大小变异较大,顶端常有凹口,中脉由基部至凹口附近成叉状分枝,叶缘至少上半段通常有钝或圆裂齿,很少全缘,叶脉不显著[7]。

茶枝柑的花小、腋生,间有单花,半张开,开张度1.8~3.1 cm;花色为白色,具有芸香科特有的清香味。花朵由花柄、花萼、花瓣、雌蕊、雄蕊、花盘等部分组成。花柄起支撑整朵花的作用;花萼常为杯状、盆状和星状等,萼片黄绿色,5裂片,分裂整齐并呈锐角等腰三角形;花瓣多数为5片,长1.3~1.5 cm,宽0.5~0.6 cm;雄蕊位于花器中心,包括花柱、柱头和子房三部分,雌蕊成熟时柱头分泌出含糖的黏液。花柱细而较短、柱头小、扁圆状。茶枝柑的花有正常花和畸形花两种,畸形花是指花器发育不全、退化的花[7-8]。花期从现蕾到开花需要3~4个星期,一般可以划分为三个花期:① 初花期:全树5%~15%的花已经开放;② 盛花期:全树50%~75%的花已经开放;③ 终花期:全树90%~95%的花已经开放[8]。

茶枝柑的果实通常呈扁圆形至近圆球形,两端平,中部膨大,纵径为5.1~5.4 cm,横径为6.2~6.8 cm,单果重116~138 g(青柑鲜果重量约50~100 g)。顶部浅凹,蒂部平或隆起如馒头状,上有放射性沟纹,萼片嵌入。果梗粗0.2~0.3 cm;成熟果实的果皮松脆易剥离,颜色为深橙黄色,厚0.2~0.3 cm;橘络少而粗,紧贴囊瓣,囊瓣11~12枚,肾形,大小不一,排列不整齐,彼此较易分离,囊衣壁薄且半透明;内果皮白色如棉絮状,中心柱大而常空,横径1.2~1.3 cm;汁胞柔嫩或颇韧,呈多棱角的纺锤形,短而膨大,稀细长,果肉酸甜适中;种子数目为18~24粒,微有苦味,一般为卵圆形,大多饱满,少有干瘪,大小较匀称,光滑少棱。顶部狭尖,基部浑圆,子叶深绿或者淡绿多胚,少有单胚[9]。花期为4~5月,果期为10~12月,其中:每年6月份和7月份是新会小青柑的采摘期,8月份和9月份是青柑的收获期(小青柑主要用于柑普茶的生产制作,青柑用于柑普茶或者青皮的生产);10月下旬是二红柑的采摘时期,11月中旬至12月下旬是茶枝柑果实成熟的最佳时期,也即大红柑最适采摘时期,此期间的大红柑酸度减少且糖分积累丰富,果肉酸甜适中,口感宜人,颇有一番地方特色的柑橘滋味。

## 第三节 茶枝柑的种植

我国柑橘类植物有着悠久的种植历史,从春秋初期开始已有成规模的大面积种植记录。广东省是柑橘的原产地之一,柑橘种植的历史久远,品种多,规模大,技术成熟,经济效益好。柑橘的果实、果皮、种子和果肉常常作为药材原料或者农副产品被进一步加工和利用。茶枝柑是一种药食同源的柑橘品种,由其所生产出来的新会陈皮质量上乘、驰名中外。自从2006年新会柑和新会陈皮被评为"中国国家地理标志保护产品"后,广东省江门市新会区人民政府提出了新会茶枝柑的地理标志产品保护范围包括广东省江门市新会区会城街道办、大泽镇、司前镇、罗坑镇、双水镇、崖门镇、沙堆镇、古井镇、三江镇、睦洲镇、大鳌镇和围垦指挥部所辖行政区域。随着社会经济、文化和科技的迅速发展,茶枝柑产业迎来了产业转型升级的良好契机,各种新的科学技术元素相继融入全产业化的发展浪潮中来。

### 一、栽培历史与规模

茶枝柑的道地产区在广东省江门市新会区。据史料记载,茶枝柑在新会的种植开始于宋元时期。宋朝《鸡肋编》记载:"广南可耕之地少,民多种柑橘以图利。"这说明那时新会所在的广南已盛产柑橘了。元朝至正七年(1347年),在龙溪(当时归属于新会外海镇)仅陈氏一户人家便有"甘(柑)子田租十石"的柑橘生产记载,这说明元代的新会已有柑橘种植。元末明初新会诗人黎贞的诗集中有"尘外亭前橘柚肥"的诗句。明代新会诗人陈献章著有《送柑答之》和《玄真送柑》等好诗,其诗集《题马默斋壁》中更有"橙橘盈园野芳杂"的佳句流传至今……这些诗句都是新会种植柑橘的历史明证。清代学者梁启超在《说橙》中也曾表达了他对柑橘栽培历史的一些看法。据光绪三十四年(1908年)的《新会乡土志》记载,陈皮为当时新会主要物产之一,年产陈皮1 000 t。到了民国二十五年(1936年),新会陈皮生产进入一个相对鼎盛的时期,年产柑橘40 383 t,折合约为2 000 t陈皮。"种植者千万株成围……每岁大贾收其皮售于他省",这正是对清代新会县种柑场景的形象描绘。民国二十二年(1933年),新会县柑橘面积有7.36万亩,年产6.49万t,种柑农民有28万人,占全县人口的1/3。由此可见,柑橘种植成了当时新会县极为流行的行当(图1-1)。在民国这段时期,新会柑橘的种植引起了当地政府的注意,在组织上进行了一些创新,成立了新会柑橘繁殖场和柑橘产销兼营合作社。然而,当时的新会县还未来得及大力发展柑橘产业就被日寇攻陷了,新会柑橘产业因此遭受沉重打击,直到抗战胜利才得以逐渐恢复。

图 1-1　新会茶枝柑收获和剥柑取皮的场景

近代著名医家张寿颐曰:"新会皮,橘皮也,以陈年者辛辣之气稍和为佳,故曰陈皮,市肆中有多种,以广东化州产者为最佳,其通用者则新会所产,故通称曰新会皮,味和而辛不甚烈,其福州和浙衢之产,味苦而气亦浊,且辛辣更烈,非佳品矣。"陈仁山编撰的《药物出产辨》记载:"(陈皮)产广东新会为最。"[10] 时至今日,茶枝柑种植的规模与年俱增。新会陈皮不仅成为走亲访友所带的珍贵礼品行销全国,还远销南洋、美洲等海外地区。2007 年,新会陈皮生产规模近万亩,新会柑果品产量超 1.5 万 t,年加工陈皮量达上千吨,年出口量达 400 t,初级产品年产值 4 000 多万元,全行业年产值超亿元。2014 年,新会柑种植面积约 2 万亩,其中挂果面积 1.3 万多亩,新会柑果品总产量超 2 万 t,陈皮初级产品产量超 100 t,年产值 4.5 亿元。2015 年,新会加工陈皮量约 3 500 t,初级产品年产值 9 亿元,陈皮主业年产值近 25 亿元,新会陈皮产业年产值超 50 亿元。2016 年底,新会全区柑橘种植面积约 6.5 万亩,茶枝柑鲜果产量超过 7 万 t,柑皮产量逾 3 500 t,初级产品产值约 9 亿元,主导产品新会陈皮柑茶产量约 4 000 t,全产业产值超 50 亿元。2017 年,新会陈皮柑茶产量达 8 000 t,全产业产值超 60 亿元。2018 年,新会柑的栽植面积约 8.5 万亩,约占新会区总耕地面积的 17.85%,柑果产量超 10 万 t,陈皮年产量超 5 000 t,新会柑茶产量 1 万 t,全行业产值达 66 亿元。2019 年,新会陈皮柑产量达 8 000 t,全产业产值超 89 亿元。到 2020 年底,茶枝柑全行业产业产值达到 102 亿元。

## 二、地理位置与自然资源特征

江门市新会区是广东历史文化名城和著名侨乡,有 1 600 多年历史。秦、汉时属南海郡地,至南朝(420 年)设新会郡,隋朝开皇十年(590 年)置新会县,后改称冈州郡,故新会又名冈州。新会位于广东省中南部、珠江三角洲西南部、西江和潭江的下游。东与中山市、东南与珠海市斗门区毗邻,南濒南海,西南与台山市、西与开平市、西北与鹤山市相接,北与蓬江区、江海区相连。地呈三角形,北宽南窄,东西相距 48.8 km,南北相距 54.5 km。全区土地面积 1 362.06 km²。

新会区地处北半球亚热带海洋性季风气候区,全年四季分明,气候温和,雨量充沛,热量充足,无霜期长。得益于大自然的恩赐,全区土地肥沃,河网密布,物产丰饶,交通方便,邻近港澳,地缘优势突出,是物流的天然中心。这里地形条件较为独特,北有圭峰山,南有古兜山,东南有牛牯岭山脉,三山"捧"湖,形成了地区性的"湿盆地"小气候。西江和潭江贯穿新会区全境,并拥有虎跳门和崖门出海口,新会区堪称珠三角的"福地"。新会区民间所谓的能看见凌云塔(图 1-2)的地方,就是以银洲湖为核心的潭江两岸冲积平原带和南部滨海沉积平原新垦区。这个区域的周围水系具有"两江汇聚、三水融通、咸淡交融"的地方特色,形成特殊的灌溉农业用水(图 1-3)。

**图 1-2  江门新会区会城镇的凌云塔**

新会区物华丰茂,曾经盛产蒲葵,葵艺制品闻名遐迩,素有"葵乡"之称。据传,新会葵艺作品——火画扇堪称中华一绝!除了蒲葵外,葵乡的另一种特色产品就是新会陈皮。新会葵艺凭借高超的造型艺术和精湛的编织技巧成功被列入第二批国家级非物质文化遗产名录(2008 年)。无独有偶,新会陈皮也从中国传统药学文化中走过来,在科学发展的过程中彰显价值,可谓是历经岁月的洗礼,熬过困境的萧条,枯树生花、传承不息。2006 年 10 月,新会陈皮及其制作原料茶枝柑同时被国家质量监督检验检疫总局批准为国家地理标志保护产品。

茶枝柑喜好高温多湿的气候环境。新会区位于北纬 22°05′~22°35′、东经 112°46′~113°15′之间,属南亚热带海洋性季风气候;其年平均气温介于 21~23.3 ℃之间,平均值为 21.8 ℃;10 ℃以上年有效积温介于 7 450~8 450 ℃之间,平均为 7 729.7 ℃;极低温度大于 0 ℃。新会区年均日照时数介于 1 500~2 080 小时之间,平均日照时数为 1 731.6 小时;年

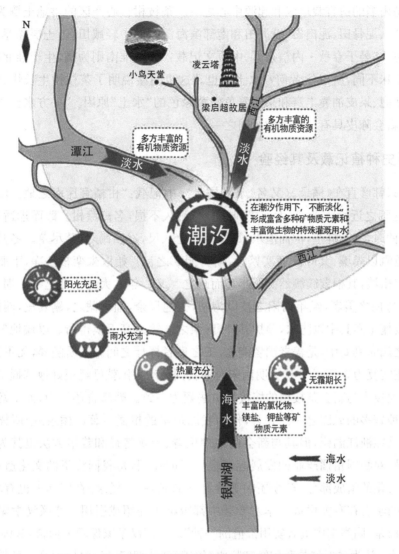

图 1-3　茶枝柑种植区灌溉水源及周边水系形成的模式图

均降雨量介于 1 100～2 420 mm 之间,平均达 1 784.6 mm;年均相对湿度介于 74%～83% 之间,平均湿度值达 80%。此外,新会区水资源十分丰富,年境内径流量为 17.41 亿 $m^3$,过境径流量为 993 亿 $m^3$,水库总蓄水量达 2.35 亿 $m^3$。这些自然条件非常适合喜温的茶枝柑的生长,这也可能是新会陈皮油胞大、香味浓的重要外在因素之一。

另外,自古到今,历代医药学家均认为药材质量与其生态环境密切相关。唐朝孙思邈在《备急千金要方》序例中称:"古之医者……用药必依土地,所以治十得九。"宋代的《本草衍义》序例中也有"凡用药必须择土地所宜者,则药力具,用之有据"的记载。如果"离其本土,则质同而效异",这里的"本土"指的就是药材生长所需要的气候、土壤和水质等生态环境因素[11]。

新会区的地形以丘陵山地和平原为主,地势开阔平坦,土地肥沃,河海相连,水利发达,排灌方便,是柑橘的适宜栽培区和起源中心之一。茶枝柑核心产区的耕地土壤为三角洲沉积土的黏土田、泥骨田、泥肉田、砂泥田和南部滨海沉积的中轻咸田区,土层深厚,有机质丰富,灌溉方便。《晏子春秋·内篇杂下》中原文记载:"橘生淮南则为橘,生于淮北则为枳,叶徒相似,其实味不同,所以然者何?水土异也。"这也间接说明了茶枝柑生长快、生长量大、果实大、有硬疤、果皮油囊丰富和果实着色偏黄绿色的"水土"原因。"一方水土养一方树",或许这就是新会陈皮具有道地性的原因之一。

### 三、历史种植记载及其经验

南宋名家韩彦直在《橘录》(又名《永嘉橘录》)中记载:"柑橘宜斥卤之地。四邑皆距江海不十里,凡圃之近涂泥者,实大而繁,味尤珍,耐久不损,名曰涂柑。贩而远适者,遇涂柑则争售。方种时,高者畦垄,沟而泄水,每株相去七八尺,岁四锄之,薙尽草。冬月以河泥壅其根,夏时更溉以粪壤,其叶沃而实繁者,斯为园丁之良。始取朱栾核洗净,下肥土中。一年而长,名曰柑淡,其根荄簇簇然。明年移而疏之。又一年木大如小儿之拳。遇春月乃接。取诸柑之佳与橘之美者,经年向阳之枝以为砧,去地尺余,镏锯截之,剔其皮,两枝对接,勿动摇其根,拨掬土实其中以防水,蒻护其外,麻束之。缓急高下俱得所。以候地气之应。接树之法,载之四时纂要中,是盖老圃者能之,工之良者挥斤之间。气质随异,无不活者,过时而不接,则花实复为朱栾。"[12]这说明南宋时期我国劳动人民就已经很好地掌握了柑橘的种植技术。该项技术与新会茶枝柑的嫁接繁殖法颇为一致。韩彦直还认为,人工嫁接是造成柑橘果树品种繁多的原因之一。并且,作为我国最早的柑橘专著,《橘录》中所描绘的种植场景实际上是在浙江温州,但其与新会的地理位置、土壤特征和栽培方法也甚为相似。韩彦直的《橘录》对我国柑橘产业的发展起了很重要的作用,是我国宝贵的文化遗产,也是我国传统科技文化的组成部分,至今还闪烁着科学的光辉。《橘录》在国际上也有较大影响,美国和日本的学者在有关柑橘的学术专著中都曾给予介绍或引用。苏联汉学家弗鲁克曾经评价《橘录》是"同类书中最有实用价值的一种"。法国汉学家保罗·伯希和(Paul Pelliot,1878—1945年)认为《橘录》是我国继戴凯之《竹谱》和陆羽《茶经》之后的又一部较为突出的植物学专著。

《橘录》详细地记述了一套柑橘果树的栽培管理和果实贮藏方法,可称为历代柑橘种植行业的经验总结。在种植方面,作者指出柑橘在离江海十里左右旁近肥沃"涂泥"的地方种植和生长,果实大且品质好。在管理方面,书中提出了开沟排水、锄杂草、施肥料和填泥土等一系列措施,保证果树生长条件的良好。在病虫害防治方面,书中明确指出柑橘所受的危害主要有两种:一种由藓(真菌)引起,可以通过刮除病原菌、除去多余的枝叶以增进果林的通光透气性来得到良好的防治效果;另一种由蠹(虫)引起,可以设法将虫钩出,然后用木钉将洞填实以达到治虫除蠹的目的。在果实采摘方面,韩彦直建议用小剪刀在平蒂的地方剪断,轻拿轻放,仔细保护。在贮藏方面,收采、贮藏果实时都要摒开酒气;在贮藏的过程中,要勤于检查,十日一翻,有发霉变质和腐烂的果实需要及时捡出来。韩彦直所记载的这些做法也都为后人所效仿和学习。

在宋元时期,新会隶属广南。《广州府志·卷七·沿革表二·新会县沿革考》记载有"广南东路广州南海郡新会"。宋庄绰《鸡肋编·卷下》记载:"广南可耕之地少,民多种柑橘以图利。常患小虫损食其实,惟树多蚁,则虫不能生,故园户之家,买蚁于人。遂有收蚁而贩者,用猪羊胰盛脂其中,张口置蚁穴傍,俟蚁入中,则持之而去,谓之养柑蚁"。因此,新会种植柑橘在宋元时期虽未有明确文字记载,但新会所属的广南和南海郡都已经盛产柑橘,新会自然不会例外。宋末元初词人刘辰翁凭吊新会"崖山之战"时赋诗《青玉案(用辛稼轩元夕韵)》:"雪销未尽残梅树。又风送,黄昏雨。长记小红楼畔路。杵歌串串,鼓声叠叠,预赏元宵舞。天涯客鬓愁成缕。海上传柑梦中去。今夜上元何处度。乱山茅屋,寒炉败壁,渔火青荧处。"宋人有元宵节传柑送柑的传统,特别是在王公贵族之间。"崖山之战"(公元1279年农历二月初六)发生前20日左右是元宵节,宋军海船上的贵族们应该延续了传柑的传统。所以诗中说"海上传柑",而柑果极可能来自新会,当时的新会还未被元军所占领,新会柑冬藏至元宵节是大有可能的。新会在元代时期为南海所领,治所在广州。元代《大德南海志》中就有南海产柑的记载。元代至正七年(1347年),新会外海(今属江海区外海镇)陈惠甫拨田嘱书中写有"甘子田租十石",这是其母亲在元初时的奁田。这说明当时新会存在专门生产柑子的柑园。明代新会籍大儒陈献章(1428—1500年),字公甫,人称白沙先生,世称为陈白沙,曾在白沙村居住。他在《陈白沙集》中有几首诗描写了家乡新会的柑橘。《陈白沙集·卷八·古风歌行·题马默斋壁》:"屋后青山屏翳合,檐前绿树烟花匝。主人闭门屦不纳,跏趺明月光绕榻。客来问我笑不答,但闻山莺啼恰恰。橙橘盈园野芳杂,门外一江深映合。四时八风谁管押,烟飞雾走龙腾甲。拙者孤舟持酒槛,成化十年甲午腊。"这首诗写于明成化十年(1474年),描写了橙橘盈园生机盎然的景象。《陈白沙集·卷六·七言绝句·送柑答之》:"遗我红柑索我歌,狂柑不饮奈柑何。大崖山下无人寄,日尽千瓢舞破蓑(大崖世卿读书处也)。"这首诗是陈献章在新会崖门大崖山写的,这里曾发生历史上著名的宋元两军"崖门大海战",也叫"崖山之战"。诗人曾在此凭吊古战场,还建议修建了有名的"大忠祠"。诗中提到的"红柑"就是指新会出产的大红柑,新会陈皮便是由大红柑取皮晒制而成的。《陈白沙集·卷八·七言律诗·玄真送柑》:"溪园十月摘黄柑,岁月将穷致小篮。绕膝痴孙高起舞,隔年乳酒正开坛。色香本出梨之右,风味真无岭以南。不惜霜根传药圃,白头还解荷长镵。"这首诗里描写了新会十月摘柑的情景。现在的新会亦是在农历十月左右摘柑。"不惜霜根传药圃"也说明新会在明代有药用的柑园。在《广州府志·卷一百二十六·列传十五(明新会)·明》中记载:"新会采药者不知何许人,日采九里明卖以为食,其药多生柑、荔圃。旦暮入采之,绝不视柑、荔,虽自落亦不顾。"由此可以看出,新会柑橘种植在当时已经形成了有一定规模的果园了[13]。

时至明末清初,"岭南三大家"之一的著名学者屈大均在《广东新语·橘柚》中记载:"凡食柑者,其皮宜阳擘,不宜阴擘,阳擘者自上而下,下者蒂也,阴擘自下而上,则性太寒,不宜入药。其未熟而落者青皮,年久而芳烈入脑者陈皮,逾岭得霜雪气益发香。"这不仅介绍了柑橘的剥皮方法,而且说明了广陈青皮和大红皮的采收时间及其陈化增香的性质。如今,根据潘华金等人的撰文可知,"新会种柑取皮相传已有700多年历史"。

## 四、茶枝柑种植与培育技术

### （一）立地条件

茶枝柑种植地的选取十分重要，它直接影响到柑橘果实的品质和产量。因此，在选择茶枝柑种植地的时候，需要根据所种茶枝柑的品系和苗木情况，选取合适的种植地，以保证茶枝柑树苗能够健康又快速地生长。一般而言，选取地下水位深度 0.7 m 以上、能利用潭江水灌溉的水田或坡地。土壤类型为潴育型水稻土、赤红壤，土壤有机质含量大于 2.0 g/kg，土壤 pH 在 5.0～7.0 之间，活土层厚度宜在 60 cm 以上。坡地果园地势坡度低于 25°。新会茶枝柑种植地的土壤环境质量、灌溉水质量均应达到 GB 15618—2018《国家土壤环境质量标准》、GB 5084—2021《农业灌溉水质标准》、GB 3095—2012《环境空气质量标准》。通常来说，新建柑园前一茬作物不能是柑橘。

林乐维等人[14]对茶枝柑种植基地的土壤环境、水资源环境质量进行了监测，并参照江门市新会区的环境空气质量，对江门市新会区茶枝柑种植基地生态环境质量进行了评价。研究结果表明，茶枝柑农业规范基地的环境空气各项指标均低于国家 GB 3095—1996（环境空气质量标准）二级标准值（表 1-1），既符合绿色中药材栽培的环境要求，也适合建立标准化种植（GAP）基地。新会区农业土壤的各项指标均低于国家 GB 15618—1955（土壤环境质量标准）一级标准值（表 1-2），土壤条件符合 GAP 种植基地的要求。此外，新会的农业水质各项指标均达到国家 GB 5084—92（农业灌溉水质标准）一级标准的要求（表 1-3）。这说明新会区茶枝柑种植地面流水符合绿色药材的灌溉用水要求，可以作为 GAP 灌溉用水。

表 1-1  茶枝柑种植基地大气检测结果　　　　　　　　　　单位：mg/cm

| 项目 | 二氧化硫 | 氮氧化合物 | 总悬浮微粒 |
| --- | --- | --- | --- |
| 年平均值 | 0.039 | 0.021 | 0.074 |
| 二级标准 | ≤0.06 | ≤0.05 | ≤0.20 |

表 1-2  茶枝柑种植基地土壤环境检测结果　　　　单位：mg/cm（pH 除外）

| 序号 | 六六六 | DDT | pH | Cu | Pb | Cd | Hg | As | Cr |
| --- | --- | --- | --- | --- | --- | --- | --- | --- | --- |
| 1 | 0.002 3 | 0.003 9 | 6.06 | 23.28 | 20.93 | 0.169 | 0.043 | 11.37 | 68.25 |
| 2 | 0.004 3 | 0.000 2 | 6.17 | 26.37 | 18.18 | 0.128 | 0.039 | 8.69 | 66.93 |
| 3 | 0.002 1 | 0.003 4 | 6.05 | 25.70 | 19.57 | 0.118 | 0.028 | 4.99 | 61.70 |
| 4 | 0.008 8 | 0.007 9 | 6.19 | 15.76 | 17.98 | 0.165 | 0.024 | 6.78 | 46.30 |
| 5 | 0.002 7 | 0.006 5 | 6.02 | 14.17 | 19.20 | 0.133 | 0.016 | 4.92 | 59.32 |
| 6 | 0.008 3 | 0.007 0 | 6.28 | 11.36 | 12.64 | 0.154 | 0.035 | 7.33 | 51.09 |
| 7 | 0.006 5 | 0.002 4 | 6.30 | 12.31 | 12.43 | 0.174 | 0.020 | 5.48 | 38.01 |
| 一级标准 | ≤0.05 | ≤0.05 | <6.5 | ≤35 | ≤35 | ≤0.20 | ≤0.15 | ≤15 | ≤90 |

表1-3 茶枝柑种植基地水质理化指标检测结果　　　　单位：mg/cm(pH除外)

| 序号 | pH | F | Pb | Cd | Hg | As | Cr |
|---|---|---|---|---|---|---|---|
| 1 | 6.20 | 0.120 | 0.003 | 0.003 | 0.000 2 | 0.002 5 | 0.006 |
| 2 | 6.31 | 0.093 | 0.004 | 0.001 | 0.000 2 | 0.001 8 | 0.005 |
| 3 | 6.18 | 0.147 | 0.005 | 0.004 | 0.000 1 | 0.003 2 | 0.008 |
| 4 | 6.23 | 0.116 | 0.001 | 0.002 | 0.000 2 | 0.001 0 | 0.009 |
| 5 | 6.18 | 0.107 | 0.002 | 0.003 | 0.000 3 | 0.002 0 | 0.014 |
| 6 | 7.92 | 0.106 | 0.004 | 0.004 | 0.000 4 | 0.001 4 | 0.018 |
| 7 | 7.86 | 0.131 | 0.006 | 0.004 | 0.000 3 | 0.002 2 | 0.016 |
| 一级标准 | 5.5~8.5 | ≤2.0 | ≤0.1 | ≤0.005 | ≤0.001 | ≤0.1 | ≤0.1 |

张鹏等人[15]采用"药用植物全球产地生态适宜性区划信息系统（GMPGIS）"对茶枝柑全球生态适宜性生产区域进行分析。结果表明，茶枝柑全球生态相似度区域主要分布在中国、越南、巴西和日本，国内相似性区域主要集中在广东、广西、江西、福建等省区。这一项研究不仅探讨了茶枝柑种植与品质的生态学理论，也为茶枝柑的引种、扩种以及种植规划提供了理论依据。

**（二）整地建园**

1. 深沟高畦蓄水式：地下水位较高、有内涝、排灌不易的柑园，沟内需保持一定水位，限制根系过分深扎。在犁冬晒白后起畦，保持畦面与沟水平面经常位差在60 cm以上，起畦宽6.5~7.5 m。独立建园面积不超3 hm$^2$，独立排灌系统，大沟、小沟相通，可灌可排；逐年通过加深畦沟及修沟培土或客土，整成深沟高畦式园地。种植方式有单行植，畦宽3.5~5 m包沟，或双行植，畦宽6~9 m包沟，并在每行中间留20~30 cm的浅沟，以便排水和田间管理(图1-4)。

图1-4　深沟高畦蓄水式柑园

2. 低畦旱沟式：一般适合在地下水位较低、土质较疏松且容易灌水的水田和沿河溪冲积地建设的柑园。开园整地时，全面翻土和碎土，修成低畦矮墩种植，以后造成龟背形畦面。每行均开一浅沟，平时水沟不蓄水，旱时引水灌溉后即排去。栽种时可适当提高植位，以便日后客土或再培土（图1-5）。

**图1-5 低畦旱沟式柑园**

3. 筑墩培畦旱沟式：晚造收割后，将稻田深翻，犁冬晒白，使土壤充分风化。然后按株行距定点筑起馒头形土墩，土墩直径1.2～1.3 m，墩高40 cm。在筑墩过程中，要将筑墩的土壤分作4～5层打碎压实，使土墩上下各层的土壤都符合既碎细而墩内又无大空隙的要求。然后在墩顶开浅穴定植苗。土墩的高度应依据稻田地形的高低及底层土质灵活决定。若地势较高，土墩可筑低些，反之要高些；若地势较低，底层为沙质土时，则土墩更要高些，并用壤质客土筑墩。比较而言，海边滩涂、水田地下水位高的地方如广东省东部、珠江三角洲和浙江省东部沿海一带的柑橘类果树栽种常采用此法。

茶枝柑的筑墩和种植一般在冬季进行，栽植后第一年墩外空地间种水稻，晚造收割后，犁土筑墩。泥土晒白后加些塘泥，修筑成比种植墩略宽的小畦，畦间留1～2 m宽的沟，第二年这些畦沟仍可种水稻。秋收之后，开始大量加培客土，每亩地加培客土12～15 t，畦间挖约30 cm深的小沟，将泥培上畦面，以加大龟背形畦面，然后采用旱作管理。采用这种方式所建的柑园，经过细致碎土筑墩和大量加培客土，畦土深厚，土壤结构好，树龄较长，但必须在排水较好的地段才能采用。如遇海涂建园，因海涂地含盐量高，地下水位也高，规划工作应围绕洗盐、降低地下水位来进行，同时还要考虑建造防风林和交通运输道路。若要将原水田改垦成柑园，由于水田一般土壤较为黏重、地下水位较高，因此要挖排灌渠。排灌渠水面一般距离地表要达到 80 cm 以上,并且要用燃烧后的煤渣或粗沙土进行改土,以增加土壤的透气性。如要在山坡上建果园,由于山坡土壤一般较为瘦瘠,宜增施有机肥进行改土,增设滴灌喷灌设备以防止柑橘树苗缺水。

### (三)繁殖与培育

我国最早的柑橘专著《橘录》中关于柑橘嫁接技术的描述如下:"始取朱栾(注:可能是酸橙的变种)核洗净,下肥土中,一年而长,……又一年木大如小儿之拳,遇春月乃接。取诸柑之佳与橘之美者,经年向阳之枝以为砧。去地尺余,镏锯截之,剔其皮,两枝对接,勿动摇其根。拨掬土实其中以防水,蒻护其外,麻束之。……工之良者挥斥之间。气质随异,无不活者。"柑橘繁殖技术的发明和应用,为现代大规模柑橘生产奠定了基础。

据悉,新会茶枝柑是从分布于新会古兜山脉、牛牯岭山脉和圭峰山脉的河谷地带的野生柑橘品种中驯化而来。2016 年,新会区政府批准新会林业科学研究所负责在会城石涧建立了集苗木繁育、科研、示范、技术推广为一体的新会柑种质资源中心和无病苗木繁育基地,培育出十万株茶枝柑无病柑苗。新会茶枝柑(新会陈皮)产业从此有了自己保存和守护的种质基因库。经过长期的人工选育,新会茶枝柑自成品系,大体可分为大种油身、细种油身、大蒂柑、高笃柑("笃"为"蒂"的意思,指果实的蒂部大而凸起)和短枝密叶柑五个品种。

**1. 选择苗圃**

选择地势开阔、向阳,土层深厚、肥沃、疏松,排水良好的沙质壤土,除尽杂草,深翻耙细,施足底肥,每亩施肥 2 500~5 000 kg,整地做畦,畦宽 1~2 m,畦面平整(图 1-6)。此外,柑橘苗圃生产与柑橘种植一样,土质的理化指标必须控制得当。柑橘最适生长的土壤 pH 范围为 6.0~6.5。当土壤过酸,也就是 pH 低于 4.5 时,柑橘根系对大部分的营养元素吸收利用率都将降低 60%~80%,而且柑橘树在强酸环境中会大量坏死,容易出现铝中毒症状、黑根和烂根的现象。此外,土壤中各种致病菌在酸性环境下活动更为频繁,一旦放松管理,土壤板结严重会阻碍柑橘正常生长,使叶片黄化速度加剧。

图 1-6 茶枝柑苗圃与种子育苗法

**2. 育苗法**

种子育苗法(图1-6):茶枝柑种核播种后,在适宜的自然条件下,一般约需3~5周开始萌芽。以下介绍两种种核催芽法:(1)采用露地播种或切割种子二分之一的方法催芽,易霉变,出芽率不高。(2)采用剥去内外种皮催芽直播法,8~10天可出苗,出苗率高(95%~100%)。① 播种催芽:从果实中取出完好的种子,洗净,晾至种皮呈白色。然后将剥去内外种皮的茶枝柑种子放入垫有吸水纸的盆盘中,上盖吸水纸,每日滤水3~4次,保持25~30℃,约3~5日即可萌发长出胚根。② 播种:准备木箱或盘钵盛疏松壤土,整平浇透水,上面撒细煤炭灰(或者草木灰)厚约0.5 cm,将萌发种子取出条播摆匀,再覆上细煤炭灰(或者草木灰)或消毒壤土0.5 cm以盖好种子,保持湿润,一般4~5日幼芽即萌发出土,生长整齐且苗壮。幼苗移入露地后,需要注意防治病虫害和遮阴保湿以帮助幼苗快速生长[16]。

圈枝育苗法:在过去的几百年里,新会茶枝柑的育苗大都是通过"圈枝"的方式来进行的。其方法是首先必须在原种茶枝柑的母树上挑选生长得最茂盛、结果较多的优秀柑橘枝条进行圈枝。圈枝就是用特制的小刀在柑树的枝条上进行环切表皮工作(环切的距离为2~3 cm),然后以干稻草或者塑料薄膜(用针刺孔以透气)包上泥土,将切去了表皮层的枝条裹上,浇水并保湿。等到环切过表皮的树枝生根,当根生长到一定程度的时候再剪断枝条使其离开母树,移植到水田上进行种植。以这样的方式培育出来的柑橘苗被认为是原种的,结出来的柑橘果实也被认为是正宗新会柑。因此,圈枝柑(农业学术用语为"衍枝柑")被视为最正宗的新会柑,果皮较薄,果肉味道很好,制成的新会陈皮质量极佳,但其缺点是果实偏小,抗病虫害能力较差,产量不高。实际上,圈枝柑的种植和管理难度比驳枝柑更大。圈枝柑的根部常常是"鸡爪根",有些空心,比较脆弱。因此,管理时需要注意勤淋薄施,也要注意防洪和防浸。否则,根部一旦受浸,柑树就很容易坏掉。不仅如此,圈枝柑的产量也比驳枝柑要少很多,新移栽的圈枝柑头两年一般不能挂果,否则会影响果树后期的生长。进入移栽后的第三、四年后,柑橘产量在2 500~3 000斤/亩;如若柑橘树长到第八至十年,一般情况下需要考虑更换新的柑橘树苗。据悉,新会地区目前只有少数柑农传承和采用"圈枝"技术,使用圈枝柑制作新会陈皮的单位或农户也较为少见,但使用圈枝柑制成的新会陈皮的收藏价值却相对较高。

压枝育苗法:也称压条育苗法。本质上,压枝育苗法和圈枝育苗法都属于无性繁殖的范畴。压枝育苗的方法是将母体的部分枝条进行环状剥皮并覆于土中(或选择有茎节的地方压入土壤中覆盖好)。待生根后自母体上剪下,再行移栽种植,成为独立植株。这种方法的优点是能保存母本的优良特性,可以弥补扦插和嫁接的不足。压枝繁殖是无性繁殖中最简便、最可靠的方法,成活率高、成苗快,能够保持母体的优良特性。扦插、嫁接不易成活,或者茎节和节间容易生根的树种常用此法。

**3. 砧木的筛选与培育**

柑橘产业的迅速发展离不开种苗的培育。柑橘新品种的选育、应用和推广促进了柑橘产业的发展与壮大。茶枝柑进行选择性育种开始于20世纪80年代初期。砧木不仅能影响柑橘植株的适应性和抗逆性,还能影响茶枝柑果实的品质和产量。砧木品种的选取是决定茶枝柑优质丰产与否的基础条件之一。因此,通过对柑橘砧木进行抗病、抗虫以及对各种非生物逆境耐受性进行评价,并对其接穗品种的生长态势、产量和品质变化及嫁接亲和性进行筛选,选择出抗逆境性强并能促进接穗品种早结果、丰产、稳产的优良砧木,对柑橘产业的发展具有重要意义[17]。

目前,新会区大多数的茶枝柑采用莱姆(Citrus × aurantiifolia)作为嫁接砧木。莱姆是芸香科柑橘属中数种植物的统称,也称为来檬、绿檬、青柠或酸柑,是全球柑橘类水果中的四大主要栽培种之一。莱姆的果期在9月份到10月份之间,果实为圆球形、椭圆形、倒卵形,直径为4~5 cm,果顶有乳头状短突尖,果皮薄,呈淡黄绿色,果肉味道酸,种子小,种皮平滑,果肉常用于冷冻食品的调味料或者果酱的原料。新会地区柑橘种植以水田栽培为主,很容易受到河道涨水期或多雨季节的影响,而莱姆砧木根系也比较发达,非常适合在这种环境中生存。此外,以莱姆为砧木的茶枝柑生命力强,对病害的抵抗力也较强。因此,莱姆砧木的新会柑也常常出现在新会的房前屋后。

基于提高单位植株果实产量的考虑,有些研究者采用红柠檬为砧木对茶枝柑进行选择性育种。红柠檬主产于新会、普宁、中山、顺德、广州郊区等地,也常作为广东传统的水田柑橙的砧木,对甜橙、蕉柑、椪柑、新会柑等品种亲和性好。红柠檬所嫁接的柑橘耐湿力较强,植株结果早、果实大、产量多,但其前期的果实品质稍微欠佳。以红柠檬为砧木的茶枝柑适合在水田生长,也适应新会潭江与西江沿岸的地理气候,并且有生长快、结果大、皮厚、产量大的特点,单果重量普遍达150 g。这种新会柑的新鲜果皮带轻微的柠檬酸香,皮质略带苦味;陈化后的柑皮则以"甘香"为主,其茶汤略带酸苦味,有"入喉甘化"的效果。

此外,软枝酸橘也是茶枝柑的一种砧木类型[18]。以酸橘为砧木的茶枝柑也适合在丘陵地带生长,对水分的要求稍低,更适合在干旱地种植。所以该砧木的嫁接茶枝柑一般选择在地势稍高的地方种植。以酸橘为砧木的茶枝柑树势普遍比较薄弱,果实个头小、皮略薄、品相低,肉质偏酸,经济性比较差,遇有水淹容易烂根。还有,酸橘砧木的茶枝柑管理难度相对较大,目前只在小范围内开展种植。

一般而言,嫁接砧木可用种子培育的实生苗,其根系发达,抗逆性强。江西红橘(朱橘)、枳壳、酸橙、年橘和福橘等都可以作为新会茶枝柑的嫁接砧木。它们不仅亲和力强,而且具有生长迅速等优点。其中,江西红橘表现较优,其次为酸橘和福橘等。江西红橘原产江西省新干县三湖镇,20世纪50年代被引进广东,作为砧木嫁接甜橙、夏橙、蕉柑、年橘、十月橘等,亲和性良好,所嫁接的柑橘根系发达,对土壤适应性强,植株早结丰产,果实品质也好。

培育出新型砧木品种对提高茶枝柑果实品质有很大帮助,但砧木的培育难度大、周期长成为当前柑橘新型砧木培育中所面临的一大挑战。当然,茶枝柑果实与果皮品质的高低,除了取决于嫁接砧木的优良与否外,还与土地的肥沃程度、柑橘种植技术、管理经验、水源环境,以及当年气候特征等因素密切相关。

**4. 嫁接方法**

(1)茶枝柑的嫁接机理研究现状

在我国,柑橘嫁接常用砧木为枳、酸橙、红橘、枸头橘和红柠檬等,其中枳是主导砧木。

近些年，我国又相继引进特洛伊枳橙(troyer citrange)、卡里佐枳橙(carrizo citrange)、斯文格枳柚(swingle citrumelo)、飞龙枳(flying dragon trifoliata)、来檬(rangpur)等。在这些砧木品种上所嫁接的甜橙和温州蜜柑性能表现较好，但嫁接茶枝柑的研究却未见报道。

应用DNA分子标记技术可以对果树砧木资源的遗传稳定性、嫁接亲和性、矮化能力和抗性强弱等进行遗传学鉴定。目前，大部分研究都只是针对砧木对接穗的生理生化产生的影响，比如矿物质营养代谢、水分代谢、光合作用和光合产物的分配问题、激素水平以及生理生化状态等。柑橘砧木通过对接穗各器官激素代谢的影响，使接穗发生变异，至于其接穗果实会不会产生遗传上的变异至今未得到证实，并且相关的具体影响机制还有待进一步研究。

在农业生产实践上，茶枝柑常见的芽枝栽培品种(圈枝柑)、驳枝栽培品种(驳枝柑)和原枝柑不仅在价格上存在较大差异，而且在产量上也存在较大区别。如何将茶枝柑的几种栽培品种在基因水平上进行区分仍然有待更多的深入研究[19]。

(2) 茶枝柑的嫁接技术

经历了数百年的驯化栽培和苗木繁育，新会茶枝柑由于受外在因素(气候环境或人为因素)的影响而产生了自然芽变，或者受柑橘品种之间杂交影响产生了基因变异，并最终产生了茶枝柑种群内部明显的品系差异。显然，这当中也包括以砧木嫁接方式得以延续下来的优良茶枝柑品种。

茶枝柑的嫁接技术主要有枝接法(嫩枝切接)和芽接法(单芽切接)。枝接法要在砧木和接穗形成层活跃时进行，将砧木在离地面30 cm左右处锯断，再从砧木断面中央向下垂直纵切5～6 cm深切口，选择无病虫害、健壮、质量好的茶枝柑嫩枝作接穗，并将其剪成长度为10～15 cm、有2～3个芽的接穗，在接穗基部两侧各削一刀，成"V"字形，其长度与劈口相等。将接穗插入砧木切口内，双方形成层韧皮部互相衔接，然后以聚氯乙烯(PVC)薄膜包扎。此外，注意消除砧木母本的顶端优势，防止砧木发芽，给接穗提供丰富的生长环境，加强营养管理，促进接穗的生长和发育。

芽接法通常是在9～10月进行，在砧木离地面5 cm处开1.5 cm$^2$的方洞，去表皮直至木质部，从茶枝柑树叶腋处切取1.5 cm$^2$左右的方块芽作接穗。将削好的芽片嵌入砧木切口内，两者的韧皮部吻合紧接，接后用PVC薄膜带由下向上捆扎，并露出芽头，接口愈合后，去掉薄膜。当芽生长正常后，剪除接口以上的砧木。

5. 移栽

一般来说，一年四季都可以进行茶枝柑树苗的移栽。但是，基于提高柑苗成活率和保障其苗壮成长的考虑，需要选择合适的移植时间段。在一年的生长过程中，茶枝柑植株由于受温度和湿度影响，根系生长会出现两个比较明显的高峰期，即2～5月和9～10月。实践经验显示，在这两段时期间，茶枝柑种苗的根系生长性能较好，容易萌发新根，更易成活。柑苗在成活后，需要在适宜的温度下吸收营养，保证了健康生长所需的物质基础，进而抽发新梢、苗壮成长。俗话常言，"天时、地利、人和，三者缺一不可"。如果一定要在这两个高峰期中选择更优移植时间的话，3月最为合适。3月的新会，大地回春、春暖花开，为茶枝柑种苗的快速生长提供了适宜的气候条件。

也有人认为茶枝柑的苗木种植时间主要分为春植(立春至立夏)或秋植(白露至寒露)。春旱年份受咸潮影响的围垦地区宜在5~6月雨季来临前栽植[20]。每公顷栽植植株数不超过1 200株。在柑树种植时,将苗木的根系和枝叶适度修剪后放入土穴中央,舒展根系,扶正,边填土边轻轻向上提苗、踏实,使根系与土壤密接。填土后在树苗周围做直径1 m的树盘,浇足定根水。栽植深度以嫁接口露出地面5~10 cm为宜。采用3 m×4 m(株距×行距)的密度进行栽植,每亩种植柑橘55~60株。

(四)栽植管理

**1. 合理间种**

茶枝柑种植的间作物或草类应与柑橘无共生性病虫、浅根、矮秆,以豆科植物和禾本科牧草为宜,适时刈割翻埋于土壤中或覆盖于树盘。幼龄柑橘园的土地利用:"第一年必种薯……,第二至第五年必间种蕉及瓜、豆、薯、粟之属,以秆覆蔽之……,围堤内外树以杂果、荔、蕉、桃、李间植之。塈可以蓄鱼,濠可以艺禾,橙(柑)下余地可以植蔬。"

**2. 土壤管理**

采用有机肥和客土来改良土壤。每年在夏、秋梢老熟后,新芽萌动前或采果后,中耕1~2次,每年施用石灰1~2次。每年深翻扩穴一般在秋梢老熟后进行,从定植穴外缘开始。幼龄树每年向外扩展0.4~0.5 m。回填时混以绿肥、秸秆或腐熟的有机质肥等,表土放在底层,心土放在表层,然后向穴内浇灌足量水分。高温或干旱的季节,建议树盘内用秸秆、透气棉布等覆盖,厚度10~15 m,覆盖物应与根茎保持10 cm左右的距离。培土在秋冬旱季中耕松土后进行,可培入塘泥、河泥、沙土或柑橘园附近的肥沃土壤,厚度8~10 cm。

**3. 中耕除草**

中耕除草是保持柑橘园土壤表面裸露的一种土壤管理方法。及时中耕除草,既可以避免杂草与柑橘植株争夺养分和水分,又可以消除病虫害潜伏滋生的场所。通过中耕除草,既可以疏松土壤,破坏土壤的毛细管作用,切断水分上升的渠道,还可以减少水分的蒸发,增加土壤保肥、保水的能力,同时改善土壤通气状况,促进土壤微生物的活动,加速土壤有机质和无机营养的分解与转化。中耕除草可在夏、秋季和采果后进行,每年中耕1~2次,保持土壤疏松透气且无杂草。中耕深度8~15 cm,坡地宜深些,平地宜浅些。雨天不宜中耕。

**4. 施肥**

每年农历的正月、五月和九月埋施有机质肥,每公顷年施用的纯鸡粪重量不少于1 200 kg。产果100 kg的植株,年施纯氮0.8~1.0 kg,氮、磷、钾比例为1.0∶(0.3~0.4)∶(0.8~1.0)[21]。

(1)施肥方式:以土壤施肥为主,采用环状沟施、条沟施、穴施和土面撒肥等方法,配合叶面施肥。幼年果树:勤施薄施,以氮肥为主,配合施用磷肥和钾肥;春、夏、秋梢抽发期施肥5~6次,每逢3月、5月、6月、7月、9月和12月,每次每株施碳铵200 g或尿素100 g。1~3年的幼柑树单株年施纯氮100~400 g,氮、磷、钾比例以1.0∶(0.4~0.5)∶(0.8~1.0)为宜。成年果树施好4次肥,即萌芽肥、保果肥、壮果肥和采果肥。施肥量:一般萌芽肥为 1.0～1.5 kg 化肥,一担粪水;保果肥为 0.5～1.0 kg 磷钾肥;壮果肥为株施 0.5～1 kg 化肥,加 0.5～1 kg 磷酸钾肥,或者株施复合肥 1 kg,加尿素 0.5 kg,加饼肥 2.5 kg 和沼气肥 25 kg;采果肥(基肥)以有机肥为主,株施 25～50 kg 有机肥,加 0.5～1.0 kg 化肥。施肥方法有:① 埋施:在树冠滴水线处挖沟(穴),深度 20～40 cm,宜轮换位置施肥。② 土面撒施:在空气和地面湿度适合时,可以造粒缓释肥为主进行撒施。③ 灌溉施肥:有微喷和滴灌设施的柑园,可进行灌溉施肥。④ 叶面追肥:在不同的生长发育期,选用不同种类的肥料进行叶面追肥,以补充树体对营养的需求。高温干旱期应按使用浓度范围的下限施用,果实采收前 20 天内停止叶面追肥。

(2) 施肥时机:① 幼树施肥:勤施薄施,以氮肥为主,配合施用磷、钾肥。春、夏、秋梢抽生期施肥实行一梢二肥,顶芽自剪至新梢转绿前增加根外追肥。有冻害的地区,8 月以后应停止施用速效氮肥。1～3 年生幼树单株年施纯氮 100～400 g,氮、磷、钾比例以 1.0:(0.25～0.30):0.5 为宜。施肥量应由少到多逐年增加。② 早施春芽肥:可提早到 1 月下旬至 2 月初施。提早施足水肥(稍偏施氮肥),促使春梢早发,且量多质好,可减少花量,提高花质,并推迟夏梢抽发。③ 重施壮果肥:茶枝柑果实第二次膨大高峰期在 9～10 月,此时若肥水供应充足,不但有利于果实增大,也有利于花芽分化,从而为翌年结果打好基础。一般以产果 100 kg 施纯氮 0.8～1.0 kg,氮、磷、钾比例以 1.0:(0.3～0.4):(0.8～1.0)为宜。根据土壤肥力或叶片营养分析,可以适当施用微量元素肥。

(3) 肥料应以土杂有机肥为主:土杂肥既能为柑橘树提供多种营养,又可以改良土壤结构,而且肥效较长。冬春基肥更宜施饼肥、栏肥、垃圾、河塘底泥和人粪等。土杂肥经腐熟后施用效果更好,如未经堆放腐熟,使用时应在树冠滴水线以外挖沟深施效果较好。应用化肥作追肥时,必须用水浇施,切忌土壤干燥时挖穴干施。肥料用量不能过多,特别是氮素化肥更应注意施用量。年株产 50 kg 的柑树,每次株施量纯氮不能超过 250 g。根外追肥,肥液浓度不能超过 0.5%。

(4) 肥害:该症状出现在施肥后 10～60 天内,首先从枝基老叶尖开始失水变白或黄化枯焦,随后即落,枝顶的新叶后落或枯焦在枝上不落。检查肥害严重的枯枝,可发现和施肥部位相对的地上部位的主枝、侧枝发生严重烂皮。刮皮观察,树皮失绿呈褐色,枝枯失水。挖根观察,施肥部位及附近表土层内的"麻布根"全烂,细根和粗大横根的根皮腐烂脱皮,并向根茎、主干、主枝延伸。肥害程度较轻而幸存的柑树,一般就近的一次新梢不能抽发,如肥害发生在花前,就不能现蕾开花。若施肥后见枝基部老叶枯焦脱落时,应迅速将施肥部位的土壤扒开,用清水浇洗施肥穴内土壤,以冲淡土壤肥液浓度,并切断已烂死的粗根,再覆新土。刮除根茎、主干部位烂皮,涂杀菌药剂,防止烂斑蔓延,并剪除枯枝。

施土杂有机肥或将化肥、土杂肥混合施用,柑橘树很少发生肥害,而单施化肥则容易发生肥害。同样是化肥,施氯化铵最易发生肥害,其次是硫酸铵、尿素、氨水、碳酸氢铵等,施复合肥与过磷酸钙则较少发生肥害。用量过多和不当的施肥方法是引起肥害的主要原因。同样的施肥量,挖坑(穴)干施比开沟用水浇施更容易发生肥害。特别是当土壤干燥时挖坑干施,施后久晴不雨,一旦下雨,肥害可能来得更迅速更严重。

**5. 整型修剪**

采用自然开心树型。主干定高 20~40 cm,主枝(3~4 个)在主干上的分布均匀合理。主枝分枝角 30°~50°,各主枝上配置副主枝 2~3 个。一般在第三主枝形成后,即将类中央干剪除扭向一边作结果枝组。幼树要轻剪:选定类中央干,各主枝、副主枝延长枝后,进行中度、重度短截,以短截程度和剪口芽方向调节各主枝之间生长的平衡。结果期:选择短截处理各级骨干延长枝,抹除夏梢,促发健壮秋梢。秋季对旺长树采用环割、断根、控水等促花措施。盛果期:及时回缩结果枝组、落花落果枝组和衰退枝组,剪除挡光枝、枯枝、病虫枝,疏删过密枝群,保持果园通风透光,叶果比不少于 60:1。搞好冬季剪枝,茶枝柑枝梢多,花量大,内膛结果性能强,冬季修剪以疏剪为主,顶部"开天窗"(也称"打顶"),保证下批梢的整齐度以提高翌年花质。提前放秋梢,夏梢抽发被推迟和削弱,春、秋梢间隔期只需抹一次零星夏梢,然后于 6 月中旬至 7 月初放秋梢。由于茶枝柑果实第 2 次发育高峰需要大量营养,即便提早放秋梢,也不会诱发大量冬梢。可通过拉枝、撑、牵引等方式改造理想树型,以发挥树冠最大光合效能和利于优质、高产、稳产为原则。

修剪时采取一年"两剪",夏剪以"短截"为主,冬剪以"疏删"为主。进行"双剪"对树势复壮,改造老树、弱树,提高产量有明显的效果[22]。

**6. 控花保果**

4 月后,挂果柑橘树从盛花到谢花,控花、保果和护果等工作是此期间管理的重点。对于幼树而言,则需要做好护梢与壮梢工作,趁机培育树型。如遇早花树可进行人工疏除的补充处理工作,即手工摘花摘幼果。

(1)控花:通过冬季疏剪、回缩以及花前复剪来进行控花。壮枝适当多留花,弱枝少留或不留,有叶单花多留,无叶花少留或不留,抹除畸形花、露柱花和病虫花等。具体措施如下:

橘树来年开花的数量和质量主要取决于花芽分化。秋冬季节促进柑橘的花芽分化,需要根据柑橘花芽分化的时期和影响花芽分化的内外主要因素,并结合当地的气候特点和柑橘树的生长态势等情况,采取有针对性的策略。

① 施肥促花

柑橘树体内部养分的积累是花芽分化的基础,养分不足就不能形成花芽。柑橘的花芽分化期特别是花芽生理分化期间一定要有充足的养分供应。因此,一般在秋梢老熟充实期施一次完全性肥料,此次肥料对挂果多的丰产树尤其重要。但对树势强的柑橘树,要控制氮素的施入,以免过量的氮素导致植株生长过旺、营养生长和生殖生长失衡和抑制花芽形成。树势弱的柑橘树要在 9 月中下旬果实膨大期增施壮果促花肥,使树势增强。采果前后喷施 500 倍多氨液肥加 0.3%尿素 2~3 次提高花质。

② 断根促花

9 月中下旬,对于生长过旺的柑橘树,特别是无果与少果的旺长树,在早秋梢停止生长、根系开始迅速生长时断根。具体方法是从树冠滴水线内挖深 30~40 cm 或 30~50 cm 的深沟,切断上层水平骨干根,以达到抑制营养生长和促进花芽分化的目的。

③ 环割促花

10月中下旬,选择树冠顶部4~5年生枝组,离着生基部5~10 cm处,用锋利的芽接刀环割1~2圈,深达木质部。对挂果多的树不宜环割。对挂果少的树,可适当加大环割或环剥程度,使枝梢停止生长,促进花芽分化。

④ 扭枝促花

对于生长旺盛的夏秋梢徒长枝,任其自然生长必然扰乱树形,一般都需要剪除。扭枝在花芽开始分化时进行,可将枝条基部扭转180°使之下垂。圈枝即把徒长枝向下拉弯成半圆形,与下方的枝条交叉,交叉处用包扎绳绑缚。1~2个月后,枝条木质部硬化,枝条自然弯曲成型,此时可解除绑缚绳。

⑤ 保叶促花

叶片是植物进行光合作用制造有机养分的最主要器官,也是贮藏养分的重要器官。保护好柑橘树叶片使其正常越冬,防止提早脱落,可提高柑橘树的花量、花质和坐果率。保叶措施包括合理管理水肥、及时防治病虫害、适时采果、预防冻害等。

⑥ 药剂促花

柑橘花芽分化与体内激素调控密切相关。在生理分化阶段,体内较高浓度的赤霉素对花芽分化有明显抑制作用。种植户可通过药物抑制或破坏赤霉素的合成来促花,一般在9~12月,喷施1 000 mg/kg多效唑,每半个月喷1次,连喷2~3次[23]。

(2) 保果:柑橘类果树的自然坐果率不高,需要主动保果才能实现高产稳产。保果药的施用要注意时机问题,常规保果药中多数添加了植物生长调节剂如赤霉素。它不仅作用于幼果,还会作用于春梢,在春梢未定型前就用,可拉大春梢叶片、延缓老熟,扩大梢果矛盾,最终加重生理落果。因此,保果药的施用时机可以以谢花量为参照点。一般来说,柑橘谢花至少要达80%以上时才能喷施保药,否则会严重影响幼果受药。对于已经基本谢花但春梢尚未老熟的(叶片偏软,未革质化定型),建议先进行营养保果,叶喷磷钾源库等高纯磷酸二氢钾提升树体营养,促梢老熟;对于生理性落果严重的柑橘树,可加配垦多乐高活芸苔素内酯(达到一保标准的),选择晴朗天气及时打保果药,依据品种树势情况等,选择合适的保果配方。

另外,应根据树势和挂果量决定环割时期和次数,一般每次间隔时间不少于15天,次数不多于3次。对于树势旺盛、花量中等偏少的树,谢花后在主枝基部环割一圈(不要剥皮),以抑制夏梢,减少落果。老弱树应在开花前增施速效氮肥。开花前和谢花后每7~10天喷施一次营养液。盛花期每2~3天摇动主枝1次,以摇落花瓣,利于小果见光。

(3) 护果:在病虫害方面,重点关注蓟马、灰霉病、象甲、疮痂病、褐斑病、砂皮病等。真菌性病害可用吡唑醚菌酯、异菌脲和腐霉利等药剂进行防治,避免使用三唑类药物,因该类药物会抑制幼果生长,对保果不利。

(4) 疏果:在生理落果后进行,根据叶果比进行疏果,疏除小果、病虫果、畸形果、密弱果。比较适宜的叶果比例为(50~60)∶1。

(5) 果实套袋:套袋适宜期为6月下旬至7月中旬(生理落果结束后)。套袋前应根据当地病虫害发生情况对柑橘园全面喷药1~2次。纸袋应选用抗风吹雨淋、透气性好的柑橘专用纸袋,以单层袋为宜。果实采收前15天左右摘袋。

(6) 环割促花:环割的主要目的是控制地下部分根系活动和减少地上部分养分倒流和消耗。环割对象是生势壮旺的挂果树。环割部位,幼年树环割主干,盛产期挂果树环割大主枝。环割深度以割断韧皮部而不伤木质部为宜。

**7. 灌溉与排水**

(1) 灌溉:柑橘树在春梢萌动期、开花期及生理落果期(2~5月)、果实膨大期(6~10月)对水分敏感,若此期长时间无雨,傍晚出现叶片萎蔫时应及时灌溉。在果实成熟期和采收期(10月中旬至12月中旬),此时若干旱应及时适量淋水。

(2) 排水:疏通排灌系统。在多雨季节或果园积水时应及时排水。如遇到多雨的年份,在柑橘果实采收之前,可以用地膜覆盖园区土壤来降低土壤的含水量,提高果实的品质。

## 第四节 茶枝柑的病虫害与防治

### 一、柑橘病虫害常规预防措施

#### (一) 前期处理

禁止检疫性病虫害从疫区传入保护区,保护区不得从疫区调运苗木、接穗、果实和种子。剔除病弱或者附带虫卵的苗,以防引入木虱、粉虱、潜叶蛾等害虫。用热处理(使用52℃温水浸泡砧木和种子)和消毒种苗的办法来培育无病良种壮苗。

#### (二) 物理防治

利用灯光、趋化性及色彩防治害虫。如可用黑光灯引诱或驱避吸果夜蛾、金龟子和卷叶蛾等。

#### (三) 化学防治

化学方法是防治柑橘病虫害的重要措施。按《无公害食品 柑橘生产技术规程》(NY/T 5015—2002)中"3.7.7"执行。不得使用的高毒、高残留农药见 NY/T 5015—2002 附录 A。使用药剂防治应符合 GB/T 8321(所有部分)的要求,常用药剂种类见 NY/T 5015—2002 附录 B,该附表将随新农药品种的登记而修订。关于主要虫害的防治手段,建议在适宜时期施药。病害防治在发病初期进行,防治时期应严格控制安全间隔期、施药量和施药次数,注意不同作用机理的农药交替使用和合理混用,避免产生抗药性,见 NY/T 5015—2002 附录 C。

### 二、茶枝柑常见病虫害

#### (一) 柑橘溃疡病

柑橘溃疡病主要是由柑橘黄单胞菌柑橘亚种(*Xanthomonas citri* sub sp. *citri*)引起的,

是影响柑橘生产的重大检疫性病害。柑橘溃疡病菌能侵染绝大多数的柑橘品种,主要包括柑橘属、金橘属和枳属,比如橙子、柠檬、葡萄柚和柚子等十分重要的经济类品种。柑橘溃疡病菌可以感染柑橘树暴露在空气中的所有器官,主要通过雨水飞溅进入气孔和由强风、荆棘、昆虫或农业操作等造成的伤口进行侵染,侵染后叶子、嫩枝、果实上会形成特有的黄色油渍状的坏死病灶。该病菌虽然很少会直接杀死寄主果树,但会导致落叶、落果和树势衰退。果实溃疡斑不仅会使柑橘果实品相变差,也严重影响果实的产量和商品价值。

柑橘溃疡病主要为害柑橘的枝梢、叶片和果实(图1-7)。幼树和苗木受害特别严重会造成枯梢和落叶,影响树势;果实受害重者造成落果,轻者果实带有病疤,不耐贮藏,发生腐烂,大大降低其商品价值。柑橘溃疡病一旦发生,容易波及其他柑橘种植区域,多个地区都会受到影响,出现不同程度的感染。因此,柑橘溃疡病会使柑橘生产的病虫害防治成本增加,严重损害了柑橘产业的经济效益。

(a) 发病叶子　　　　　　　　(b) 发病枝梢

(c) 发病果实1　　　　　　　(d) 发病果实2

图1-7　柑橘溃疡病症状

**1. 叶片染病症状**

柑橘叶片感染溃疡病时,先在叶背出现针头大小的油渍状斑点,并逐渐扩大。同时,叶片正、背两面均逐渐隆起成近圆形、淡褐色病斑,不久表皮破裂,木栓化,中央产生灰白色凹陷,有细小的轮纹,周围有油渍状晕圈和釉圈,严重时病叶枯落。老叶病斑黄色晕圈不明显。

**2. 枝梢染病症状**

染病的新梢中以夏梢受害最多,先出现油渍状小圆点,扩大后变灰褐色,木栓化,略隆起,中心有裂口,严重时引起叶片脱落,甚至枝梢枯死。

**3. 果实染病症状**

果实受害症状与枝、叶相似,但病斑较大且只限于在果皮上,隆起显著,果实木栓化,有放射状裂口,病果易脱落,品质下降。柑橘溃疡病症状见图1-7。其中,新会茶枝柑幼苗的正常植株和溃疡病植株的比较见图1-8。

(a) 正常植株　　　　　　　　(b) 溃疡病植株

图1-8　茶枝柑幼苗的正常植株和溃疡病植株的比较

目前,柑橘溃疡病的化学防治主要采用铜制剂、链霉素类药剂,具体做法是将杀菌剂铜高尚(碱式硫酸铜,有效成分含量为27.12%)稀释500~700倍,根据病害与树势强弱情况,每隔7~15天喷施一次。若能赶在新梢抽发前7~10天用铜高尚预防溃疡病,效果更佳。柑橘秋梢期喷施铜高尚+碧护(植物生长调节剂)+耐普9(植物生长调节剂),可以防病壮梢,预防裂果;或者将发病的零星植株挖出除去并集中烧毁,未发病的植株经修剪后对树冠喷洒一次1:1:100的波尔多液或0.5~1.0波美度石硫合剂、45%晶体石硫合剂40~100倍液,以减少柑园内溃疡病菌源。喷施石硫合剂或晶体石硫合剂时,可在药液中加入2,4-二氯苯氧乙酸(2,4-D)10 mL,用以减少树体的非正常落叶。

有文献研究指出,病变柑橘植株组织中的溃疡病菌可以存活一年及以上的时间,但是该病菌在田间条件下的土壤、落叶、落果、果皮及自然水体中的存活期均相当有限[24]。有关研究报道指出,在实验室条件下,浓度为$10^6$ CFU/$\mu$L的柑橘溃疡病菌用135 mmol/L硫酸铜的溶液处理10 min后,部分菌体会进入活的非可培养状态(VBNC),用CTC活菌方法检测显示16%的病菌仍为活菌,且在田间用铜离子处理后也会诱导病菌进入VBNC状态,这一发现对柑橘溃疡病的有效防控提出了新的挑战。

许多柑橘规模化种植国家曾经采用焚毁根除法来防治柑橘溃疡病的大面积入侵。目前该方法已逐渐停止使用,但在远离发病区且发病植株较少的情况下仍然可以继续使用。据了解,防控柑橘溃疡病已经成为中国柑橘发病区一项颇为艰巨的任务[25]。国内防治柑橘溃疡病主要采取预防为主和综合防治的策略,对非疫区采取严格的检疫措施,严防柑橘溃疡病的传入。在疫区则采取栽培措施与化学防治相结合的方法,尽可能减少柑橘溃疡病造成的经济损失。

**4. 柑橘溃疡病综合防治技术**

(1) 健全检疫制度

在柑橘的种植过程中,为了从根本上提升柑橘果实的质量和产量,推动柑橘产业的稳定发展,必须积极采取有针对性的措施,实现对柑橘溃疡病的有效防治。因此,要结合实际情况,科学合理地构建和落实植物检疫制度,并逐步完善和优化,尤其是要对种苗的生产过程与引进进行严格有效的质量控制,避免一些携带病菌的苗木进入种植区域。此外,结合具体情况,构建和落实符合实际要求的无病苗圃,对无病苗木进行合理培育,同时保证无病苗木的整个供应数量可以达到标准要求。在疫区或病害发生区域范围内,需在果园四周科学合理地构建和落实防风林。这样不仅可以合理判断病菌的来源,防止出现严重的传播现象,还可以实现对溃疡病的有效防治。

(2) 做好清园消毒,减少越冬病菌

全面抓好冬季清园工作,剪除病枝、病叶和病果,清除地面全部落叶和枝梢,然后可使用毒死蜱 1 500 倍稀释液 + 波尔多液 600 倍稀释液 + 绿颖矿物油 150 倍稀释液对果园植株和地面进行全面喷雾。

(3) 加强栽培管理

合理进行水肥管理,增施有机肥和钙肥,增强树势,可以提高树体抗病能力。柑橘栽培管理也通过肥水管理和修剪控梢来调控,成年果园尽量控制夏梢抽生,保证春梢和秋梢整齐放梢,杜绝晚秋梢抽生。

(4) 加强柑橘潜叶蛾的防治

柑橘潜叶蛾与柑橘溃疡病的田间交互症状和消长动态上的同步性,揭示了柑橘潜叶蛾对柑橘溃疡病的影响途径,也表明柑橘潜叶蛾是导致柑橘溃疡病快速扩散、加重发生的重要因子,预示了控制潜叶蛾发生对防治柑橘溃疡病的重要作用[26]。当年嫁接苗或砧木苗在新梢抽发后就要防治。幼树的保梢期在嫩芽长出 0.5～1.0 cm 或嫩叶受害率达 5% 或田间嫩芽萌发率达 25% 时开始施药,间隔 5～7 天施用 1 次,连续 2～3 次,重点喷布树冠外围和嫩芽嫩梢。放梢后幼虫孵化高峰期为最佳喷药时期。第一次用药以防治成虫为主。当夏、秋梢芽长至 3 mm 时或在新芽抽出 50% 时喷药防治,在傍晚间隔 6～7 天喷药 1 次,连续 2～3 次,直到新梢木质化。第二次用药以防治潜入叶内的低龄幼虫为主,一般于中午喷药效果较好。建议使用 1.8% 阿维菌素乳油 1 500～2 000 倍稀释液 + 10% 顺式氯氰菊酯乳油 1 500 倍稀释液进行喷雾作业。

(5) 抓住防治的关键时期

幼龄树以保梢为主,新梢萌芽后 10～15 天喷第一次药,以后每隔 10～15 天喷 1 次,连喷 3 次。对苗木、幼树应适当增加喷药次数。针对柑橘结果树,应对幼果予以全面保护,以保护树梢为辅助策略。在每次放梢期,当萌芽长 2～3 cm 的时候,对新梢进行有效保护,即首次喷药,每隔 10～12 天喷药 1 次,连续用药 3 次,至叶片转绿阶段,做到每梢 3 喷。除此之外,在柑橘谢花后 20、35、50 天需对幼果予以有效保护,必须采取喷药的处理措施,以保证柑橘幼果与嫩梢得到有效保护。防治药剂可选用 77% 氢氧化铜可湿性粉剂 400～600 倍稀释液、0.5%～0.8% 等量式波尔多液、30% 噻唑锌悬浮剂 500～750 倍稀释液、50% 春雷·王铜可湿性粉剂 500～800 倍稀释液等,同时应注意药剂的混配和轮换[25]。

### (二) 柑橘黄龙病

柑橘黄龙病又称黄梢病、黄枯病或青果病。柑橘叶片有三种类型的黄化:斑驳黄化,均匀黄化和缺素状黄化。① 斑驳黄化指叶片转绿后局部褪绿,形成斑驳状黄化,斑驳形状非常不规则,呈雾状,没有清晰边界,多数斑块起源于叶脉、基部或边缘;② 均匀黄化多出现在秋季气温局部回落后柑橘植株所抽生的秋梢和晚秋梢上,新梢叶片不转绿,逐渐形成均匀黄化,多出现在树冠外围、向阳处和顶部;③ 缺素状黄化不是真的缺素,是由于黄龙病引起根部局部腐烂以致植株吸肥能力下降,进而引起叶片缺素。其主要症状表现为类似于缺锌、缺锰的情况,是黄龙病识别的辅助症状。患黄龙病的柑橘果实有两种类型症状:① 青果病主要表现为成熟期果实不转色,呈青软果(大而软)或青僵果(小而硬);② 红鼻果主要表现为成熟期果实转色异乎寻常地从果蒂开始,果顶部位转色慢而保持青绿色,从而形成红鼻果。柑橘的黄龙病一旦发病,就无法治愈,必须及时砍除,并在病穴内撒施熟石灰粉进行消毒。柑橘黄龙病依靠木虱进行传播,在柑橘的生长过程中,及时使用噻虫嗪、啶虫脒、吡蚜酮、烯啶虫胺、吡虫啉、藜芦碱、苯氧威、噻嗪酮、丁硫克百威等加联苯菊酯进行木虱防治,能在一定程度上降低黄龙病的发病率。

柑橘黄龙病是世界范围内能在柑橘生产上造成毁灭性伤害的病害,目前已知其分布于 40 多个国家和地区,尚无特效药剂可根治。巴西是世界上最大的橙子生产国,圣保罗州的果汁生产和出口居世界领先地位。但是,柑橘黄龙病(柑橘绿化病)的出现成为巴西橙子生产和果汁出口的一大挑战。2004 年,黄龙病开始在巴西的柑橘类果树中出现,据估计,这一病害影响了主要产区(圣保罗州、米纳斯吉拉斯州和巴拉那州)中超过两亿棵橙树和其他柑橘中的约 18%。在我国南方,广东省是国内最早发现柑橘黄龙病受害最严重的省份,同时也是最早对该病进行系统研究的省份[27]。在江门新会,从 1991 年至 1996 年,茶枝柑种植区大面积受黄龙病病菌感染,全区柑橘果实总产量由此前的 16 万 t 一度锐减至 300 t,新会柑产业因此一度低迷。从 1996 年到 1998 年,新会区加紧构建了"茶枝柑良种无病苗繁育体系",柑橘黄龙病得到了有效预防与控制。时至今日,新会区也因此成为柑橘黄龙病高发区的一个"绿洲"。图 1-9 是正常的茶枝柑和感染黄龙病的茶枝柑叶子与果实的外观比较[28]。

(a) 正常的茶枝柑叶子和果实　　　　　　　　(b) 感染黄龙病的茶枝柑叶子和果实

**图 1-9　茶枝柑黄龙病外观症状鉴别**[27]

在柑橘生长期间,黄龙病一年四季都有可能发生,每年5月下旬开始发病,8月、9月则是黄龙病的高发时段。黄龙病一旦在柑园暴发,柑橘的生长将会遭受毁灭性伤害,果园也将成片地毁灭,给柑橘产业造成巨大的威胁。现有的商业化柑橘品种均易被黄龙病菌感染[29]。据了解,近年来兴起的基因编辑技术或将为柑橘黄龙病的防治提供新的有潜力的解决方案。

总而言之,为了切实提高柑橘的产量和品质,做好柑橘黄龙病的各项防控措施是绿色柑橘产业发展的重要环节。

**1. 黄龙病的感染症状**

柑橘黄龙病由一种特殊的韧皮部限制性病原菌(*Candidatus liberibacter*)引起,细菌感染韧皮部后堵塞筛管,造成植株营养供输不通畅而导致柑橘树黄化,并逐渐丧失结果能力直至枯死。柑橘受到黄龙病菌侵染后,部分枝条的新梢叶片停止转绿并发生黄化,叶片上逐渐呈现黄色斑点。这种现象一般常见于果树的树冠顶部,果农常称之为"插金花"。夏梢嫩叶期也会出现不均匀的黄化,能够明显观察到叶片硬化且没有光泽。患病的柑橘树挂果量较少,且成熟期果实着色异常,整体品质不高,果实较小且常畸形化,味道偏酸,致使柑橘果实失去原有的商品价值,直接影响了柑橘果实的市场经济效益。

**2. 黄龙病的传播途径**

柑橘黄龙病是通过带病苗木和媒介木虱来传播和蔓延的。因此,黄龙病的传播途径分成两种:人为传播和自然传播。人为传播是指带病苗木、接穗和砧木在人工调运过程中引起黄龙病的扩散。自然传播则是通过传播媒介柑橘木虱来传播黄龙病。研究发现,柑橘木虱是柑橘黄龙病的唯一自然传播媒介。木虱取食于感染黄龙病的柑橘果树后一旦携带病菌便可终身传毒为害。目前,柑橘木虱取食传病是黄龙病在田间自然传播的主要途径。

**3. 黄龙病的田间诊断依据[27]**

(1) 黄龙病初发病的均匀黄化型黄梢

均匀黄化型黄梢多发生于柑橘夏、秋梢期间。其发生过程是,在一棵外表健康、生长正常的植株上,树冠外围有少数几条或多条新枝梢不转绿,叶片呈黄色或黄白色均匀黄化;或者在转绿过程中,中途停止转绿,叶片呈淡黄绿色均匀黄化。这种均匀黄化型叶片,只出现在新枝梢上的叶片上,新枝梢下面基枝上的叶片,外观上完全正常,没有出现任何病变。这种外围新枝梢不转绿,基枝叶片正常的症状,是黄龙病初发时患病柑橘植株的重要特征之一。

(2) 黄龙病初发病的斑驳型黄梢

在大多数情况下,柑橘初发病树最先出现斑驳型黄梢。其发生过程是,在一棵外表健康、生长正常的植株上,新梢期抽发的新梢外表健康,叶片正常转绿,但树冠外围有一条或多条新枝梢转绿后的叶片从叶片基部开始褪绿黄化,并沿中脉和两侧叶缘向叶尖部分扩展。由于黄化扩散不均匀,形成黄绿相间的斑驳。初发病的均匀斑驳型黄梢,同均匀黄化型黄梢一样,也只限于新梢叶片褪绿斑驳,其下基枝上的叶片外观完全正常,看不到任何病变迹象。斑驳型黄梢也是黄龙病初发病的柑橘植株常见的重要特征之一。

(3) 黄龙病树上典型的斑驳黄化叶片

斑驳黄化的叶片是柑橘黄龙病的特异性症状。很多时候单凭典型的斑驳叶片就可以做出诊断。斑驳叶片可以发生于黄龙病的初发期,并可以作为初发病树的斑驳型黄梢的一个特征。但更多的时候发生于中、后期病树上的老叶,尤其是初发病时发病枝梢下面基枝上的叶片和原来树冠上未有发病枝条上的叶片。受病菌侵染的植株随着病情加重,老叶陆续出现褪绿,形成一大块一大块黄绿相间的黄化。除了受叶脉限制外,黄色、绿色斑块之间交界不明显,轮廓不清晰,这与"花叶"病症有所区别,故称之为"斑驳"。黄龙病叶片发病后期可见全叶黄化而脱落。斑驳叶片几乎可以伴随病树的终生,除非病树上的老叶、病叶全部脱落。这种具有特异性病状的叶片可以作为田间诊断黄龙病患病植株的有力凭证。

(4) 黄龙病中后期病树出现的特异性病状

① 中后期病树抽发短小、纤弱,叶片呈缺锌、缺锰状花叶的黄梢。初发病植株,经过两三个梢期后,病梢上叶片脱落,病梢下面基枝上的叶片和树冠上其他原来未病枝条上的叶片陆续出现斑驳黄化,病树开始出现大量落叶,呈现周期性衰退,显示病程已进入中后期。
② 成年病树出现青果、斑驳果和"红鼻果"。在挂果的成年病树上,除了可看到较多的畸形果外,还可以看到过了成熟期还不着色的青果,或者着色不均匀的斑驳果,宽皮柑橘类品种(如砂糖橘、贡柑、椪柑和马水橘等)还会出现"红鼻果"——果实过了成熟期,只有近果蒂部位的果皮着色,其余大部分果面保持青绿。

**4. 黄龙病的防控措施**

(1) 加强检验检疫,严格控制传播。把好检验检疫的关卡,防止带病柑橘苗木、接穗和砧木流入市场,确保新建果园的苗木健康。同时,利用自然屏障和人工种植防护林等方式建立生态隔离,防止柑橘木虱快速地扩散与蔓延。

(2) 科学防控柑橘木虱,切断病毒传播途径。减少柑橘木虱的数量,可有效控制柑橘黄龙病的发生率。可利用生物防治法,通过柑橘木虱姬小蜂、阿里食虱跳小蜂、蓟马和草蛉等柑橘木虱的天敌对柑橘木虱的数量进行控制从而达到防治效果。同时,轮换使用有机磷类、氨基甲酸酯类、拟除虫菊酯类和阿维菌素类等杀虫剂,在春梢、秋梢等关键时期开展统防统治。

(3) 其他时期全程兼治,提高木虱防控效果。及时清除染病果树,消灭果园和田间的病源。果园内一旦发现染病植株要立即整株挖除并烧毁,挖除前全园喷施一次杀虫剂防治柑橘木虱,防止柑橘木虱为害健康果树;施药后挖除染病树株,树体大的可从根部截断,截口凿洞促进药液吸收,涂上草甘膦后用黑色塑料袋包扎,确保病株树根不再萌生带病枝芽。

(4) 加强果园管理。加强肥水管理,提高果树抗逆性和抗病性;开展冬季清园,清除病残枝叶等,减少柑橘木虱的越冬及产卵繁殖的场所;进行统一控梢,坚持抹芽放梢、去除秋梢和晚秋梢,尽量让柑橘能够整齐地放梢。

(5) 补种健康柑橘大苗。为了维持果园的正常生产能力,可通过建设无病大苗繁育棚,培育无病大苗进行繁育并及时补种,同时确保补种的苗木安全[30]。

**(三) 炭疽病**

**1. 炭疽病的概述**

柑橘炭疽病属世界性分布的病害,在各个柑橘产区均有分布。炭疽病是由真菌引起的侵染性病害,主要为害柑橘新梢、叶片、花器、幼果、果梗和枝条并且可以引起储藏期蒂腐果烂(图 1-10)。条件适宜时,柑橘炭疽病可造成田间 90% 以上的损失甚至绝收。

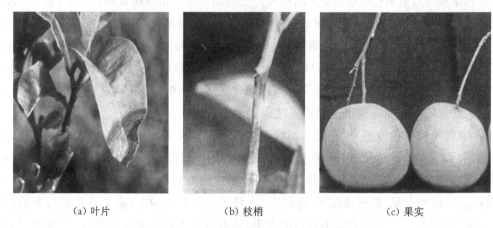

(a) 叶片　　　　　　(b) 枝梢　　　　　　(c) 果实

图 1-10　柑橘炭疽病外观症状鉴别[31]

在柑橘生长过程中,若管理不当,果树会容易感染炭疽病、疮痂病及煤烟病等病害。其中,炭疽病在柑橘产区普遍发生,可引起落叶、枝梢枯死、枝干开裂及果实腐烂。炭疽病也会对柑橘树的整个植株造成危害,病斑多出现于叶片的叶缘或叶尖,呈浅灰褐色圆形或不规则形。病斑上有同心轮纹排列的黑色小点。严重时叶部发生急性型病斑,病斑正背两面产生众多的散乱排列的肉红色黏质小点,后期颜色变深暗,病叶易脱落,影响柑橘树生长。叶片慢性型则多发于老熟叶片和潜叶蛾等造成的伤口处,干旱季节发生较多,病叶脱落较慢,病斑多发生在边缘或叶尖,呈近圆形或不规则形浅灰褐色,边缘褐色,与健部界线十分明显[31]。

**2. 病原与发生规律**

(1) 病原生物学

病原无性态为无性孢子类炭疽菌属胶孢炭疽菌,有性态为子囊菌门小丛壳菌属围小丛壳菌。病菌具有潜伏侵染的特点,侵染时期长,不易防治。有研究文献指出,柑橘炭疽病病原菌为刺盘孢属(炭疽菌属)的 3 个种,即胶孢刺盘孢(*Colletotrichum gloeosporioides*)、尖孢刺盘孢(*C. acutatum*)和平头炭疽菌(*C. truncatum*)。其中,胶孢刺盘孢(*C. gloeosporioides*)是我国的优势种群,全国大部分柑橘产区都有分布,尖孢刺盘孢(*C. acutatum*)仅在云南、广东的少部分地区有分布,而平头炭疽菌(*C. truncatum*)目前只在云南的瑞丽有发现[32]。

(2) 病原发生与传播规律

病菌喜欢高温高湿的环境,生长适宜温度为 21~28 ℃,主要以菌丝体和分生孢子在病梢、病叶和病果上越冬。第二年春季,病组织上产生的分生孢子借风雨、昆虫传播,直接侵入或从气孔和伤口侵入。发病部位可以不断产生分生孢子,进行多次再侵染导致病害流行。

(3) 炭疽病的防治方法

① 冬季彻底清园

剪除病虫枝、交叉枝、过密枝,清除枯枝、落叶、病果,并集中烧毁。采果后或萌芽前,喷布石硫合剂进行药剂清园,减少越冬菌源。

② 加强栽培管理

增强树势,提高抗病力是该病防治的关键。另外,加强肥水管理,施足基肥,增施磷、钾肥以增强抗病性能。及时排除园区积水,干旱时及时浇水,保护好树势,提高树体的抗病能力。科学修剪,适度取大枝开天窗,利于通风透光。

③ 施药防治与保护

注意防治时期:在春、夏、秋梢嫩叶期,各喷药 1 次。幼果期(5~6 月)喷药 1~2 次。8~9 月以防止病菌侵入果柄为重点,喷药 2~3 次。树势衰弱或树体损伤时,应及时喷药保护,有急性病斑出现时,更应立即防治。

推荐药剂:发病初期选用 80%代森锰锌可湿性粉剂(大生)600~800 倍液,加 25%咪鲜胺乳油 2 000~4 000 倍液,或 60%唑醚·代森联可湿性粉剂(百泰)750~1 500 倍液等进行防治,间隔 7~10 天施第二次药,连续施药 2~3 次。

农药使用规律:注意交替使用农药,不可长期使用同一种药剂进行防治。这样既可提高防效,又可延缓病菌的抗性[33]。

### (四)其他柑橘病毒病

**1. 柑橘衰退病**

柑橘衰退病在我国普遍发生,对柑橘产业种植和持续发展造成了严重影响。柑橘衰退病的病原是柑橘衰退病毒(*Citrus tristeza virus*,CTV),该病毒是一种线状病毒。柑橘衰退病毒能引起柑橘茎陷点型、速衰型和苗黄型症状,导致植株矮化、果实减产、品质变劣和丧失经济价值,对柑橘产业的健康持续发展造成严重影响。柑橘衰退病可以通过不同方式来进行传播,主要以带病接穗嫁接传播,而在田间通过多种蚜虫(橘蚜、棉蚜、绣线菊蚜等)以非循环半持久的方式对柑橘衰退病毒进行传播,其中褐色橘蚜传毒能力最强[34]。

**2. 柑橘裂皮病**

柑橘裂皮病是由柑橘裂皮病类病毒(*Citrus exocortis viroid*,CEVd)引起的重要柑橘病害之一。该病毒耐高温,不能应用热处理方法来脱除。裂皮病病毒可侵染柑橘类植物的许多种和品种,病状有很大差异。其中大多数砧木品种如酸橘、红橘、甜橙、酸橙、粗柠檬等均无可见病状。以枳、枳橙和黎檬作砧木的柑橘植株则病状明显,受害严重。带病苗木在苗期无病状表现,田间植株出现树皮开裂所需的时间一般是在定植后 4~8 年[35]。

**3. 柑橘碎叶病**

柑橘碎叶病是危害全球柑橘产业的重要病害。柑橘碎叶病毒(*Citrus tatter leaf virus*,CTLV)引起的柑橘碎叶病毒病在我国分布广泛,台湾、浙江、广东、广西、湖南、湖北和四川等省(区)均有分布,为我国继柑橘衰退病和裂皮病之后的一种重要柑橘病毒病。碎叶病毒在柑橘类中有广泛的寄主,主要为害以枳和枳橙作砧木的柑橘树。在本地早、早橘、朱红、北京柠檬、文旦柚、蕉柑、兴津早温、宫川早温、红心柚、冰糖橙、大红甜橙、雪柑、暗柳甜橙、新会橙、改良橙(红江橙)、森田脐橙、贡柑、砂糖柑等品种中都鉴定到了柑橘碎叶病毒[36]。

此外,柑橘其他病毒病还包括柑橘疮痂病、柑橘烟煤病、柑橘黑斑病和柑橘树脂病等。

## (五) 常见害虫及其防治

### 1. 红蜘蛛

柑橘红蜘蛛[图 1-11(a)]又称柑橘全爪螨、瘤皮红蜘蛛,属蛛形纲蜱螨目叶螨科。雌成螨体长 0.3～0.4 mm,椭圆形,暗红色,背面有瘤状突起,且长有白色刚毛,足 4 对。雄成螨较雌成螨略小,楔形,鲜红色。红蜘蛛的卵呈球形略扁,红色有光泽,上有一柄,柄端有 10～12 条细丝,向四周散射伸出,附着在叶面上。幼螨足 3 对,体圆球形,体长约 0.2 mm,淡红色。若螨似成螨,足 4 对,体红色。

(a) 红蜘蛛　　　　　　　　(b) 黄蜘蛛

图 1-11　柑橘红蜘蛛和黄蜘蛛

红蜘蛛是目前最严重的柑橘害虫之一,属世界性的柑橘害螨,分布范围广,仅我国就有 11 个省(区)发生。这种害虫最容易发生在 4～5 月,以成螨、幼螨、若螨群集叶片、嫩梢、果皮上吸汁为害,引致落叶、落果,尤以叶片受害为重,被害叶面密生灰白色针头大小点,甚者全叶灰白,失去光泽,终致脱落,严重影响树势和产量[37]。

开花前后(3～5 月)和秋季(9～11 月)是防治柑橘红蜘蛛的重点时期。有经验显示,花前虫口密度达 1～2 头/叶,花后和秋季达 5～6 头/叶即需进行红蜘蛛的防治。目前柑橘红蜘蛛防控的手段主要有化学防治、生物防治、物理防治和农业防治四大类。其中,化学防治是控制柑橘红蜘蛛的主要措施。具体防治方法可参照如下:

(1) 冬春(11 月～次年 2 月)

冬季要做好果园观察,做好清园工作。防治红蜘蛛冬季清园是第一步,可选用矿物油。比如,使用 99% 绿颖矿物油稀释浓度 100～200 倍可混配 11% 乙螨唑悬浮剂稀释 4 000～5 000 倍,或者 99% 绿颖矿物油+73% 克螨特(炔螨特)乳油稀释 1 500 倍来清园,以增强杀螨效果。石硫合剂等也可选用,但杀虫效果不是很理想,且对施药工具腐蚀大。第二步,做好早春清园,早春是全年红蜘蛛的重要防治时期,此时由于气温低,很多感温型杀螨剂活性不理想,如克螨特、三唑锡。除了红蜘蛛外,早春还可能有其他害虫发生,因此药剂可选用 99% 绿颖矿物油 100～200 倍+20% 哒螨灵乳油 1 000～1 500 倍,或者 95% 机油乳剂 100～200 倍+11% 乙螨唑悬浮剂 4 000～5 000 倍来进行清园作业。

(2) 春梢抽发、初花期(3～4 月)

1.8% 阿维菌素乳油 750～1 000 倍+11% 来福禄悬浮剂 4 000～5 000 倍。

**(3) 开花至生理落果期(5~6月)**

使用1.8%阿维菌素乳油稀释750~1 000倍加上24%螺螨酯悬浮剂稀释2 500~3 000倍进行喷施防治;5%阿维·甲氰微乳剂稀释500~800倍加上11%乙螨唑悬浮剂稀释4 000~5 000倍进行喷施防治。

**(4) 夏梢抽发期(7~8月)**

由于气温较高,加上春梢已成老熟期,红蜘蛛危害相对不大,一般不需要喷施杀螨剂。

**(5) 秋季(9~11月)**

南方地区红蜘蛛发生有春、秋2个高峰,以春季发生更重。但秋梢前后也是红蜘蛛为害的重要时期,害螨不仅为害秋梢,还会为害果实,因此秋季也是防治红蜘蛛的关键时期。常用药剂为1.8%阿维菌素乳油750~1 000倍+11%乙螨唑浮剂4 000~5 000倍或1.8%阿维菌素乳油750~1 000倍+24%螺螨酯悬浮剂(螨危)2 500~3 000倍[38]。

在生物防治方面,"以螨治螨"是目前广东柑橘生产中应用较成功的一种治虫新技术,运用捕食螨防治害螨可替代化学农药防治,能大幅度减少农药使用量及农产品的农药残留量,保护了农业生态环境,并且能保持果实色泽鲜艳,提高果实商品价值。这对于提高质量,降低成本,发展优质、高效、生态果业意义重大[39]。表1-4展示了"以螨治螨"生物防治小区的试验结果。

表1-4 "以螨治螨"生物防治小区的试验结果[39]   单位:个

| 放螨密度 | 放螨3天 | | 放螨7天 | | 放螨17天 | | 放螨25天 | |
|---|---|---|---|---|---|---|---|---|
| | 害螨 | 卵 | 害螨 | 卵 | 害螨 | 卵 | 害螨 | 卵 |
| 50% | 200 | 1 200 | 600 | 1 200 | 20 | 10 | 20 | 10 |
| 75% | 200 | 1 200 | 600 | 1 200 | 100 | 20 | 10 | 10 |
| 100% | 200 | 1 200 | 600 | 1 200 | 50 | 50 | 0 | 0 |

捕食螨(胡瓜钝绥螨)试验防治对象为柑橘红蜘蛛,其螨态为成螨和若螨。柑橘树龄3~7年。释放捕食螨面积占果园面积的100%,释放捕食螨最适宜时间在5~6月,最好在16:00左右或阴天进行,遇雨天可推迟1~3天。一般树龄在6年生以上的每株释放1盒捕食螨(100%处理),树龄较低可适当减少释放数量。一般3~9周后收效良好。释放前要清园,冬春期清园1~2次,清除园内干枯枝、病虫枝、烂叶果和杂草,对越冬介壳虫、粉虱、红蜘蛛和病菌进行1次全面药剂综合防治。在释放捕食螨前3~4天再清园1次,可用0.3%印楝素乳油1 500倍液喷施压低红蜘蛛基数,要求在释放捕食螨时确保红蜘蛛在每叶2头以下,这样利于捕食且在短期内控制红蜘蛛的危害。适当留些咸虾花或者龙葵等草本植物,为捕食螨提供良好的栖息、繁殖的生态环境。避免使用化学农药和除草剂,对必须防治的病虫害,喷药时应选用高效、低毒和对天敌安全的生物农药,也可采用灯光诱杀等物理方法。

**2. 黄蜘蛛**

柑橘黄蜘蛛[图1-11(b)]又名四斑黄蜘蛛、柑橘始叶螨,属蛛形纲蜱螨目叶螨科。黄蜘蛛分布于我国大部分柑橘产区,是西南、华中、福建和两广地区的柑橘主要害虫。

(1) 为害症状

柑橘黄蜘蛛主要为害叶片、绿色枝条,还为害花蕾和果实,以春梢嫩叶受害最重。幼螨、若螨和成螨3个虫态群集于叶背主脉、支脉及叶缘为害。被害叶片失绿形成大黄斑,叶背凹陷,正面凸起,凹陷部常有丝网覆盖,受害严重时叶片扭曲成畸形。螨害大发生时可造成大量落叶、落果及枯枝,影响树势,降低产量,进而影响果实质量。

(2) 形态特征

雌成螨体长0.35~0.42 mm,宽约0.2 mm,近梨形,淡黄色或橙黄色,体背有白色长刚毛,足4对。雄成螨体呈菱形,长约0.27 mm,宽约0.13 mm,后端稍尖。黄蜘蛛的卵圆球形,光滑,直径0.12~0.14 mm,初产卵为乳白色透明,后为橙黄色且顶端有一短柄。幼螨体近圆形,体长约0.17 mm,淡黄色,有足3对,春秋季节经1天后雌螨背面可见4个黑斑。若螨的形状、色泽均与成螨相似。

(3) 发生规律

黄蜘蛛成螨及卵在树冠内部叶片背面及潜叶蛾为害的卷叶内越冬,年发生12~16代,世代重叠。该虫繁殖适宜温度是15~25 ℃,一般4~5月是全年中为害最严重的时期,其次是10~11月。黄蜘蛛不喜强光,多在叶背栖息,卵多产于叶背主脉和支脉两侧,成年树较苗木和幼树受害重,树冠下部和内膛较顶部和外围受害重,树冠东北面较西南面受害重。

(4) 防治方法

① 物理防治。结合早春修剪,剪除有虫害的卷叶,适度取大枝开天窗,使橘园通风透光,减少越冬虫源。

② 生物防治。柑橘黄蜘蛛天敌种类很多,有捕食螨、食螨瓢虫、草蛉、草间小黑蛛等。因此,要搞好园内作物间作套种,如种植藿香蓟、苏麻、紫苏、蓖麻、豆类等,使橘园生物多样化,利于多种天敌生存。此外,可以人工释放天敌,每年3~5月和9~10月,在平均每叶有害螨2头以下的柑橘树上,每株释放胡瓜钝绥螨等捕食螨200~400头,放后一个半月可控制叶螨为害。天敌释放后,严禁喷洒剧毒农药。

③ 化学药剂防治。黄蜘蛛的防治关键时期主要在4~6月,做好这一时期的防治,可有效地降低虫口基数,减轻10~11月的防治工作量。用药主要有阿维菌素、绿颖矿物油、克螨特、尼索朗、浏阳霉素、石硫合剂、哒螨灵等,注意喷药时要做到树冠上下、内外细致周到,均匀喷雾,用药应交替使用[40]。

**3. 其他柑橘害虫及其防治**

(1) 木虱:柑橘木虱[图1-12(a)]分布于广东、广西、福建、海南和台湾等省(区)。木虱主要为害新梢、嫩芽,春、夏、秋梢均可受害。成虫集中在嫩芽上吸食汁液并产卵在芽隙处,若虫则群集于幼芽嫩梢吸取汁液。被害新叶畸形扭曲。木虱若虫排泄物能引起烟煤病,柑橘木虱是传播黄龙病的重要媒介。

(2) 锈壁虱:由于柑橘锈壁虱虫害有"铜病"的说法,因此果农用"一年铜三年穷"来形容锈壁虱对柑橘果树及其果实产量的危害。一般地,柑橘锈壁虱6月开始为害果实,8月和9月是危害高发期,一定要做好防治工作。春梢抽发期、幼果期和果实膨大期为锈壁

(a) 木虱(放大)　　(b) 大实蝇　　(c) 卷叶蛾幼虫

(d) 天牛　　(e) 蝽　　(f) 象甲

图1-12　柑橘的几种其他害虫

虱防治的主要时期。当年生春梢叶背初现铁锈色，叶或果上虫口密度达每叶2~3头时需要即时防治。

（3）蚜虫：新梢被害率达25%时应及时喷药防治。常用药剂有啶虫脒等。应注意保护天敌七星瓢虫、大草蛉、食蚜蝇、蚜小蜂等，剪除越冬虫卵，减少害虫基数。

（4）潜叶蛾：又称绘图虫、鬼画符、潜叶虫。潜叶蛾是柑橘新梢期重要害虫之一。幼虫为害造成的大量伤口有利于柑橘溃疡病菌的入侵，导致溃疡病的严重发生。柑橘潜叶蛾防治的重点时期为夏、秋梢抽发期(7月上中旬)。应及时抹除零星抽发的夏秋梢，配合肥水管理，促进植株抽发的新梢健壮和整齐。药剂防治：新抽梢至1~2 cm时喷药，7~10天喷1次，连续2~3次。常用的药剂有阿维菌素、杀螟丹、氯氟氰菊酯等。潜叶蛾的捕食性天敌有草蛉和蚂蚁，寄生性天敌是多种寄生蜂。

（5）花蕾蛆：是柑橘花蕾期的重要害虫，主要啃食柑橘的花蕾，由此得名花蕾蛆，被害的花蕾形状如灯笼，花瓣多有绿点，不能开放和受粉结果，从而影响柑橘产量。

（6）柑橘大实蝇：又称黄果蝇或橘大实蝇[图1-12(b)]，仅为害柑橘类，发生时期为6~7月，以甜橙、金柑受害最为严重。

（7）柑橘小实蝇：又称东方实蝇或橘小实蝇。小实蝇为害常发生在9~10月期间，分布于广东、广西、四川、贵州、福建等省区。近年来,该种害虫传播迅速,扩大蔓延并呈上升趋势。

(8) 蚧类:需要抓住蚧类药物干预的重点时期实施防治。其中,矢尖蚧的第一代1龄~2龄若虫期、红蜡蚧的幼虫期(一般为5月上、中旬至6月中旬)和吹棉蚧的幼虫盛发阶段(每年5月份为第一代产卵盛期,5月上旬至6月下旬为若虫发生盛期;8月上旬为第二代产卵盛期,8~9月份为第二代若虫发生盛期)均为蚧类防治的关键时期。常用药物有噻嗪酮、杀扑磷、苦参碱+烟碱、氯吡硫磷、机油乳剂等。需要注意改善柑橘园内的通风透光条件。保护和利用好日本方头甲、红点唇瓢虫、草蛉、黄金蚜小蜂、澳洲瓢虫和大红瓢虫等天敌。

(9) 椿象类:危害柑橘的椿象类害虫主要有长吻蝽、麻皮蝽和稻绿蝽[图1-12(e)]。它们在我国大多数柑橘产区均有分布。若虫和成虫以针状器插入果实、嫩芽和叶片吸取汁液。被害叶片枯黄,嫩芽变褐干枯。幼果由于果皮油胞受到破坏,果皮紧缩变硬,果小汁少。防治方法:① 保护天敌。利用黄猄蚁捕食成虫、若虫,或在5~7月进行人工繁殖寄生蜂并在果园释放。② 人工除害。细心查找椿象若虫,一般一株树上若发现有若虫,便有14头若虫分散在树冠各处。③ 药剂防治。1~2龄若虫盛期,在寄生蜂大量羽化前对虫口密度大的果园进行挑治。

(10) 天牛类[图1-12(d)]:在5~8月,晴天中午人工捕杀星天牛和光盾绿天牛成虫,傍晚捕杀褐天牛成虫;及时消除虫卵、初孵幼虫和剪除被害枝梢;现蕾时选用二嗪农颗粒等加细土混匀后撒施于树盘土面,每7天1次,连续施用2~3次;当花蕾直径为2~3 mm时(即花蕾现白时期)选用敌百虫等喷树冠;尽早摘除受害花蕾,集中深埋或煮沸。冬季深翻园土。生物防治法:释放管氏肿腿蜂。管氏肿腿蜂是天牛等多种蛀干害虫的重要寄生性天敌,对于控制天牛危害具有重要作用。

(11) 蓟马类:蓟马类害虫喜湿暖、干旱的天气,一年四季均可为害柑橘和其他作物。随着柑橘种植规模的扩大和"暖冬"成常态,蓟马类特别是黄蓟马和花蓟马已成为柑橘产区柑橘花期和幼果期的重要害虫。柑橘果实受害后会产生大量花皮果和风癣果,影响柑橘的产量和质量。由于蓟马个体移动能力强,善躲藏,施药时药液很难喷到且抗药性强,导致药剂对蓟马的防控难度极大。对蓟马的防控需要实施"农业措施""蓝板诱杀""科学用药"的综合防治技术。① 农业措施:冬春季清理田间杂草,减少越冬虫源,并使用药剂进行清园。柑橘园内或附近不种植豆科等易受蓟马为害的植物。② 蓝板诱杀:利用蓟马对蓝板的趋性,在柑橘园内悬挂蓝板诱杀蓟马成虫,一般在花期和幼果期,按20~25张/亩悬挂,20~30天更换1次。③ 科学用药:柑橘蓟马化学防控的施药适期应控制在花期前、幼果期和抽梢期。在柑橘花期前至幼果期加强监测,当谢花后5%~10%的花或幼果有虫或幼果直径达1.8 cm,20%的果实有虫,即开展喷药防治。可选用吡虫啉、啶虫脒、阿维菌素类等药剂[41]。

(12) 柑橘卷叶蛾类:在我国柑橘产区具有分布,危害柑橘的卷叶蛾类[图1-12(c)]主要有拟后黄卷叶蛾、拟小黄卷叶蛾和褐带长卷叶蛾。为害特征是蛀食花蕾,缀食叶片,咬食果实,引起大量落果,造成柑橘产量减少。防治方法:① 冬季清园。修剪害虫枝,扫落叶,除杂草。② 摘除卵块。③ 生物防治。释放赤眼蜂防治效果好。④ 药物防治。夏、秋梢抽出期检查虫情并进行针对性防治,以90%的晶体敌百虫800~1 000倍液、50%的敌敌畏乳油800~1 000倍液或2.5%的溴氰菊酯乳油5 000倍液进行叶面喷洒防虫。

(13) 柑橘象虫类:危害柑橘的象虫类[图1-12(f)]主要是灰象虫、大绿象虫和小绿象虫等。柑橘象虫以成虫取食嫩梢叶片和幼果,引起新梢叶片残缺,影响新梢的生长和光合作用,随后转咬幼果和夏梢,在广东以5月早夏梢受害较为普遍。防治方法:① 冬季深翻园土。将越冬蛹和幼虫翻出,破坏其生活环境以减少虫源。② 人工捕杀成虫。在成虫大量出现期,树下铺塑料薄膜,振动树枝,使其落在薄膜上,收集落地的成虫并烧毁。③ 树干涂黏胶。在3~4月成虫大量上树前,于树干上包扎或涂抹黏胶环,阻止成虫上树,并逐日清除胶环上的虫体,然后集中销毁。但需要注意的是,当胶环失去黏性时应及时更换或者涂抹。

目前,在柑橘园的害虫防治中,化学防治是常用的害虫防治手段,但长期大量使用化学农药会造成果实农药残留、环境污染、生态破坏及害虫产生抗药性等。柑橘病虫害的绿色防治不代表不使用化学农药,而是需要严格依照相关规定适度地使用农药来进行防治。在选用农药时,需要确保所选农药低污染、低残留和低毒性。在柑橘采摘前30天,不可施用任何农药,以确保柑橘绿色、无公害,避免影响人们的身体健康。为了适度使用农药,应在施用农药前做好相关准备工作,如了解病虫害的危害特征和危害时间,从而在最佳时间施用农药。另外,需要严格把控好农药使用量,有针对性地用药。此外,物理防治是绿色防控中的重要防治措施之一,其中诱虫板是应用最为广泛的物理防治措施,其对实蝇、蚜虫、飞虱和蓟马等小型昆虫均具有很好的控制作用[42]。

### 三、茶枝柑病虫害的生物防治与实践

病虫害会对柑橘树的正常生长发育及其产量造成严重的影响。因此,在种植柑橘时,必须树立前瞻性的种植理念,掌握各种常见病虫害的发生规律与特征,遵循"预防为主,防治结合"的基本原则,采用多元化防治措施,做好柑橘常见病虫害的绿色防治工作,为柑橘正常生长发育提供保障,进而提高柑橘种植的经济收益。

近年来,天敌昆虫的应用已成为生物防治实践中的重要组成部分。在有些情况下,柑橘园的生态系统结构单一,天敌种类和数量偏少,需要借助天敌迁移和人工释放的方式来建立田间种群,以达到控制害虫的目的。

## 第五节　茶枝柑果实采收与加工

在我国南方的广东省,许多新会人世代传承着制作陈皮的经验和延续着收藏陈皮的习惯。新会民间流传着关于新会陈皮制作技艺的顺口溜:"十年一届基,种果用机肥。拣果考眼力,二三刀开皮。反皮看门路,晒皮趁天气。贮皮需有道,伺理比心机。"新会陈皮制作技艺是新会人经过长期的反复实践研究出来的成果,已经发展成为陈皮产业化体系的核心技

术。作为新会特有的传统制作技术,新会陈皮炮制技艺于2021年6月正式入选第五批国家级非物质文化遗产代表性项目名录。

## 一、茶枝柑的采摘与加工

茶枝柑从种植、采收、清洗、选果、开皮、翻皮、晾晒、包装、贮存到陈化,每一个步骤、每一道工序都凝结了新会劳动人民的汗水和智慧。

采收是农业生产活动中的关键环节,也是新会陈皮制作技艺的重要一环。茶枝柑的果实每年一熟,但是成熟的时间稍微有一些差异,所以在进行茶枝柑果实采摘管理的时候,应该选择分批采摘的方式,即果实成熟一批采摘一批,直到全部果实都成熟并且被采摘下来。采摘下来的果实需要进行剥皮处理,新会的茶枝柑一般沿用3瓣式的手工开皮方式。因此,采收时间的选择对柑橘果实的性质与质量尤为重要。

此外,由于采收需求不同,采收时间也不同。一般在每年的10月(农历立秋至寒露)采摘青柑;在每年的11月(农历寒露至小雪)采摘二红柑,二红柑是指未完全成熟的茶枝柑;在每年的12月(农历小雪至小寒)采摘大红柑,大红柑是指充分成熟的茶枝柑。果实采前10~15天内,果园不宜进行漫灌。极其干旱情况下建议进行适量的淋水,宜在晴天、雾水干后采收,雨天、雾天不适合采收。一般按照"先熟先采、分期分批采收"的原则进行采收。

茶枝柑采收的第一步是采摘果实。摘果并不是简单地从果树上采摘下来,比较正规的采摘方法是选用园林专用果剪,并采用"一果两剪"的方法(图1-13)。第一剪要选在贴近枝根(或称为"枝丫")的地方,第二剪落剪处选在靠近果蒂的地方。这样的剪果方法能够避免主枝上留下过长的枝条而长出新芽并消耗果树的营养却不会开花结果。值得注意的是,一般不采用直接用手采摘的方式来采收是因为徒手摘法很容易弄掉果蒂,破坏果皮的完整性,影响柑皮成品(陈皮)的外观质量。

**图 1-13　用"一果两剪"的方法采摘茶枝柑**

采收的第二步是开皮。在新会，每逢茶枝柑的收获季节，空气中便会弥漫着茶枝柑青涩的芳香，男女老少围坐在一起剥果皮，并将新鲜的柑皮放在阳光充足的地方晾晒，于是便形成了"家家开柑皮，果皮挂灶眉"、"柑黄秋高爽，果皮满禾塘"和"秋收谷金黄，柑皮煨咸汤"的独有景象。

新鲜采摘回来的茶枝柑首先需要进行果皮表面的清洁工序（去除农残、虫卵和杂物）之后才能剥开果皮。针对开皮，新会在传统上有两种刀法，一种是"对称二刀法"，另一种是"正三刀法"。"对称二刀法"是将果蒂朝上，从果肩两边对称反向弧划两刀，留果顶相连，正三瓣剥开；"正三刀法"则是将果蒂朝下，从果顶向果蒂纵划三刀，留果蒂相连，正三瓣剥开。用正三刀法剥开的果皮制成的陈皮由于收缩较紧，可以减少储存空间、方便运输；用对称二刀法所开的果皮制成的陈皮呈"风筝"状，比较占用空间，但这种方法更有利于陈皮的陈化。因此，两种开皮方法各有优劣。

茶枝柑开皮后接下来的工序就是翻皮，刚刚开皮的新鲜果皮质地较脆，直接翻皮会造成果皮断裂，严重影响成品干皮的外观质量。因此，刚剥出来的新鲜果皮要稍微晾晒几个小时，待果皮的水分蒸发、皮身变软之后即可进行翻皮。翻好皮的柑皮放到阳光棚或者日晒场进行天然日光生晒，无须添加任何化学物质。自然晒干后的新会柑皮最大程度地保留了柑皮本身的活性物质成分，也保留了天然的柑橘芳香风味，自然陈化后更利于新会陈皮的品质保持。

一般而言，根据采收时间的不同，茶枝柑果皮产品可分为柑青皮（青皮）、微红皮（黄皮）和大红皮（红皮）。

## 二、柑橘采摘的机械化前景

我国柑橘采摘作业主要依靠手工采摘，在整个柑橘生产作业中，采摘作业的机械化水平比较低下。研究资料显示，我国柑橘在采摘环节所使用的机械设备的研发，是目前柑橘生产机械化种植技术在应用过程中的一项亟待突破的难题。

### （一）国外果实机械化采摘研究

目前，在农业机械化生产技术较为发达的西方国家和地区，大多数是凭借移动式采摘平台或者采摘梯进行采摘作业，使用果树剪与采收袋进行柑橘的人工采摘，极少数用于果汁榨取的柑橘才能实现真正意义上完全使用机械设备进行采摘。

关于果实的机械化采摘，Schertz 和 Brown 对扭断式和旋转切割式两种果实采摘执行器进行了研究。其中，吸入扭断式果实采摘末端执行器将果实吸入橡胶软管内后，通过腕部转动将果柄扭断，而旋转切割式果实采摘末端执行器采用了刀片切断果柄。日本久保田株式会社研发的末端执行器工作原理是先靠近果实，吸盘将果实吸入梳状罩中，理发推子形状的切刀切断果柄，完成果实采收[43]。意大利卡塔尼亚大学 Giovanni Muscato 教授的研究团队研发的末端执行器由切割装置、接近开关、摄像机、伸缩托盘和下钳口等部分构成，当末端执行器到达目标果实位置时，下钳口夹住果实，切割刀片切断果柄，果实落入伸缩托盘，由托盘将果实运送至储果区[44]。美国佛罗里达大学 Michael W. Harman 等人研发的末端执行器采用三指式夹持的结构。

### (二)我国柑橘果实机械化采摘的状况

不同于国外的榨汁用柑橘,我国柑橘的消费方式以新鲜水果食用为主。因此柑橘果皮损坏将造成果实保存时间极大地减少,不利于运输和售卖,损害了柑橘本身的价值。这也是目前制约我国柑橘机械化采摘作业发展的一个主要问题。当然,发展无损型柑橘采摘末端执行器便可以解决这一技术难题。

开展适用于果园自然环境的末端执行器和柑橘采摘机器人系统的相关研究,对提高我国柑橘采摘机器人精确采摘的能力、实现柑橘采摘自动化和智能化具有非常重要的理论意义和实用价值。此外,针对我国现有的状况和各个柑橘产区的特殊情况,要打破柑橘在机械化采摘过程中所存在的技术桎梏,以下两点建议可供参考:第一,可以考虑在拖拉机等其他农业机械上安装立柱和伸缩臂支撑作业平面,把采摘员运输至对应高度开展机械化采摘作业;第二,某些特殊情况下,在正式开展采摘作业之前,可以向果树喷洒果实脱落剂,使用强力振动设备让果实从柑橘树上自动脱落,并利用机械设备将落下的果实传送到指定地点,由此实现对柑橘果实的机械化采摘[45]。

## 第六节 茶枝柑果皮的包装和贮藏方式

俗话说,"加工不当,药材质伤"。产地初加工是影响中药材质量的一个重要因素。贮藏与陈化则是部分中药材进入市场之前提高药效和保证质量的重要一环。《珍珠囊指掌补遗药性赋》记载:"枳壳陈皮半夏齐,麻黄狼毒及吴萸。六般之药宜陈久,入药方知奏效齐。"[46]如果中药材贮藏方式不当,也可能会导致药材生产功亏一篑。因此,适时的采收、合理的产地加工以及贮藏陈化对于中药材质量的控制与保障尤为关键。

新会陈皮作为"广东三宝"之一,素来享有"一两陈皮一两金,百年陈皮胜黄金"的赞誉。一块上好的新会陈皮,其质量成败的关键不仅在于柑橘栽植所需要的多种良好的条件要素,还在于柑橘皮贮藏陈化方式是否得当。科学恰当地贮存新会陈皮,不但会降低碳化皮和黑化皮(俗称"烧皮")的发生频率,还会减少陈皮虫蛀与霉变现象的发生,使得存放时间更久,药用价值更高。关于新会陈皮虫害情况的研究,表1-5列出了2016年新会陈皮仓储害虫的种类及其危害程度[47]。

表1-5 2016年新会陈皮仓储过程的虫害情况[47]

| 有害生物 | 新柑皮(存期1~2年) | | | | 陈皮(存期3年及以上) | | | |
|---|---|---|---|---|---|---|---|---|
| | 严重 | 一般 | 轻微 | 小计 | 严重 | 一般 | 轻微 | 小计 |
| 烟草甲 | 12 | 11 | 4 | 27 | 5 | 6 | 3 | 14 |
| 赤拟谷盗 | 8 | 7 | 2 | 17 | 2 | 2 | 1 | 5 |
| 咖啡豆象 | 5 | 8 | 2 | 15 | 2 | 3 | 3 | 8 |

(续表)

| 有害生物 | 新柑皮（存期1~2年） | | | | 陈皮（存期3年及以上） | | | |
|---|---|---|---|---|---|---|---|---|
| | 严重 | 一般 | 轻微 | 小计 | 严重 | 一般 | 轻微 | 小计 |
| 印度谷螟 | 6 | 5 | 3 | 14 | 2 | 3 | 2 | 7 |
| 锯谷盗 | 5 | 2 | 3 | 10 | 1 | 2 | 1 | 4 |
| 大眼锯谷盗 | 4 | 2 | 2 | 8 | 0 | 3 | 0 | 3 |
| 锈赤扁谷盗 | 4 | 3 | 1 | 8 | 1 | 2 | 0 | 3 |
| 米扁虫 | 0 | 1 | 2 | 3 | 2 | 3 | 2 | 7 |
| 粉斑螟 | 1 | 2 | 0 | 3 | 0 | 1 | 1 | 2 |
| 黑菌虫 | 0 | 0 | 0 | 0 | 0 | 1 | 1 | 2 |
| 小蕈甲 | 0 | 0 | 2 | 2 | 0 | 0 | 1 | 1 |
| 粉啮虫 | 0 | 1 | 1 | 2 | 0 | 0 | 1 | 1 |
| 玉米象 | 0 | 0 | 1 | 1 | 0 | 0 | 0 | 0 |
| 头角薪甲 | 0 | 0 | 1 | 1 | 0 | 0 | 0 | 0 |
| 露尾甲科 | 0 | 0 | 1 | 1 | 0 | 0 | 0 | 0 |
| 粉螨科 | 0 | 0 | 1 | 1 | 0 | 0 | 0 | 0 |

注：选择有代表性的陈皮 5 kg，查清害虫数量（含死虫及包装上的害虫）。当"虫口数量 ≥ 50 头"时，视其受害程度为"严重"；当"10 头 ≤ 虫口数量 < 50 头"时，视其受害程度为"一般"；当"虫口数量 < 10 头"时，视其受害程度为"轻微"。

"麻绳串，灶尾熏；麻袋装，阁楼放。"这一顺口溜生动地描绘了新会人包装和贮藏陈皮的古老方式。随着科技的日新月异，新会陈皮的包装和贮藏方式也花样百出，朝着多元化方向发展。其中，仓储方式是新会陈皮包装、贮藏和运输过程中的关键环节。新会陈皮的贮藏方式主要分为家庭式储存和现代规模化仓储。

## 一、家庭式储存

家庭式储存一般是指陈皮的存量较少，可采用棉布袋、麻袋、自封袋、牛皮纸袋、编织袋、纸箱、塑料瓶等进行包装和贮藏，有条件的也可以采用玻璃密封瓶、铁罐、陶罐等贮藏。存放位置要注意保持通风和干燥，如遇上潮湿天气或已经发生受潮情况，应该及时翻晒晾干，放回原处陈化。秋天到冬至前的干燥晴朗的天气最适宜翻晒陈皮，晒好后封装放置明年秋天再次解封重晒。新制茶枝柑果皮如此反复存放三年及以上即可陈化而成新会陈皮。另外，贮藏十年及十年以上的新会陈皮一般不需要翻晒。

新会陈皮家庭包装形式虽然很多，但却各有利弊，需要根据家庭条件与需要选择适宜的包装方法。比较常见的包装工具有自封袋、牛皮纸袋、编织袋、麻袋、布袋、纸箱、玻璃瓶、金属罐和陶瓷罐等。下面介绍一下新会陈皮的几种常用包装与贮藏方式及其优缺点。

（1）麻袋：前人用得比较多的方法。麻袋孔大，蠹虫容易入侵和蛀食陈皮，并且虫体易于快速转移和繁殖。此外，陈皮容易吸附麻袋的气味。为了防止虫蛀，麻袋装好陈皮后，一般放在厨房，使用柴草烟熏的"土方法"来防治麻袋陈皮的虫蛀。麻袋通风透气性较好，能加快陈皮陈化,且具有一定密封性,可阻挡部分害虫。但麻袋吸湿能力强,对环境的温湿度要求较高。此外,麻袋上下叠垒时,放置在底部的新会陈皮易碎易潮,不太适合大型仓库高密度贮藏[48]。

(2)布袋:布袋的孔隙细密,不利于陈皮蛀虫传播;布袋的透气性有利于空气进入,让陈皮得到更好的陈化,而且布袋还可以隔离和吸附空气中的水分,使陈皮不易受潮。

(3)塑料编织袋:相较于麻袋和布袋,塑料编织袋更加轻盈,搬动方便。但陈皮也会吸附塑料气味。

(4)透明胶袋、铝箔袋、玻璃瓶、金属罐和陶瓷罐:这五种类型的贮藏方式虽然密封性都很好,陈皮不易受潮变质,但前提条件是陈皮一定要晒干,保证水分含量在13%以下。值得注意的是,在湿度比较高的天气条件下,密封包装的陈皮不应该经常打开袋口或瓶口。

## 二、现代规模化仓储

现代规模化仓储(图1-14)一般需要经过柑果采摘与筛选、柑果清洗(毛刷、气浴或者水浴)、开果剥皮(人工或者半人工)、日光晒制(或者低温热风烘干)、包装入仓和贮藏陈化等多个步骤开启其规模化仓储模式。

图1-14 新会陈皮的胶筐现代化仓储方式

现代规模化仓储主要采用食品级网格塑胶筐(当然也可以使用麻袋、布袋和金属罐等)来装存新会陈皮(或柑皮)。由于胶筐之间有骨架支撑,摞放后不会挤压底部的陈皮,并且通风性较好,但防虫性能与防止挥发性物质损耗方面则较差。此外,胶筐陈皮以"离墙、离地和离顶"的方式存放可以有效地降低地面和墙面的湿气侵袭并可减少灰尘的污染。同时,规模化标准化陈皮仓储模式还配置有杀菌、控温、控湿和通风过滤装置和设备,能随时调节陈皮仓储库的温度和湿度,使柑皮、陈皮处于最适宜的陈化环境和条件。大部分企业仓储参数为室内温度20～33℃,相对湿度低于60%,新会陈皮的含水量控制在13%以内最佳。从安全高效和仓储设施化应用角度出发,智能化和信息化是陈皮规模化仓储的必然方向。此外,新会个别大型企业探索出了一种特制的不锈钢网格箱(如图1-15所示)作为新会陈皮的仓储容器,具有透气性好、防虫和易于观察等优点,但其单体长、宽、高的优化参数仍有待进一步研究[48]。

**图 1-15　新会陈皮的不锈钢网格箱仓储方式**[48]

陈皮现代化仓储中心是科技与时代的产物,它使用现代化科技手段融合控温、控湿、通风和防虫于一体,并且配备红外线监测防盗和产品溯源系统,让新会陈皮的仓储实现规模化、科学化、标准化,给陈皮的贮藏与陈化贴上智慧的标签[49]。目前,新会"陈皮村"拥有全国规模最大的陈皮标准化仓储中心,据说具有 20 000 m² 的仓储区域和 1 500 t 的陈皮仓储容量。

实际上,不管是家庭储存还是现代规模化仓储,新会陈皮陈化的秘诀在于保持贮存环境的通风与干燥,保持皮身干爽,这样才能让陈皮不霉变且易于陈化。

虫蛀是新会陈皮陈化期间常见的现象。新会陈皮保存期间主要受到米象虫、咖啡豆象虫等害虫的危害。虫蛀一般是从内囊开始,逐渐向外表面以及整块陈皮蔓延开来,形成多个虫蛀斑块并散落许多的虫蛀粉。虫蛀会影响新会陈皮的外观与品质,从而降低陈皮的质量,进而降低其商品价格与使用价值。此外,仓储害虫的排泄物、幼虫和蛹脱的皮及尸体残留其中也会降低陈皮的质量。害虫呼吸作用释放的水分会为微生物的繁殖与陈皮的霉变创造条件。仓储害虫的为害还会直接影响到陈皮外贸业务的正常进行。

目前,关于陈皮仓储害虫的防治依然存在一些问题,亟待解决。首先,管理水平参差不齐。规模大的企业,管理规范,虫害情况较轻;某些柑农对陈皮仓储管理方式较为粗放,使陈皮受害较严重。其次,在防治策略上,没有重视"预防为主,综合防治"的实践经验,存在"重治轻防"的现象。最后,在防治措施上,一般比较单纯的"晒皮"和高温杀虫的方式在防虫方面依然是不彻底的,单一的药剂熏蒸可能产生农药残留问题。因此,有人建议探索一些切实可行的综合防治方案。

新会陈皮的仓储除了害虫的防治外,陈皮返潮发霉也是一个不容忽视的问题,以下提供一个实际的生产案例供分析与参考。

某厂家新会陈皮返潮霉变的案例:某一陈皮生产厂家自建了一个恒温室(温控范围:-10~60℃)存放新会陈皮。在3~5月,由于受南风天气的影响,新会地区经常阴雨连绵、湿气弥漫,并且室外环境温度较恒温室内(干燥温度常设定在40~55℃)的空气温度低。由于自建恒温室的门缝设计不合理,潮湿的水汽从门缝渗入室内,冷暖气流在恒温室内碰撞形成大量水滴粘在房间靠近门口的一带(包括天花板和地面),导致厂家多个牛皮纸箱存放的优质新会陈皮返潮发霉。因此,注意天气变化和防范潮湿水汽的侵入对于陈皮的贮藏陈化具有十分重要的意义。

另外,为了延长新会陈皮的保质期,可以尝试使用以下几种方法来提高陈皮的贮藏效果:

(1) 利用禾秆草烟熏陈皮;

(2) 陈皮保存时加入适量的八角、胡椒等,利用其刺激性气味来防虫,但该方法容易产生陈皮"串味"的问题;

(3) 在陈皮保存过程中及时查看和及时翻晒,翻晒原则为:每年翻晒两次,5~6月和10~11月各一次,每次翻晒时间以两个小时左右为宜。

新会区农业农村局陈皮专家潘华金曾经指出陈皮的陈化增香主要依赖于在一定温度、湿度、厌氧或供氧条件下陈皮糖分的分解。良好的陈化条件下,新会柑皮经过长时间的储存后,陈皮中所含的糖分能够顺利酵解,散发出酱香型陈香味,并且能使果皮外表成色为深褐色,凸显出新会陈皮的年代感。潘艺文[50]通过对新会陈皮仓储流程的现场调研、新会陈皮专家的访谈记录和相关科学技术的查询,设计出一种能够提供为新会陈皮提供良好储存条件的由中央控制的单元储存器,该储存器通过中央气调系统对每个单元储存器进行智能化的空气调节。这是一款设计师针对现有新会陈皮储存陈化过程中的问题进行的产品设计,在保留本地风土人情的同时,结合现代科技元素,达到良好的陈化效果——既能在当地自然气候特征的储存环境下防虫与防菌,又能对储存的新会陈皮进行保质、提效和增香。

目前,由政府或行业协会牵头,制定了新会陈皮仓储技术标准,从仓库规格、容器规格、参数控制和风险防控等方面指导新会陈皮仓储标准化运营,对于提升陈皮质量和促进产业发展具有重要意义。此外,新会陈皮原产地区域划分(一线、二线与三线产区)和陈化年份是影响陈皮市场价格的两个关键因素。仓储环节是产品溯源技术的重要环节,也是维持陈皮市场规范化健康发展的重要手段。

# 第七节　陈皮的品质特征与鉴别方法

陈皮为芸香科植物橘及其栽培变种的干燥成熟果皮。药材陈皮可分为"陈皮"和"广陈皮"。民间曾有"一两陈皮一两金,百年陈皮胜黄金"的说法,这正好说明了陈皮作为药食同源、食养俱佳的食物的价值所在。《神农本草经》取其理气燥湿的功效将陈皮列为上品。明代药物学家李时珍在《本草纲目》中对陈皮功效有详述:"苦能泄能燥,辛能散,温能和。陈皮治百病,总是取其理气燥湿之功。"《中国药典》收载的"陈皮"主要品种为大红袍、温州蜜柑与福橘,主产于四川、浙江和福建等地区;而"广陈皮"来源于广东茶枝柑的干燥成熟果皮,以广东新会所产的质量为优,也是岭南地区一味著名的道地药材。就知名的新会陈皮而言,其品质特征不仅主要地表现在普通"陈皮"与"广陈皮"之间,也次要地见于新会陈皮的内部品种之间。因此,陈皮品质特征的描述以及鉴别方法的研究在陈皮的辨别和区分中显得格外重要。

## 一、普通陈皮与广陈皮的鉴别

日常生活所见的橘、橙、柑等果实的干燥成熟果皮都可以制成陈皮,一般以陈放时间较长者为佳,故名为陈皮。制作陈皮的柑橘品种有福橘、大红袍和温州蜜柑等,主产地有福建、四川、江苏、浙江、湖南、江西、云南、贵州等省,品种甚多,在陈皮货源不足的情况下,某些地区习用品如朱橘、樟头红也可代用。一般认为,甜橙不应作为陈皮入药。

广陈皮以广东新会出产的茶枝柑晒制的陈皮为佳。一般而言,茶枝柑的成熟果实(大红柑)经采摘、剥取果皮和晒干(或低温干燥),且在保护区域范围内陈放三年以上的干柑皮被认为是正宗的新会陈皮(会皮)。此外,新会的土壤兼具多种土壤成分类型,如此独特的气候与水土环境是成就新会茶枝柑优良品质的保证,也是新会陈皮在各类陈皮中出类拔萃的原因之一。我国历代商品贸易中所谓的特产"广陈皮",是用以区别于其他省区所产陈皮。广陈皮是广东十大道地中药材之一,同时也是广东地方特产,其食用和药用价值均优于普通陈皮。在实际临床应用中,非中药鉴定工作者容易将陈皮与广陈皮混淆。

关于陈皮的产地,《本草纲目》中明确指出"今天下多以广中(新会)来者为胜,江西者次之"。在性状鉴别上,《本草纲目》有如下记载:"柑皮纹粗,黄而厚,内多白膜,其味辛甘。"《本草备要》有如下记载:"广中陈久者良,故名陈皮,陈则烈气消,无燥散之患。"清代温病学派叶天士运用"二陈汤"时,特别要求方中的陈皮为"新会陈皮"。而清末著名中医学家张寿颐曰:"新会皮,橘皮也,以陈年者辛辣之气稍和为佳,故曰陈皮……其通用者则新会所产,故通称曰新会皮,味和而辛不甚烈。"

有关普通陈皮与新会陈皮的比较,解兆龙[51]从本草考证、来源与产地、炮制方式、性状特征和成分比较等多个方面展开描述。《中国药典》2020年版主要从性状、鉴别、含量测定等方面对"陈皮"与"广陈皮"进行区分。其中,"陈皮"以橙皮苷为质量控制指标,而"广陈皮"则以2-甲氨基苯甲酸甲酯和广陈皮对照提取物作为薄层色谱法的鉴别对照,且以橙皮苷、川陈皮素和橘皮素的含量作为测定指标[52]。巢颖欣等人[53]采用硅胶G60薄层板,先以环己烷-乙酸乙酯(5∶1)为展开剂展至约8 cm,再以乙酸乙酯-甲醇(10∶3)为展开剂展至约3 cm,最后以环己烷-乙酸乙酯(1∶1)为展开剂,展至约5.5 cm,喷以1%三氯化铝乙醇试液,于紫外灯(365 nm)下验视。结果显示,供试品色谱在与对照品色谱对应的位置显示相同颜色的斑点,且20批广陈皮成分较为相似,均显示出明显的2-甲氨基苯甲酸甲酯斑点;14批陈皮与广陈皮成分与含量差异较大,且均无明显的2-甲氨基苯甲酸甲酯斑点。因此,该团队认为所建立的薄层色谱方法能全面反映陈皮药材的信息,可作为快速鉴别广陈皮与陈皮的有效手段。陈明权等人[54]开展了以5-羟甲基糠醛和外观色差来判别新会陈皮陈化方式的研究。结果表明,双指标5-羟甲基糠醛含量≥0.25 mg/g、总色度值$\Delta E \leqslant 68$可作为判定加速陈化陈皮的依据。该判定方法可以同时控制陈皮的外观色泽及含量限度,可以准确、客观地对陈皮陈化方式进行判别。该研究建立了鉴别自然陈化陈皮和人工加速陈化陈皮的方法,对于维护陈皮市场的良好生态有积极意义。近年来,杨济齐等人[55]采用甲苯法对14批陈皮(其中6个批次来自广东江门新会区)的水分进行测定,用高效液相色谱法测定了橙皮苷、川陈皮素、橘皮素的含量,并对不同产区、不同储存年限的14批陈皮样品进行二维相关红外光谱分析。结果表明,不同产区、不同储存年限陈皮水分及橙皮苷、川陈皮素、橘皮素含量有所不同。二维相关红外光谱显示,不同产区、不同储存年限陈皮的相关峰强度、位置有明显差异。因此,二维相关红外光谱可以为陈皮的品质评价、鉴别、质量控制提供依据,是一种快速有效的方法。

下面从性状特征、显微鉴别、炮制方式和化学成分四个方面来比较普通陈皮与新会陈皮的异同。

### (一) 性状特征

普通陈皮常剥成数瓣,或多剖成3~4瓣片,基部相连,有的呈不规则片状或宽丝状,完整者厚1~4 mm,外表面橙红色或红棕色,久贮颜色变深,有凹下的点状油室,内表面浅黄白色,粗糙、筋络状维管束显黄棕色或黄白色,质稍硬而易折断破碎,气香味辛而苦。由于制作工艺的特殊,广陈皮常三瓣相连,规格整齐,厚度均匀,约厚1 mm,有较大点状油室,对光照视,透明清晰,质较柔软,中间果皮层浮松明显,呈海绵状,无明显的果肉瓣。

"老药工"常常依靠传统经验,采用望、闻、刮、吃、冲茶五种办法对普通陈皮和广陈皮进行比较,有着简单、方便、易行的特点。一望:普通陈皮的皮质硬,油点分布不均、大小不一、数量较少,透光性不明显。广陈皮(新会陈皮)片张宽大,三瓣状,有着极强的透光性、油囊粗大饱满、突出,常有台风疤。二闻:普通陈皮撕开一小瓣闻一闻,味辛而微苦。广陈皮撕开一小瓣闻一闻,芳香浓郁,自然醇香。三刮:普通陈皮刮过地方不显油光,而广陈皮用指甲刮过的地方突显油光,表面油胞平滑,有光滑感。四吃:撕取一小瓣陈皮吃,普通陈皮气香,味辛而苦,广陈皮则甘而微苦、气香浓郁。五冲茶:普通陈皮多次冲泡无香味,广陈皮多次冲泡仍然香滑回甘。广陈皮、陈皮和杂陈皮性状比较如表1-6所示。

表 1-6　广陈皮、陈皮和杂陈皮性状比较

| 项目 | 广陈皮 | 陈皮 | 杂陈皮 |
| --- | --- | --- | --- |
| 外观 | 常三瓣相连，形状整齐，带猪鬃纹和疤痕 | 常剥成数瓣，基部相连，有的呈不规则的片状 | 常呈柳叶形片状或不规则片状 |
| 厚度 | 厚度均匀，约 1 mm | 厚 1～4 mm | 厚度 1.5～5.5 mm，多数很厚 |
| 外表面 | 橙黄色至棕褐色，点状油室较大，对光照视，透明清晰 | 橙黄色或红棕色，有细皱纹和凹下的点状油室 | 棕红色或棕黄色，较光滑，凹下的点状油室较小 |
| 内表面 | 淡黄色，有密集圆形油点 | 浅黄白色，粗糙，附黄白色或黄棕色筋络状维管束 | 黄白色，较光滑，偶见残留的干燥汁囊，有黄白色经络 |
| 质地 | 质较柔软 | 质稍硬而脆 | 质硬而脆 |
| 气味 | 气香浓郁，味微辛，甘而微苦 | 气香，味辛、苦 | 气香，味辛、苦 |

### （二）显微鉴别

不同柑橘品种气孔大小有所不同。气孔大小居中，纵轴在 27.8～31.8 μm 的包括新会茶枝柑（气孔纵轴 28.6～31.9 μm）、福橘、红橘、南丰蜜橘、温州蜜柑、樟头红、芦柑、橙类及部分贡柑、椪柑和蕉柑。气孔较小，纵轴小于 27.8 μm 的主要包括年橘（气孔纵轴 234～27.8 μm）、四会青皮蜜橘（气孔纵轴 24.7 μm）、马水橘（气孔纵轴 25.9～27.6 μm）、阳山橘（气孔纵轴 25.5～27.2 μm）、十月橘（气孔纵轴 253～27.6 μm）。气孔较大，纵轴大于 31.8 μm 的包括早橘（气孔纵轴 31.8～34.3 μm）及绝大部分的贡柑、椪柑和蕉柑。

### （三）炮制方式

在药店和医院的中药房里，普通陈皮的炮制加工方法比较简单：取净橘的干燥果皮，喷淋清水、润透，切成 2～3 mm 细丝，阴干。广陈皮则有地域依赖性、生产技术的独特性，并且传承着精湛的特色中药炮制工艺。在广陈皮的加工与炮制方法中，三瓣式开皮是新会陈皮具有标志性的一个工艺。

1. 开皮。正三刀法：从果顶正三刀开三瓣，留果蒂部相连。三刀平分法特点：皮好看。对称二刀法的特点：速度快。从果肩两侧划弧两刀开成三瓣，留果脐部相连。较好的开皮刀法可以增添陈皮的收藏价值和艺术鉴赏价值。

2. 反皮。选择晴朗的北风天，把刚开皮的茶枝柑果皮晾于向阳处（晒谷场等），至质地变软即可翻皮使其橘白向外，最后晒至干燥变硬（柑皮水分含量在 10% 左右）即可密封陈化。

3. 干皮。自然晒干法。当年新晒的柑皮要在冬至前趁干燥天气晒皮，并将已翻好的果皮置于专用晒皮容器中自然干燥。

此外，广陈皮还有一种特色炮制方式——岭南"粤帮"炮制。具体操作方法：取广陈皮，除去杂质，喷淋清水润湿，润透后，蒸 3～4 h，焖一夜后取出，切丝，阴干或低温干燥。蒸焖后的广陈皮内表面呈棕红褐色，气味清香。据说，这一特色蒸法具有清热养阴、祛湿的功效，与岭南地区气候湿热、岭南人体质湿热偏盛气阴两虚有关。2009 年 3 月，"岭南传统陈皮炮制工艺"

被广东省岭南中药文化遗产保护名录评审委员会认定为"广东省岭南中药文化遗产"。

### （四）化学成分

普通陈皮的挥发油含量较少且在陈化过程中继续减少而导致其药效变差，而广陈皮中的挥发油含量较高，且在陈化过程中其黄酮类成分和橙皮苷的含量逐渐增高，药效较好；新会陈皮中柠檬烯含量较其他产地陈皮品种偏低，而γ-松油烯含量则偏高。根据柠檬烯的含量排列为其他产地陈皮＞新会陈皮＞蕉柑＞指柑和行柑（四会柑）。由此看来，新会陈皮内柠檬烯含量并非最高，但松油烯含量较其他陈皮品种为高，且含大部分陈皮品种所缺少的2-甲氨基苯甲酸甲酯[56]。

一般来说，现有陈皮鉴别技术手段包括性状显微鉴别、化学成分鉴定和分子鉴别方法等。以上三种鉴定方法相辅相成，可对广陈皮的定性、道地性、贮藏年限等重要特征进行准确鉴定，维持广陈皮的特色地位和陈皮临床用药的质量与安全。广陈皮道地性鉴定，古今道地产区和鉴定方法的对比，不仅体现了中医药文化特色，保证了中医药可持续发展，揭示了道地药材的现代科学内涵，而且对广陈皮的质量控制评价、临床用药和维持药材市场正常秩序具有重要意义[57]。

## 二、新会陈皮自身品质评价与鉴别

### （一）优质的新会陈皮鉴别方式

广东省非物质文化遗产新会陈皮制作技艺代表性传承人陈柏忠曾经总结出鉴别"优质的新会陈皮"要根据产地、皮种、硬度、气味、颜色、口感、茶色、皮形、质地和油室完整度等10个指标进行考量[58]。

**1. 产地（道地性）**

茶枝柑又名"新会柑"或"大红柑"。茶枝柑的果皮经晒干或烘干之后，在新会地区内陈化三年以上即可称为"新会陈皮"。广西皮、椪柑皮、芦柑皮、焦柑皮都不属于这个范畴。性状对比如下：

（1）新会陈皮：呈整齐三瓣，基部相连，裂片向外反卷，露出淡黄色内表面，有圆形油点。外表面色褐黄、色泽棕红、皱缩，有许多凹入的油点。质轻，容易折断。气香浓郁，味微辛，甘而略苦。

（2）其他产地的陈皮：常剥成不规则的数瓣，片小，有的破裂为不规则的碎裂片。外表面橙红色、黄棕色至棕褐色，久贮后颜色加深，有细皱纹及许多圆形小油点。内表面淡黄白色。质硬而脆。气香，味辛、苦。

**2. 皮种（种类）**

一级：大红皮（红皮）；二级：微红皮（黄皮）；三级：柑青皮（青皮）。这三种皮的药理药效都存在差异，但按传统膳食烹饪，茗茶、食品类陈皮制品都是以大红皮为上等主要原材料，其香味和口感均优于微红皮和柑青皮。

制作大红皮的果实是在果实成熟时采摘的，特征是个头大、皮身厚，香气浓郁；制作微红皮的果实是在果实开始成熟、果皮泛红时采摘的，个头中等、皮身偏薄，香气较浓；制作柑青皮的果实则是在果实未成熟、果皮呈青色时采摘的,个头较小,皮身较薄,果酸味较浓。

**3. 硬度**(凭借手感来判别)

在梅雨天时用手去感触陈皮,陈化年份越短皮身就越软,因为短年份的陈皮仍含有大量果糖和水分,所以易受潮软身;而陈化年份越长的陈皮,皮身的手感就越硬,容易碎裂。

**4. 气味**

陈皮主要具有三种气味(香、陈、醇)。陈化年份为3~8年的陈皮,略带刺鼻的香气,夹带果酸味,甜中带酸;而9~20年的陈皮气味清香扑鼻,醒神怡人,没有果酸味;而20~40年的陈皮是纯香味,甘香醇厚,有老药材的味道;陈化50年以上的陈皮更是弥足珍贵,随手拈起一片,闻其味,陈香醇厚。

**5. 颜色**

陈化年份短的陈皮内表面为雪白色、黄白色,外表面呈鲜红色、暗红色;陈化年份长的陈皮内表面陈化脱囊,呈古红或棕红色,外表面呈棕褐色或黑色。

**6. 口感**

陈化年份短的新会陈皮口味是苦、酸、涩,而陈化年份长的新会陈皮口味是甘、香、醇、陈。

**7. 茶色**

陈化年份短的陈皮茶色是青黄色(甚至青色),其味酸中带苦涩,而年份长的陈皮茶色是黄红色(甚至红色),色如琥珀,清亮通透,气味清香,入口甘香醇厚。

**8. 皮形**

传统的新会陈皮要开成三瓣状,存放数十年。陈皮的形状能确保三瓣完整无缺就算是极品,那些碎皮或不规划的零碎陈皮就属次一级。

**9. 质地**

观察果皮,如果在陈化过程中受存放条件的影响而产生虫蛀、烧坏等现象,那么就失去了本来的药膳价值。

**10. 油室完整度**

新会陈皮表面有无数大而凹入的油点,皱缩十分明显,即学术用语中的"油室"。油室内含橙皮苷等活性物质,呈圆形或椭圆形,径向长度250~740 $\mu m$,油室完整度越高,陈皮所含活性物质就越高,药用功效就越好。

**(二)影响新会陈皮质量的"厚薄"因素**

影响新会陈皮的质量的因素是多方面的,比如新会茶枝柑的品系、种植管理方式、晒制方式和陈化方式等。另外,比较新会陈皮的"厚薄"程度也有助于挑选出优质的新会陈皮。下面总结了影响新会陈皮"厚薄"的几个主要因素。

**1. 树龄**

一般地,茶枝柑果树苗需要经历三年的成长期才能孕育果实。茶枝柑第一次结果的柑皮普遍比较厚。随着果树年龄的增加,茶枝柑果实的果皮就越薄。因此,树龄大的茶枝柑果树所结果实的柑皮通常比较薄,树龄小的茶枝柑果树所产柑皮比较厚。当然,这只是一般的经验总结,并不代表全部。作为经验的例外,老龄树也有结出厚皮果实的,树龄较小的茶枝柑果树也有产薄皮的。

**2. 采收时间**

新会茶枝柑按采收时间不同,可大致分为青柑、微红柑和大红柑三种。采收期越延后,果皮就越厚。对于同一树龄的茶枝柑而言,青柑果皮最薄,微红柑次之,大红柑果皮最厚。这是因为果实在生长、成熟两个阶段依然在累积有机物。

**3. 种植地形**

种植地形也会影响茶枝柑果皮的"厚薄"。一般而言,水田地方地势较低,灌溉用水较多,生长在水田低洼地的茶枝柑果实个头大、皮身厚;而生长在山坡地和丘陵地的茶枝柑果实则表现为个头较小且果皮较薄,这是由于山坡地和丘陵地的地势较高,土壤水分含量较少,有机物生产与累积减少所致。

**4. 贮存时间**

贮藏年份较短的新会陈皮含水量高,皮身自然稍厚;而陈化年份越高的新会陈皮水分含量一般越低,加上内囊的自然脱落,其皮身相比低年份的陈皮显得较薄。王福等人[59]对不同贮藏年份新会陈皮的颜色、气味、内囊、形状以及厚度进行分析比较,其性状鉴别结果见表1-7。

表1-7 不同贮藏年份新会陈皮的性状鉴别

| 贮藏年份 | 表皮色泽 | 内囊特征 | 气味 | 厚度/mm | 外观形状 |
| --- | --- | --- | --- | --- | --- |
| 1 | 红黄色 | 内囊雪白色,厚且紧实 | 清香味 | 3~4 | 形状整齐,三瓣状,外表皮可见密集油点突起,对光照视,透明清晰 |
| 3 | 黄褐色 | 内囊灰白色,海绵层开始有脱落现象 | 芳香,略带药香味 | 3~4 | 与贮藏1年新会陈皮相同 |
| 5 | 褐色 | 内囊浅黄色,海绵层有脱落现象 | 芳香,略带药香味 | 2~3 | 形状整齐,三瓣状,外表皮可见密集油点突起,周边略带卷曲,对光照视,透明清晰 |
| 10 | 黑褐色 | 内囊浅黄色,部分海绵层脱落,可见油点 | 芳香,带药香味 | 2~3 | 形状整齐,三瓣状,外表皮可见密集油点突起,周边卷曲,有细皱纹,对光照视,透明清晰 |
| >10 | 黑褐色 | 内囊浅黄色,海绵层全面脱落,多处可见清晰油点 | 芳香,带药香味 | 2~3 | 与贮藏10年新会陈皮相同 |

值得注意的是,新会陈皮自身的厚薄程度也可以直接影响其贮藏难度,进而影响陈皮的品质。皮身厚的新会陈皮多为低年份,水分含量高,糖分含量较高,霉变和虫蛀风险也相对较高,对贮藏环境的要求更为严格。相反,皮身薄的新会陈皮则多为高年份,含水量相对较低,不易霉变,储存和管理相对容易。此外,新会陈皮在贮藏陈化过程中受多方面的因素影响,即使是同一年份的新会陈皮,其陈化增香效果也会有些差异。因此,在陈皮的鉴别和新会陈皮的质量评价过程中还要综合考虑以下几个因素:

（1）自然环境与气候。同一年份的新会陈皮,在不同地方陈化,效果和口感会有所不同。自然环境和气候因素对陈皮的陈化影响很大,"摆放年份"并不完全等同于"陈化年份"。

（2）品种。同一年份的新会陈皮,由于品种来源不同,陈化的效果,比如气味、皮色和口感也存在差异。

（3）陈化技艺。同一年份的新会陈皮,使用不同的陈化技艺进行陈化,陈化的效果(气味、皮色和口感)也有差异。

## 第八节　陈皮的炮制概况与新会陈皮的制作工艺

中药炮制是根据中医药理论,按照辨证用药的需要和药物自身的性质及调剂制剂的不同要求所采取的一项制药技术。它也是保证中药安全、有效、合理、可控的一项重要实践性科学技术[60]。

炮制古称"炮炙",指用火加工处理药材的方法。医药史上"炮炙"一词最早见于《金匮玉函经》。在《左传》中已有"麦曲"的记载,这说明在春秋时期之前即有陈储、发酵等炮制方法的应用。《五十二病方》为我国最早的医方文献,其记载了挑拣、干燥、切、渍、炙、煅、熬、蒸、煮等多种炮制方法。《黄帝内经》为我国第一部医学著作,其中有"制半夏""血余炭"的记载。《神农本草经》最早提出了中药炮制的理论原则,并且记载了一些药物的具体炮制方法,如熬露蜂房、烧贝子、炼消石、蒸桑螵蛸、酒煮猬皮等。张仲景《伤寒杂病论》的问世,对东汉以前的临证医学做了全面的总结,也丰富和发展了中药炮制理论,并首先提出了"炮炙"概念。《肘后备急方》已记述了80余种药物的炮制方法,在药物辅料的应用上,介绍了蜜、酒、醋、药汁、枣泥、唾液及米泔水等的应用,如所载大豆汁、甘草、生姜等解乌头、芫花及半夏之毒,为后世用辅料炮制解毒药物的起始。

《炮炙大法》的卷首把古代的炮制方法归纳为17种：炮、爁、煿、炙、煨、炒、煅、炼、制、度、飞、伏、镑、摋、晒、曝及露,后人称此为"雷公炮炙十七法"。近代的炮制方法是在古代炮炙方法的基础上,经过不断的实践与探索逐渐丰富起来的。《中国药典》从1963年版起,正式列出了炮制一项,制定了"药材炮制通则",使中药炮制管理步入法治化,并对群众医疗保健起着重要作用[61]。

### 一、陈皮炮制的概况

陈皮本义是指陈久的橘皮,始载于《神农本草经》,名曰"橘柚",属中药上品。陈皮之名,首见于唐代孟诜的《食疗本草》。

唐朝孙思邈的《备急千金要方》曰："去赤脉,去瓤。"这是陈皮最早的净制加工方式。在名医昝殷的《食医心鉴》中增加了切制与炒制的加工方法。宋代以后,除前人所用的炮制方法以外,又新增了许多新的方法。比如,《太平圣惠方》中收载了麸炒陈皮、焙制陈皮。《圣济总录》中收载了童便制、醋制等方法。金元时期,《丹溪心法》中详细记载了盐制陈皮。直到明代,陈皮的炮制工艺以净选切制为主,新增了法制、蜜制、鲤鱼制和蒸制。李时珍在《本草纲目》中提出了姜汁制。时至清代,陈皮的炮制方法有了较大的突破,《握灵本草》中提出了香附制、面制。此外,还有文献记载有白矾制、乌梅制、甘草制。现代炮制方法沿用了麸炒、土炒、去白、盐炙和甘草汁制等[62]。

陈皮历代炮制方法很多,所用辅料也很广泛(表1-8)。特别是法制陈皮,以多种中药作为辅料,工艺也较为繁杂,但因有特殊用途,故被近代沿用,并且辅料及其工艺都有所发展和变化。如今,陈皮的许多炮制方法已基本上被淘汰,《中国药典》中只有生用,个别地区还保留了一种或两种方法,但仍以生用为主。值得注意的是,古法中多有去白的要求,并认为"去白者理肺气,留白者和胃气,不见火则力全""留白甘而缓,去白辛而速"。因此,根据用途的不同,在过去的处方中陈皮有橘红、橘白分用者。

表1-8 陈皮的炮制方法、功效与用量

| 炮制品 | 炮制方法 | 功效与作用 | 用量质量比 |
|---|---|---|---|
| 清炒陈皮 | 将陈皮切丝,置于锅中,文火(80~120 ℃)加热,炒至药材颜色加深,香气逸出,取出晾凉 | 多用于降血压、止咳化痰、缓解胃溃疡 | — |
| 陈皮炒炭 | 将陈皮切丝,置于锅中,武火(150~220 ℃)加热,炒至药材呈黑褐色,喷淋少许清水以灭尽火星,取出晾干凉透。(《北京市中药饮片炮制规范》) | 陈皮炒炭可增加止血功效,多用于痰中带血 | — |
| 麸炒陈皮 | 将陈皮洗净切丝,中火(120~150 ℃)加热,用麦麸炒至黄色为度 | 麸炒可以缓和药物的燥性,可增强芳香气味 | 陈皮:麦麸=5:1 |
| 土炒陈皮 | 先将伏龙肝放置锅内炒至滑利,再将陈皮切丝倒入锅中,中火(120~150 ℃)炒至药材表面焦黄即取出,筛去土粉杂质,放凉 | 陈皮用伏龙肝炒后能增强和中安胃、温中燥湿的功效 | 陈皮:伏龙肝=2:1 |
| 清蒸陈皮 | 陈皮洗净除杂,喷润,至蒸笼内蒸至上气20 min,取出放凉,切成厚片,干燥。(《广东中药炮制规范》) | 温胃散寒、理气健脾。适合消化不良、胃部胀满等胃部不适症 | — |
| 蜜制陈皮 | 用适量开水稀释炼蜜,将陈皮切丝与炼蜜拌匀,闷润至尽,至锅内,用文火炒至药材表面黄色且不粘手为度,取出放凉。(《浙江省中药炮制规范》) | 增强陈皮润肺止咳、行气化痰和补中益气的功效 | 陈皮:蜂蜜=4:1 |
| 盐制陈皮 | 陈皮去杂,切制成丝,用盐水拌匀,闷润至尽,至锅内,用文火(80~120 ℃)炒干,取出放凉 | 主要起到降气消痰、运脾调胃、生津开郁的作用 | 陈皮:食盐=50:1 |
| 醋制陈皮 | 陈皮切丝与陈醋混匀,闷润30 min,放入炒锅,文火(80~120 ℃)炒制0.5 h,取出,摊放晾凉,筛去碎屑 | 具有开胃消食、杀菌解毒、治消化不良、醒酒等功效 | 陈皮:陈醋=1:3 |

古人认为橘皮陈久者燥气全消,温中而不燥,行气而不峻。现今,因用药量大,橘皮不分橘红与橘白。故而临床上,若需燥湿化痰力强则生用;若要燥性缓和,用于理气和胃,降逆止呕,则用陈旧橘皮或者炒制品,以降低辛燥之性。炒法中又以麸炒为佳。目前,陈皮的炮制研究还有待深入,有些研究结果尚不能与炮制品的药效变化结合起来。现代药理学中

的化学成分分析法一般局限于陈皮挥发油及橙皮苷的含量变化,对其他成分的量与质的变化以及其药效学的研究也是相对欠缺的。

## 二、陈皮的炮制规范及其收载情况

有学者对比历版《中国药典》及全国多个省区市的中药饮片炮制规范,对其中关于陈皮的内容进行了整理与总结。结果显示,历版《中国药典》、1988年版《全国中药炮制规范》及16个地方炮制规范中陈皮的炮制方法均收载了切制。除此之外,炒陈皮也是一种常见的炮制方法,3个地方(江苏、山东、浙江)炮制规范收载了清炒陈皮,2个地方(江西、四川)炮制规范收载了麸炒陈皮,2个地方(河南、山东)炮制规范收载了土炒陈皮,2018年版《上海市中药饮片炮制规范》收载了蜜麸炒陈皮。陈皮炭分别收载于1988年版《全国中药炮制规范》及6个地方(北京、河南、天津、内蒙古、宁夏、山东)炮制规范中,蒸陈皮收载于3个地方(广东、广西、四川)炮制规范中,2个地方(甘肃、福建)炮制规范收载了盐陈皮;2个地方(福建、甘肃)炮制规范中收载了蜜陈皮的炮制方法,2个地方(河南、山东)炮制规范中收载了土陈皮的炮制方法。

对比历版《中国药典》,1988年版《全国中药炮制规范》及22个省市的地方炮制规范可知,陈皮现代的主要炮制方法为净制、切制,主要步骤均为除去杂质,润透或抢水洗净后切丝、干燥,历版《中国药典》及各地区炮制规范无明显差异。另外,不同地区对同一炮制方法的规范不同,例如,麸炒陈皮辅料用量不同,2008年版《江西省中药饮片炮制规范》中规定麸炒陈皮每100 kg用麦麸20 kg,而2015年版《四川省中药饮片炮制规范》中每100 kg药材用麦麸10～15 kg。蒸制时间与过程不同,1984年版《广东省中药炮制规范》蒸制时间为3～4 h,2007年版《广西壮族自治区中药饮片炮制规范》中蒸制时间为0.5 h,而2015年版《四川省中药饮片炮制规范》要求为蒸制透心即可,广东及广西的地方炮制规范中规定陈皮蒸后需要闷一夜,而四川炮制规范中则为蒸透后直接取出。陈皮炒炭火力不同,1988年版《全国中药炮制规范》、1997年版《宁夏中药炮制规范》及2012年版《山东省中药饮片炮制规范》规定用中火加热,2008年版《北京市中药炮制规范》规定用武火,而1977年版《内蒙古自治区中药饮片切制规范》中则规定用文火。说明陈皮各地炮制方法及炮制标准各不相同,亟须建立规范的炮制工艺[63]。

## 三、新会陈皮的制作技艺

新会陈皮制作技艺是广东省江门市新会区民间传承数百年的一种陈皮制作技艺,也是我国传统非物质文化遗产中的一块"瑰宝"。新会在陈皮的制作、使用和收藏方面形成了一种传统习俗,代代相传、传承不息。经过多年来反复的研究与实践,新会逐渐发展出具有文化特色的新会陈皮制作技艺,形成与之相适应的具有粤菜特色的陈皮食疗文化。2009年,新会陈皮入选广东省非物质文化遗产项目[64]。2020年,新会陈皮炮制技艺被列入第五批国家级非物质文化遗产代表性项目名录中的传统医药类[65]。

近年来,随着科学技术的进步和陈皮产业的蓬勃兴起,许多与新会陈皮炮制工艺相关的"名词"相继出现,诸如干湿交替、自然陈化、烟熏、蜜炼、九蒸九制、干仓陈化、湿仓陈化以及恒温恒湿等等。总而言之,新会陈皮的加工与炮制方式五花八门,工艺流程多种多样,其炮制效果也不尽相同。

简而言之,新会陈皮炮制技艺是指一套由多个工序所组成的陈皮生产工艺流程的总称。广义而言,新会陈皮炮制技艺流程包含柑橘果实采摘、开皮、反皮、翻皮、晒制、陈化,形成了一种"三年育苗、三年挂果、三批采收、三个品种、三瓣开皮、三年晒皮、三级分皮、三年陈化、长久贮存"的独具地方特色的炮制技艺。其中,陈化工艺就是新会陈皮炮制技艺的重要一环,也是新会历代人在生产实践中摸索和总结出来的方法。

一般而言,干仓陈化是指把陈皮存放在相对干燥密封的环境中让其陈化。湿仓陈化就是将柑皮放在潮湿的仓储环境中,让陈皮在高湿的环境下陈化。陈皮的干仓陈化速度慢,湿仓陈化速度快。关于新会陈皮的"陈化",在《地理标志产品 新会陈皮》(DB4407/T 70—2021)的地方标准中是如此定义的:"在自然干爽通风的条件下,产品贮存在透气性良好的包装物内,随着时间变化,干柑皮其有效内合物在自身作用下的消长变化而导致其色、香、味和成分变化的过程。"

新会地处丘陵平原区,北有圭峰山脉,南有古兜山脉和牛牯岭山脉,环抱着银洲湖及其平原地区,独特的"湿盆地小气候"与"海洋性季风气候"结合,形成了较为显著的干湿、冷热的交替变化气候条件。在这样的气候条件下,新会柑皮在长达三年的陈化过程中,受区域小气候节奏性交替的影响,陈化效果也自然带有了地方的鲜明特征。因此,本地人称之为"大自然的干湿交替陈化"。新会人的这种"晒皮看天气、贮皮讲道理"的做法,常常给人一种"逢山开路,遇水搭桥"的感觉,这也正是新会劳动人民在与大自然相处之中所展现出的勤劳与智慧。广东省非物质文化遗产相关文件中,有关"新会陈皮制作技艺"的描述是这样的:"艺以'冬前好天气,失水软反皮。自然陈晒制,晾晒不迟疑'……"

在新会,陈皮炮制技艺主要采用"天然生晒,自然陈化"的传统方法。所谓"天然生晒,自然陈化",指的是新会柑剥皮后柑皮经过阳光直接晒干后入库保存并逐渐陈化。四季更迭,一年又一年。新会的气候条件充当茶枝柑果皮"干湿交替"陈化工艺的天然调节器,使其自然而然地陈化,这也是新会陈皮品质形成的关键环节,是世代新会人所坚守的最传统、应用最广泛的陈皮制作技法。可以说,新会陈皮是在新会人顺应本地自然气候变化的条件下,采用"天然生晒,干湿交替,自然陈化"的陈化工艺炮制而成,并最终通过岁月的积淀来彰显陈皮的价值。

此外,新会陈皮的陈化炮制方式还包括"恒温恒湿"、"烟熏"和"蜜炼"等。其中,"恒温恒湿"利用空调、抽湿机等机械装置,人为地控制温度和湿度,再结合通风过滤等措施,使陈皮在设定的恒温恒湿环境下加速陈化。"烟熏"是新会家庭作坊适用的小规模老式陈化工艺之一。具体方法是直接把陈皮放置在灶台上方,通过烟熏使陈皮达到除湿防虫的作用,"麻绳串灶尾熏,麻袋装阁楼放"正是烟熏陈皮的生动描述。在世代的传承中,从广式凉果和制药蜜饯类工艺中衍生出另一种陈化炮制技法——"蜜炼",即把晒干的柑皮装在麻袋里放在阁楼上,最下面烧柴,中间炼蜜,坚持数天,熏至陈皮外表布满松化而又不脱落的含蜜粉末。

除了以上这些新会传统的陈化炮制方法外,在中医上也有独特的炮制方法——"九蒸九制"。这种方法是采用"蒸法"和"晒法"反复炮制中药材的方法,将柑皮隔水蒸,待水煮沸后转小火再蒸 15~30 min,蒸透后取出摊晒,全部晒干后再重复。

新会陈皮的陈化工艺多样,工艺流程不同,陈皮的陈化效果也不尽相同,各具特色。因此,只要确保符合广东省地方标准《地理标志产品　新会陈皮》和《中华人民共和国食品安全法》的卫生指标,消费者便可以自由选择适合个人口味的新会陈皮炮制产品。

## 参考文献

[1] 国家统计局农村社会经济调查司.中国农村统计年鉴[M].北京:中国统计出版社,2019.
[2] 林正雨,陈强,邓良基,等.中国柑橘生产空间变迁及其驱动因素[J].热带地理,2021,41(2):374-387.
[3] 郭文武,叶俊丽,邓秀新.新中国果树科学研究 70 年:柑橘[J].果树学报,2019,36(10):1264-1272.
[4] 唐小浪,曾莲,陈杰忠,等.广东省柑橘生产现状及发展对策[J].浙江柑橘,2007,24(2):10-16.
[5] 朱从一,马静,吴文,等.广东柑橘品种改良研究进展[J].广东农业科学,2020,47(11):42-49.
[6] 黄蓓.中共中央国务院印发《关于促进中医药传承创新发展的意见》[J].中医药管理杂志,2019,27(21):191.
[7] 简成宝.新会柑橘及其栽培[M].广州:广东科技出版社,2009.
[8] 刘祖祺,黄复瑞.现代柑桔栽培新技术[M].北京:农业出版社,1993.
[9] 黄庆华.新会陈皮原料茶枝柑的综合利用开发[C]//江门市新会区人民政府,中国药文化研究会.第三届中国·新会陈皮产业发展论坛主题发言材料.新会,2011:65-67.
[10] 杨建宇,刘桂香,刘冠军,等.中华中医药道地药材系列汇讲(20)道地药材新会皮的研究近况[J].现代医学与健康研究电子杂志,2020,4(20):116-119.
[11] 潘华金,毕文钢,杨雪.新会陈皮道地性密码释译[C]//江门市新会区人民政府,中国药文化研究会.第三届中国·新会陈皮产业发展论坛主题发言材料.新会,2011:16.
[12] 韩彦直.橘录校注[M].北京:中国农业出版社,2010.
[13] 赖昌林.中药广陈皮与新会皮历史考论[D].广州:华南农业大学,2018.
[14] 林乐维,蒋林,郑国栋,等.广陈皮基地生态环境质量评价[J].今日药学,2009,19(3):42-44.
[15] 张鹏,黄双建,李西文.南药广陈皮全球产地生态适宜性分析[J].济宁医学院学报,2017,40(4):234-239.
[16] 赵世经.柑桔种子的快速出苗法[J].柑桔科技通讯,1978(4):36-37.
[17] 朱世平,陈娇,马岩岩,等.柑橘砧木评价及应用研究进展[J].园艺学报,2013,40(9):1669-1678.
[18] 郭庆明.如何种植陈皮柑的研究[J].新农业,2021(21):29.
[19] 席秀利.茶枝柑及近缘种的分子鉴别研究[D].广州:广州中医药大学,2017.
[20] 郭庆明.如何种植陈皮柑的研究[J].新农业,2021(21):29.
[21] 新会.如何种植陈皮柑[J].农家之友,2018(2):58.
[22] 梅全喜,杨得坡.新会陈皮的研究与应用[M].北京:中国中医药出版社,2020.
[23] 李先信.今年发力把花促来年柑橘花满枝[N].湖南科技报,2020-09-29(2).
[24] 李云锋,李祥.柑桔溃疡病菌存活期的研究[J].植物检疫,2002(2):69-72,77.

[25] 王志静,吴黎明,宋放,等.柑橘溃疡病发生规律及综合防治技术[J].湖北农业科学,2020,59(24):122-123,127.

[26] 易继平,向进,周华众.柑橘潜叶蛾与柑橘溃疡病的关系研究[J].华中农业大学学报,2019,38(3):32-38.

[27] 罗志达,叶自行,许建楷.柑橘黄龙病田间诊断与综合防控技术图说[M].广州:广东科技出版社,2012.

[28] 石莹,刘园,陈嘉景,等.黄龙病病菌侵染对茶枝柑果实类黄酮和挥发性物质的影响[J].华中农业大学学报,2020,39(1):24-33.

[29] 韩鹤友,程帅华,宋智勇,等.柑橘黄龙病药物防治策略[J].华中农业大学学报,2021,40(1):49-57.

[30] 马靖艳.柑橘黄龙病防控技术[J].林业与生态,2021(1):38.

[31] 蔡明段.柑橘病虫害防治彩色图说[M].4版.广州:广东科技出版社,2008.

[32] 尹良芬,都胜芳,蔡明历,等.野生柑橘炭疽病鉴定[J].西南农业学报,2017,30(3):590-594.

[33] 罗秀梅.柑橘炭疽病的发生规律与防治方法[J].种子科技,2016,34(8):95.

[34] 陈毅群,易龙,钟可,等.柑橘衰退病毒弱毒株筛选及防控技术研究进展[C]//中国植物保护学会.中国植物保护学会2019年学术年会论文集.贵阳,2019:7.

[35] 柑橘裂皮病如何防治[J].北方园艺,2019,4(22):48.

[36] 孙现超,周常勇,青玲,等.柑橘碎叶病毒研究进展[J].果树学报,2009,26(2):213-216.

[37] 马伟荣.柑橘病虫害绿色防治技术[J].乡村科技,2020(9):106-107.

[38] 张忠俊.柑橘红蜘蛛的综合防治措施[J].四川农业科技,2018,4(4):31-32.

[39] 高晓梅,潘华金.捕食螨防治柑桔红蜘蛛的效果及主要技术措施[J].广东农业科学,2007(8):53-54.

[40] 刘治才,黄永玲.柑橘黄蜘蛛的危害及综合防治[J].果农之友,2010(12):48-49.

[41] 张翠翠,易春燕,陈庆东,等.四川柑橘园蓟马发生危害特点与综合防治对策[J].四川农业科技,2019(9):29-30.

[42] 刘静香,田悦,秦光炜,等.不同颜色诱虫板对柑橘园昆虫的诱集效果研究[J].四川农业科技,2021(4):34-37,40.

[43] 张益维,罗强,王海宝,等.重庆地区柑橘机械化采摘问题分析[J].广西农业机械化,2019(6):14.

[44] Muscato G, Prestifilippo M, Abbate N, et al. A prototype of an orange picking robot: Past history, the new robot and experimental results [J]. Industrial robot: An international journal, 2005, 32(2):128-138.

[45] 杨春霞.柑橘生产的机械化种植技术探讨研究[J].农机使用与维修,2021(1):133-134.

[46] 薛澄,张潇予,李瑞,等.中药陈化"陈久者佳"的科学内涵[J].中草药,2020,51(22):5864-5867.

[47] 伍长春,黄萍,薛卓联,等.新会陈皮仓储害虫调查[J].生物灾害科学,2017,40(1):51-53.

[48] 闫国琦,屈佳蕾,欧国良,等.广陈皮干燥和仓储技术及装备的现状与对策[J].南方农业学报,2021,52(9):2543-2553.

[49] 吴国荣,吴曼菲,吴金池,等.新会陈皮标准化加工及其仓储技术的研究应用[Z].广东省,江门市新会陈皮村市场股份有限公司,2015-08-31.

[50] 潘艺文.新会陈皮储存工具的研究与设计[J].文艺生活·文海艺苑,2020(2):169.

[51] 觧兆龙.陈皮与广陈皮之比较[J].山西卫生健康职业学院学报,2019,29(6):80-81.

[52] 梁奕尧,陈柏忠,杨玉华,等.《中国药典》2020版陈皮质量标准修订的研究[J].中国医院药学杂志,

2022,42(2):142-146.
[53] 巢颖欣,刘梦诗,杨秀娟,等.薄层色谱法快速鉴别广陈皮与陈皮[J].中成药,2021,43(7):1937-1940.
[54] 陈明权,商雪莹,张怀,等.基于5-羟甲基糠醛和外观色差判别新会陈皮的陈化方式研究[J].广州中医药大学学报,2021,38(7):1454-1461.
[55] 杨济齐,沈婉莹,魏晓芳,等.基于二维相关红外光谱的陈皮快速鉴别研究[J].中南药学,2022,20(3):544-550.
[56] 林佑.陈皮对消化系统作用研究进展[J].中医学,2012(4):37-40.
[57] 汤紫玉,程琪庆,欧阳月,等.广陈皮药用沿革和现代鉴别方法的研究进展[J].中药新药与临床药理,2022,33(11):1582-1588.
[58] 陈柏忠.新会陈皮工艺与质量鉴别[C]//江门市新会区人民政府,中国药文化研究会.第三届中国·新会陈皮产业发展论坛主题发言材料.新会,2011:138-140.
[59] 王福,李丹,吴蓓,等.广陈皮外观性状与活性成分变化的相关性研究[J].时珍国医国药,2021,32(3):761-763.
[60] 戴幸星,谭鹏,李飞.中药炮制技术研究生课程教学改革探索与实践[J].中医教育,2016,35(2):58-60.
[61] 蔡少青.生药学[M].6版.北京:人民卫生出版社,2012.
[62] 张依欣,谭玲龙,于欢,等.陈皮的炮制研究进展[J].江西中医药,2018,49(7):66-69.
[63] 张晓婷,张英,张戴英,等.陈皮的炮制研究进展[J].中国实验方剂学杂志,2022,28(17):267-274.
[64] 新会区文广新局.广东省非物质文化遗产:新会陈皮[C]//江门市新会区人民政府,中国药文化研究会.第三届中国·新会陈皮产业发展论坛主题发言材料.新会,2011:2.
[65] 国家文化和旅游部:第五批国家级非物质文化遗产代表性项目名录推荐项目名单公布[J].百花,2021(1):126.

# 第二章

# 茶枝柑产品类型与功效

茶枝柑是广东省江门市新会区的著名土特产,2006年被评为中国地理标志保护产品。茶枝柑在明清时期风行全国各地,也被列为"贡品"。茶枝柑的产品类型丰富多样,其中最为知名的当数新会陈皮。

正如陈皮和青皮的关系一样,新会陈皮和新会柑青皮是茶枝柑果皮的"一体两用",可谓是两个"同源不同性、同源不同用"的柑皮产品。此外,随着现代食品加工工艺的多样化发展,茶枝柑的产品类型不断地推陈出新。然而,从基础层面上而言,茶枝柑的产品类型与其所处生长阶段的不同以及所使用结构部位的不同而有所不同。

柑橘生命周期是指柑橘树一生中所经历的生长发育、开花结果、衰老与死亡的变化。人们一般将其划分为幼树期、结果初期、盛果期、结果后期和衰老期。柑橘的发育周期是指柑橘树随四季的气候变化,有规律有节奏地进行萌芽、抽枝长叶、开花结果,然后进入相对"休眠"阶段。新会茶枝柑也遵循此规律,不离其道,年复一年地重复着它的生长轨迹。因此,茶枝柑的产品类型也在这种节律性的生长变化过程中孕育并创生。

阳春三月:万物复苏,万象更新。茶枝柑的花儿肆意绽放,清香四溢。在此生长阶段,人们常常可以收集柑花瓣晾晒保存,用于制作柑花茶、柑花酒等。茶枝柑的干花也可以入膳,用于烹制柑花榨菜蛋花汤等。

暮春四月:草长莺飞,万木争荣。繁花满枝的茶枝柑果树渐渐花落果现,细小的柑橘胎果微微露出,如米粒,似绿豆,亦有如黄豆般大小,且生长迅速。直径为0.5~1.0 cm的茶枝柑果子俗称新会"青柑胎"(图2-1),可以收集、晒干、储存备用,常用于煲汤、入药和调茶等。

图2-1 新会小青柑胎

初夏五月：阳光和煦，草木繁盛。茶枝柑果树的花朵基本落尽，乳果悉数展露，密若繁星地缀满枝头。此时，柑胎个头与桂圆相当，呈类球形，直径为1.5～3.0 cm，表面灰绿色或黑绿色，晒干即为"大柑胎"。人们常常将这种柑胎青果晒干备用（或者煲汤或者入茶）。

仲夏六月：端午情浓，蒸粽飘香。茶枝柑果实进入快速膨胀期，柑果发育迅速，"个头"渐大，与壹圆硬币相当，直径为2.5～4.0 cm，单果重量在20～35 g之间。

盛夏七月：骄阳似火，蝉鸣蛙鼓。柑果依然处于快速膨胀期，同时新会小青柑的采摘期悄然来临。此阶段，小青柑的直径为4.0～4.5 cm，单果均重在35～45 g之间，但因其"个头"尚小、皮身较薄、果酸涩味较重，故而一般选择"个头"稍大的采摘，用于小青柑普洱茶的生产。

初秋八月：天高云淡，秋风送爽。新会小青柑的最佳采摘时期到来了。小青柑的直径为4.5～5.0 cm，一般采收的单果重量以每颗50 g最为适宜。在此期间，新会小青柑的采摘工作非常繁忙。或许是触景生诗情，有人为新会小青柑普洱茶的制作过程和场景赋打油诗曰："盛夏八月烈日燃，青果累累碧绿眼。林间穿梭优选橘，去肉填茶壮心柑。"

仲秋九月：秋风萧瑟，桂花飘香。此阶段便是中型新会青柑的采摘期。中青柑的直径约为5.0～5.5 cm，单果重量一般在60～80 g之间。中青柑的收获时期也可以采收新会柑，去肉晒皮即成柑青皮（有文献记载，农历立秋至寒露期间采收茶枝柑，经剥皮晒制的新会陈皮称为柑青皮）。柑青皮质稍硬，皮薄，味辛、苦，气芳香；新晒柑青皮的外皮深绿色，对光而视，油囊丰富。与成熟的大红皮相比，柑青皮内表面的橘白比较紧致，基本无浮松的"海绵状物"。

深秋十月：北国红枫，南国青松。春华秋实，茶枝柑果实成熟正当时。这段时期是新会大青柑（个头比较大，故俗称"大青柑"）和微红柑（或称"二红柑"）的采摘最适时期。柑橘果实的直径约为6.0～7.5 cm，单果均重一般能在130 g左右。微红柑多在十月下旬出现，微红柑的新晒果皮外表面黄中带青，质稍软，皮较厚，味辛、苦略带甜。

初冬十一月：大雁南飞已去，万物入眠伊始。此阶段是微红柑（或称"二红柑"，在农历寒露至小雪期间采收）的收获时期。二红柑一般经"三瓣式"开刀法剥开、去肉、晾晒和陈化等步骤即可制作成知名的新会陈皮（二红皮）。

仲冬十二月："梅花香里开华宴，柏酒樽前拜寿翁"。此时正值茶枝柑果实全面成熟期，黄澄澄的"大红柑"果实挂满了枝头，清新的果香中蕴发着丝丝的甘甜。新会茶枝柑的果实采收工作一般在冬至前后全部结束。新会大红皮（文献记载，农历小雪至小寒采收的新会陈皮称为大红皮）新晒果皮的外表皮呈现金黄至橙红色，完全不带青，质软、皮厚，味辛带甜香。新会大红皮煮汤或泡茶喝均可使人产生生津润喉（俗称"甘喉"或者"回甘"）的愉悦感受。繁忙工作之余，若能喝上一口使用优质陈化新会大红皮和上等云南普洱调配而成的陈皮柑普茶，更有一番"雅不羡回甘，甘回舌先锁"的别样体验。此外，冬至后采摘的新会大红皮俗称"冬后皮"。"冬后皮"也是新会大红皮的一个组成部分，由于其数量较少且茶汤甘甜，深受陈皮收藏家的喜爱。

隆冬一月和早春二月：俗话常说"一年之间在于春，一天之计在于晨"。在此期间，茶枝柑的生长进入"停滞"期，柑橘园一般进行其他的生产管理工作，如培土、修枝、除草和蓄水等等。

综上，茶枝柑的基本产品类型主要包括新会陈皮、柑青皮、柑胎、柑橘花、柑橘络、柑橘籽、柑橘叶、柑橘肉、小青柑普洱茶和大红柑普洱茶。当然，像新会陈皮红茶和新会陈皮白茶等精致茶产品更是不用多说了。下文将会对茶枝柑相关制品进行一一介绍。

## 第一节 陈 皮

陈皮性温，味辛、苦，入脾经、胃经和肺经；陈皮具有理气健脾、燥湿化痰、止咳降逆等功效，常用于治疗脘腹胀满及疼痛、食少纳呆、恶心呕吐、嗳气、呃逆、便溏泄泻、寒痰咳嗽等病症。在采收陈皮时，去其白内皮后的红色外皮叫"橘红"，去红外皮后的白色内皮叫"橘白"，临床也有专用，二者功效与陈皮类同，但前者侧重燥湿化痰，后者则长于和胃化湿。

作为我国的一味传统植物源性中药材，陈皮的药用历史已达上千年。自古而今，陈皮一直享有"百年陈皮，千年人参"的赞誉。目前，陈皮的主要出产地集中在四川、广东、福建和江西等地区，由此形成了川陈皮、广陈皮、福建陈皮和江西陈皮等不同地域陈皮的划分，商业上流通的陈皮还包括湖南陈皮、湖北陈皮和台湾陈皮等等。其中，广陈皮中的新会陈皮（图2-2）是受栽培品种、地理位置和气候水源等综合因素的影响而形成的标志性陈皮类型。新会陈皮散发着芳香扑鼻的味道，这是其独特品质的一个标志。新会陈皮具有较高的药用价值，又是传统的香料和调味佳品，故而向来享有盛誉。新会陈皮早在宋代就已成为

图2-2 广陈皮中的新会陈皮

南北贸易的"广货"之一,现已行销全国和南洋、美洲等地区。对于新会陈皮的商品规格,至今还没有较为科学的划分标准。根据采摘时果实的成熟度,新会陈皮可大体分为青皮、微红皮(二红皮)和大红皮。根据《新会文史资料选辑》中的记载,新会陈皮按传统规格质量可分为头红、极红、苏红、二红、拣红、青皮、早水等七种货式,其中以色泽鲜艳、含油量大、香气浓郁者为佳。

## 一、陈皮概述与主要功效

在外观形态上,新会陈皮常三瓣相连,形状整齐,对光透视点状油室清晰可见,质地较为柔软。在化学成分上,新会陈皮与其他产区陈皮的区别在于其含有挥发性特征物质——2-甲氨基苯甲酸甲酯。欧小群等人[1]认为,新会陈皮与其他陈皮的区别除了其精油中的特有成分 2-甲氨基苯甲酸甲酯外,茶枝柑陈皮中萜品烯的相对含量也是最高的。周欣等人[2]在采用傅里叶变换红外光谱法比较华南 7 个产地陈皮的差异时,发现只有在广陈皮的精油中具有 2-甲氨基苯甲酸甲酯成分的一组相关峰。中医典籍《本草纲目》中关于陈皮的记载有:"柑皮纹粗,黄而厚,内多白膜,其味辛甘……今天下以广中(新会)采者为胜。"[3]。由此可见陈皮特别是新会陈皮在中国传统药材中的价值和重要性。传统中医理论认为,陈皮味辛、苦,性温,入脾经和肺经,具有"理气健脾、燥湿化痰"的功效并且被现代科学方法所证实[4]。因此,在临床上常常用于治疗消化系统和呼吸系统的疾病,也可治疗脘腹胀满、嗳气泛酸、恶心呕吐、便秘或腹泻等。现代科学研究指出,陈皮中含有多种生理活性成分,主要包括挥发油、黄酮化合物、生物碱、多糖、微量元素和其他功能成分(果胶和色素等)。新会陈皮是一种常见中药,不仅可以作为保健减肥品使用,还能在临床医学上应用。它也是一种药食同源的食品,可用于烹饪的调味,也可用于制作陈皮梅、陈皮鸭、陈皮酒和陈皮月饼等。

陈皮的最早记载可以追溯到东汉时期的药物学专著《神农本草经》。明代医学家李时珍在《本草纲目》中全面地阐述了陈皮的功效、性能以及配伍特点:"橘皮,苦能泻能燥,辛能散,温能和。其治百病,总是取其理气燥湿之功。同补药则补,同泻药则泻,同升药则升,同降药则降。脾乃元气之母,肺乃摄气之龠,故橘皮为二经气分之药,但随所配而补泻升降也。"

陈皮的主要功效为理气健脾、调中燥湿、化痰,能治疗脾胃不调、脾胃气滞所致的消化不良、胃痛、胸闷、腹胀等。现代药理学研究表明,陈皮可促进消化液分泌、消除或排除肠道内积气、兴奋心肌、抗动脉硬化,还可使肾血管收缩、尿量减少,其与维生素 C、维生素 K 并用,可增强消炎效果。

## 二、陈皮显微特征研究

2020 年版《中国药典》对陈皮粉末的鉴别并未将广陈皮单独列出,统一描述为:"粉末黄白色至黄棕色。中果皮薄壁组织众多,细胞形状不规则,壁不均匀增厚,有的成连珠状。果皮表皮细胞表面观多角形、类方形或长方形,垂周壁稍厚,气孔类圆形,直径 18～26 μm,副卫细胞(又叫护卫细胞)不清晰；侧面观外被角质层，靠外方的径向壁增厚。草酸钙方晶成片存在于中果皮薄壁细胞中，呈多面体形、菱形或双锥形，直径 3~34 μm，长 5~53 μm，有的一个细胞内含有由两个多面体构成的平行双晶或 3~5 个方晶。橙皮苷结晶大多存在于薄壁细胞中，黄色或无色，呈圆形或无定形团块，有的可见放射状条纹。可见螺纹导管、孔纹导管和网纹导管及较小的管胞。"然而，不同品种的陈皮之间，其粉末的显微特征必然存在一定差异，需要对各个显微特征进行大量显微观察并进行详细对比才能做出鉴别与区分[5]。

### 三、陈皮副食品及其概述

陈皮含有大量对人体有益的维生素 C、胡萝卜素、蛋白质、糖类和多种微量元素，营养价值高，可加工成多种保健食品或食品原料，是很好的食品资源。

#### (一) 五香陈皮

把干净的橘子皮在清水中泡 24 h，去除果蒂和霉烂的部分，挤干后放在开水锅里煮沸 30~40 min，然后挤去水分沥干，再切成 1 cm 见方的小块，按 100 g 湿橘子皮加 4 g 食盐的比例再在锅中煮沸 30 min，捞出后，趁湿撒上一层甘草粉，每 100 g 用甘草粉 3 g 左右，晒干后即为甜、香、酸、咸并略带苦味的五香橘皮了。这种橘皮口味绵长，还有药疗的功效。

#### (二) 陈皮酱

取无霉变的橘皮洗净，浸泡于干净的水中，然后捞出沥干，切碎放入锅内加水浸泡，用旺火煮沸后，改用文火焖 5 h(用手可碾碎为度)。然后把橘皮捞出捣烂，加与橘皮干重同量的白糖拌匀，再用小火煮 4 min，即成味道香甜的橘皮酱。

#### (三) 陈皮脯

将新鲜的橘皮用清水洗净(干皮浸泡 2~3 h)，切成长 5 cm、宽 0.5 cm 的长条。用 10% 的食盐水浸泡 1~2 天，脱苦味。然后将橘皮条放入沸水中煮数分钟，以煮透为度。再加糖煮 5 min 后浸渍 24 h。捞出，沥干糖液，60~70 ℃条件下烘烤至七八成干时取出。

#### (四) 陈皮糖

配料：鲜橘皮 1 kg，白砂糖 0.8 kg，甘草粉 6 g，五香粉 2 g，食用色素适量。将新鲜橘皮洗净，将表层的油脂充分搓破，放入 10% 的盐水中浸泡 24 h，再放入清水中煮沸 5 min，捞出沥干，晾晒 1 天。将其切成大小整齐的小方块放在锅中，然后将大部分白砂糖加入适量清水中煮沸溶化，煮至糖液浓稠、果皮呈透明状时离火。将糖煮后的橘皮块捞出，沥干糖液，摊放在竹匾上，再将剩余白砂糖加入，拌匀。将拌糖的橘皮装入盘中送入烘房或晒干，将五香粉和甘草粉均匀撒在果皮上，即成陈皮糖[6]。

#### (五) 陈皮袋泡茶

袋泡茶是当前主流的茶叶形式，人们接受程度较高。袋泡茶由于具备冲泡时间快和清洁卫生的优势，深受人们的喜爱，尤其受到年轻消费人群的欢迎。在欧美发达国家，袋泡茶的受关注度更高，备受青睐。当健康和品味成为一种时尚引领，陈皮袋泡茶的形式开始适应当前社会发展的趋势。随着科学技术的不断发展,袋泡茶不断推陈出新,通过优化工艺设计,陈皮袋泡茶也实现了陈皮清香入茶的目的。

### (六)陈皮速溶茶

20世纪初,英国研制出速溶茶,在1943年获得专利。经过多年的发展,速溶茶逐渐进入市场,到了20世纪70年代左右,美国和英国等逐渐将速溶茶生产基地转移到印度和斯里兰卡等国家,使之成为速溶茶的生产大国。人们将膜分离技术和酶技术应用到陈皮速溶茶的制备中,确保了陈皮速溶茶的香气得到保持和逐渐改善。

### (七)陈皮醋饮料

有关研究表明,经微生物发酵酿制成的水果醋具有很高的营养价值。将陈皮制成陈皮醋,不仅可以充分利用广东新会的陈皮资源,增加食醋的种类,而且可以根据不同的消费需求配制成不同的陈皮醋饮料。经研究,最优工艺条件为发酵温度32 ℃,醋酸菌接种量9%,酒精浓度7%。由此制得的陈皮醋醋酸含量可达4.363 g/100 mL。以陈皮醋为原料,通过调配可制得具有保健功能的陈皮醋饮料,其色泽透亮,是新型营养保健型醋饮料。陈皮醋及陈皮醋饮料的研发,不仅可以增加食用醋的类型,而且可以打破目前以苹果醋为主的果醋市场,符合消费多元化的发展要求[7]。

### (八)陈皮酒

果酒在中国市场的起步较晚。近年来,随着消费水平的提高,人们对于果酒的需求也越来越大。以陈皮为原料开发的果酒将是一类具有发展前景的产品。在低温发酵甜酒的工艺研究中,生产口感柔和、酒体醇厚的甜酒是果酒酿造的一大主要追求。目前,有关陈皮果酒的研究虽然尚少,但是市面上已经出现了多个品牌的陈皮果酒。对于如何生产高品质的陈皮酒和陈皮果酒,如何有效地将陈皮酒和陈皮果酒从实验阶段转化为工业生产仍然是目前研究的重点问题之一。

## 第二节 柑青皮

青皮始载于《珍珠囊》,味苦、辛、温,归肝、胆、胃经,有疏肝破气、消积化滞的功效[8]。青皮为芸香科植物橘(*Citrus reticulata* Blanco)及其栽培变种的未成熟果实的干燥果皮,因其色青而名之。关于青皮,《本草纲目》有云:"青橘皮乃橘之未黄而青色者,薄而光,其气芳烈。"《中国药典》(2020年版)规定除未成熟果实的果皮外,橘及其栽培变种的干燥幼果也可作青皮应用。5~6月收集自落的幼果晒干,习称"个青皮";7~8月采收未成熟的果实,在果皮上纵剖成四瓣至基部,除尽瓤瓣晒干,习称"四花青皮"。国内市场所售青皮中尚有甜橙[*Citrus sinensis* (L.) Osbeck]等柑橘的幼果和未成熟果实的果皮。广陈青皮(也称为"柑青皮",图2-3)是新会种植的茶枝柑未成熟的果实经剥皮后晒制而成,一般采用惯用的"三瓣式"开皮方式来剥皮。

图 2-3　新会茶枝柑青皮（广陈青皮）

关于广陈青皮，曾有这样一段故事。南宋宋理宗年间，杨太后得了乳疾，但御医们都束手无策。黄广汉选用在新会一些特定地方栽培的一种柑橘（即如今的新会茶枝柑），经特制之法制成了药材陈皮并将陈皮交给其夫人米氏为杨太后医治，米氏便用此皮入药给杨太后开出方子，服药一段时间后杨太后的乳疾便痊愈了。杨太后对广陈青皮（新会陈皮）的功效和黄夫人的医术大加赞赏，奏请宋理宗皇帝用"邦显一品夫人"对黄夫人米氏加以封赏，广陈黄氏族谱有诗云："调治后乳，著手成春，诏封邦显。"后来明清一些名医家如刘若金等也使用此法医治此种病症。现代科学研究也表明，广陈青皮对乳腺疾病有独特的疗效。

## 一、青皮的功效及应用

"三天不吃青，两眼冒金星。"苏北民间流传的这句俗语道出了人们对于"青色入肝经"的传统中医理论的认知。青皮沉而降，入肝胆气分，疏肝破气，有消积化滞的功效。青皮常用于肝气不舒、肝脾肿大、胸胁胀痛、食积停滞、脘腹胀痛及乳癖、乳痈、甲状腺囊肿、症疝气、久疟癖块等症瘕积聚。青皮的常规用量为 3～9 g，入煎剂或丸散，气虚、多汗、老弱虚羸者忌服[9]。现代药理学研究证明，各种青皮均含升压有效成分左旋辛弗林乙酸盐和丰富的氨基酸、挥发油、黄酮类物质，具有升压、抗休克、祛痰、平喘和双向调节内脏平滑肌的作用。古今医籍多有青皮药用记载，如《本草图经》：主气滞，下食，破积结及膈气。《本草纲目》：治胸膈气逆，胁痛，小腹疝气，消乳肿，疏肝胆，泻肺气；青橘皮，其色青气烈，味苦而辛，治之以醋，所谓肝欲散，急食辛以散之，以酸泄之，以苦降之也。《本草备要》：除痰消痞，治肝气郁结，胁痛多怒，久疟结癖，疝痛，乳肿。《丹溪心法》：青皮乃肝、胆二经气分药，故人多怒，有滞气，胁下有郁积或小腹疝疼，用之以疏通二经，行其气也。若二经虚者，当先补而后用之。又疏肝气加青皮，炒黑则入血分也。

青皮作为一味临床应用广泛、安全有效的传统药物，其药理功效主要概括如下[10]：

① 改善心血管系统的功效；

② 利胆作用；
③ 抗休克的作用；
④ 祛痰平喘作用；
⑤ 辅助治疗乳腺增生；
⑥ 平衡体内能量代谢；
⑦ 对生殖系统的影响。

茶枝柑青皮和新会陈皮实质上是两味"同源不同性，一体两用"的中药。柑青皮作为常用的理气中药，味苦，性辛温，归肝脾经，具有疏肝破气、消积化滞的功效，其力较陈皮而强。传统中医理论认为青皮经醋制或炒制，能缓和辛烈之性，且有增强疏肝止痛的作用。因此，茶枝柑青皮常用于肝郁气滞所致的胸胁胀满、胃脘胀闷、疝气、食积、乳房发胀或结块、症瘕等症状。经气相色谱-质谱联用法测定，从茶枝柑青皮与陈皮中分别定性出49种与52种化合物，分别占挥发油总量的99.67%和99.17%。其中，d-柠檬烯为青皮和陈皮中含量最高的化合物，分别占比为65.61%和73.39%。两者所共有的化合物有44个，说明它们具有相同的物质基础。总之，茶枝柑青皮与陈皮在物质的种类上差异较小，其含量有一定程度上的差异。来自同一种属的橘皮作为青皮还是陈皮使用与采集时间有很大的关系，应该特别注意，以便区别对待、正确入药[11]。

## 二、青皮的炮制加工方法

中药材能否充分发挥药用功效，除了受本身性质的影响外，还与其炮制加工方法有着直接的关系。到目前为止，青皮饮片的制备留存着多种方法，如除杂、去白、去瓤、切、锉、捣炒、面炒、麸炒、醋制、盐制、烧灰、炒炭等。

现代的炮制方法则有炒焦、炒炭、蜜麸炒、醋麸炒等。表2-1展示了我国部分本草文献对青皮炮制方法的记载[12]。实际上，全国不同地区沿用或惯用的实际炮制工艺并不一致。青皮含有较多种化学成分，其中以黄酮类种类及含量最多，且在黄酮类化合物中，橙皮苷因具有止咳化痰、行气降脂等功效而可以作为衡量青皮相关活性的主要成分。据此，徐玉玲等[13]提出，应采用临床利用量评价中药材的品质，即"青皮药材中真实活性成分量×提取转移率"。基于上述测定和计算，可以较为准确地评价不同炮制方法对青皮发挥功效的物质基础所产生的影响。盛柳青[14]在研究不同干燥方法对衢州产个青皮品质的影响时发现，个青皮自然晒干所需的时间为4~7天，好果率低，且受天气影响显著，褐变现象严重。紫外烘晒所需时间为1~3天，好果率高，不受天气条件影响。在江浙一带潮湿多雨的气候环境下，紫外烘晒干燥技术更加适用。幼果在自然晒干过程中，直径越大的果实越易发霉腐烂。紫外烘晒的个青皮中橙皮苷含量、左旋辛弗林乙酸盐含量等各项质量指标高于自然晒干的个青皮。紫外烘晒干燥箱可以放置在果农家里或合作社，在柑橘幼果采摘后第一时间进行就地干燥，从而避免天气因素对产品加工的影响，保证后续加工原材料的数量和质量。

表 2-1　历代本草文献对青皮炮制方法的记载[12]

| 年代 | 出处 | 方法 | 目的 |
| --- | --- | --- | --- |
| 宋代 | 《太平惠民和剂局方》 | 磨去瓤 | 去瓤免胀 |
| 宋代 | 《博济方》 | 面炒 | 矫味、健脾 |
| 明代 | 《本草品汇精要》 | 锉碎用 | 提取和利用有效成分 |
| 明代 | 《本草原始》 | 以汤浸去瓤切片 | 提取和利用有效成分 |
| 明代 | 《本草原始》 | 醋拌瓦炒过用 | 缓和某些猛药的药性 |
| 明代 | 《本草征要》 | 麸炒用 | 矫味、健脾和降低副作用 |
| 清代 | 《串雅内编》 | 炒黄色烟尽为度 | 破坏部分成分宜加工 |
| 清代 | 《本草择要纲目》 | 炒黑 | 入血分,缓解部分燥性 |
| 清代 | 《本草述》 | 法制青皮 | 提高药效 |

### 三、青皮的医用处方[12,15]

(1) 治肝气不和,胁肋刺痛如击如裂者：青橘皮(酒炒)400 g,白芥子、苏子各 200 g,龙胆草、当归尾各 150 g。上药共为细末,每日早晚各服 15 g,韭菜煎汤调下。(《方氏脉症正宗》)

(2) 治心胃久痛不愈,得饮食米汤即痛极者：青皮(醋拌炒)25 g,延胡索(醋拌炒)15 g,甘草 5 g,大枣 3 个。水煎服,每日 2 次。(《方氏脉症正宗》)

(3) 治食痛、饱闷、噫败卵气：青皮、山楂、神曲、麦芽、草果各等分。上药共研细末制丸,每次服 9 g,每日 2 次。(《沈氏尊生书》)

(4) 治疝气冲筑,小便牵强作痛：青橘皮(醋炒)400 g,胡芦巴 100 g,当归(酒洗,炒)、川芎(酒洗,炒)、小茴香(酒洗,炒)各 50 g。上药共研为细末,每日早上服 15 g,白开水调下。(《方氏脉症正宗》)

(5) 治疟疾寒热：青皮(烧存性)50 g,研为细末,发病前温酒服 5 g,发病时再温酒服 5 g。(《太平圣惠方》)

(6) 治因久积忧郁,乳房内有核如指头,不痛不痒,五、七年成痈,名乳癌：青皮 20 g,水 300 mL,煎 200 mL,徐徐服之,日一服,或用酒服。(《丹溪心法》)

(7) 治脘腹痞满胀痛,内有症积,用青皮汤：青皮 3 g,莪术、三棱各 2.1 g,陈皮、神曲各 1.5 g,延胡索 1 g,生姜 3 片。水煎,分 2 次温服。(《医学入门》)

(8) 治小儿疟疾,浮肿兼寒热不退,饮食不进,用青皮汤：青皮、陈皮、白术、茯苓、厚朴、半夏、大腹皮、槟榔、三棱、蓬术、木通、甘草各等分。上药研为粗末,每服 3 g,加生姜 1 片,水煎,早晚分服。(《医学纲目》)

(9) 治积聚,用青皮丸：青皮、陈皮、黄连各 30 g,香附 120 g,苍术、半夏、针砂(铁粉)各 60 g,白术、苦参各 15 g,上为细末,面糊为丸。每次服 10 g,每日 2 次。(《丹溪心法》)

(10) 治三焦臌胀,气满腹中,空空然响,用青皮饮:青皮、枳壳、大腹皮各10 g。水煎,早晚分服。若上焦胀加桔梗10 g,中焦胀加苏梗10 g,下焦胀加木通8 g。(《症因脉治》)

(11) 治寒凝肝脉,气机阻滞所致疝气,症见少腹疼痛,痛引睾丸,偏坠肿胀。《医学发明》之天台乌药散:青皮(汤浸,去白,焙)、天台乌药、木香、小茴香(微炒)、高良姜(炒)各15 g,川楝子、巴豆各12 g,槟榔(锉)9 g。如痒甚者,加飞矾1.5 g。上8味,先将巴豆微打破,同川楝子用麸炒黑,去巴豆及麸皮不用,合余药共研为细末,和匀,每服3 g,温酒送下,或水煎取汁,冲入适量黄酒服,每日2次。(《医学发明》)

(12) 治平素气阴俱虚,感受暑湿,身热头痛,口渴自汗,四肢困倦,不思饮食,胸闷身重,便溏尿赤,舌淡苔腻,脉虚弱。清暑益气汤:青皮、葛根1.5 g,黄芪、苍术(泔浸,去皮)、升麻各6 g,人参(去芦)、泽泻、炒曲、橘皮、白术各3 g,麦门冬、当归身、黄柏、炙甘草各2 g,五味子9枚。上药以水1 500 mL,煎至800 mL,去滓,食远温服,每日2次。剂之多少,临病斟酌。(《脾胃论》卷中)

(13) 治疟疾、流行性感冒,痰湿阻于膜原,见胸膈痞满,心烦懊侬,头眩口腻,咳痰不爽,间日疟发,舌苔粗如积粉,扪之糙涩者。《重订通俗伤寒论》之柴胡达原饮:青皮、柴胡、生枳壳、川朴、黄芩各4.5 g,苦桔梗3 g,草果1.8 g,槟榔6 g,荷叶梗16 cm,炙草2.1 g。水煎取汁,早晚分服。

(14) 治小肠疝气,偏坠抽痛,睾丸肿大,坚硬不消。疝气内消丸:青皮、川楝子、白术、吴茱萸、丝瓜络炭各120 g,荔枝核、沉香、橘核(炒)各90 g,小茴香(炒)、肉桂(去粗皮)各150 g,川附片、补骨脂各60 g,大茴香、甘草各30 g。上为细末,炼蜜为丸,丸重9 g。每服1丸,每日2次,温开水送下。(《北京市中药成方选集》)

(15) 治跌打损伤筋膜、筋腱,见机体疼痛,痛无定处,或肿痛固定,或骨折脱位后期,筋肉挛急作痛,舌淡脉濡者。舒筋活血汤:青皮5 g,羌活、荆芥、红花、枳壳各6 g,防风、独活、当归、续断、牛膝、五加皮、杜仲各9 g。水煎服,每日2次。(《伤科补要》卷三)

(16) 治寒湿气滞,胸痞腹痛,呕吐清水,气逆喘促。沉香顺气丸:青皮、广陈皮各90 g,陈佛手300 g,炒枳实、白蔻仁、西砂仁、广木香、粉甘草各30 g,沉香6 g。上药共为细末,冷开水为丸,以白蔻仁、西砂仁、沉香、广木香四味为衣。每服6 g,温开水送下,每日2次,老人酌减。(《全国中药成药处方集》)

(17) 治慢性前列腺炎,有瘀滞见症者。前列腺汤:青皮、川楝子、白芷各6 g,丹参、泽兰、赤芍、桃仁、王不留行各10 g,红花、乳香、没药各4.5 g,小茴香3 g,败酱草、蒲公英各20 g。水煎取汁,日1剂,早晚分服。(《中医外科学》)

(18) 治食热物过伤太阴、厥阴,呕吐,膨胀下痢,伤之轻者。枳实青皮汤:青皮、陈皮、枳实、黄连(姜汁炒)、麦芽、山楂肉、炒神曲各3 g,酒大黄5 g,甘草1 g,白术4.5 g。用水1 200 mL,煎至500 mL,温热顿服。(《医便》卷二)

(19) 治五积六聚,痃癖癥瘕,不论新久。真人化铁汤:青皮、陈皮、三棱、莪术、神曲(炒)、山楂肉、香附(炒)、木香、枳实(麸炒)、厚朴(姜制)、当归、川芎、桃仁(去皮)、红花、黄连(姜汁炒)各1 g,槟榔2.5 g,甘草0.5 g,生姜1片,枣1枚,水煎取汁,早晚分服。(《回春》卷三)

# 第三节 柑普茶

## 一、柑普茶简介

柑普茶相传为清朝新会籍进士罗天池首创。他受到茶叶吸味的启发，将家乡出产的大红柑去除果肉后，填入云南出产的普洱熟茶，然后用棉线扎紧并在阳光直照下晒干。在长期陈放过程中，普洱茶的物理吸附作用和新会柑果皮的物理挥发作用相得益彰，使两者的滋味和药性融为一体。新会柑和普洱茶的巧妙"联姻"，开创了如今各类保健柑普茶的最初形态及其制作工艺，也成就了现今茶文化的一段佳话。

经过一代又一代新会人的探索与努力，新会柑普茶的生产工艺不断发展与成熟，柑普茶的品质也日臻完善。首先，在原料品质的管控方面，所选用的茶枝柑基本上产于新会区的水田区，少数产于丘陵和山地，并经过了严格的拣果过程。新会出产的茶枝柑果大皮厚、皮紧纹细、油囊丰富，是制作陈皮的上品。所选的普洱茶叶，精选自云南勐海宫廷级乔木春尖，是国粹级佳品。在生产加工工艺方面，新会柑普茶主要通过人工挖肉、阳光生晒或低温干燥等十多道工序，一般需要耗费数百个小时才能完成。经过这样严格的工序生产出来的柑普茶成品，不仅外形匀称圆润，油室密集且颜值高，而且能使茶汤呈现出柑普茶的高品质状态，更有越陈越香的"陈藏"价值。总之，优质的新会柑普茶汤色红浓透亮，口感一流、温润甘醇、浓稠绵滑、喉韵悠长[16]，融茶叶香和柑果香于一体。

## 二、柑普茶的产品类型

### （一）小青柑普洱茶

小青柑普洱茶指的是用新会小青柑去肉填入普洱熟茶的一种再加工茶类。7～8月，正值成长期的茶枝柑柑果被采摘下后经过摘果、洗果、开盖、取肉、清洗、晾干等一系列工艺流程之后，填充优质的宫廷普洱茶，使用日光翻晒配合现代干燥技术进行整体干燥收缩，再经过"陈化"即可形成一种柑橘清冽果香与普洱甘醇香"水乳融汇"，风味独特，具有一定的养生保健效果与药用价值的小青柑普洱茶。小青柑普洱茶既能延续普洱茶的耐泡特性，又具有小青柑的果香与营养功效，而且越陈越香，越陈功效越好。

### （二）大红柑普洱茶

大红柑普洱茶也是柑普茶的一种代表性呈现，其实质上是普洱熟茶与新会大红皮的完美结合，此种茶制品香气诱人、滋味甘醇，既能开胃消食、缓解疲劳，亦可解酒醒脑、清心凝神。茶枝柑在从小青柑到大红柑的成熟转变过程中，其"辛涩味"逐渐向"甜润味"转变，这就必然产生了小青柑普洱茶和大红柑普洱茶两种不同风味特色的柑茶制品。吕平等人的研究[17]表明陈皮和普洱茶总黄酮具有体外协同抗氧化作用，这提示大红柑普洱茶中的陈皮和普洱茶总黄酮可能对人体健康产生协同功效。实践经验也显示，大红柑普洱茶保健功效显著。

### （三）茶枝柑的其他茶类产品

柑茶"联姻"成就了柑茶制品的多样化发展。茶枝柑的其他茶类产品还有小青柑六堡茶、小青柑绿茶、柑蒲茶、小青柑花茶和小青柑葛根茶等混合茶制品。

# 第四节　柑　胎

新会柑柑胎又称青柑仔、柑仔乳果或者柑青，是新会茶枝柑树在谢花后挂上的乳果，归属于胎果类（图 2-4）。新鲜采摘的新会柑乳果经过清洗晾干、晒干等工艺步骤后，柑胎果的颜色逐渐由青色变成褐色或者深褐色，这就是知名的"新会柑胎仔"。由于采收时间的差异，柑胎仔的大小不等，有的如黄豆般大小，有的规格与桂圆相当，一般将大小均一的柑胎封装在一起形成规格不同的"青柑胎"（图 2-5）。新会柑柑胎除了药用外，一般也常用来泡茶或者作为煲汤的材料，其香味和口感也很有特色，尤其受到粤港澳大湾区人们的喜爱。

**图 2-4　茶枝柑青柑胎的鲜果**

目前，有关新会柑胎的研究性文献依然比较缺乏。研究显示，新会柑胎仔的黄酮含量，特别是橙皮苷的含量远远超过新会陈皮，高达干果质量的 12.8%[18]。盛钊君等人[19]在对新会柑胎仔的多酚含量及其抗氧化活性进行了一番研究后发现，新会柑胎仔在功能食品的研究和开发中具有较大的应用潜力。有研究资料显示，有人使用新会柑胎制作柑胎养生茶。谭国民等人[20]公开了一种清热润燥柑胎养生茶的发明，其包括如下重量份的组分：新

**图 2-5 不同规格的新会青柑胎（干果）**

会柑柑胎 40~70 份,云南熟普 10~30 份,枸杞子 3~8 份,红玫瑰花（或平阴玫瑰花）0.5~2.5 份,金银花 2~5 份。这种清热润燥柑胎养生茶温清相济,清热润燥功效好,且清而不寒,和胃降逆,还具有调理脾胃虚弱和美容养颜的作用。赵务廉[21]公开了一种陈皮柑胎茶的制作工艺,使用该工艺制成的茶品在泡茶时,陈皮瓣在茶水中能自然散开,柑胎脱落,茶叶充分散开,陈皮的陈香和茶叶的醇香以及柑胎的柑味也能够被更充分地激发,且兼具陈皮的养生功效。

此外,有人使用新会柑胎仔制作驱蚊手链,也有人利用其特殊的醒脑香味来开发枕头用具。比如,李富祥[22]公开了一种安神助眠效果好、提高睡眠质量的保健枕的发明。该保健枕的枕芯内填充物由如下重量份数的组分混合组成：崖柏颗粒 20~60 份,柑胎颗粒 20~60 份,檀香颗粒 1~4 份。有文献研究指出,新会柑胎仔含有丰富的类黄酮、挥发油、维生素 B 和维生素 C 等营养成分,具有一定药用价值。使用柑胎泡水喝,有疏肝破气、消积化滞的功效,可用于胸胁胀痛、疝气疼痛、乳癖、食积气滞、脘腹胀痛等症状的治疗或者辅助治疗。柑胎仔的功效虽然好,但因其性烈、破气,泡茶饮用的频率不宜过于频繁,普通人每个星期泡饮频率以不超过 3 次为宜,老人、小孩及阳虚、气虚脾弱、中气不足、体虚之人士,则应少喝或不喝。柑胎仔的外用（比如用于敷洗、防臭等）则不受上述情况的影响。

总之,新会青柑胎这一具有广东地区特色的功能食品具有一定的研究价值,也有良好的应用与开发前景。

## 第五节 柑橘花

诗人梁上泉先生曾即兴作了一首优美的歌词《柑橘花》："柑橘花呀,柑橘花,净洁素雅谁能不爱它?叶儿四季青,花儿阳春发,清清白白显芳华。啊……美不过的柑橘海,香不过的柑橘花!蜜蜂舞啊,雀鸟夸,催繁果实甜了千万家,唱响柑橘林,歌声传天涯,引来宾朋如云霞!啊……美不过柑橘海,香不过柑橘花![23]"

除了具有艺术观赏性外,柑橘花在我国还是一种传统的食用性花卉,其香味清新淡雅,具有催眠安神、调节情绪等功效。大多数柑橘品种的正常花都要进行授粉和受精,当花朵的花器发育完全就可以授粉和受精,进而发育成果实。具体而言,这个过程首先是雄蕊中的花药产生花粉,花粉管伸长,通过花柱进入子房。然后花粉放出两个精子:一个精子的精核与子房中的卵子结合成合子,合子发育成种子;另一个精子的精核刺激子房膨大而形成果实。这就是所谓的柑橘坐果生理学理论。

多数柑橘品种容易成花且花量较大,但也常会遇到一些营养生长旺、树势强的适龄投产树或幼旺树花量较少,达不到预期的目标产量。若在花芽分化期出现暖冬或多雨年份,冬季花芽分化不好,成花更困难,导致翌年花量不足,产量降低。因此,对出现这些问题的柑橘果树通常需要适时采取促花措施[24]。

和多数柑橘花类似,茶枝柑的花朵细小而别致,花瓣白色,花蕊淡黄色,有股淡雅的清香气味(图2-6)。它的开花期在2月中下旬至4月上旬。茶枝柑的花多着生于先年生秋梢上,而先年生春、夏梢上,则着生较少,单生或生于叶腋内。茶枝柑花朵具有花瓣5片,半张

图2-6 新会茶枝柑的花朵

开,开放后花径约 2.0 cm。花瓣长椭圆形,先端尖,长约 1.3 cm,宽约 0.5 cm。雄蕊彼此相连,长短不一,与柱头等长或高于柱头,萼黄绿色,五裂,萼齿尖[25]。茶枝柑树的开花量极大,成年果树往往超过 1 万朵,但坐果率比较低(坐果率一般仅占总花量的 1%～5%),这是由于柑花中约有 70%～80% 为雄蕊退化的不育花或畸形花。这些花在盛花期就大量脱落。茶枝柑树可以进行自花授粉,也有异花授粉能力。

作为食疗与药用,茶枝柑花具有顺气提神、生津解渴和缓解疲劳的功效。茶枝柑的新鲜花朵经采收、晾晒(或低温烘干)、翻炒等工艺可制作成柑花茶,它可以与其他熟茶一起搭配制作冲泡型花茶。柑花茶与柑普茶或陈皮茶味道有所不同,香味更加芬芳独特。柑橘花的生理功效主要是理气和胃。茶枝柑的花朵可以搭配普洱、枸杞和桂圆等来泡茶喝,也有人将其作为调味香料加入蛋花汤、榨菜肉丝汤中进行烹制。此外,在工业上,现产于浙江、福建和广东等省的食用香精和牙膏香精,就是以柑橘花、柑橘皮为原料,经过蒸馏浓缩而成。

## 第六节 柑 橘 络

橘络又称橘筋、橘丝,是指芸香科植物橘及其栽培变种干燥果皮内层橘白色的网状筋络。橘络的医学应用历史悠久,在许多古代医书典籍中均有记载,在现代医学上也常被作为中药配方使用。

### 一、橘络的药理学作用及研究状况

橘络味甘、苦,性平,归于肝经和肺经,具有行气通络、化痰止咳的作用,常用于治疗痰滞经络之胸胁胀痛、咳嗽咳痰或痰中带血等症状。橘络是治疗妇人乳疾的中成药主要成分之一,也具有抗乳腺癌的作用。

橘络入药以水煎内服为主,一般用量为 3～9 g,虚寒和阴虚火旺者忌用。古今医籍多有橘络药用的记载,如《本草崇原》:"橘瓤上筋膜,治口渴吐酒,煎汤饮甚效,以其能行胸中之饮,而行于皮肤也。"《本草纲目拾遗》:"金御乘云,橘丝专能宣通经络滞气,予屡用以治卫气逆于肺之脉胀甚有效;通经络滞气、脉胀,驱皮里膜外积痰,活血。"《本草便读》:"橘络,甘寒入络,无甚功用,或可清络中之余热耳。"《日华子本草》:"治渴及吐酒,炒,煎汤饮甚验。"《本草求原》:"通经络,舒气,化痰,燥胃去秽,和血脉。"《四川中药志》:"化痰通络,治肺劳咳痰、咳血及湿热客于经隧等症。"

现代药理学研究证明,橘络主要含有挥发油、芦丁和黄酮类等物质,可以用于慢性支气管炎、冠心病、久咳、胸痛等病症的治疗和出血性脑卒中、眼底出血等出血性疾病的预防。对于平时有出血倾向者,特别是有血管硬化倾向的老年人,食用橘络更是有益无害。当然,橘络在食用搭配上也存在一些禁忌。比如,橘络不宜和芦笋一起食用,原因是橘络中的酒石酸能够凝结芦笋中的蛋白质进而影响人体的消化和吸收功能。于锦程[26]使用橘络治愈了受寒胃痛 28 例,其药方及疗效如下:橘络 3 g,生姜 6 g,水煎加红糖服用,早晚各服 1 次,3 天为 1 个疗程,连服2个疗程均可见明显好转或治愈。也有研究资料指出,橘络具有降低2型糖尿病患者血糖水平的作用。徐文进等人[27]则对中药橘络的种属、成分、药理、临床应用(对内分泌系统、呼吸系统、神经系统、消化系统和血液循环系统的影响)、代表性膳食(药方)及使用注意事项等进行了概述,为深入研究、开发和利用这一中药资源提供了科学的资料。

## 二、橘络的化学成分研究

现代药理学认为,药材的功效一般与其所含物质成分相应。橘络中所含有的黄酮类成分较多,主要是橙皮苷。橙皮苷具有广泛的药理活性,如抗炎、抗菌、调节免疫力、防辐射、保护心血管系统等生理药理作用。目前,应用各种色谱方法已从橘络中鉴定出的13种化合物及其结构式如表2-1所示[28]。

表2-1 橘络的13种已鉴定化合物及其结构式

| 项目 | 中文名称 | 英文名称 | 结构式 |
| --- | --- | --- | --- |
| 1 | 5,7,4'-三羟基二氢黄酮 | 5,7,4'-trihydroxyflavanone | |
| 2 | 橙皮苷 | hesperidin | |
| 3 | 柚皮苷-4'-葡萄糖苷 | narirutin-4'-glucoside | |
| 4 | 芹菜素-6,8-二-$C$-$\beta$-D-吡喃葡萄糖苷 | apigenin-6,8-di-$C$-$\beta$-D-glucopyranoside | |

（续表）

| 项目 | 中文名称 | 英文名称 | 结构式 |
|---|---|---|---|
| 5 | 5,6,7,8,3',4'-六甲氧基黄酮 | 5,6,7,8,3',4'-hexamethoxyflavone | |
| 6 | 3,5,6,7,8,3',4'-七甲氧基黄酮 | 3,5,6,7,8,3',4'-heptamethoxyflavone | |
| 7 | 柠檬苦素 | limonin | |
| 8 | (9$R$,10$R$,7$E$)-6,9,10-三羟基十八烷基-7-烯酸 | (9$R$,10$R$,7$E$)-6,9,10-trihydroxyoctadec-7-enoic acid | |
| 9 | L-色氨酸 | L-tryptophan | |
| 10 | (24$R$)-24-乙基胆甾烷-3$\beta$,5$\alpha$,6$\beta$-三醇 | (24$R$)-24-ethyl-5$\alpha$-cholestane-3$\beta$,5$\alpha$,6$\beta$-triol | |

(续表)

| 项目 | 中文名称 | 英文名称 | 结构式 |
| --- | --- | --- | --- |
| 11 | β-谷甾醇 | β-sitosterol |  |
| 12 | 胡萝卜苷 | daucosterol |  |
| 13 | 硬脂酸 | stearic acid |  |

关于橘络化学成分的研究,陈帅华等人[29]采用气相色谱质谱法(GC-MS)对橘白和橘络的挥发油进行了检测和比较,结果表明两者的挥发油成分在物质总类上差别不大,但在含量上有着明显的差异。李飞等人[30]对橘络的化学成分进行了研究,试验中首次从橘络中分离并鉴定出二萜类、木脂素类化合物。还有文献研究指出,橘络中含有一种叫"芦丁"(维生素P)的黄酮类物质,能使人的血管保持正常的弹性和密度,减少血管壁的脆性和渗透性,防止毛细血管渗血,可用于预防由糖尿病眼部病变引发的视网膜出血,也可以用于预防高血压和脑出血[31]。夏文斌等[32]采用气相色谱-质谱法对6种药材(橘白、橘络、橘叶、化橘红、青皮与陈皮)进行对比测定,得到橘络中16种挥发油成分,其中d-柠檬烯占挥发油总量的29.61%。于艺婧等人[33]研究认为,柑橘橘络提取物富含类黄酮化合物,包括橙皮苷、槲皮素、柚皮芸香苷等多种类黄酮,并且证明了橘络提取物中类黄酮组分是延长小鼠常压密闭低氧生存时间的有效成分,而且这几种类黄酮之间可能存在联合作用。

### 三、橘络质量的研究

商品药材橘络因加工方法不同可分为顺筋(顺丝橘络、凤尾橘络)、乱筋(散丝橘络、金丝橘络)、铲筋(铲络)三种类型。橘络在1963年版中国药典中被收载,收录有来源、鉴别、炮炙、性味、功能、主治、用法与用量及贮藏项。其主要在来源项中记载了橘络的加工采收方法,即成熟柑橘果实采制,取皮内面白色丝,直接晒干或烘干为"金丝橘络";如晒至九成干后,将筋络理顺,置小匣内压紧,用纸包好,再用微火烘干为"凤尾橘络"。在鉴别项中规定:均以筋络多、蒂小橘白少、无杂质者为佳。然而,橘络却没有被中国药典2020年版一部收载。

近年来,有些商家以橘内层皮来充当橘络。药检部门近年来也发现市场上有售卖制作罐头时煮过的橘络,此类橘络经过水煮就失去了有效的药用成分,为劣质橘络。伪品橘络及劣质橘络因缺少有效的药用成分,没有真正的药用价值。仅从其外形来看,伪劣橘络和正品也较难区别,常规检测采用性状鉴别发现,劣质橘络的苦味已经淡化。因此,有关橘络药材质量的研究也是当今中药材质量研究的重点领域。

橘络的质量参差不齐,没有一个确切的评价指标,仅从形态来判断其质量带有较强的主观色彩,应该科学客观地对橘络的质量进行评价并建立统一的质量标准体系。孙跃宗等人[34]采用傅里叶变换红外光谱法测定橘络及其伪品的红外光谱,并比较正伪品的红外光谱差别,可直接准确地鉴别真伪。余菁和宋旭峰[35]应用反相高效液相色谱法考察橘络的质量后,指出目前药用橘络大多由罐装工艺中经沸水热浸后收集,热浸法对橘络的橙皮苷含量没有明显影响。郝自新等人[36]建立了橘络药材的完善质量控制方法和标准,包括薄层色谱鉴别,水分、总灰分、浸出物和含量测定等方面,并对10批不同产地的橘络进行了测定,制定了合理的限度,为完善其质量控制标准提供了方法和依据,并且期望将其收入新版《安徽省中药饮片炮制规范》,成为新的地方标准。

### 四、茶枝柑橘络的现状

大量的茶枝柑橘络在新会陈皮的规模化生产过程中产生,并随果肉被遗弃,造成一定的资源浪费。华南农业大学闫国琦等人[37]公开了"一种茶枝柑橘络自动收集装置"的发明专利。该项专利发明能够利用设计特定的刷刮部件搭配从动轮部件,轻松完成橘络收集工作,在不损伤茶枝柑果皮的情况下有效地对橘络进行刷刮收集,生产效率高且适应性强,全程自动化,不需人手操作,降低劳动成本。这一发明无疑是为茶枝柑资源的进一步开发与利用提供了便利。

## 第七节 柑 橘 核

柑橘核为芸香科植物橘及其栽培变种的种子,又称橘子仁、橘子核、橘米等。柑橘核一般位于柑橘肉瓣中心,呈梭形小核。其质地坚硬,性味苦平,性微温,无毒,归于肝经,具有理气散结、通络止痛的作用,也兼具补肾的功效。柑核可应用于肿块、结节之类病症的治疗,尤其适用于治疗乳腺肿瘤、结节、睾丸胀痛、疝气疼痛和腰痛等[38]。

柑橘核作为一味中药材,常与杜仲等配合使用。此外,传统中医中药讲究"逢子必炒""逢子必破"的原则。柑橘核炒制以后被称为盐橘核,表面有被炒过的焦斑,口尝会有咸味。由于橘核性味、苦、平,归经为肝、肾二经,盐咸入肾经,故此增加引药入肾经的功能。橘核的加工炮制并不复杂,在家中用小锅就可以完成。炮制时,先将干橘核清洗干净,然后喷淋适量盐水(按照每100 kg 净橘核用食盐2 kg 的比例,将盐水准备好),搅拌均匀,闷润

1~2 h,让盐水充分浸润到橘核里就可以了。再将炒锅预先烧热后,放入闷润好的橘核,用文火慢炒,炒至橘核表面呈微黄色并有香气溢出时,取出,放凉,即可食用[39]。

茶枝柑果核与果肉的机械化分离难度不大,可以通过破碎机打碎柑橘果肉,再通过离心机的离心作用实现果核与柑肉的分离。而柑核经烘干设备烘干后可以作为药材出售,也可以作为育苗种子使用。茶枝柑果肉经压榨去除大部分果汁与水分后产生的柑肉渣可用作饲料原料。值得注意的是,制作过程中要慎重压榨柑橘果肉液汁。

### 一、橘核的成分研究

柑橘核含有多种功能成分,具有广阔的开发利用前景。近年来,国内外有关柑橘籽油的开发和利用的报道较多,柑橘籽油的营养保健功能也引起了人们的极大关注。柑橘的种子中含油量达20%以上,经过上述烘干、去壳等处理后,总脂肪含量为50.3%。柑籽的脂肪中含有大量的不饱和脂肪酸,具有一定的保健作用,其成分及相对含量分别是十四酸0.047%、十五酸0.039%、十六酸24.94%、十六碳烯酸0.25%、十七酸0.21%、十八酸7.73%、油酸27.26%、亚油酸34.31%、亚麻酸3.61%、二十酸0.78%、二十碳烯酸0.20%、二十二酸0.22%、二十四酸0.40%。

柑籽脂油的提取方法有压榨法、有机溶剂提取法、超临界萃取法。目前,溶剂法生产过程中存在溶剂残留、提取率低等问题,一般常用经济成本低、操作简单的压榨法。

柑籽内柠檬苦素类相对脂肪酸含量较低,含量测定为0.43%。但是,柠檬苦素类脂肪酸具有较好的药用价值,可以作为提高免疫力的保健品,也可以用于生产具有抗肿瘤功效的药品。根据成分的极性和溶剂极性相似的原则,柠檬苦素类的提取方法可以采用丙酮提取-结晶分离法、热水提取-树脂吸附法、超临界二氧化碳提取法、超声波循环提取法等方法。其中,超声波循环提取法比较常用,其工艺流程如下:柑核→烘干→粉碎→脱脂→浸提→超声波提取→脱脂→结晶→完成。柠檬苦素类富含杂质,需要分离和纯化。常用纯化办法有柱层析法、制备型高效液相法、结晶法、萃取法等。

据国外文献报道,柑橘籽中含38.86%~42.59%的油脂。与菜籽油相比,它不含有对人体心脏功能不利的芥酸;与棉籽油相比,它含有棉籽油所没有的亚麻酸。柑橘籽粗油也可用于洗衣粉、肥皂的生产,精制后的柑橘籽油则可用于烹调。在人口规模不断扩大和人均油料需求量不断增加的背景下,未来中国油料需求将呈递增态势,从进口依赖率指标来看,2020年中国食用油进口依赖率已达到60%。因此,挖掘像柑橘籽这样兼用型油源的潜力不仅可以缓解油料需求的压力,提高柑橘加工的经济效益,还可以减少柑橘籽的资源浪费[40]。

### 二、橘核的中药方子及应用

(1)治四种癞病(肠癞、气癞、水癞、卵胀),偏有大小,或坚硬如石,或引脐腹绞痛,甚则肤囊肿胀,或成疮毒,轻则时出黄水,甚则成痈溃烂,用橘核丸:橘核(炒)、川楝子(炒)、海藻、昆布、海带、桃仁各100 g,延胡索(醋制)、肉桂、厚朴(姜制)、木香、枳实(麸炒)各25 g,川木通5 g。以上十二味,粉碎成细粉,过筛,混匀,用水泛丸,低温干燥,即得。每次口服6~

12 g,每日 1~2 次,空心盐酒汤下,忌生冷食物。(《严氏济生方》卷三)

(2) 治睾丸肿痛、小肠疝气、偏坠疼痛、寒冷腹痛,用橘核疝气丸:橘核、乌药、玄胡、肉桂、炮姜、胡芦巴、吴茱萸、高良姜各 45 g,金铃子 120 g,茴香 90 g,广木香、川军各 30 g。共碾细面,水泛为小丸。每服 9 g,淡盐水送下。忌生冷。(《全国中药成药处方集》)

(3) 治诸疝痛,用山楂橘核丸:橘核(炒)、茴香(炒)、山栀(炒)各 60 g,山楂 120 g,柴胡、牡丹皮、桃仁(炒)、大茴香(炒)各 30 g,吴茱萸(泡)15 g。上共为细末,酒糊为丸,如梧桐籽大。每服 10 丸,空心盐汤送下。(《医统》卷六十引丹溪方,而《丹溪心法》卷四治疝痛方有枳实,无橘核)

(4) 治七疝,用橘核丸:橘核(盐酒炒)60 g,小茴香、川楝子(煨,去肉)、桃仁(去皮尖及双仁者,炒)、香附(醋炒)、山楂籽(炒)各 30 g,广木香、红花各 15 g。上药共为细末,以神曲 90 g,打糊为丸。每次服 9 g,每日 2 次。冲疝,用白茯苓 3 g,松子仁 9 g,煎汤送下;狐疝,用当归 6 g,牛膝 4.5 g,煎汤送下;厥疝,用瘕白茯苓、赤茯苓、陈皮各 3 g,煎汤送下;厥疝,治同冲疝;瘕疝,用丹参、白茯苓各 4.5 g,煎汤送下;瘕疝,本方内加五灵脂 30 g,赤芍(酒炒)45 g,服时用牛膝 4.5 g,当归尾 9 g,煎汤送下;癃疝,治法同上。加减:若寒气深重,加吴茱萸、肉桂心各 15 g,甚则加附子 1 枚;若表寒束其内热,腹痛热辣,或流白浊者,加黑山栀 15 g,川萆薢 30 g,吴茱萸(汤泡 7 次)9 g。(《医学心悟》卷三)

(5) 治寒湿腰痛、小肠气,用橘核散壮筋骨,暖下元:橘核、五灵脂(去砂石,用醋少许炒干)、延胡索、补骨脂(炒)、茴香(盐炒黄色)、庵䕡草(去梗,生用)、黑牵牛各 30 g,棠球子(俗称山果子,生用)120 g,川楝子(去核,生用)15 g。上药共为细末,每服 6 g,热酒调下,不拘时候。(《杨氏家藏方》卷十)

(6) 治湿热寒郁作疝,用橘核散:橘核、吴茱萸、茴香各 30 g,桃仁、栀子各 9 g。上药共为末,每服 20 g,水 600 mL,煎热服,每日 2 次。(《明医指掌》卷六)

(7) 治积气腹痛,用橘核散:橘核 60 g,青木香、蓬术、吴茱萸(醋炒,浸 1 宿,焙)、小茴香各 30 g,大茴香、姜黄各 2.5 g。上为细末,每次服 6 g,砂仁汤送下,每日 2 次。(《幼科金针》卷下)

(8) 治坠堕打扑、闪肭腰痛、恶血蓄瘀、痛不可屈伸,用橘子酒(橘核酒):橘子(炒,去皮)适量,为细末,绢包泡酒,每次饮 15~30 mL,每日 3 次。(《证治准绳·类方》卷四)

(9) 治疝气疼痛、睾丸肿大、阴囊潮湿,用橘核疝气丸:橘核(炒)、川楝子(炒)、小茴香(盐制)、延胡索(醋制)、炮姜、荔枝核(炒)、附子(制)、泽泻(盐制)、木香、胡芦巴(炒)、苍术(炒)、吴茱萸(制)各 50 g,肉桂 30 g。以上十三味,粉碎成细粉,过筛,混匀,用水泛丸,干燥即得。口服,一次 10 g,每日 2 次。(《严氏济生方》卷三)

(10) 治一切疝气,用消肾汤:橘核、海藻(洗淡)、海带(洗淡)、昆布(洗淡)、桃仁、楝子肉各 6 g,木香、白术、茯苓各 3 g,延胡索、木通、当归、肉桂、人参各 1.5 g,淫羊藿 1 g,盐、酒各少许。上药加水煎服,每日 2 次。(《嵩崖尊生》卷十三。本方改为丸剂,名"橘核消肾丸",见《疡医大全》)

(11) 治六聚、脉弦沉涩者,用茴香化气散:小茴香、大茴香(炒)、香附(酒炒)各 90 g,白术(炒)、白蔻(去壳,炒)、枳壳(炒)、青皮、乌药各 45 g,吴茱萸(醋炒)、母丁香各 2.5 g。上药

共为细末,每服 9 g,广橘核汤下,每日 2 次。(《医略六书》)

(12) 治膀胱寒结、小水甚勤、睾丸缩入、遇寒天更痛者,用辟寒丹:橘核、肉桂各 9 g,茯苓、白术各 15 g,甘草 3 g,荔枝核 3 个(捣碎)。水煎服,每日 2 次。(《辨证录》卷九)

(13) 治疝气,用五子内消丸:橘核、香附子、汉防己、花椒子、延胡索、山楂籽、黄柏、山栀子、防风、川楝子各 60 g,茅山苍术 96 g,小茴香 42 g,沉香 15 g,人参 30 g,白茯苓 90 g。上药共为细末,炼蜜为丸,如梧桐子大。每服 9 g,空心淡盐汤送下。外用茅山苍术(炒)60 g,艾叶 30 g,花椒、小茴香各 9 g 煎汤。将衣盖熏,俟汤稍温,洗胞内,淋得毛孔冷水冷气尽化汗而出,不可间断。如只熏洗不服药,或服药不熏洗,皆难见效。(《何氏济生论》卷六)

(14) 治七疝气及妇人阴坠下、小儿偏坠,用秘传马蔺花丸:橘核、马蔺花(醋炒)、川楝实、海藻(盐、酒洗净)、海带(盐、酒洗净)、昆布(盐、酒洗净,炒)、桃仁(去皮尖)各 30 g,厚朴(姜制)、木通、枳实(麸炒黄色)、延胡索(杵碎,炒)、肉桂(去粗皮)、木香、槟榔各 15 g。加减:脉沉细,手足逆冷者,加川乌头 1 个(15 g,炮)。上药共为细末,酒糊为丸,如梧桐籽大。每服 50～70 丸,或酒或姜盐汤送下。(《医学正传》卷四。秘传马蔺花丸见《松崖医径》卷下)

(15) 治男子七疝、妇人阴㿗、脉弦涩滞者,用马蔺丸:橘核、马蔺(炒)、桃仁、海藻、海带、昆布、川楝子(炒)、延胡索各 45 g,肉桂(去皮)9 g,厚朴(制)、枳实各 18 g。上药共为细末,醋泛为丸,每次服 9 g,每日 2 次。(《医略六书》卷二十四)

(16) 治女子前阴漫肿、脉弦者,用加味四苓汤:橘核(炒)、茯苓各 9 g,白术(炒黑)、猪苓、泽泻、青皮(炒)、陈皮各 4.5 g,柴胡梢 1.5 g。水煎,去滓温服,每日 2 次。(《医略六书》卷二十六)

(17) 治小儿胎寒、肚腹疼痛、积聚痞块、疝气偏坠、虚寒泻痢、胃寒腹胀,用小儿暖脐膏:橘核、荔枝核、白胡椒、川楝子、吴茱萸各 200 g,小茴香、官肉桂各 600 g,炮姜 400 g,麝香 3 g。以上九味,麝香研成细粉,橘核、川楝子、荔枝核酌予粉碎,与适量食用植物油同置锅内炸约 20 分钟后,再投入酌予碎断的小茴香等五味,炸枯。去渣、滤过,炼至滴水成珠。另取红丹粉 9 000 g,加入油内搅匀,收膏,将膏浸泡于水中。取膏用文火熔化,待温,加入麝香搅匀,摊于布或纸上,即得黑褐色膏药,每张净重 5 g。用时加温软化,贴于肚脐上,未满月小儿贴于脐下。(《理瀹》引《福本集灵》)

(18) 治一切疝气属肝气郁滞者,用川楝汤:橘核、荔枝核、川楝子(去核)、酒炒小茴香、酒炒补骨脂、青盐、煨三棱、酒蒸山萸肉、煨莪术、通草各 6 g,甘草 3 g。水煎,空心服,每日 2 次。收功(痊愈后巩固疗效),加马蔺花、苍术;如夏、秋之月,暑入膀胱,疝气作痛,加黄连、香薷、扁豆、木通、滑石、车前子。(《万病回春》卷五)

## 第八节　柑　橘　叶

叶子是植物生产和贮藏养分的重要器官,具有光合作用、呼吸作用和蒸腾作用。柑橘叶子的生长与枝梢生长同时进行,柑橘树新抽生的枝梢分为春梢(2～4月)、夏梢(5～7

月)、秋梢(8～10月)与冬梢(11月之后)。春梢与秋梢是柑橘的结果母枝,夏梢一般不能成为结果母枝;春梢较整齐,一般可以不用控芽,夏梢与秋梢需要抹芽控梢,冬梢枝条短细,叶子是黄绿色,需要人为控制抽生。因此,在一年生长过程中,柑橘以春梢叶子最多。叶子从芽原基到叶片停止生长大约需要60天。柑橘叶的寿命一般为17～24个月,少量的叶片寿命可长达36个月。柑橘叶片寿命的长短与树体养分和栽培条件有密切关系。一般情况下,柑橘树体不同部位的叶片交替脱落。由于某种病理原因引起的非正常落叶会影响当年的果实产量,对以后的树体的发育、越冬和翌年开花结果也有不利影响。每年在春梢转绿前后,有大量老叶自叶柄基部脱落,尤其是春季开花末期落叶最多,这是正常的生理性落叶。不正常的病理性落叶多是由叶身开始脱落,随后叶柄才掉落。如果病理性的落叶过多,或叶片过早脱落(指叶片寿命仅几个月,过早凋零),容易造成树体营养供给和贮藏不足,对柑橘树体生长、开花与结果都极为不利,甚至会直接影响当年的果实产量。

柑橘叶片是柑橘果树生长与果实发育的养分供给者。因此,柑橘叶片生长正常与否及其养分丰缺状况能够反映树体的营养状况。研究显示,全国柑橘叶片普遍存在缺乏镁、锌的现象。因此,多数柑橘果园需补充镁肥,部分地区补充相应缺乏的氮、磷、钾、钙、锰、铜、锌。但是,所有的肥料均不宜过量补充,尤其是钙、锰、锌,否则容易降低果实品质[41]。

柑橘叶性味苦平,归于肝经,具有疏肝行气、消肿散结、化痰等功效,主要用于肝气郁结之胸胁作痛、乳痈肿块等。茶枝柑的叶子四季常青,革质、质脆、易碎,气香,味微苦。每年的休果期,修剪的柑橘叶除了少量嫩叶子用于制茶外,其余大部分叶片随着裁剪出来的枝条而被丢弃。在柑橘叶片的微量元素中,铁的含量最高,约占微量元素总量的60%,但是品种间差异较大,其次为锰元素,铜元素仅占8%～9%。在柑橘类的一种柚子[*Citrus grandis* Osbeck(Dangyuja)]叶中,研究人员发现其提取物对多种肿瘤细胞有良好的抑制作用[42]。日本的一些奶牛场利用发酵的柑橘叶饲喂奶牛,大大提高了奶牛的产奶量。所用的柑橘叶是在修剪柑橘树时收集的,将柑橘叶洗干净切碎,加入啤酒糟拌匀,密封青贮发酵40天左右即成。发酵后的柑橘叶清香味甜,含有丰富的营养物质,奶牛很爱吃,并能提高产奶量20%左右[43]。汪金玉等人[44]的初步研究结果显示,茶枝柑叶片样品总黄酮含量达5.69%,与同属植物橘叶总黄酮含量(4.34%～6.59%)较为接近,这提示茶枝柑的叶子具有良好的研究开发价值。有关茶枝柑叶片中黄酮类物质的组分、含量和功效等仍需进一步研究。

## 一、柑橘叶的药用功效

柑橘叶为芸香科植物橘的叶子或朱橘等多种橘类的叶子,可以随时采摘、晒干,亦可鲜用。本品味辛、苦、涩,性平,气香,归肝、肺二经,具有疏肝、行气、解郁、散结、化痰、消肿毒等作用,常用于治疗胁痛、乳痈、乳房结块、肺痈、咳嗽、胸膈痞满、疝气等病症。内服煎汤,干品一般用量为6～15 g,鲜品用量为60～120 g,或煎煮或捣汁服;外用取适量,捣烂外敷。古今医家医籍多有橘叶的药用记载,如朱震亨:"导胸脯逆气,行肝气,消肿散毒,乳痈胁痛,用之行经。"《滇南本草》:"行气消痰,降肝气。治咳嗽、疝气等症。"《神农本草经疏》:"橘叶,古今方书不载,能散阳明、厥阴经滞气,妇人妒乳、内外吹(乳)、乳岩、乳痈,用之皆效,以诸证皆二经所生之病也。"《本草汇言》："橘叶,疏肝、散逆气、定胁痛之药也。"按丹溪言,此药味苦涩,气辛香,性温散。凡病血结气结,痰涎火逆,病为胁痛,为乳痈,为脚气,为肿毒,为胸膈逆气等疾,或捣汁饮,或取渣敷贴,均可获效。现代药理学研究证明,温州蜜橘的叶子中含有维生素C,还含有多种碳水化合物,如葡萄糖、果糖、蔗糖、淀粉、纤维素等,且其含量在开花时期较高,果实成熟时逐渐减少,采摘后又有所增多。此外,各种橘叶均含有挥发油等成分。

## 二、柑橘叶的民间应用

### (一)橘叶茶饮

橘叶柠檬糖水：主要用于气滞型黄褐斑的食疗,症见斑色浅,对称分布于眼角、颧骨附近,兼有胸闷、爱叹息者。取橘叶和干柠檬片各适量一起煮水,或先煮橘叶,水沸后加入鲜柠檬片再一起煮,起锅后加入少许红糖即可频频饮用。

### (二)验方

1. 治咳嗽。橘叶适量,洗净晾干,背面涂蜂蜜后焙干,水煎频服。(《滇南本草》)
2. 治肺痈。绿橘叶适量,洗净晾干,捣汁绞取100 mL服之,吐出脓血愈。(《经验良方》)
3. 治伤寒胸膈痞满。橘叶捣烂和面粉炒热熨患部。(《本经逢原》)
4. 治疝气。橘叶10张,荔子核(焙)5个,水煎服,每日2次。(《滇南本草》)
5. 治水肿。鲜橘叶一大握,甜酒适量,煎服,每日2次。(《贵阳市秘方验方》)
6. 治气痛、气胀。橘叶捣烂,炒热外敷患处,或水煎服,每日2次。(《重庆草药》)
7. 治蛔虫、蛲虫。鲜橘叶200 g,水煎,早晚分服。(《重庆草药》)

## 三、柑橘叶的中医药方[45]

(1) 治慢性肝炎属气滞型,见两胁窜痛,肝区脘腹胀满,舌苔白,脉弦,《临证医案医方》之疏肝理气汤：青橘叶、青皮、陈皮、枳壳、香附、郁金、赤芍、白芍各9 g,苏梗、柴胡、厚朴花各6 g,甘草3 g。水煎服,每日2次。

(2) 治肝郁不伸,胸满胁痛,便秘腹满而痛,甚则欲泄不得泄,即使排泄亦不畅。清肝达郁汤：鲜青橘叶(剪碎)5片,焦山栀9 g,粉丹皮6 g,生白芍、菊花各4.5 g,当归须、广橘白各3 g,川柴胡、苏薄荷各1.2 g,清炙草1.8 g。水煎服,每日2次。(《重订通俗伤寒论》)

(3) 治乳岩、乳癖,疏肝清胃丸：橘叶、夏枯草、蒲公英、金银花、漏芦、雄鼠粪、甘菊、川贝母、紫花地丁、山慈菇、连翘、没药、瓜蒌、甘草、白芷、茜草、金银花。上药遵医嘱用量,共为细末,另用夏枯草熬膏,和匀为丸,如梧桐子大。每日2次,每次服15 g,温开水送下。(《简明中医妇科学》)

(4) 治干脚气,霍乱,喘闷欲绝,脚气痞绝,胁有块大如石,欲死不知人及干脚气头痛,腰脚疼,心躁渴闷,汗出气喘,兼治霍乱,上气闷绝者。杉木汤：橘叶(切,无叶,可以皮代之)50 g,杉木节100 g,大腹槟榔(合子碎之)7枚,童便600 mL。加水适量,煎取300 mL,早晚分2次服。若一服得快利,即停后服。(《救三死方》引郑洵美方,亦见《证类本草》卷十四引《本草图经》)

(5) 治肠燥便秘，气滞腹胀，用加味滋阴润燥方：青橘叶、玉竹、生枳壳、乌药各9 g，生首乌15 g，大腹皮12 g，青皮、陈皮各6 g。水煎服，每日2次。《千家妙方》卷上引黄文东方)

(6) 主治吹乳初起，肿痛甚者，用连翘橘叶汤加柴胡：橘叶、川芎、连翘、角刺、金银花、青皮、桃仁、甘草节各3 g。上方加柴胡5 g，水煎服，每日3次。(《杂病源流犀烛》卷二十七)

(7) 治肝气胀，用橘叶青盐汤：鲜橘叶9 g，乌梅3个，青盐1 g，川椒6 g。水煎，空腹时服，每日2次。(《医学从众录》卷六)

(8) 橘叶散。方一：治孕妇胎热，乳结肿痛，寒热交作，甚者恶心呕吐。橘叶20片，柴胡、陈皮、青皮、川芎、山栀子、石膏、黄芩、连翘各3 g，甘草1.5 g。上药以水400 mL，煎至320 mL，空腹时服。(《外科正宗》卷三) 方二：治妇人百不如意，久积忧郁，乳房内有核如鳖棋子。青橘叶一小握，皂角刺(去尖，略炒出汗)4.5 g，瓜蒌3 g，青皮、石膏、当归头、金钱花、没药、蒲公英、甘草节各1.5 g。上药细切，以酒150 mL，煎至100 mL，食后或临卧时顿服。(《医学正传》卷六引丹溪方) 方三：治乳痈，恶寒发热，乳房红肿。橘叶10片，金银花、瓜蒌、青皮、当归、皂角刺、连翘各3 g，柴胡2.1 g，甘草节1 g。水煎服，每日2次。心思不随者，加远志、贝母各10 g。(《古今医彻》卷三)

(9) 橘叶汤。方一：治乳痈焮红漫肿，或初起，或渐成脓者。橘叶、蒲公英、象贝母、夏枯草、青皮、当归、赤芍、天花粉、香附、黄芩。上药按医嘱用量，水煎服，每日2次。(《疡科心得集·方汇》卷中) 方二：治喉间生肉，层层相叠，渐渐肿起，不痛，多日乃有窍子，臭气自出，遂退(不思)饮食。臭橘叶(枸橘叶)一大握，煎汤频服。(《奇效良方》卷六十一) 方三：治芒种以后至立秋以前，阳气衰，两手脉沉细无力，或胃膈痛，身体拘急疼痛，手足逆冷。橘叶、半夏、厚朴各15 g，藿香、葛根各9 g。上药共为细末，每服9 g，水100 mL，加生姜一块如枣大，擘破，同煎至70 mL，去渣热服。3~5服后脉尚力小、手足逆冷者，加细辛1 g。

(10) 治妇人哺乳期乳房肿痛，寒热往来，服发散药寒热退后，紫肿焮痛者，用橘叶栝楼散：橘叶20片，栝楼半个或1个，川芎、黄芩、栀子(生研)、连翘(去心)、石膏(煅)、柴胡、陈皮、青皮各3 g，生甘草1.5 g。上药以水500 mL，煎至400 mL，空腹频服。渣再煎服。(《医宗金鉴》卷六十六)

(11) 治乳痈，用鲮甲散：橘叶、穿山甲、皂角刺、当归、栝楼仁、木通各10 g。水煎温服，每日2次。(《产科发蒙》)

(12) 治妇人乳硬，其中生核如棋子。消肿通气汤：橘叶30片，石膏4.5 g，青皮、当归、皂角刺各3 g，瓜蒌仁2.1 g，连翘2.4 g，白芷、天花粉各1.8 g，金银花、甘草节各1.5 g，升麻、没药各1.2 g。上药共为细末，酒、水各半煎，饭后1小时温服，每日2次。(《杏苑》卷七)

(13) 治妇人百不如意，久积忧忿，乳内有核，不痒不痛，将成乳癌。青橘饮：橘叶30片，青皮(醋炒)15 g。水煎，饭后1小时温服，每日2次。(《丹台玉案》卷六)

# 第九节 柑橘肉

成熟期的新会茶枝柑外皮颜色由青转红，冬至前后呈大红色。因此，人们也常常称之为"大红柑"或"新会大红柑"。

茶枝柑的成熟果实呈扁圆状,油身而有光泽,橙黄色;果实纵径4.5~5.1 cm,横径6.2~6.8 cm,单果重量85~115 g;顶部平,基部平圆或钝圆,蒂部周围有4~8条明显或不甚明显短而浅的放射沟,果面或平滑或粗糙,油囊大小不一且分布较密,微凸或平生。果肉嫩,较硬,液汁多,果渣较少,甜酸爽口,有特殊香味。可溶性固形物含量11%~12%,每100 mL果汁含柠檬酸0.71~0.82 g,糖10.10~11.30 g,维生素C 27.70~32.68 mg。茶枝柑果肉的可食率为74.8%~75.8%,出汁率为52.5%~54.9%,种子多,每个柑果含籽10~23粒。

从中医角度而言,茶枝柑果肉(图2-7)性温,具有开胃理气、止咳润肺、解酒醒神的功效,可治食少呕逆、口干舌燥、肺热咳嗽等病症。然而,过多食用茶枝柑果肉则会上火生痰,可引起口角糜烂、咽喉肿痛、口腔溃疡、舌苔增厚、痰声辘辘,乃至大便干结,小便色黄。研究表明,茶枝柑果肉富含大量的糖类、有机酸等营养物质,也富含维生素$B_1$、维生素P等维生素成分,可辅助治疗高脂血症、动脉硬化及多种心血管疾病。柑果肉含有的微量诺米林成分具有一定的抗癌作用,可以用来预防胃癌。

图2-7 新会茶枝柑果肉

在新会陈皮的传统制作工艺中,因柑橘产量较少且生产规模较小,柑果肉通常供当地人们食用,然后经过留皮晒皮、贮藏和陈化等流程后形成道地的新会陈皮。在现代化的陈皮产业中,柑橘生产规模较为庞大,茶枝柑种植的最终目的是剥取其果皮制作中药材陈皮,因而占比超过八成的柑橘果肉(含橘籽)大多被当地商家以抛弃处理为主。抛弃的果肉很快会腐烂变质,导致大量果蝇、苍蝇的寄生与繁殖,以及其他霉菌微生物生长,严重影响了当地的环境卫生质量。同时,由于茶枝柑果肉的酸度高,大量堆放在局部地方后,将导致被堆放地方的土壤和植被发生改变,破坏原有生态平衡,带来其他的次生性环境问题。

事实上,茶枝柑果实各个部位均有重要的开发利用价值。利用茶枝柑果肉开发具有抗氧化、降血脂、降血糖、预防肥胖及调节肠道菌群等功能的系列功能食品产品,既合理充分地利用了资源,又满足了人们对功能食品的需求。白卫东等人[46-48]对应用茶枝柑果肉制作果醋和果酒的加工工艺以及柑果汁的脱苦工艺进行了研究。与之相应,在新会,已有媒体报道有些企业和研发单位已经对茶枝柑果肉进行了一系列开发与利用,并酿制成茶枝柑果肉白兰地酒向市场投放和推广。

实践经验证明,对茶枝柑果肉的开发利用可以大大提高茶枝柑果实资源的利用率,增加茶枝柑加工产品种类,提高茶枝柑产业的经济效益,提高果农收入,有效解决"三农"问题。此外,对茶枝柑果肉进行充分利用后,不仅可以增加新的深加工产品,还大大减少了新会柑加工企业向环境中释放的废弃物,具有很好的环境与经济效益。

## 参考文献

[1] 欧小群,王瑾,李鹏,等.广陈皮及其近缘品种挥发油成分的比较[J].中成药,2015,37(2):364-370.

[2] 周欣,黄庆华,廖素媚,等.不同产地陈皮挥发油的对比分析[J].今日药学,2009,19(4):43-45.

[3] 刘欣.一两陈皮一两金 陈皮养生很省心[J].保健与生活,2020(3):31.

[4] 李卫霞.陈皮的药理分析及临床应用研究[J].医学理论与实践,2018,31(10):1521-1522,1555.

[5] 张靖年.广陈皮等6种栽培型陈皮的品质评价研究[D].广州:广州中医药大学,2017.

[6] 刘万珍.柑橘皮食品的加工[J].湖南农业,2016(12):19.

[7] 余文星.推动陈皮深加工和多元化发展的思路举措[C]//中国管理科学研究院商学院,中国技术市场协会,中国高科技产业化研究会,中国国际科学技术合作协会,《发现》杂志社.第十九届中国科学家(国际)论坛论文集.北京,2021:229-233.

[8] 许茹.柑橘属几种常用理气药的本草学研究[D].福州:福建农林大学,2013.

[9] 苏桂云,刘国通.老弱虚羸者勿用青皮[J].首都医药,2014,21(17):45.

[10] 高顺平,邬国栋,刘全礼.青皮的研究进展[J].包头医学院学报,2014,30(1):139-141.

[11] 王亚敏,易伦朝,梁逸曾,等.茶枝柑青皮与陈皮挥发油成分比较研究[J].时珍国医国药,2008(6):1293-1295.

[12] 许茹,钟凤林,吴德峰.中药青皮本草考证[J].中药材,2013,36(6):1018-1023.

[13] 徐玉玲,伍利华,李鹏程,等.基于橙皮苷临床利用量的青皮品质评价研究[J].中草药,2016,47(22):4009-4015.

[14] 盛柳青,方利明,杨晓东,等.不同干燥方法对衢州产个青皮品质的影响[J].浙江农业科学,2019,60(1):51-54.

[15] 吕选民,常钰曼.柴草瓜果篇第四十一讲 青皮[J].中国乡村医药,2018,25(21):35-36.

[16] 段西普."邑葵"陈皮:药食同源之保健佳品[J].养生大世界,2020(10):36-37.

[17] 吕平,潘思轶.陈皮与普洱茶总黄酮的协同抗氧化作用研究[J].食品研究与开发,2020,41(3):59-64.

[18] 盛钊君,葛思媛,张焜,等.新会柑胎仔与青皮、陈皮的黄酮含量分析与比较[J].食品研究与开发,2017,38(20):135-139.

[19] 盛钊君,谭永权,葛思媛,等.新会柑胎仔和青皮、陈皮提取物的多酚含量及抗氧化活性比较研究[J].河南工业大学学报(自然科学版),2018,39(1):78-82.

[20] 谭国民,林丽嫦,余永安,等.一种清热润燥柑胎养生茶:CN109170029A[P]. 2019-01-11.

[21] 赵务廉.陈皮柑胎茶的制作工艺:CN108684874A[P]. 2018-10-23.

[22] 李富祥.一种健康保健枕：CN108713951A[P].2018-10-30.
[23] 梁上泉.柑橘花(歌词)[J].中国果业信息,2009,26(4):57.
[24] 姚宝芬.柑桔促花及保花保果措施[J].云南农业科技,2008(6):39-40.
[25] 左大动,贺善安.中药广陈皮[J].中药通报,1957(5):22-24.
[26] 于锦程.橘络治愈受寒胃痛[J].中国民间疗法,2005,13(10):62.
[27] Xu W J, Li Y N, Zhang Y, et al. Overview of pharmacological research on tangerine pith[J]. Agricultural Science & Technology, 2014, 15(6): 977-979,982.
[28] 杨艳.橘络和橘核的化学成分研究[D].昆明:云南中医学院,2015.
[29] 陈帅华,李晓如,何昱,等.橘白与橘络挥发油成分的比较[J].中国现代应用药学,2011,28(4): 326-330.
[30] 李飞,蒋磊,张黎娟,等.橘络的化学成分研究[C]//中国药学会.2013年中国药学大会暨第十三届中国药师周论文集.南京,2013:1393-1401.
[31] 橘络可防视网膜出血[J].医药食疗保健,2016(12):27.
[32] 夏文斌,周瑞芳,欧桂香.橘白、橘络、橘叶、化橘红、青皮与陈皮的挥发油成分比较分析[J].亚太传统医药,2011,7(10):33-36.
[33] 于艺婧,蒲玲玲,高蔚娜,等.柑橘橘络提取物类黄酮成分分析及其抗低氧作用研究[J].军事医学, 2021,45(3):214-217.
[34] 孙跃宗,程存归,许茂成,等.橘络及其伪品的红外光谱鉴别[J].中药材,2002(11):783-786.
[35] 余菁,宋旭峰.橘络质量考察[C]//浙江省中医药学会.浙江省2005年中药学术年会论文集.杭州, 2005:64-66.
[36] 郝自新,汪玉萍,马鸣晓,等.橘络药材质量标准研究[J].药物分析杂志,2018,38(6):1061-1065.
[37] 闫国琦,刘桥辉,吴鸿,等.一种茶枝柑橘络自动收集装置:CN211241621U[P].2020-08-14.
[38] 陈娴,李辰,容启仁,等.新会陈皮及其副产物的研究进展[J].安徽农业科学,2017,45(6):65-67.
[39] 崔国静,刘芳,贺蔷.橘叶、橘络、橘核的性状与药用价值[J].首都医药,2013,20(5):44.
[40] 章宝,单杨,李高阳.柑橘籽油研究进展[J].中国油脂,2011,36(9):17-21.
[41] 尹恒,刘淙,王露,等.四川广安柑橘叶片养分丰缺与果实品质分析[J].中国果树,2021(6):50-54.
[42] Kim H, Moon J Y, Mosaddik A, et al. Induction of apoptosis in human cervical carcinoma HeLa cells by polymethoxylated flavone-rich *Citrus grandis* Osbeck (Dangyuja) leaf extract[J]. Food and chemical toxicology, 2010, 48(8/9): 2435-2442.
[43] 柑橘叶发酵后是奶牛的好饲料[J].福建农机,2003(3):32.
[44] 汪金玉,张秋霞,陈康,等.茶枝柑叶总黄酮纯化工艺研究[J].西北农林科技大学学报(自然科学版), 2019,47(9):120-127.
[45] 吕选民,常钰曼.柴草瓜果篇　第四十三讲　橘叶(附:橘络)[J].中国乡村医药,2019,26(1):46-47.
[46] 白卫东,赵文红,陈颖茵,等.新会柑果醋的研究[J].中国调味品,2006,31(8):12-15.
[47] 任文彬,白卫东,黄桂颖,等.新会柑果酒加工工艺的研究[J].酿酒科技,2008(12):89-90,93.
[48] 白卫东,刘晓艳.柑桔汁脱苦方法研究进展[J].食品工业科技,2006,27(9):202-206.

# 第三章

# 陈皮的传统药理学研究

毛泽东曾说:"中国对世界有三大贡献,第一是中医……"中草药和药用植物长期以来是中医学的药物来源。药食同源食品是我国传统中医药宝库中的一项重要内容,也是近十几年内国际关注的热点之一。药食同源食品是指食物和药物同出一源,在性能上有相通之处,既有药物的作用,亦可当作食物来起到果腹的作用[1]。从"药食同源"到"药食两用"是当代国际健康食品发展的一个大趋势。药食两用植物与中草药类似,也具有"寒、热、温、凉"四气与"酸、苦、甘、辛、咸"五味的属性,使用时应该根据四季变化和人体所处的状态选择适宜的对象,使人体存在的病理状态恢复至正常状态。药物和食物两者使用的原理基本相同,所异者在于"食养正气,药攻邪气"。

俗语说"民以食为天""药补不如食补"[2]。因此,通过食物补养身体来替代药物治疗,是一种理想的防病与治病的选择,并且能真正发挥药食同源食品调节机体、预防疾病和保持健康的功效。

陈皮,又称橘皮,性温,味辛、苦,入脾经、胃经和肺经,具有理气健脾、开胃调中、燥湿化痰的功效。《本草纲目》有曰:"橘皮,苦能泻能燥,辛能散,温能和。"然而,作为一味常用中药,陈皮的用药规律以及功效特征也必须拿捏得准确才可用药奏效,药到病除。

## 第一节 四气五味与用药规律及陈皮传统应用

中药归经理论经过数千年的发展已经成为一个完整的理论体系,对于临床指导用药的影响不言而喻。《黄帝内经》简称《内经》,是我国现存最早的一部中医经典之作,其内容涉及广,理论完善,其关于"四气五味"这方面的内容涉及诸多。虽然它没有明确指出四气五味的内涵,但其中涉及四气五味相关的内容较多,并且理论丰富,初步形成了四气五味理论,对后世历代医家影响深远。首先,《内经》对《神农本草经》也产生了影响,后者明确指出药物有酸、咸、甘、苦、辛五味,又有寒、热、温、凉四气及有毒无毒。自此,药物便有了自己的四气五味的属性[3]。食物的性味(四气和五味等)是中华医药学及食疗文化的基础。按照传统中医药学理论,应根据不同的病证对食物和中草药进行选择。因此,把握好食物的"性味"颇为重要。传统药理学用中药性能来衡量中药的基本生理功能,中药性能简称为"药性",这是中医理论对中药作用的基本性质与特征的高度概括。

药物之所以能够针对病情发挥作用,是因其具有独特的性能。药的性能是依据用药后的机体反应归纳出来的,是以人体作为直接的观察对象。关于药性的理论,古人用"四气""五味""升降浮沉""归经""有毒无毒"等特征来描述中草药。

## 一、四气的含义

四气,也称"四性",即寒、热、温、凉四种药性,它反映食物或者药物在影响人体阴阳盛衰、寒热变化方面的作用性质,也是说明食物或者药物作用性质的重要概念之一。平性,是指药物的寒热偏性不明显。因此,有文献把药物的"性"归结为"寒、热、温、凉、平"五种属性[4-5]。

寒凉食物大多具有清热、泻火、解毒、滋阴、生津之功效,可以减轻或消除热性病证,养护人体的阴液,适于体质偏热者或暑天食用。如甘蔗、荸荠、梨、西瓜、苦瓜、黄瓜、丝瓜、萝卜、猪肉、鸭肉、绿豆、甲鱼、银耳、番茄等。温热食物大多具有温中、散寒、助阳、活血、通络之功效,可以减轻或消除寒性病证,扶助人体阳气,适于体质虚寒者或冬令季节食用。如羊肉、牛肉、鸡肉、荔枝、龙眼、红糖、酒、葱、姜、韭菜、大蒜、辣椒、胡椒等。

## 二、四气的确定依据

药性的寒、热、温、凉四气是从药物作用于机体后所产生的反应中概括出来的,与所治疾病的寒热性质相反,故四气的确定是以用药反应为依据,以病证寒热为基准。一般来说,能够减轻或消除热证的药物属于寒性或凉性的药物,比如石膏、板蓝根,对于发热口渴、咽痛等热证有清热解毒作用。相反,能够减轻或消除寒证的药物属于温性或热性的药物,比如附子、吴茱萸、干姜,对于腹中冷痛、四肢厥冷、脉沉无力等寒证具有温中散寒作用。

## 三、四气的所示效用及其阴阳属性

寒凉性药物具有清热、泻火、凉血、解热毒等作用,如薄荷;温热性药物具有温里散寒、补火助阳、温经的作用,如细辛。寒凉性有伤阳助寒之弊,而温热性则有伤阴助火之害。有些药物,还标以大热、大寒、微温、微寒等予以区别,这是对中药四气程度不同的进一步区分。温热属阳,寒凉属阴。温次于热,凉次于寒,即在共同性质中又有程度上的差异。

## 四、四气的临床意义

(1)根据病证的寒热选择相应药物,治热病用寒药,治寒病投热药。如治气分高热,用性寒的石膏、知母;治亡阳欲脱(亡阳证是指阳气突然衰竭而出现的一系列阳气欲脱临床表现的概称),投性热的附子、干姜等(图3-1)。

(2)据病证寒热程度的差别选择相应药物。如治亡阳欲脱,选大热的附子,而治腹部中寒腹痛投温性的炮姜(干姜的炮制加工品);反之,则于治疗不利,甚则损伤人体。

(3)若出现寒热错杂的临床表现,则寒药和热药同用,调和阴阳,使机体恢复阴阳平衡的状态[6]。至于寒热的孰多孰少,应依据患者的病情而定。对于真寒假热或真热假寒者,则又当分别治以热药或寒药,必要时加用药性相反的反佐药。

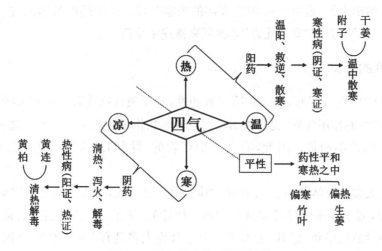

图 3-1　四气的功能、主治及例证

### 五、五味的含义

五味,即指药物因功效不同而具有辛、甘、酸、苦、咸五味。五味既是药物作用规律的高度概括,又是部分药物真实滋味的具体表示。此外,还有淡味、涩味,但长期以来,涩附于酸,淡附以甘,以合五行配属关系,故习称"五味"[5]。

酸味药物如乌梅、柠檬、苹果、葡萄等,富含有机酸,具有收敛固涩、生津止渴、涩精止遗之功效,多用于肝气升发太过、虚汗、久泻久痢、遗精遗尿等病证,但过食易致痉挛。苦味药物如苦瓜、杏仁、莲子心和三丫苦等,多含生物碱、苷类、苦味质等,具有清热燥湿、泻下降逆之力,多用于热性体质或热性病证、肿瘤、便秘等,但过食则可能伤阳。甘味药物如甘草、大枣、甘蔗、麦冬等,富含糖类,具有补虚和中、健脾养胃、滋阴润燥、缓急止痛之效,多用于防治脾胃虚弱、气血不足、阴液亏耗等病证,但过食则壅塞气机。辛味药物如生姜、辣椒、花椒、桂皮、大蒜、洋葱、韭菜、芫荽等,大多含有挥发油,具有散寒、行气、活血之功,多用于感冒、气滞、血瘀、湿滞、痰阻等病证,但过食则有气散和上火之弊。咸味药物如白贝、紫菜、海带、蚌等,含钠盐较多,具有软坚、散结、润下之功效,多用于治疗肿瘤、便秘等,但多食可致血凝。

### 六、五味的确定依据及其阴阳属性

五味的确定,最初是依据药物的真实滋味。例如:黄连、黄柏之苦、甘草、枸杞之甘、桂枝、川芎之辛、乌梅、木瓜之酸、芒硝、昆布之咸。

随着用药实践的发展,人们对药物作用的认识不断丰富,一些药物的功能很难用其滋味来解释,因而采用以功效推定其味的方法。比如葛根,古籍记载其为"味甘、辛,性凉,归脾、胃、肺经"。临床证明其既能生津止渴,又能发表透疹,用所得"甘味"只能解释归纳其生津止渴的作用,而发表透疹则难以归纳解释,故又据发表透疹多为味辛的原则,再赋予其"辛味"。因此,中药医学上确定药物味的主要依据一是药物的真实滋味,二是药物的功能。

中国古代医学家把阴阳学说引申到了医学领域,如《素问·阴阳应象大论》提出了"清阳出上窍,浊阴出下窍;清阳发腠理,浊阴走五脏;清阳实四肢,浊阴归六腑""阴胜则阳病,阳胜则阴病。阳胜则热,阴胜则寒"。中医认为阴多为病,阳多也为病,阴阳失调就生病。阴阳学说始终贯穿于中医药学理论体系之中,用以说明人体的生理功能与病理变化[7]。根据阴阳属性的划分,五味中的辛、甘归属阳,酸、苦、咸则归属阴。五味所示效用与临床应用见图3-2。

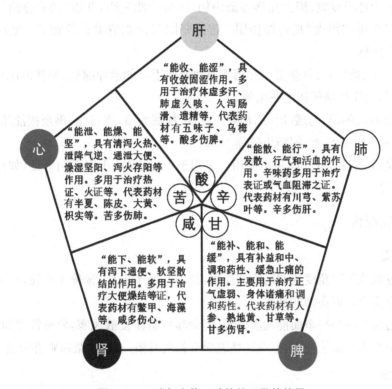

图3-2 五味与人体五脏的关系及其效用

1. 辛:能散、能行,有发散、行气、活血等作用。一般治疗表证的药物,如荆芥、薄荷,治疗气滞的香附,治疗血瘀的川芎、红花,都有辛味。副作用:辛味药大多能耗气伤阴,气虚阴亏者慎用。

2. 甘:能补、能和、能缓,即有缓急止痛、调和药性、补益和中的作用。一般治疗虚证的药物有黄芪、熟地、枸杞子,治挛急作痛、调和药性的药物有饴糖、甘草等,某些甘味药还能解药食毒,如甘草、绿豆和蜂蜜等。此外,甘味药多质润而善于滋燥。副作用:甘味药大多能腻膈碍胃,令人中满,凡湿阻、食积、中满气滞者慎用。

3. 酸:能收、能涩,即有收敛固涩作用。多用于体虚多汗、久泻久痢、肺虚久咳、遗精滑精、尿频遗尿等滑脱不禁的证候,如山茱萸、五味子涩精、收敛虚汗,五倍子涩肠止泻,乌梅敛肺止咳、涩汤止泻等。副作用:酸味药大多能收敛邪气,凡邪未尽之证均当慎用。

4. 苦:能泄、能燥、能坚。苦能泄的含义较为广泛,主要包括:① 通泄:如大黄泻下通便,用于热结便秘;② 降泄:如杏仁降泄肺气于肺气上逆之咳喘。枇杷叶除了能降泄肺气外,还能降泄胃气上逆之呕吐呃逆;③ 清泄:如栀子、黄芩清热泻火,用于火热上炎、神躁心烦、目赤口苦等证。

苦能燥即燥湿,用于湿证[8]。湿证有寒湿、湿热的区别。温性的苦燥药如苍术、厚朴,用于寒湿证,称为苦温燥湿;寒性的苦燥药如黄连、黄柏,用于湿热证,称为苦寒燥湿。苦能坚的提法源于《黄帝内经》。《素问·脏气法时论》:"肾欲坚,急食苦以坚之。"以知母、黄柏等苦味药用于治肾阴亏虚、相火亢盛等证为例,认为苦能坚阴,并以"泻火存阴"之理解释。"存阴"是间接作用,"泻火"是直接作用。苦能坚阴与苦能清泄直接相关。坚厚脾增进食欲,如黄连、龙胆草。

5. 咸:能下、能软,有软坚散结和泻下通便的作用。如治疗瘰疬、痰核的昆布、海藻,治疗癥瘕的鳖甲,治疗热结便秘的芒硝等。

6. 涩:能收敛固涩,与酸味作用相似。龙骨、牡蛎涩精,赤石脂、禹余粮涩肠止泻,莲子固精止带,乌贼骨收敛止血、固精止带等。

7. 淡:能渗、能利,有渗湿利水作用。多用于治疗水肿、小便不利等证,如猪苓、茯苓、薏苡仁、通草等。

## 七、气味配合

### (一)意义

气与味分别从不同角度说明药物的作用,其中气偏于定性,味偏于定能,只有将二者合并参考才能全面地认识药物的性能。

如紫苏与薄荷虽均味辛而能发散表邪,但紫苏性温而发散风寒,薄荷性凉而发散风热;黄芪与石斛虽均味甘而能补虚,但黄芪性温而善补气升阳,石斛性微寒则善清热养阴。

### (二)原则

气与味配合的原则有二:一为任何气与任何味均可组配;二为一味药中的气只能有一个,而味可以有一个,也可以有两个或更多个。药的味越多,说明药的作用越广泛。

### (三)规律

气味配合规律有二:一为气味均为一;二为一气二味或多味。

### (四)气味配合与疗效的关系

味同气异者,作用有共同之处,也有不同之处。例如:紫苏、薄荷皆有辛味,能发散表邪,但紫苏辛温,能发散风寒;薄荷辛凉,能发散风热。再如,麦冬、黄芪皆有甘味,麦冬甘凉,有养阴生津的作用;黄芪甘温,有温养中焦、补中益气的作用。

气同味异者,作用有共同之处,也有不同之处。例如:黄连、生地黄均性寒,皆能清热,用于热证。黄连苦寒,清热燥湿,主治湿热证。生地黄甘寒,清热养阴,用于治疗虚热证。

性味还必须与药物的具体功效结合起来,才能全面、准确地认识药物。比如:紫苏和辛夷(紫玉兰),其性味皆是辛温,都有发散风寒的作用。而紫苏发散力较强,又能行气和中;

辛夷发散力较弱,而长于通鼻窍。

因此,性味与功效合参尤为重要。

## 八、升降浮沉

### (一)升降浮沉的含义

升降浮沉反映药物作用的趋向性,这种趋向与所治疗疾患的病势趋向相反,与所治疗疾患的病位相同。升降浮沉是说明药物作用性质的概念之一。

### (二)确定依据

1. 药物的质地轻重:凡花、叶类质轻的药多主升浮,如菊花、桑叶等;种子、果实及矿物、贝壳类质重的药多主沉降,如苏子、枳实、磁石、石决明等。

2. 药物的气味厚薄:凡气味薄者多主升浮,如苏叶、银花;气味厚者多主沉降,如熟地、大黄等。

3. 药物的性味:凡性温热、味辛甘的药为阳性,多主升浮,如桂枝等;而性寒凉、味酸苦咸的药为阴性,多主沉降,如天花粉、芒硝等。

4. 药物的效用:药物疗效是确定其升降浮沉的主要依据。病势趋向常表现为向上、向下、向外、向内,病位常表现为在上、在下、在外、在里;能够针对病情,改善或消除这些病证的药物,相对也具有向上、向下、向里、向外的不同作用趋向。比如白前(鹅管白前、竹叶白前)能祛痰降气,善治肺实咳喘、痰多气逆,故性属沉降;桔梗能开提肺气、宣肺利咽,善治咳嗽痰多、咽痛音哑,故性属升浮。

### (三)所示效用及其阴阳属性

升浮类药能上行向外,分别具有升阳发表、祛风散寒、涌吐、开窍等作用,宜用于病位在上在表或病势下陷类疾病的防治;沉降类药能下行向内,有泻下、清热、利水渗湿、重镇安神、潜阳息风、消积导滞、降逆止呕、收敛固涩、止咳平喘等作用,宜用于病位在下在里或病势上逆类疾病的防治。升浮属阳,沉降属阴。

### (四)临床应用

**1. 顺其病位选择用药**

如治疗病位在上之风热目赤肿痛,常选用药性升浮的薄荷、蝉衣、蔓荆子等;如治疗病位在下的脚气肿痛,常选用药性沉降的黄柏、苍术(以沉降为主)、牛膝等。

**2. 逆其病势选择用药**

如治疗病势下陷之久泻脱肛,常在补中益气的基础上再配用药性升浮而能升举阳气的升麻、柴胡等;治疗病势上逆之肝阳常选用药性沉降的夏枯草、磁石、熟地黄等。

**3. 据气机运行特点选择用药**

有时也根据气机升降出入周而复始的特点,在组方遣药时,常将升浮性药与沉降性药同用。至于以何为主,以何为辅,当依据病情酌定。如黄龙汤为泻热通便、益气养血之方,即主以性沉降之大黄、芒硝、枳实等,佐以少量性升浮之桔梗,使降中有升,以增强疗效。

### (五)影响因素

1. 炮制：酒炒则升，姜汁炒则散，醋炒则收敛，盐水炒则下行。

2. 配伍：在复方配伍中，性属升浮的药物在同较多沉降药配伍时，其升浮之性可受到一定的制约。反之，性属沉降的药同较多的升浮药同用，其沉降之性亦会受到一定程度的制约。

## 九、归经

### (一)归经的含义

归是作用的归属，经是脏腑经络的概称。归经是药物作用的定位概念，就是把药物的作用与人体的脏腑经络密切联系起来，以说明药物作用对机体某部分的选择性，从而为临床辨证用药提供依据[9]。

### (二)理论基础：

理论基础为脏象学说、经络学说。中药药物归经随着中医药基础理论的不断发展，特别是脏腑、经络理论的发展，经历代医家在临床实践中对药物疗效进行长期观察分析，逐步积累经验，将各种药物对机体各部分的治疗作用做进一步归纳，使之系统化，逐渐形成了我国传统医学的用药理论。

### (三)归经的确定依据

**1. 依据药物特性来确定**

每种药物都具有不同的形、色、气、味等特性，有时以此作为归经的依据，其中尤以五味(酸、苦、甘、辛、咸)多用，如酸入肝，乌梅、山楂和五味子均味酸，故归肝；苦入心，百合、杏仁、莲子心均味苦，故归心；甘入脾，饴糖、甘草和党参均味甘，故归脾经；辛入肺，陈皮、半夏和荆芥均味辛，故归肺；咸入肾，海带、紫菜和鱿鱼均味咸，故归肾经；如此等等。

**2. 依据药物疗效来确定**

归经表示药物作用部位，即药物对于机体某部位的选择性作用，药物对这些部位的病变起着主要或特殊的治疗作用。因此，可以将药物的疗效作为归经的依据。比如苏子、白前能治疗咳喘，而咳喘为肺脏功能失调所致，故归肺经；茯神、柏子仁能治疗心悸、失眠，而心悸、失眠为心脏功能失调所致，故归心经；又比如黄芩清肺热，故归肺经；杏仁敛肺止咳，故归肺经；如此等等。当然，也存在着"有其效而不归其经"的现象。比如，天仙子有"平喘"之功，但其归经为"心经、胃经、肝经"[10]。因此，天仙子的归经主要依据药物的特性来确定。

### (四)表述方法

一般采用十二脏腑经络法表述，常直接书为归心、肝、脾、肺、肾、胃、大肠、小肠、膀胱、胆、心包、三焦经等；或不提脏腑之名而用经络的阴阳属性表述，如入少阴、入太阴、入厥阴、入少阳、入太阳、入阳明；也有上述二法合并表述，如入少阴心经、入厥阴肝经等。

### (五)对临床用药的指导意义

药物归经是中医药学理论的重要组成部分，是中药学的特点和长处。掌握归经，有助于提高用药的准确性,使临床用药更加合理。如热证有肺热、肝热等不同,治疗肺热咳喘,即选归肺经而善清肺热的黄芩、桑白皮等;治肝热或肝火证,即选归肝经而善清肝火的龙胆草、夏枯草等。研究和探讨药物的归经理论,对提高中药在临床上的应用疗效具有十分重要的意义。

### 十、有毒与无毒[11]

有毒与无毒是中药药性理论的重要组成部分。对中药有毒与无毒的认识,可以上溯到远古时代。"神农尝百草……一日而遇七十毒。"随着社会的发展及用药品种的扩大和中医药的进一步发展,药物的有毒无毒理论同四气五味归经一样,已成为指导临床用药的基本原则。

**(一)有毒与无毒的含义**

从狭义上讲,有毒与无毒是指药物用于人体后能否造成伤害。所谓无毒,即指单用某药在不超过常用量时不会对人体造成伤害。有毒的药物必含有毒成分,而含有毒成分的药物,整体并不一定显示有毒。从广义上讲,除指药物的作用能否对人体造成伤害外,还应包括药物对人体治疗作用的强弱。就是说,药物的有毒与无毒反映了其偏性对人体的两面性。一般来说,药物的有毒与无毒和"毒"的大小,与其对人体伤害程度的轻重及治疗作用强弱成正比。许多中药,无论有毒、无毒,它的治疗、效能与毒副作用既是相对的,又是密切相关的,在一定条件下又可以相互转化。

**(二)毒的特性**

狭义的"毒"是指药物可以对人体造成伤害的性质。有毒的药物,大多性质强烈,作用峻猛,极易损害人体,常用治疗量范围较小,安全性低。药量稍微超过常用治疗量,即可对人体造成伤害。而所谓广义的"毒",主要有以下两种含义:

**1. 药物的总称,即"毒"与"药"通义**

如《周礼·天官冢宰》云:"医师掌医之政令,聚毒药以供医事。"明代《类经》卷十二云:"毒药者,总括药饵而言,凡能除病者,皆可称之为毒药。"卷十四又云:"凡可避邪安正者,皆可称之为毒药。"以上文献中,"毒"即是指"药"。

**2. 药物的偏性**

中医药学认为,药物之所以能治疗疾病,就在于它具有某种偏性。临床用药每取其偏性,以祛除病邪,调节脏腑功能,纠正阴阳盛衰,调整气血紊乱,最终达到愈病蠲疾、强身健体的目的。古人常将药物的这种偏性称为"毒"。广义的"毒"虽然在表述上有药物的总称与药物的偏性之分,而实际上却很难分割。因为从理论上来说,凡药必有偏性,有偏性才可称其为药。故也有人据此将药物的总称与药物的偏性概括为药物偏性的总称。也就是说,广义的"毒"是指药物偏性的总称。有的时候,药物或者药物的偏性对人体有双重作用,既可能祛邪疗疾,又可能造成伤害,如黄连苦寒泻火,既能治热性病,又会伤阳败胃,引发寒邪内生或津液内伤等。因此,药物的有毒与无毒不仅表示其能否对人体造成伤害,还表示其对人体治疗作用的强弱。一般来说,有毒者力强,无毒者力弱。如大黄与巴豆均为泻下之品,但大黄无毒而力较缓,巴豆有大毒则力峻猛[12]。

### (三)确定依据

1. 含不含有毒成分。一般有毒药主含毒性成分,如砒石、马钱子等;无毒药不含毒性成分或含毒性成分甚微。

2. 整体是否有毒。中药大多为天然药,一味药材中常常含有许多成分,这些成分相互制约,有毒成分也不例外,致使有些含有毒成分的中药整体上不显示毒性。

3. 用量是否适当。使用剂量是否适当,是确定药物有毒无毒的关键,未超出人体对药物的最大承受量即为无毒,超过则为有毒。

### (四)影响有毒无毒的因素

药物的有毒与无毒受到多种因素影响。主要有品种、来源、入药部位、产地、采集时间、贮存、加工炮制、剂型、制剂工艺、配伍、给药途径、用量、用药次数与时间长短、皮肤与黏膜的状况、施用面积的大小、病人的体质、年龄、性别、种属、证候性质,以及环境污染等。

### (五)引起中药不良反应的主要因素

1. 品种混乱。某些人不辨真伪,误将混淆品种作正品使用,引发中毒。如有的地区将有毒的香加皮作五加皮入药,导致中毒。

2. 误服毒药。有些人迷信传说和文献错载,误服有毒中药,致使中毒。如有人误信马钱子能避孕,取七粒捣碎服,遂致中毒死亡。

3. 用量过大。有些人误认为中药均无毒或毒性甚小,不必严格控制剂量,在求愈心切的心理支配下导致中毒。如有人过量服用人参或大面积涂敷斑蝥而致中毒死亡。

4. 炮制失度。有些有毒药生用毒大,炮制后毒减。若炮制失度,毒性不减,即可引发中毒。有人服用含有炮制失度的草乌制剂而致中毒。

5. 剂型失宜。有些药物在服用时对剂型有一定要求,违则中毒。如砒石不能作酒剂,违之毙命。

6. 疗程过长。有些人误认为中药均无毒或毒性甚小,长期使用有毒的中药或含有有毒成分的中成药,导致不良反应的发生。

7. 配伍不当。中成药组方不合理、中药汤剂配伍不合理、中西药联用不合理等,也会导致不良反应。

8. 管理不善。有些单位对剧毒药管理不善,造成药物混杂,或错发毒药,遂致中毒。如有人误将砒石当花蕊石等发给病人,造成病人中毒身亡。

9. 辨证不准。临床因辨证不准,寒热错投,攻补倒置,导致不良反应的案例时有发生。如明为脾虚泄泻,反用大剂黄连,致使溏泄加重。

10. 个体差异。个体对某些药物的耐受性相异,乃至高度敏感,也常引起不良反应。如白芍、熟地、牡蛎,本为无毒之品,常人服之一般不会发生毒副反应。但有个别病人服后引起过敏,临床时有报道。

无论是使用单味中药,还是复方中药以及中成药,都应在中医药理论指导下进行,否则

就会引发或轻或重的不良反应。因此,使用有毒药的注意事项如下:

(1) 用量要适当,采用小量渐增法投药,切忌初用即给足用量,以免中毒。

(2) 采制要严格,在保证药效的前提下把住采制药各个环节,杜绝伪劣品。

(3) 用药要合理,杜绝乱用滥投,孕女、老幼及体弱者禁用或慎用毒烈之品。

(4) 识别过敏者,及早予以防治。

总之,"是药三分毒"是人们对中草药不良反应的描述,许多中草药无论是有毒或者无毒,它们的治疗效能与毒副作用密切相关,在一定条件下是可以互相转化的。正确理解有毒和无毒的含义,在具体应用中药时,一定要掌握中草药的性味和功效,结合现代药理学研究,按中医理论进行辨证施治,根据不同疾病合理用药,才能在保证临床效果的同时,防止药物的不良反应,保证用药安全,做到正确使用有毒中草药,化有毒为无毒[13]。

## 第二节 陈皮的传统药理及应用

大文豪苏轼曾说:"一年好景君须记,最是橙黄橘绿时。"的确,成熟的柑橘果实酸甜可口,清香诱人。事实上,柑橘一身都是宝,因为柑橘的叶子、种核、筋膜和外皮都能入药。橘叶擅长消肿散结;橘核多用来治疗腰痛、寒疝;橘络尤善通络理气;橘白味苦、性温,主补脾胃,适合脾胃虚寒者服用;而橘皮更是有着广泛的用途,又可细分为青皮与陈皮(或称红皮、贵老)。青皮是橘子的未成熟果皮,破气效果较佳,被称为消坚积之药,主要用来缓解人体内气血淤积,对气血有推动作用,青皮能够推动气的运行使得气血通畅。而陈皮则为成熟果皮,其味苦、性温,能够理气健脾、燥湿化痰,即"梳理"脾胃的不畅之气,使痰湿随气排出体外,这也是老百姓常说的"除湿气"。

传统中药学理论认为,橘皮性味为辛、苦、温,归经为脾、肺经,主要有理气、燥湿两种功效。理气能调理脾胃气机,燥湿能健脾消痰,常用于脾胃不和、呕吐、咳嗽、胀满不食等症状。胃胀、胃寒、消化不良者可以用陈皮泡水喝,具有一定的缓解效果。外感风寒后咳嗽痰多也可以用陈皮煮水喝,具有很好的祛痰作用。陈皮常与半夏配伍,组成祛痰剂的经典名方"二陈汤"的主要部分。"二陈汤"主要用来治疗脾失健运、湿聚成痰的湿痰证。此方出于《太平惠民和剂局方》,由半夏、陈皮、白茯苓、炙甘草组成。从古至今,其在临床上运用疗效显著。已有资料显示,北京同仁堂和广东陈李济等中药老字号以新会陈皮作为入药原料之一,制成了五十多个中成药品种。

《日华子诸家本草》(简称《日华子本草》)中记载了陈皮具有"破癥瘕痃癖"的功效,其中"癥瘕痃癖"泛指腹腔内肿物,包括胃、肝胆、胰、脾、盆腔与腹膜后之肿物。医学专家的应用经验和陈皮方剂的临床观察也显示,陈皮的应用范围非常广泛。陈皮常作为某些中药方剂的主辅药,而且在胃肠道疾病中具有特别重要的应用价值。另外,柑青皮(广陈青皮)在乳腺疾病的治疗应用中也有着较显著的效果[14]。

在日常生活中,作为药食同源的常用食物,陈皮受到人们的广泛喜爱。特别地,广东人对于新会陈皮的运用可谓达到了登峰造极的地步。陈皮与鲫鱼经隔水炖熟后食用具有健脾暖胃的功效,十分适合虚寒胃痛、慢性腹泻者服用。将陈皮和柠檬一起晒干后泡水服用,能有效地改善因肠道干燥引起的不适以及预防夏季上火等引起的咽喉不适。不过值得注意的是,虽然陈皮具有化痰作用,柑橘肉却是生痰的。明代医学家李时珍曾曰:"橘皮下气消痰,其肉生痰聚饮。表里之异如此,凡物皆然。"[15]中国古籍中关于广陈皮医学应用的记载[16]见表3-1。

表3-1 中国古籍记载的广陈皮的医学应用[16]

| 病症 | 古籍名称 | 文献描述 |
| --- | --- | --- |
| 食积 | 《国宪家猷》 | 治脾虚引起的食积,脘腹痞闷。广陈皮、白芍、白茯苓、神曲、半夏、当归身、黄连、川芎、白术 |
| 泄泻 | 《临证指南医案》 | 某,酒湿内聚痰饮。余湿下注五泄,一味茅术丸,炒半夏、茯苓、薏苡仁、刺蒺藜、新会皮。<br>陈,寒湿已变热郁,六腑为窒为泻。生于术、厚朴、广皮、白茯苓、益智仁、木瓜、茵陈、泽泻 |
| | 《扫叶庄医案》 | 向有遗精,肾阴不摄,正月间溏积下……炒扁豆、藿香、桔梗、茯苓、炙甘草、木瓜、广皮、厚朴 |
| 痞满 | 《临证指南医案》 | 俞,脘痹身热当开气分。杏仁、瓜蒌皮、枇杷叶、广皮、枳壳汁、桔梗。<br>某,恶寒泄泻,悉减,胸脘仍闷,余暑未尽胃气未苏故耳。大麦仁、佩兰叶、新会皮、半夏曲、金斛、茯苓 |
| | 《扫叶庄医案》 | 老年脉沉目黄,不饥不食,腹痛自利,后坠溺涩……木防己、川桂枝、大腹皮、新会皮 |
| 噎膈反胃 | 《临证指南医案》 | 治噎膈反胃,某,胃痛得淤血去而减……人参、半夏、茯苓、新会皮、木香、生益智仁、当归、桃仁。<br>陈,多噎,胸膈不爽,胃阳弱,宜薄味。生白术、茯苓、新会皮、半夏曲、益智仁、厚朴、生姜 |
| 呕吐 | 《临证指南医案》 | 孙,寒郁化热,营卫气窒,遂发疮痍,食入即吐……鲜竹茹、半夏、金石斛、茯苓、广皮白、枳实、姜汁 |
| | 《增广大生要旨》 | 恶阻,孕妇呕吐。二陈汤、制半夏、广陈皮、白茯苓、炙甘草 |
| | 《柳选四家医案》 | 痛呕之余,脉当和缓……半夏、茯苓、广皮 |
| 不食 | 《临证指南医案》 | 杨,胃伤恶食,络虚风动浮肿,先与荷米煎。人参、新会皮、檀香泥、炒粳米、炒荷叶蒂。<br>张,脉虚缓,不食不饥,形寒浮肿。人参、生益智仁、广皮、半夏曲、茯苓、生白芍、煨姜 |
| | 《张氏医通》 | 大便不通,又老人血枯便闭,用生地黄、当归身、鲜首乌、广皮熬膏,炖热服半小杯不通,三五次效 |
| 胃痛 | 《临证指南医案》 | 张(十九),壮年面色萎黄,脉濡小无力,胃脘常痛……人参、广皮、半夏、茯苓、薏苡仁、桑叶、丹皮、山栀 |
| | 《扫叶庄医案》 | 劳怒脘痛,是肝木乘土……制半夏、广皮、桂木、茯苓、生于术、石菖蒲、牛肉胶 |

(续表)

| 病症 | 古籍名称 | 文献描述 |
|---|---|---|
| 吐泻 | 《临证指南医案》 | 苏,周岁幼小,强食腥面,身不大热,神气呆钝,上吐下泻……广皮、厚朴、茯苓、广藿香、生益智仁、木瓜 |
| 呃逆 | 《扫叶庄医案》 | 呃逆,恶心,饥不能食。旋复花、人参、云茯苓、金石斛、代赭石、广皮、姜汁 |
| 黄疸 | 《扫叶庄医案》 | 夏病黄疸,是湿热中焦脾胃之病……生益智仁、白术、茯苓、广皮、紫厚朴、泽泻、生砂仁、苦参 |
| 黄疸 | 《柳选四家医案》 | 黄瘅,再诊,面色黧黑,腹满足肿,脉沉而细……肉桂、茯苓、猪苓、泽泻、广皮 |
| 食疟 | 《时病论》 | 治因食作泻,兼治食疟。查肉、神曲、苍术、厚朴、陈广皮、甘草 |
| 疳积 | 《证治准绳》 | 治魃乳病乳夹乳夹食大病之后饮食调节失调……疳积散,厚朴、广陈皮、粉甘草 |
| 小肠气 | 《御纂医宗金鉴》 | 小肠气,痛引腰脊小肠气加味香粟温散。苍术、广陈皮、川楝肉、甘草、苏叶、香附、连须、葱白 |
| 痰饮 | 《山居四要》 | 治痰饮为患或呕吐恶心或头眩心悸或中脘不快……二陈汤。广陈皮、半夏、白茯苓、甘草 |
| 痰饮 | 《先醒斋广笔记》 | 治痰饮,半夏、广陈皮、白茯苓、猪苓、泽泻、旋复花、厚朴、白术、枳实、人参 |
| 痰饮 | 《审视瑶函》 | 治痰饮为患或呕吐恶心或头眩心悸或中脘不快……和荣卫陈汤。半夏、广陈皮、甘草、白茯苓 |
| 痰饮 | 《成方切用》 | 润下丸治膈中痰饮。广陈皮、甘草 |
| 痰饮 | 《临证指南医案》 | 曹,水谷不运,湿聚气阻,先见喘咳必延蔓肿胀,治在气分。杏仁、厚朴、薏苡仁、广皮白、苏梗、白通草 |
| 咳喘 | 《时病论》 | 加味二陈法,治痰多作嗽,口不作渴,白茯苓、陈广皮、制半夏、生甘草、生米仁、杏仁、生姜 |
| 咳喘 | 《柳选四家医案》 | 咳喘,风热不解袭入肺中为咳为喘……再诊青蒿、丹皮、鳖甲、茯苓、石斛、甘草、归身、广皮、白芍 |
| 淋证、白浊 | 《普济方》 | 治淋症,黄连(吴茱萸炒)、赤芍药、广陈皮(炒黄酒)、地骨皮各等分 |
| 淋证、白浊 | 《临证指南医案》 | 汪,秋暑秽浊……皆热气不化则小便不通……藿香梗、厚朴、藿香汁、广皮 |
| 淋证、白浊 | 《张氏医通》 | 小便不通,有火虚者,非与温补之剂,则水不能行……小便不利,审是气虚。独参汤少加广皮如神 |
| 淋证、白浊 | 《增广大生要旨》 | 治怀孕三四月……白带淋漓,小便频数,饮食少思,宜服此方……广皮、杜仲、山药、麦冬、建莲 |
| 出血证 | 《摄生众妙方》 | 诸血门,滋阴荣血汤。当归、川芎、白芍药、甘草、熟地黄、白术、广陈皮 |
| 出血证 | 《先醒斋广笔记》 | 治弱症吐血、夜热、不眠、腰痛,煎方,苏子、枇杷叶、生地黄、广陈皮 |
| 出血证 | 《临证指南医案》 | 某,形盛脉弦,目眦黄,咳痰黏浊呕血……苏子、降香、广皮、生白姜、桃仁、郁金、金斛 |
| 出血证 | 《绛雪园古方选注》 | 治疗妇女子痫,加味五皮饮,桑白皮、大腹皮、茯苓皮、新会皮、紫苏梗、车前子、老姜皮、五加皮 |

(续表)

| 病症 | 古籍名称 | 文献描述 |
| --- | --- | --- |
| 头痛 | 《审视瑶函》 | 治少阴经头风头痛、四肢厥但欲寐。细辛、广陈皮、川芎、制半夏、独活、白茯苓、白芷、炙甘草 |
| | 《张氏医通》 | 羌活散（人参羌活散），治伤寒惊热，羌活、独活……广皮、天麻、人参、甘草 |
| 子烦 | 《万氏女科》 | 孕妇心惊胆怯，终日烦闷不安，用方枣仁、远肉、广皮、当归、白术、川芎、竹叶、知母 |
| | 《张氏医通》 | 半夏茯神散，治癫妄因思虑不遂，妄言妄见，神不守舍……半夏、茯神……广皮、乌药、木香、礞石 |
| 不寐 | 《临证指南医案》 | 某，脉涩不能充长肌肉，夜寐不适……嫩黄芪、于术、新会皮、茯神、远志、枣仁、当归、炙草、桂圆 |
| 神志 | 《续名医类案》 | 治沈集发热七日，神昏谵语……人参、桂枝、泡姜、半夏、厚朴、广皮补正散 |
| | 《医学读书记》 | 胎前病于肿，产后四日即大泄，泄已一笑而厥，不省人事……白术、木瓜、广皮、椒目、茯苓、白芍 |
| | 《伤寒瘟疫条辨》 | 治伤寒汗下后呕而痞闷虚烦不眠。人参、柴胡、白茯苓、广皮、半夏、枳实、甘草、生姜、枣 |
| 疟疾 | 《先醒斋广笔记》 | 治三日疟寒多，当归、桂枝、干姜、广陈皮、何首乌、人参 |
| | 《临证指南医案》 | 吴，疟已复疟……人参、茯苓、炙草、广皮、使君子 |
| | 《扫叶庄医案》 | 湿热未清疟止头目……草果、白蔻、厚朴、广皮、茯苓、杏仁 |
| | 《本草纲目拾遗》 | 三日疟，古今良方九制于术、广皮 |
| | 《柳选四家医案》 | 暑风相搏发为时疟，胸满作哕……藿香、半夏、广皮 |
| 痢疾 | 《先醒斋广笔记》 | 治久痢红中兼有青色白痰间发热，川黄连、白芍、广陈皮、人参 |
| | 《医学心悟》 | 治痢疾，葛根、陈茶、苦参、麦芽、山楂、赤芍、广陈皮 |
| | 《痢疾论》 | ……凡痢疾既久不特虚者，气陷热者……黄芪、白术、广陈皮 |
| | 《临证指南医案》 | 许，劳倦咳嗽失血。仍然不避寒暑，食物腹中泻痢……厚朴、益智、广皮 |
| | 《增广大生要旨》 | 泻轻而痢，重痢则里急后重，下痢红白稠黏臭秽……葛根、赤芍、广皮、苦参、陈茶叶 |
| | 《一斑录》 | 万应痢疾丸，大归身、广皮、木香、茅术、紫厚朴、枳壳 |
| | 《痢证汇参》 | 倪年已六十，而垢舌白，心下脘中凄凄痛室……广皮白、槟榔、淡竹叶 |
| | 《时病论》 | 调中畅气法，治中虚气滞，休息痢疾，并治脾亏泄泻。潞党参、于术、黄芪、陈广皮 |
| 疫邪 | 《瘟疫论》 | 下后反呕，疫邪留于心胸……半夏、真藿香、干姜、广陈皮 |
| | 《穷乡便方》 | 夏间阳气在外，胃虚邪气易侵，多作吐泄。初用姜陈汤。广陈皮、生姜皮 |
| | 《疬科全书》 | 疬有一症……名花柳疬……夏枯草、川贝、山慈姑、广陈皮 |
| | 《医方丛话》 | ……如遇疫疠时……野术、真川厚朴、白檀香、降真香、新会皮 |
| | 《串雅》 | 蓬莱丸，治男妇老幼一切感冒、瘟疫……黄芩、厚朴、广皮、枳实 |

(续表)

| 病症 | 古籍名称 | 文献描述 |
|---|---|---|
| 疫邪 | 《道光安平县志》 | ……一名麻脚瘟,又名黑痧症、蒲痧瘟、吊脚瘟……避瘟散,牙皂、细辛、朱砂、明雄黄、广陈皮 |
| | 《伤寒论三注》 | 疫病……下后自卧三五日汗不止……不止者小柴胡汤加广皮 |
| 痘疹 | 《仁端录》 | 痘后泄泻及下痢脓血水谷泄屁门,宣风散,槟榔、广皮、甘草、黑丑头 |
| | 《救偏琐言》 | 治痘后饮食过伤,气壅饱闷,叫喊不已者。广皮、莱菔子、前胡 |
| 麻疹 | 《麻科活人全书》 | 治饮食停积、浮肿泄泻、脉症俱实者。苍术、川厚朴、广陈皮 |
| 痧病 | 《痧胀玉衡书》 | ……治痧气食结,胸中饱闷,腹内绞痛,此汤主之。广皮、卜子、细辛、前胡 |
| | 《野语》 | 治痧症霍乱,朱砂证又名心经疗……朱砂、明雄黄、北细辛、广皮 |
| 霍乱 | 《本草纲目》 | 霍乱吐泻,不拘男女,但有一点胃气存者,服之再生。广陈皮、真藿香 |
| | 《高唐州志》 | 治一切瘟疫、霍乱、疟疾等症,茅苍术、紫厚朴、柴胡、广陈皮 |
| 蛔虫 | 《先醒斋广笔记》 | 治蛔结丸方,胡黄连、白芍、槟榔、粉草、广陈皮、肉豆蔻、使君子肉 |
| | 《临证指南医案》 | 叶,又暑湿热内蒸,吐蛔,口渴耳聋。川连、半夏、枳实、广皮白、菖蒲、杏仁 |
| | 《续名医类案》 | 一男子新婚吐蛔发热……遂用黄连、厚朴、枳实、广皮、半夏,等分煎服 |
| 脚气 | 《绛雪园古方选注》 | 脚气鸡鸣散,紫苏叶、木瓜、生姜、桔梗、广皮……自然痛住肿消,《经》以脚气名厥 |
| | 《柳选四家医案》 | ……此属脚气冲心……半夏、木瓜、广皮、芦根、枳实、茯苓、竹茹、枇杷叶 |

## 第三节 痰证与陈皮功效

人们常说"病从口入",痰饮便是这种观点的理论化反映。它不仅反映了疾病入侵的通道,也反映出食物(及其所处环境)与人体健康状况有着千丝万缕的联系。俗话也说:"鱼生火,肉生痰,萝卜白菜保平安。"在深入理解这句话之前,我们不妨先来认识一下什么是"痰"。

痰饮是我国医学理论体系中一种特有的体认。两汉以前,本无是名,仲景始以"痰饮"之称,首载金匮;然考痰、饮,二义不同,虽为同类,但有阴阳之别。所谓阳盛阴虚,则水气凝而为痰;阴盛阳虚,则水气凝溢而为饮。二者在性质、症状、疗法等方面都存在着一定的区别。

人体中"痰"的含义很广泛,既包括了因咳吐而出的痰涎,也泛指周身任何一个局部水液和功能的停滞。在临床上的表现,既可是有形可见的,也可是无形可征的,它是三因作用和脏腑机能失调后的一种病理性产物,这种产物会对身体各部位产生各种不同的影响,从而构成许多临床症候群出现的基础。所以,就病因学的观点而论,痰可认为是一种致病的因素;而从病理学的角度来看,痰又是一种病理过程中的产物。

### 一、痰的特性

祖国医学中关于痰的含义,有广义和狭义两个方面。就狭义而言,通常指所谓因咳吐而出的痰涎,并通过对痰涎的直接观察,视其数量、颜色、稀稠和咳出之顺畅情况以及是否带血等来明确病因、兼症,进而鉴别痰的性质。如:风痰则色青多泡,量多而牵涎;寒痰则色白而清稀如水;热痰则色黄稠黏,咳出不畅;湿痰则色白稠浊,量多质稀,吐而易出;燥痰则咳多痰少,坚结难出,色如米粒;火痰则痰中带血,白如银丝,咳而不畅。其他尚有量少质硬、痰液稠黏难出的老痰,以及食痰、顽痰、气痰、清痰、虚痰等等,在这里就不一一赘述。

从广义来看,除了上述咳吐而出的痰涎之外,尚包括许多无物可征、无形可见的独特征象。这些征象,变化百端,错综复杂,所以古人认为:"痰之为物,流动不测,故其为害,全视所挟之气而异,随气升降,因气而变,周身内外皆到,五脏六腑俱至。气郁则生,气滞则甚,火动则盛,风鼓则涌,千态万状,难以尽述。具体而言,当视其所留之地而定。"一般来说,痰在肺则咳,在胃则呕,在心则悸,在头则眩,在背则冷,在胸则痞,在肋则胀,在肠则泻,在经络则肿,在四肢则痹……总之,无形之痰是以具体症状作为依据的。

## 二、痰的发病机制[17]

在正常生理情况下,水谷的运化,津液的分布,主要有赖于脾、肺、肾三脏的通力协调。《内经》有云:"饮入于胃,游溢精气,上输于脾,脾气散精,上归于肺,通调水道,下输膀胱,水精四布,五经并行。"这是对水液在机体内生理代谢的一个清楚说明。张景岳结合对生理与病理的认识,强调了脾肾在聚水成痰上的意义,他说:"夫人之多痰,悉由中虚而然。盖痰即水也,其本在肾,其标在脾。在肾者,以水不归原,水泛为痰也;在脾者,以饮食不化,土不制水也。"由此可见,在痰的形成机制上,脾土的强弱占有极其重要的地位,所以古人有"脾为生痰之源"的说法,盖脾土若虚,失运化之职,则水谷津液之化布受碍,难以上归下输,气机中滞,乃致三焦滞阻,脉道不通,以致水湿内聚,成痰成饮。

此外,痰的形成,在具体病因上,有因外感六淫而成者,也有因多食肥甘、酒类而成者,更有因七情郁结、气火不舒、郁而蒸变者,然其根本却在于脾肺运化机能失度,以致湿浊内停。以后则视其具体兼挟之气的不同,而变为各种不同的痰证,如风痰、热痰、寒痰、燥痰、火痰、食痰等。痰证的发病机制如图3-3所示。

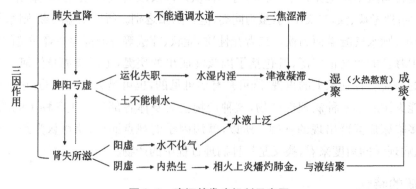

图3-3 痰证的发病机制示意图

### 三、痰的证候特征

痰的证候在临床上有有形、无形之分,伤形、伤神之别。至于具体特征,可从以下两个方面来叙述:

#### (一)有形之痰

古人说:"痰以所挟之气而异其象。"故在临床上,一般有风、寒、热、湿、燥、火等六痰之分。它们一方面具有痰本身的症状,且从这些症状里,借以区别痰的性质;另一方面又兼有其他病邪所具有的特征。现分述如下:

1. 风痰。风胜鼓舞,善行散变,故其为病。变幻多端,症无定状,既可扰及神明,而致神识昏乱,为癫、为狂、为眩、为晕,又可牵及经络而游走作痛,皮下耕起,或麻木不仁。临床上患者多显肥胖,吐痰量多而牵涎,喉中每有痰声,脉来弦滑,舌苔滑腻。

2. 寒痰。寒性凝敛,故其为病,除痰白而稀外,尚有面黑冷痛、肢冷便溏、呕逆吐酸、骨节寒痛、苔白、脉来沉迟等一系列"寒"的现象。

3. 热痰。热性扬发,故其症状为咳嗽,气粗,痰黄而稠,吐而不畅,口干唇燥,面赤烦热,舌苔黄,脉象洪滑有力。

4. 湿痰。湿性重浊,故其为病,每多胸膈满闷,身重嗜卧,食减便溏,倦怠无力,面色萎黄,痰多易出,苔腻脉缓,腹胀不舒。

5. 燥痰。咳多痰少(或干咳无痰),坚结难出,白如米粒,每见咳呛喘促,咽干鼻燥,口渴心烦,喉痛,肤糙,脉涩等。

6. 火痰。痰中带血,白如银丝,系火旺灼液伤及肺阴所致。多现嘴唇干红,嘈杂易饥,心烦不寐,脉细而数。

#### (二)无形之痰

无形之痰既无外形可征,亦无特征可定,至其为病,变幻多端,千态万状,痰之所以复杂也就在此。王隐君云:"痰为病也,或头风作眩,目晕耳鸣……或四肢游风肿硬,似痛非痛,或失志癫痫……或中风瘫痪……或心下怔忡,或喘咳呕吐等,皆痰所致,其状不同,难以尽述。"像这样一些症状,当然不可能样样俱全,也并非痰证所独有,临床上往往出现几种病邪共同致病、彼此相互影响的情况。所以,在患有其他疾病时,也同样可能出现如上症状,故确立诊断,还需参考:① 体格肥胖,每每兼有腹胀、食减、消化不良等脾虚的现象。② 脘闷腹胀、恶心晕眩等同时存在。③ 脉来带滑,若痰涎内阻,致气道不利,亦可呈涩象,舌苔或白,或黄而滑腻。

### 四、痰证的治疗

痰主要是由于脾肺运化宣降机能失职,因而气机阻滞以致湿浊留聚而成。所以治痰大法,以理脾顺气为主,脾胃健运,气道通畅,则水谷精微得以宣化敷布,自无聚湿成疾之患。所以,古人有"脾为生痰之源""治痰不理脾胃,非其治也""治痰必先治气"等说法,足见调理脾胃、宣畅气机是痰证治疗上的重要一环。此外,在临床具体运用上,则当视其所挟之气

(六淫)和轻重虚实为转移,根据辨证论治法则,灵活掌握。

下面列出几个有关痰证的治疗方法:

(1)疏风化痰:风邪袭人,常先犯肺,导致咳嗽气逆,治当以散邪为主,然风多兼挟,每每协同为病,故风而兼寒者,治宜辛温散表,代表方剂如金佛草散(金佛草、前胡、细辛、荆芥、半夏、甘草、生姜、大枣);风邪挟热者,则宜辛凉解表,如桑菊饮、银翘散之类;如果肝风内动,挟痰为病,常上扰神明而致眩晕、瘫痪,甚至痉挛、抽搐,治疗当用祛风化痰之法,方用防风丸(防风、川芎、天麻、甘草)加胆南星、陈皮、川乌、草乌和竹沥等。

(2)祛寒化痰:寒痰凝敛,非温不散,一般由外寒犯肺而起,治当温散,方如二陈汤加生姜、桂枝等。由于脾肾阳虚所致,治当温中散寒,化痰理气,方如理中化痰丸(党参、白术、干姜、半夏、陈皮、甘草)。肾阳虚衰者,治当温肾化气,方如金匮肾气丸等。

(3)燥湿化痰:湿为阴邪,湿痰重浊,以芳香化湿,或祛风胜湿为治;如由脾虚湿聚所致,治当燥湿健脾,方如二陈汤平胃散(药物组成:苍术15g,厚朴9g,陈皮9g,半夏5g,橘红15g,白茯苓9g,甘草5g)等。虚人每以六君子汤(人参、白术、茯苓、甘草、陈皮、半夏等六种草药煎熬而成)治之。

(4)润燥化痰:燥火灼津,煎熬成痰,每致肺阴亏虚,故其为病,咳多痰少,坚结难出,治疗当以甘寒润肺清肃为法,方用杏仁煎(杏仁、白蜜、饴糖、川贝、木通、紫苑、五味子、桑白皮)等。

(5)清热化痰:热痰多因热淫于内,煎熬津液而成。王隐君云:"热痰者乃痰因火盛也,气有余便是火,液有余则成痰,故治痰者,必降其火,火降痰自停,而治火者,又必顺其气。"故治疗上常用清气化痰丸(姜半夏、黄芩、枳实、瓜蒌仁、杏仁、胆星、桔梗、橘红、茯苓)等。

(6)扶正祛痰:正气虚衰,机能减弱,水谷津液之运送失力,聚而成痰,而出现各种痰象者,治疗之法当以扶正化痰为主,如四君子汤(人参、白术、茯苓各9g,甘草6g)、六君子汤、补中益气汤(黄芪、白术、陈皮、升麻、柴胡、人参、甘草、当归)等皆可选用。

(7)其他:如痰聚不散,胶黏固结,温之不散,化之不开,所谓实热老痰、顽痰者,治疗当予攻、逐、敬、坠之法,如用礞石滚痰丸[配方组成:金礞石(煅)、沉香、黄芩、熟大黄]等;若遇痰涎郁结,火锻热炼而成瘰疬者,当以化痰软坚为治,常用药物如玄参、贝母、夏枯草、海蜇皮等;多若痰湿流注,而致经络肩背酸痛者,当用指迷茯苓丸,其配方组成:半夏60g,茯苓30g,枳壳15g,风化朴硝9g,每次药服6g加白芥子、香附、通草等。

## 五、二陈汤在痰证中的加减应用[18]

二陈汤为燥湿化痰的基础方,临床随证化裁,可用于多种痰证,功效卓著,被誉为"千年祛痰方"。清朝医学家陈修园认为,痰是形成杂病的重要原因,一切痰证皆可用二陈汤加减治疗。他在《医学三字经》中总结朱震亨的临床经验:"杂病法、四字求。"所谓四字即"气、血、痰、郁"是也。朱氏治疗一切杂病,均从四字寻求,即"气用四君子汤,血用四物汤(熟地黄12g,当归10g,白芍12g,川芎8g),痰用二陈汤,郁用越鞠丸。参差互用,各尽其妙"。

（一）二陈汤的作用机制

**1. 二陈汤的组成、主治与方解**

二陈汤出于《太平惠民合剂局方》，由清半夏 9 g、橘红 9 g、茯苓 6 g、甘草 3 g、生姜 5 片、乌梅 1 枚组成，水煎服。能燥湿化痰、理气和中，主治中阳不运，痰湿咳嗽，痰白量多，恶心呕吐，胸膈胀满、头晕、心悸、舌苔白润，脉滑缓。方中清半夏、橘红贵在陈久，则无过燥之弊，故有二陈之名。清半夏味辛性温而燥，归脾、胃、肺经，为燥湿化痰、温化寒痰要药，能治脏腑湿痰，且又和胃降逆，为本方主药；橘红（陈皮）味辛、苦，性温，归肺、脾经，理气燥湿，芳香醒脾，使人气顺痰消，为臣药；茯苓味甘而淡，性平，归心、脾、肾经，甘则能补，淡则能渗，药性平和，善渗泄水湿，以助化痰之力，又能健运脾胃，以杜生痰之源，使湿无所聚，痰无所生，为佐药。甘草味甘，性平，归心、肺、脾、胃经，健脾和中，祛痰止咳，调和诸药，为佐使之药。生姜味辛性温，归肺、脾、胃经，助半夏降逆化痰，和胃止呕，又能解半夏之毒，为佐药。乌梅味酸而涩，性平，归肝、脾、肺、大肠经，其性收敛，入肺经能敛肺气，止咳嗽。与半夏、橘红相伍，散中有收，使痰祛不伤正；与甘草酸甘相合，以防燥药伤阴之虞，为佐药。

**2. 二陈汤的一般加减**

痰易与六淫结合，成为风痰、寒痰、热痰、燥痰、湿痰、火痰；与风邪结合者，多眩晕、恶心、呕吐，痰有泡沫；若与内生之风结合，常见四肢麻木，甚至癫痫抽搐及中风瘫痪。一般风痰，二陈汤加胆南星、白附子；与寒邪结合者，痰白而稀，畏寒背冷，舌苔白润，脉沉迟，二陈汤加干姜、细辛；与热邪结合者，痰多黄稠有块，面赤烦热，舌苔黄，脉滑数，二陈汤加瓜蒌、天竺黄；与燥邪结合者，咳嗽喘息、痰黏难咯、间带血丝、咽干乏津，脉细涩，二陈汤加天冬、麦冬、知母、贝母；痰与湿邪结合者，痰多、易咯、色白而黏，饮食不振，身倦嗜卧，胸脘痞闷，舌苔厚腻，脉缓滑，二陈汤加苍术、厚朴；痰与火邪结合者，病症多表现为喘息、咳嗽、怔忡，二陈汤可加百合、竹茹、瓜蒌、黄连、栀子。

**3. 二陈汤随证加减**

二陈汤加减可广泛用于其他痰证。如痰喘咳嗽，加紫苏子、射干、葶苈子；肺气不足，加人参、核桃仁、冬虫夏草；心肾不交，加黄连、肉桂或百合、苏叶；气痰，加川厚朴、紫苏梗；顽痰，加海浮石、青礞石；感冒，加苦杏仁、紫苏叶；虚烦不寐，加远志、石菖蒲；心悸、怔忡，加生龙骨（或龙齿）、生牡蛎；湿痰腹胀，加白术、川厚朴；胃脘作痛，加木香、枳壳；痰食互结，纳呆，加炒莱菔子、焦三仙；倦怠乏力，加人参、白术；心烦喜怒，加远志、石菖蒲、当归、白芍；胁痛，加柴胡、郁金、川芎；胸闷，加枳壳、桔梗、枇杷叶；吐酸，加吴茱萸、黄连；多寐，加人参、白术、焦三仙；舌下痰包，加黄连、薄荷；颈项痰核，合逍遥散治之。

（二）常见痰证与医治方法

**1. 医治有形之痰**

痰是呼吸道分泌的病理产物，以痰咳为主要表现者，为有形之痰。①痰郁：为六郁之一（《丹溪心法·六郁》），为痰气郁结所致。证见动则喘息或咳嗽胸闷，咽中梗阻，脉沉而滑。治宜涤痰解郁，方用升发二陈汤（《杂病源流犀烛》）：清半夏、赤茯苓、陈皮、川芎、柴胡、升麻、防风、甘草。②痰积：证名见《儒门事亲》。由痰浊凝聚胸膈而成积，表现为痰多黏稠、咳咯难出,头晕目眩,胸闷隐痛,脉弦滑。治宜开胸涤痰,方用导痰汤。③痰哮:出自《证治汇补》(清·李用粹撰),系因痰浊壅盛哮吼者,多有痰火内郁、风寒外来所致。证见气急喘促,喉中痰鸣,声如曳锯。治宜降气,祛痰清火,方用杏苏散加连翘、黄芩。④痰喘:出自《丹溪心法》。多由痰湿蕴肺,阻塞气道所致。证见呼吸急促,喘息有声,咳嗽,咯痰黏腻不爽,胸中满闷等,治宜降气平喘,祛痰止咳,方用二陈汤加味,痰喘缓解时宜用六君子汤、金水六君煎,以培补脾肾。⑤痰湿阻肺:脾失健运,则精气不能上输于肺,致聚湿成痰。证见咳嗽,痰涎壅盛,痰稀易吐,胸膈满闷,动则嗽剧。苔白滑,脉濡缓。治宜健脾化痰,方用二陈汤加苍术、白术,或六君子汤。⑥痰热阻肺:外邪犯肺,郁而化热,痰与热结壅阻肺络所致。证见发热咳嗽、痰鸣,胸膈满闷,咯痰黄稠,甚则呼吸迫促,舌苔黄腻,脉滑数。治宜清肺化痰、止咳平喘。方用二陈汤合麻杏石甘汤。

**2. 医治无形之痰**

以痰为病因、病证者,为无形之痰。①痰呃:出自《证治汇补》。由痰浊阻塞所致,证见胸闷、呼吸不利、呃有痰声。治宜化痰行气,方用导痰汤。②痰呕:出自《三因极一病证方论》。由脾胃运化失常、聚湿成痰,留滞中脘,上逆成呕。证见恶心、呕吐痰涎、肠中漉漉有声。属热者,舌苔黄腻,弦滑而数。治宜清热化痰,方用栀连二陈汤;属寒者,舌苔白腻,脉沉迟。治宜温胃化饮,方用加味二陈汤(《丹溪心法》),即二陈汤加砂仁、丁香。③痰泻:出自《医学入门》。痰积于肺,肺与大肠相表里而致泻。证见时泻时止,或多或少,或下白胶如蛋白,头晕、恶心,胸腹满闷,舌白润,脉弦滑。治宜化痰祛湿,方用二陈平胃散(《脉因证治》)。④痰秘:证名见《张氏医通》。因湿痰阻滞肠胃所致。证见大便秘结,胸膈痞闷,眩晕。治宜化痰通腑,方用二陈汤加枳实、大黄、白芥子、鲜竹沥。⑤痰痞:痰痞由水饮涎沫汇聚成痰,气道壅滞而成。证见胸脘痞满、胁肋疼痛、呕逆等。治宜理气化痰,方用砂枳二陈汤(《类证治裁》),即二陈汤加砂仁、枳壳。⑥痰包:出自《外科正宗》。多生在舌下,今名舌下囊肿。由痰火互结阻于舌下而成。证见舌下结肿,光滑柔软,不痛,甚者肿满舌下,妨碍饮食、语言。治宜清热化痰,方用二陈汤加黄连、黄芩、竹茹、薄荷。⑦痰核:出自《医学入门》。由脾虚不运、湿痰流聚而致皮下生核,大小不一,或多或少,活动不痛,多生在颈项或下颌。生在身体上部者多挟风热,生在下部者多挟湿热。治宜健脾化痰,散结消核,方用二陈汤化裁。⑧痰疬:瘰疬的一种,见《外科正宗》。由饮食不节、内伤情志致脾失健运,聚痰成核。多生在颈项下,大小不一,个数不定,或一个或成串珠状,久则透红,溃后难敛。宜行气豁痰、散结消疬,方用芩连二陈汤:黄芩、黄连、陈皮、清半夏、茯苓、甘草、桔梗、连翘、牛蒡子、天花粉、木香、夏枯草。⑨痰迷:出自《厘正按摩要术》。由痰壅而致窍闭,多见于小儿。证见痰壅气塞,呀呷作声。若痰漫窍闭,则如痴如迷。治宜化痰开窍,方用涤痰汤加减。⑩痰痫:素有痰热,复受惊恐所致,多见于小儿。证见昏仆,惊掣啼叫,痰涎壅盛,口吐涎沫。治宜清热豁痰,开窍镇痉。方用二陈汤加僵蚕、天竺黄、蝉蜕、钩藤等。⑪痰厥:出自《世医得效方》。因痰盛气闭,引起四肢厥逆,甚至昏聩。初应急救,待复苏后,宜温补脾肾。方用六君子汤或金水六君煎。⑫痰中:出自《证治汇补》。为类中风之一种,多由湿盛生痰、痰生热、热生风所致。证见猝然眩晕,昏倒不省人事,舌本强直,喉中有痰,四肢不灵,脉弦滑。

治宜豁痰开窍,方用导痰汤或涤痰汤。⑬痰火眩晕:出自《赤水玄珠》。由痰浊挟火、上蒙清阳所致。证见眩晕,头目胀重,心烦而悸,泛吐痰涎,口苦,尿赤,舌苔黄腻,脉弦滑。治宜化痰降火,方用黄连温胆汤。⑭痰火头痛:出自《证治汇补》。由痰火上逆所致。证见头痛耳鸣,胸脘满闷,呕吐痰涎,心烦善怒,口苦面赤,舌苔黄腻,脉弦滑。治宜清热化痰,方用芎辛导痰汤化裁。⑮痰火扰心:痰火上扰心神所致。证见心烦心悸,口苦失眠,多梦易惊,甚则神志失常,言语错乱,舌苔黄腻,脉弦滑。治宜清热化痰,养心安神,方用温胆汤加减。⑯痰火怔忡:出自《类证治裁》。因痰火扰乱所致。证见怔忡时作时止,心悸时上冲咽喉。治宜清火导痰,方用温胆汤加减。⑰痰饮恶寒:出自《证治汇补》。由胸膈蕴痰、阻遏阳气所致。证见恶寒或背恶寒,食少,肢体沉重,苔腻脉滑。治宜通阳化痰,方用二陈汤加味。⑱痰饮胃脘痛:证名见《丹溪心法》。由痰饮停积中焦所致。证见胃痛少食,恶心烦闷,呕吐痰沫,脉弦滑等。治宜化饮和胃,方用平胃导痰汤(《脉因证治》):苍术、厚朴、陈皮、甘草、胆南星、橘红、茯苓、清半夏、枳壳。⑲痰饮眩晕:出自《脉因证治》。由脾虚痰饮内停、上蒙清窍所致。证见眩晕头重,胸闷,呕吐。治宜健脾化痰,方用二陈汤、导痰汤、六君子汤等。⑳痰迷心窍:由痰浊阻遏心神,引起意识障碍。证见神识模糊,喉中痰鸣,胸闷,甚则昏迷不醒,苔腻,脉滑等。治宜化痰开窍,急用安宫牛黄丸或局方至宝丹,汤药可用涤痰汤化裁。㉑痰厥头痛:出自《外台秘要》。由痰浊上逆所致。证见头痛如裂,眩晕,身重,心神不安,胸闷,恶心,甚则言语颠倒,四肢厥冷,泛吐痰水,脉弦滑。治宜化痰和中,方用半夏白术天麻汤或芎辛导痰汤。㉒痰湿头痛:出自《张氏医通》。由痰湿上蒙所致。证见头部沉重,头痛如裹,胸脘满闷,呕恶痰多,舌苔白腻,脉滑。治宜化痰祛湿,方用导痰汤或芎辛导痰汤。㉓痰湿不孕:妇人体质肥盛,恣食厚味,痰湿内生,影响冲任胞脉,难以摄精成孕,多伴有带下、月经不调。《医宗金鉴》谓"不子之故伤任冲,不调带下经漏崩,或因积血胞寒热,痰饮脂膜病子宫",也强调痰湿可引起不孕。宜健脾化痰,方用启宫丸(何绍京经验方):清半夏、白术、香附、神曲、茯苓、陈皮、川芎、甘草。苍附导痰汤亦效。㉔痰滞恶阻:由脾胃虚弱,运化失常,聚湿成痰,孕后经血壅闭,冲脉之气上逆,痰饮随逆气上冲所致。证见恶心,呕吐痰涎,胸满不食等,治宜化痰降逆,方用小半夏加茯苓汤或二陈汤加连翘。

### (三)名家典籍对于痰的理解与认识

关于人体的痰证,下面列举一些名家典籍关于痰的理解和认识,谨供参考。

1. 痰病有十:有风痰、湿痰、热痰、寒痰、郁痰、气痰、食痰、酒痰、惊痰、虚痰,其源不一。(朱震亨)

2. 寒痰为青色,湿痰为白色,火痰为黑色,热痰为黄色,老痰胶而黏。痰滑容易咯出来是湿痰,为脾有病;难以咯出来是燥痰,为肺有病;痰消稀而多泡沫是风痰,为肝有病;痰质坚硬,而且结成块状是热痰,为心有病;痰液清稀而有黑点,是寒痰,为肾有病。新病而病轻的,痰液清稀发白;久病、重病,痰液黏稠发黄;喜欢吐唾沫是胃中有寒;喜欢流涎是脾脏虚冷;腹部时常感到疼痛,口吐涎沫是腹中有蛔虫;咳嗽吐浃痰涎沫,呼吸困难,气息短促是肺痿;咳唾脓血,口中干燥,咳嗽兼胸中隐痛,是肺痈;经常吐黏稠腥臭的浓痰,久吐米粥状的浓痰,是肺痈;咳出痰如破败的棉絮,颜色如煤烟,就是老痰。咳痰而吐血的多是外感病;吐

血而吐痰的多是内伤病。《望诊遵经》

3. 痰本津液所化，行则为液，聚则为痰；流则为津，止则为涎。《医林绳墨》

4. 稠浊为痰，津液凝聚；清稀为饮，水饮留积。绵缠为涎，风热津所结；清沫为沫，气虚液不行。《医阶辨证》

5. 人自初生，以至临死，皆有痰。生于脾，聚于胃，以人身非痰不能滋润也。而其为物，则流动不测，故其为害，上至巅顶，下至涌泉，随气升降，周身内外皆到，五脏六腑俱有。正如云雾之在天壤，无根柢，无归宿，来去无端，聚散靡定。火动则生，气滞则甚，风鼓则涌，变怪百端，故痰为诸病之源，怪病皆由痰而成也。然天之云雾，阳光一出，即消散无迹；人身之痰，若元阳壮旺，则阴湿不凝，而消灭无迹，其理固相同也。

热痰者，痰因火盛也。痰即有形之火，火即无形之痰；痰随火而升降，火引痰而横行，变生诸证，不可纪极；火借气于五脏，痰借液于五味；气有余则为火，液有余则为痰。（汪昂）

6. 痰，即人之津液，无非水谷之所化。此痰亦既化之物，而非不化之属也。但化得其正，则形体强、营卫充，而痰涎本皆血气。若化失其正，则脏腑病、津液败，而血气即成痰涎。此亦犹乱世之盗贼，何孰非治世之良民。盖痰涎之化，本由水谷，使果脾强胃健，则随食随化，皆成血气，焉得留而为痰。惟其不能尽化，而十留一、二，则一、二为痰矣；十留三、四，则三、四为痰矣；甚至留其七、八，则但见血气日削，而痰涎日多矣。此其故，正以元气不能运化，愈虚则痰愈盛也。《景岳全书·杂证谟·痰饮》

7. 人之气道，贵乎调顺，则津液流通，何痰之有？若外为风暑燥湿之侵，内为惊恐忧思之扰，饮食劳倦，酒色无节，营卫不调，气血败浊，熏蒸津液，痰乃生焉。

昔肥今瘦者，痰也；眼胞目下如烟熏黑（可能是局部水液和功能的停滞导致发黑）者，痰也；眼目花黑，行动艰难，遍身疼痛者，痰入骨也；面色如土，四肢痿痹，屈伸不利者，风湿挟痰也。《证治汇补》

8. 寒痰清，湿痰白，火痰黑，热痰黄，老痰胶。……痰证初起，停留中焦，头痛寒热，类外感证；久则停于脾肺，朝咳夜重，类内伤证；流注肢节疼痛，类风痹证。但痰病胸满食减，肌色如故，脉滑不匀为异。《医学入门》

9. 热痰多成烦热，风痰多成瘫痪，冷痰多成骨痹，湿痰多成倦怠软弱，惊痰多成心痛癫疾，饮痰多成胁疼臂痛，食积痰多成痞块痃满。《赤水玄珠全集》，又名《孙氏医书三种》

10. 痰着不出，是无力也。黑痰出于肾，中气虚寒，肾水泛上也。（周慎斋）

11. 人身无痰，痰者，津液所聚也。五谷入于胃，其糟粕、津液、宗气，分为三隧。故宗气积于胸中，出于喉咙，以贯心、肺而行呼吸焉。营气者，泌其津液，注之于脉，化而为血，以荣四末，内注五脏六腑，以应刻数焉。卫气者，出其悍气之疾，而先行于四末、分肉、皮肤之间而不休者也。昼行于阳，夜行于阴，常从足少阴之间，行于五脏六腑。实则行，虚则聚，聚则为痰，散则还为津液血气，初非经络脏腑之中，别有邪气秽物，号称曰痰，以为身害，必先去之而后已者也。余幼而喜唾痰，愈唾愈多，已而戒之，每觉喉间梗梗不可耐，辄呷白汤数口咯退场门中，用舌搅令研碎，因而漱之百余，津液满口，即随鼻中吸气咽下，以意送至丹田，默合少顷，咽间清泰矣。如未清，再漱再咽，以化尽为度。方咯出时，其味甚咸，漱久则甘,世人乃谓淤浊之物,无澄而复清之理,何其谬哉!

吾尝渡河矣,见舟人掬浊流而贮之瓮,掺入矾末,实时澄清,此可以悟治痰之法也。故上焦宗气不足,则痰聚胸膈,喉间梗梗,鼻息喘促;中焦营气不足,则血液为痰,或壅塞脉道,变幻不常;下焦卫气不足,则势不悍疾,液随而滞,四末分肉之间,麻木壅肿。治其本则补之宜先,治其标则化之有法。(《证治准绳》)

12. 液所以养筋,血涩不行,则痰聚于膈上而手足弱。(梅膺祚)

13. 痰之为物,随气升降,无处不到,为喘为嗽,为呕为泻,为眩晕心嘈,为怔忡惊悸,为寒热肿痛,为痞满隔塞。或胸胁漉漉如雷鸣;或浑身习习如虫行;或身中结核,不红不肿;或颈项成块,似疬;或塞于咽喉,状若梅核;或出于咯吐,形若桃胶;或胸臆间如有二气交扭;或背心常作一点冰冷;或皮间赤肿如火;或心下寒痛如冰;或一肢肿硬麻木;或胁梢癖积成形;或骨节刺痛无常;或腰腿酸刺无力;或吐冷涎、绿水、黑汁;或梦烟火剑戟丛生;或大小便脓;或关格不通;或走马喉痹;或齿痛耳鸣;以至劳瘵癫痫,失音瘫痪,妇人经闭带下,小儿惊风搐搦,甚或无端见鬼,似祟非祟,悉属痰候。(王隐君)

14. 人身之病,四百有四,外不过风、寒、暑、湿、燥、火六气之淫,内不过喜、怒、忧、思、惊、恐、悲七情之伤,变见于脏腑、经络、皮毛之间而为病,安有所谓怪也?庸工不晓病机,一遇不识之证,辄云怪病多属痰。况痰非人身之所素有,及津液既病而成痰,则亦随所在经络而见证,岂可借此一语藉为口实耶?

按脏腑津液,受病为痰,随气升降,理之常也。若在皮里膜外及四肢关节曲折之地,而脏腑之痰何能流注其所?此即本处津液,遇冷遇热,即凝结成痰而为病,断非别部之津液,受病成痰,舍其本位而移于他部者。况气本无形,故能无微不达,而液随气运,亦可藉气周流。至若津液受病成痰,则变为有形而凝滞,焉能随气周流于至微至密之所耶?(《冯氏锦囊秘录》)

15. 脾为生痰之原,肺为贮痰之器,此无稽之谈也。夫脾为胃行其津液,以灌四旁,而水精又上输于肺,焉得凝结而为痰?惟肾为胃关,关门不利,故水聚而泛为痰也,则当曰肾为生痰之原。《黄帝内经》云:受谷者浊,受气者清,清阳走五脏,浊阴归六腑。肺为手太阴,独受诸气之清,而不受有形之浊,则何可贮痰?惟胃为水谷之海,万物所归,稍失转输之职,则湿热凝结为痰,根据附胃中而不降,当曰胃为贮痰之器。(柯琴伯)

## 参考文献

[1] 卢化柱.《随园食单》中的药物——药食同源的个案研究[D].成都:成都中医药大学,2013.

[2] 成莉,甄艳.论古代医家对"药"与"食"概念的认知[J].中国中医基础医学杂志,2019,25(7):887-889.

[3] 王攀红,王倩,范文涛.《内经》中药五味与药理学五味对疾病的影响[J].世界最新医学信息文摘,2017,17(63):97-98.

[4] 尚尔鑫,叶亮,范欣生,等.基于改进关联规则算法的中药药对药味间性味归经功效属性关系的发现研究[J].世界科学技术(中医药现代化),2010,12(3):377-382.

[5] 占永立.中药的四气五味[J].中华肾病研究电子杂志,2018,7(4):148-150.

[6] 黄建忠.试析中药四气五味理论及其对临床用药的指导意义[J].中外医学研究,2013,11(17):145.

[7] 王冬.浅谈中药性味与阴阳平衡[J].中国中医药现代远程教育,2014,12(6):98-99.

[8] 马书娟,姚建平.试析苦能燥湿与苦能坚阴[J].医学信息(中旬刊),2011,24(1):331.

[9] 潘正文.浅论"药物归经"[J].光明中医,2010,25(8):1520-1521.

[10] 曹灿,冯静,李玲玲,等.基于"以效识性"观点的中药药性再认识[J].中华中医药杂志,2021,36(2):648-653.

[11] 马炳健.浅谈中药的有毒与无毒[J].世界最新医学信息摘,2014,14(4):179,182.

[12] 李瑞平.浅谈中药的有毒与无毒[J].中国民族民间医药,2011,20(20):22.

[13] 相恒芹.中药有毒无毒的现代认识[J].中国实用医药,2010,5(23):179-180.

[14] 邱道寿,邓乔华.陈皮村里聊陈皮[J].生命世界,2020(9):24-26.

[15] 金童.妙用陈皮化痰湿[N].上海中医药报,2021-05-28(4).

[16] 宋叶,梅全喜,赵志敏,等.广陈皮的古今临床应用[J].时珍国医国药,2019,30(7):1726-1729.

[17] 杨蓉修.痰症概述[J].江西医药,1962(1):20-21.

[18] 王鲁军.二陈汤在痰证中的加减应用治验[J].中国中医药现代远程教育,2021,19(24):64-67.

# 第四章

# 陈皮营养成分的研究

食品科学中的营养素即营养物质,是指有机体为满足自身生理需要从食物中摄取的具有营养功能的物质成分。营养素可以简单地分为有机营养素和无机营养素,其中有机营养素主要包括蛋白质、脂类、维生素和碳水化合物(糖和淀粉),无机营养素主要包括水和矿质元素。在我国,矿质元素、蛋白质、脂类、维生素、碳水化合物和膳食纤维被统称为人类维持健康所必需的六大类营养素。柑橘果肉色鲜味佳,营养丰富,每 100 g 柑橘可食部约含蛋白质 0.7 g、脂肪 0.2 g、碳水化合物 11.9 g、膳食纤维 0.4 g、胡萝卜素 890 μg、核黄素 0.04 mg、烟酸 0.4 mg、维生素 E 0.92 mg,此外还含有钾、钠、镁、钙、磷、铁、锌、锰、铜、硒等元素以及多种氨基酸、脂肪酸等营养成分。

陈皮是由柑橘果皮经晒干陈化而成。药用陈皮现收载于 2020 年版《中华人民共和国药典》一部,为芸香科植物橘及其栽培变种的干燥成熟果皮,具有理气健脾、燥湿化痰的功效,可分为"广陈皮"和"陈皮"[1]。广陈皮主要出产于广东新会、四会等地方。其中,新会陈皮占广陈皮的 90% 左右。作为一味道地中药材,新会陈皮被认为是"广东三宝"之首和"广东十大中药"之一。陈皮的药理功效与多种因素有关,包括柑橘生长环境、水源、土壤条件以及陈皮加工与保存方法等。但是无论哪一种类型的陈皮,它所含的物质成分与其生理功效则是密切相关的。新会陈皮作为药食同源的一种柑橘类加工食品,不仅集道地性、化学特征性和陈化增香等多种特性于一身,而且含有相当丰富的其他营养成分。因此,新会陈皮营养物质成分的研究也成为当今众多科技工作者的一个热门课题。

## 第一节 常规营养成分

营养成分是指食品中具有的营养素及其他有益于生物有机体生理机能的食物成分。食品营养学的常规营养成分主要包括能量、蛋白质、脂类和糖类化合物等。到目前为止,科学家已在陈皮中分离鉴定出约 140 种化学物质[2],其中包括黄酮类化合物、挥发油、生物碱、多糖类化合物和多种化学元素等在内的物质成分,可以称为非常规营养成分。

### 一、能量

生物能是太阳能以化学能形式贮存在生物中的一种能量形式。生物能直接或间接地来源于植物的光合作用。生物能的蕴藏量极其丰富,仅地球上的植物每年生产量就相当于目前人类消耗矿物能的 20 倍,或相当于世界现有人口食物能量的 160 倍。生物有机体必须从食物(或食品)中获得能量以满足细胞的生长需要。食品的能量是指食品中蛋白质、脂肪和碳水化合物等成分在人体代谢中产生的热量。食品中能量的计算根据主要供能成分含量与相应能量换算系数的乘积相加而成。其中,供能成分的能量换算系数(kJ/g)分别为:蛋白质17,脂肪37,碳水化合物17,膳食纤维8。已有研究资料指出,每100 g 生鲜的柑橘果肉能量约为 205 kJ,折合来算,每千克柑橘果肉干物质的能量在 102 508～121 336 kJ 之间。每 100 g 风干的柑橘果皮(包括橘皮、贵老、红皮、黄橘皮和新会皮)能量约为 1 335 kJ。

## 二、蛋白质

### (一)蛋白质的概述

蛋白质是荷兰科学家格利特·马尔德在1838年发现的。蛋白质是生命的物质基础,也是生命活动的主要体现者。人体的皮肤、肌肉、内脏、毛发、韧带、血液和骨骼等都是以蛋白质作为重要的构成成分。蛋白质占人体重量的15%～18%(干物质比重约50%),占成人肌肉组织干重的75%,约占脑及神经干重的50%。有学者认为蛋白质参与了有机体生命活动几乎所有的过程,包括生长、发育、遗传、繁殖、应激以及物质和能量代谢等[3]。此外,蛋白质在人体中还执行着重要功能:① 参与机体生理活动和运动做功;② 参与氧和二氧化碳的运输;③ 参与维持人体的渗透压;④ 参与人体内物质代谢的调节;⑤ 参与机体的免疫防御功能。生命运动需要蛋白质,也离不开蛋白质。蛋白质是构成一切生命体的主要化合物,是生命的物质基础,在营养素中占主要地位。

适量的蛋白质不仅能保证机体正常生长发育,还能增强机体免疫功能。蛋白质摄入量不足,可能会出现负氮平衡而导致蛋白质能量营养不良的情况,甚至机体的免疫功能也会受到影响,细胞免疫与体液免疫功能下降。然而,摄入过多的蛋白质也会带来一些负面问题,比如,动物源性蛋白质摄入过多时,脂肪和胆固醇的摄入量也会随之增加,从而会增加结肠癌、直肠癌、乳腺癌以及子宫内膜癌等癌症发生的概率。因此,在保证蛋白质摄入量的同时,也应注意动物性蛋白质与植物性蛋白质之间的适当比例[4]。陈皮含有少量的植物性蛋白质,在粤菜烹调中,陈皮的使用较为广泛。新会陈皮是广府美食常用的烹饪香料,烹饪时候放些许陈皮用以去腥提香,这早已是广东人尤其是新会人的传统习惯。

近年来,随着人民生活质量水平的提高,人们对食品的追求已实现从量到质的转变,人们对蛋白质的需求也越来越高。相对于动物蛋白,植物蛋白资源更加丰富,价格便宜,且不含胆固醇以及饱和脂肪,因而越来越被人们关注。

钱爱萍等人[5]以 WHO/FAO 氨基酸参考模式为评价标准,对九种柑橘果肉(鲜品)蛋白质营养价值进行了全面评价。结果表明,冰糖橙、茂谷柑和永春芦柑的果肉蛋白质中氨基酸总量最高,为 720.82～782.22 mg/g。柑橘果肉蛋白质中的氨基酸种类齐全,尤其是赖氨酸的含量占必需氨基酸总量的 26%～35%,而天门冬氨酸、谷氨酸、精氨酸、脯氨酸的含量占氨基酸总量的 56%以上。柑橘果肉蛋白质中第一限制氨基酸是胱氨酸和蛋氨酸(甲硫氨酸),并测定出新鲜果肉中含有丰富的牛磺酸和 γ-氨基丁酸,是食用价值很高的优质水果。另有文献资料指出,柑橘皮干样的蛋白质含量大约在 6.6%～7.7%之间。杜秦娇等人[6]研究得出柑橘果皮常规营养成分为粗蛋白质含量7.27%、粗纤维含量10.68%(表4-1)。据此,柑橘皮可划归于纤维食品的范畴(膳食纤维含量为2%~20%的食品)。显然,柑橘皮(包括陈皮和青皮)不能完全满足人体对蛋白质或氨基酸的需求。但是,作为药食同源的功能产品,橘皮(陈皮)在中国最早应用于中药,具有健脾开胃、理气消食和清热解毒等多种药用功效。最近,有研发单位将柑橘皮发酵并开发成口服液,口服液中的游离氨基酸含量为38 mg/100 g[7]。也有研究者利用新会陈皮"低蛋白好风味、健脾胃又消食"的特性开发出一种名为"陈皮保健泡菜"的副食品[8]。

表4-1 柑橘的果肉与果皮的常规营养水平参考值

| 项目 | 柑橘肉(生鲜)/% | 柑橘皮(风干基础)/% | 项目 | 柑橘肉(生鲜)/% | 柑橘皮(风干基础)/% |
|---|---|---|---|---|---|
| 干物质(DM) | 13 | 90.8 | 灰分(ash) | — | 3.1 |
| 能量(energy) | 206 | 319 | 无氮浸出物(NFE) | — | 57.3 |
| 粗蛋白质(CP) | 0.8 | 6.6 | 钙(Ca) | 0.025 | 0.57 |
| 粗脂肪(EE) | 0.2 | 2.3 | 磷(P) | 0.023 | 0.21 |
| 粗纤维(CF) | 10.9 | 9.7 | | | |

注:"—"表示未注明。

(二)陈皮蛋白质的提取

鉴于蛋白质在生命科学研究中的重要性,科学家们对于蛋白质的提取与利用越来越重视,蛋白质提取的方法也不断推陈出新,常用的有水溶液提取、碱溶酸沉、有机溶剂提取和酶法提取等。其中,碱溶酸沉法操作简单,综合成本较低,提取率也相对可观。因此,一般蛋白质的提取普遍采用此法。徐弦等人[9]应用碱法提取赣南脐橙的果皮蛋白质,具体方法如下:取1 g柑橘皮干粉,按相料液比(1 g:20 mL)~(1 g:50 mL)加入蒸馏水在烧杯中溶解,用0.1 mol/L NaOH溶液将柑橘皮溶液调至相应碱溶pH(9~13),边搅拌边恒温(30~70 ℃)加热(0.5~3 h),常温下冷却后离心15 min (6 000 r/min,4 ℃),取1 mL上清液,采用Bradford法测定上清液的蛋白质含量,用0.1 mol/L HCl溶液将剩余上清液pH调至等电点,在4 ℃条件下沉淀24 h,离心15 min(10 000 r/min,4 ℃),取沉淀水洗并用0.1 mol/L NaOH溶液调至中性(pH≈7),用真空冷冻干燥机干燥48 h得到柑橘皮蛋白质粉。该研究团队还测得柑橘皮蛋白质对DPPH·、$H_2O_2$、·OH和$NO_2^-$清除率的$IC_{50}$值分别为1.203 12 mg/mL、0.525 16 mg/mL、0.792 07 mg/mL、0.872 16 mg/mL,其值均小于10 mg/mL,表明柑橘皮蛋白质具有较好的体外抗氧化活性,但其抗氧化活性均小于维生素C。该结果可为废弃柑橘皮提供新的资源化利用途径,且为应用柑橘皮蛋白质作为新的抗氧化食品提供了理论依据。

三、脂类

(一)脂类的概述

脂类分成两部分,即脂肪与类脂。脂肪又称为真脂、中性脂肪及三酯,是由一分子的甘油和三分子的脂肪酸结合而成。脂肪,在固体状态时称为"脂",在液体状态时称为"油"。类脂包括磷脂和固醇。

高脂膳食(尤其是动物性脂肪摄入过高)是导致癌症发生的直接或间接因素。目前比较一致的观点是,脂肪摄入量过高可直接增加结肠、直肠、乳腺、子宫内膜、肺、前列腺等器官的癌症发生概率。同时,由于高脂膳食可导致肥胖,而肥胖又会增加患子宫内膜癌、乳腺癌、肾癌的危险性,故可间接导致癌症的发生。在日常膳食中,应注意控制脂肪的摄入量,以不超过总能量的30%为宜,并调整动物性脂肪与植物性油脂之间的比例,使饱和脂肪酸、单不饱和脂肪酸、多不饱和脂肪酸之间的比例为1∶1∶1。

植物油的种类繁多,大宗类油种有大豆油、玉米油、花生油、菜籽油、葵花籽油、棕榈油、棉籽油、橄榄油等;小品类油种还有芝麻油、核桃油、紫苏籽油、松子油等。不同植物油中,脂肪酸的构成和含量不同,分别具有各自的营养特点。比如,包括或者不包括油酸、亚油酸、α-亚麻酸、月桂酸、花生酸等。其中,植物油中的α-亚麻酸作为人体必需的脂肪酸,只能通过食物摄取,是人体不能自行合成的,是人体细胞的组成成分,参与脂肪代谢,和视力、脑发育和行为发育有关。在植物油中还含有多种维生素,这些维生素主要是脂溶性维生素,脂溶性维生素溶于脂肪而不溶于水,更易于人体吸收,并且吸收后可在人体内储存。脂溶性维生素包括维生素A、D、E、K。如维生素E在植物油中含量很高,维生素E对人体的主要作用是抗氧化和减缓衰老[10]。

陈皮油,也常称为陈皮精油,是植物性油脂的一种,因其挥发性强,故又称陈皮挥发油。陈皮挥发油在医学上有一定的用途,其抗氧化能力随着陈皮储存时间的延长而增强,并且对革兰氏阳性菌具有较强的抗菌活性。陈皮油还有促进消化、止咳祛痰等功效,是日常生活保健的常备佳品[11]。广东新会出产的陈皮油含41种主要成分[包括d-柠檬烯、γ-松油烯、2-(甲氨基)苯甲酸甲酯、2,6,6-三甲基双环庚二烯、6,6-二甲基-2-亚甲基双环庚烷和β-月桂烯等在内],远丰富于其他陈皮产区。其他四个产地陈皮油所含成分主要是烯类物质(如d-柠檬烯等),含量均达到陈皮油的95%以上,而广东新会陈皮油除了含烯类物质外,还含有较多的烷类和少量的醛、醇类物质,以及维生素E、甜橙素等物质成分。

### (二) 陈皮精油的简易提取工艺

陈皮精油(包括橘皮油、橙皮油)是一类具有多种药用功效的挥发性香味油脂。因此,陈皮油不仅受到广大消费者的喜欢,也受到了许多科学研究者的青睐。下面对陈皮油的简易生产工艺流程进行介绍[12]:原料→选择→浸灰水→漂洗→压榨→过滤→分离→静置与抽滤→包装。

1. 优质无霉变的柑橘(红橘、南宁橘、三湖蜜橘、温州蜜柑等)果皮均可供制作冷榨橘皮油。将新鲜的果皮摊放于干净、干燥通风处。

2. 将橘皮浸入pH为12的石灰水中,上面加压筛板,不让果皮上浮,浸泡10 h以上,浸到果皮呈黄色无白心、稍硬、具有弹性,油的喷射力强,在压榨时不滑,残渣为颗粒状,渣中含油水量低,基本上榨干,过滤时较顺利,不易糊筛,黏稠度不太高为止。

3. 浸泡石灰水后,果皮用流动水漂洗干净后捞起,沥干水分。

4. 将果皮均匀地送入螺旋式榨油机中,加压榨出橘皮油,排渣必须均匀畅通,排出皮渣要呈颗粒状,在加料的同时要打开喷口,喷射喷淋液,用量约与橘皮重量相等,做到喷液量、橘皮加料量和离心机分离量三者平衡。喷淋液由清水 400~500 kg、小苏打 1 kg 和硫酸钠 2 kg 配成,调节 pH 至 7~8。

5. 榨出的油水混合液经布袋除去糊状残渣。

6. 混合液进入离心机的流量要保持稳定,流量过大,易出混油,流量过小,则会影响橘皮油的质量。在正常情况下,由离心机出来的橘皮油是澄清透明的。分离完毕,停止加料,让离心机空转 2~3 min,大量冲入清水,把残存于转鼓内的油冲出。

7. 分离出的橘皮油往往含有少量水分和果皮蜡质等杂质,须在 5~10 ℃的冷库中静置 5~7 天,使杂质下沉,后用虹吸管吸出上层澄清橘皮油,再经过装有滤纸与薄石棉滤纸层的漏斗进行减压抽滤。

8. 将澄清的橘皮油装于干净、干燥的棕色瓶或陶坛中,尽量装满,加盖密封,最后用硬脂蜡密封,贮藏于冷库或阴凉处。

基于科研检测与分析的需要,在实验室条件下制取少量的陈皮精油,其参考方法如下:首先,将陈皮样品剪成长条状(约 0.5 cm×4 cm);其次,称取剪碎的陈皮 30 g,置于圆底烧瓶中,加入 600 mL 蒸馏水,放入加热套中,按水蒸气蒸馏法安装蒸馏装置提取精油,在暴沸后持续微沸 3 h 至精油产量不再增加;最后,收集陈皮精油,加入无水硫酸钠,4 ℃冷冻过夜干燥,隔天收集陈皮精油,过筛置于 -80 ℃保存备用[13]。

## 四、糖类化合物

### (一)糖类的组成和分类

糖类化合物又称碳水化合物,一般由碳、氢、氧三种元素组成,是一类含有多个羟基的醛类、酮类化合物和它们的脱水缩合物(低聚糖和多聚糖)。自然界中的糖类化合物包括单糖、二糖和多糖。单糖主要有葡萄糖和果糖,是人体细胞的主要能源物质;二糖主要有蔗糖、乳糖、麦芽糖,为生命有机体提供能量;多糖主要有淀粉、糖原、纤维素和阿拉伯胶等。单糖以碳链骨架作为结构单元,含有多个手性中心(图 4-1)。一百多年前,诺贝尔化学奖获得者 Hermann Emil Fischer 的关于葡萄糖立体化学的逻辑推演成为糖化学发展史上的第一个里程碑。

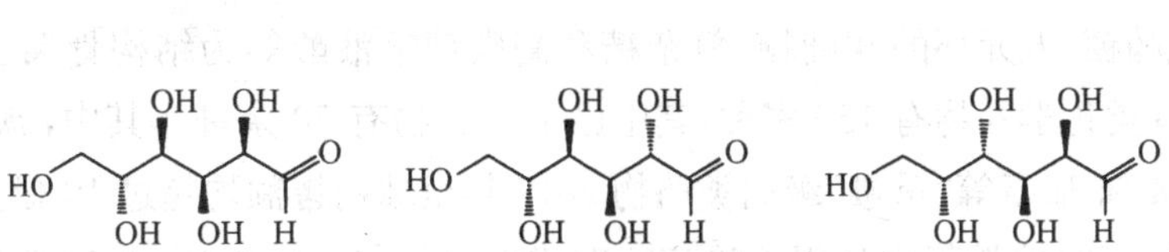

图 4-1 几种单糖分子的链状结构式

细胞生长的共同特点是均以葡萄糖作为能量的主要来源。在三大产能营养素中,细胞摄取葡萄糖的能力最强,也最为活跃。糖类化合物是一切生物体维持生命活动所需能量的主要来源。糖类化合物作为营养物质,有些还具有特殊的生理活性。

### (二) 膳食纤维与陈皮纤维

膳食纤维是在人体小肠内不被消化和吸收的多糖、寡糖、木质素及相关的植物物质的总称。它分为两种,一种可在 pH 6~7 的 100 ℃水中溶解,另一种不能溶解。两者都有利于人体健康。一般而言,膳食纤维是谷、豆和蔬果等植物性食物中不能被人体胃肠道消化酶所消化且不被吸收利用的多糖,主要由纤维素、木质素、果胶、藻类多糖等组成,是多种复杂的有机化合物[14]。膳食纤维可以清除肠道中过多的外源性胆固醇,增加粪便的体积和重量,缩短粪便在肠道内的暂留时间,从而减少有毒物质的吸收,减轻毒素对细胞产生的损害。另外,膳食纤维在肠道微生物菌群的作用下发酵,使肠道内 pH 下降,有益于营养素的消化吸收和利用以及有益菌群的繁殖。美国食品药品监督管理局(FDA)推荐的总膳食纤维摄入量为人均摄入量 20~35 g/d。目前,以中国营养学会发布的《中国居民膳食指南(2022)》为参考依据,我国一般健康成人推荐膳食纤维的摄入量为 25 g/d。

总之,膳食纤维具有改善糖代谢、吸附农药、清除自由基和抗氧化、降低血清胆固醇等有益身体健康的功效,开展富含膳食纤维功能食品的研发和应用工作对提高我国人民的健康水平大有裨益。此外,膳食纤维有预防癌症的作用。与其他的膳食纤维资源相比,柑橘膳食纤维的优点是纤维中可溶性纤维的含量高达 33%,而小麦皮中仅为 7%,符合膳食纤维中可溶性纤维应达到 30%~50% 的平衡要求。柑橘膳食纤维与柑橘中的类黄酮、维生素等具有抗氧化活性物质络合在一起,增强了其生理活性与功能特性。柑橘加工业中的主要膳食纤维是纤维素、半纤维素、木质素和果胶[15]。王志宏等人[16]的研究显示,陈皮纤维对亚硝酸盐的吸附效果很好,有效地降低了亚硝酸盐中毒的风险,可以对亚硝酸盐早期中毒患者起到解毒作用,减少亚硝酸盐对组织的损害。

### (三) 糖类化合物在药物中的应用

狭义的糖类药物是指仅含糖类组分的药物,如阿卡波糖、肝素等。广义的糖类药物可拓展至为数众多的结构中含有糖基或糖链的药物,包括糖苷类药物、糖缀合物药物(糖蛋白、糖脂等)、糖复合物等,如恩格列净、盐酸阿柔比星、地高辛等。科学家认为,许多糖类化合物不仅可以作为保健食品,还可以作为治疗疾病的药物,并且具有副反应相对较小的特点。世界范围内,糖类药物的研发日益活跃,批准上市的糖类药物数量和销售量不断上升。以六元环的吡喃糖、五元环的呋喃糖、氮杂糖和高碳糖唾液酸等为结构骨架进行药物信息检索,可查到糖类化学药物有 150 多种,其中已上市药物有 70 余种。其中,恩格列净、达格列净、依诺肝素、布瑞亭等"重量"级糖类药物 2019 年全球销售额均超过 10 亿美元。

在国内,较新的糖类药物是用于治疗轻度或中度阿尔茨海默病,改善患者认知功能的甘露特钠胶囊[17]。在陈皮多糖的研究方面,已有多个科研团队展开了科技攻关。莫云燕等人[18]对新会陈皮多糖的体外抗氧化能力及其总糖含量进行了测定。陈思[19]和甘伟发[20]各自独立地对茶枝柑皮提取物中的多糖成分进行分离纯化并研究其抗氧化活性。李慧[21]则对陈皮多糖口服液的制备及其调节血糖的功能进行了研究。吴琦等人[22]对不同年份陈皮多糖的理化性质和益生元活性进行比较发现,五年以上贮藏期陈皮的水溶性多糖对肠道菌群具有调节作用,可以作为一种潜在的益生元。

鉴于糖化学和糖生物学研究的滞后性,目前对于糖类药物的开发仍是极具挑战性的课题,陈皮糖类化学物的研究也是方兴未艾。

## 第二节 挥发油类成分

挥发油(volatile oil)也称精油(essential oil)或香精油,是一种常温下具有挥发性、可随水蒸气蒸馏、与水不相混溶的油状液体。挥发油也是陈皮的主要成分之一,占陈皮化学成分的1.9%～3.5%。相关的调查研究显示,广陈皮与普通陈皮的挥发油成分有比较明显的差异。广陈皮和普通陈皮在日常膳食和临床中均使用广泛。其中,广陈皮以新会陈皮为最佳代表,普通陈皮则以湖北蜜橘陈皮和福建芦柑陈皮为主。

### 一、陈皮挥发油组成成分与含量

目前,从陈皮挥发油中分离鉴定的化合物多达160多种,包括单萜(烯)、倍半萜(烯)和含氧化合物(酸、酯、醛、酮类化合物)等,其中以单萜类和倍半萜类化合物为主要成分。表4-2为新会陈皮和福建陈皮挥发油的主要化学组分及其百分含量的比较[23]。

表4-2 新会陈皮和福建陈皮的挥发油组成与含量的比较

| 序号 | 化合物名称 | 含量/% 新会陈皮挥发油 | 含量/% 福建陈皮挥发油 | 序号 | 化合物名称 | 含量/% 新会陈皮挥发油 | 含量/% 福建陈皮挥发油 |
|---|---|---|---|---|---|---|---|
| 1 | α-侧柏烯 | 0.52 | 0.12 | 13 | α-松油醇 | 0.49 | 0.27 |
| 2 | α-蒎烯 | 1.48 | 0.58 | 14 | 癸醛 | 0.22 | 0.23 |
| 3 | 桧烯 | 0.21 | 0.11 | 15 | 紫苏醛 | 0.09 | 0.11 |
| 4 | β-蒎烯 | 1.13 | 0.35 | 16 | 香芹酚 | 0.30 | — |
| 5 | β-月桂烯 | 1.63 | 0.60 | 17 | 邻甲氨基苯甲酸甲酯 | 1.93 | — |
| 6 | α-松油烯 | 0.46 | 0.18 | 18 | β-丁香烯 | 0.19 | 0.24 |
| 7 | p-伞花烃 | 1.05 | 0.57 | 19 | α-石竹烯 | 0.02 | 0.38 |
| 8 | d-柠檬烯 | 67.62 | 79.91 | 20 | 右旋大根香叶烯 | 0.01 | 1.27 |
| 9 | γ-萜品烯 | 20.46 | 8.73 | 21 | 金合欢烯 | 0.65 | 3.31 |
| 10 | 萜品油烯 | 1.08 | 0.50 | 22 | 杜松烯 | 0.05 | 0.73 |
| 11 | 芳樟醇 | 0.16 | 0.51 | 23 | 大根香叶烯 | — | 0.22 |
| 12 | 4-萜烯醇 | 0.27 | 0.12 | | | | |

注:"—"表示未检出。

作为陈皮生理活性的重要有效成分之一，陈皮挥发油具有很好的抗菌和抗氧化活性，在食品工业中可用于延长某些食品（比如水产品等）的保质期。在医学上，陈皮挥发油对机体消化系统、呼吸系统和心血管系统等均具有一定的药理作用。陈皮挥发油在一些疾病的预防和治疗中均起着重要的药理功效，如平喘、抗过敏以及促进消化液分泌等。

此外，来源和用药部位均相同，只因采收期不同而成为具有不同功用的两味中药的现象，常被称为"一体二用"。中药中"一体二用"的现象包括青皮与陈皮、枳实与枳壳、西青果与诃子、青翘与老翘等。其中，陈皮和青皮是中药"一体二用"的典型代表，其挥发油的化学成分"异中有同"，均含有 d-柠檬烯、α-蒎烯、γ-萜品烯等挥发性成分，其中 d-柠檬烯含量最高，相对含量均占80%以上。

高婷婷等人[24]采用同时蒸馏萃取法（SDE）和顶空固相微萃取法（HS-SPME）对四川出产的陈皮中的挥发性成分进行提取，结合 GC-MS 分析共鉴定出89种挥发性化合物，其中烃类44种（其中萜烯类化合物有30多种），醇类10种，醛类10种，酚类8种，酯类7种，酮类4种，其他成分6种。研究还进一步指出，四川陈皮的挥发性成分多由萜烯类组成，其中 d-柠檬烯是四川陈皮最主要的挥发性组分，含量在53%以上；除此以外，相对含量较高（1%及以上）的还有 γ-松油烯（6.61%～7.29%）、α-蒎烯（1.56%～2.50%）、2-崖柏烯（3.96%～4.38%）、α-金合欢烯（1.01%～5.16%）、p-伞花烃（1.97%～2.31%）、萜品油烯（1.73%）、α-萜品醇（1.29%）、大根香叶烯（1.27%）等。何静等人[13]在研究广陈皮的特异性时发现，广陈皮与其他产区陈皮的明显差异不仅表现在相对含量较高的 d-柠檬烯、γ-松油烯和2-(甲氨基)苯甲酸甲酯上，还表现在一些相对含量较少的 α-金合欢烯、松油醇和石竹烯等成分上。此外，构成广陈皮与其他产区陈皮的差异来源中贡献较大的化合物还包括香芹酮（0.03%～0.23%）、(E，E，E)-2，6，10-三甲基-2，6，9，11-十二烷四烯-1-醛（0.03%～0.80%）、紫苏醛（0.04%～0.34%）、4-甲基-1-甲基乙基-双环-己二烯（0.51%～0.84%）和6，6-二甲基-2-亚甲基-双环庚烷（1.42%～2.28%）。其中，香芹酮、(E，E，E)-2，6，10-三甲基-2，6，9，11-十二烷四烯-1-醛和紫苏醛仅在广陈皮中被检测到，而4-甲基-1-甲基乙基-双环-己二烯和6，6-二甲基-2-亚甲基-双环庚烷在广陈皮中的含量显著高于其他产区陈皮。还有，经过偏最小二乘法判别分析（PLS-DA），"一年陈"广陈皮与两到五年陈化期的广陈皮相比，精油成分含量差异较大，这提示陈化的最初两年是广陈皮特定陈化风味物质形成的关键时间段，也是研究陈化机理的重要时期。

陈皮中挥发油的成分和含量不仅与橘皮的品种和产地有关，还和炮制方法有着密切的联系。高明等人[25]就研究了不同陈皮炮制品的挥发油含量，发现陈皮经过蒸制以后，挥发油会变少，壬醛、4-蒈烯、橙花醇等一些挥发油容易消失，还会新增一些挥发油，如3-蒈烯、α-水芹烯、γ-松油烯等。吴晓东等人[26]将广陈皮在70～80℃蒸制30 min 后发现挥发油含量最高可达0.9%。华中农业大学 Gao 等人[27]对五种不同陈化年份的广陈皮进行化学成分检测，发现了53种不同的挥发性化合物，包括萜烯烃、醇、醛、酮和酯。其中，d-柠檬烯是萜类化合物之一，是广陈皮的主要成分。并且，广陈皮精油对革兰氏阳性菌（金黄色葡萄球菌、枯草芽孢杆菌、蜡样芽孢杆菌）具有不同程度的抗菌活性（粪链球菌除外），但对革兰氏阴性菌(大肠杆菌、阴沟肠杆菌)没有影响。郑文红等人[28]采用GC和HPLC色谱分析法，对药典法和广东省传统陈皮炮制法两种方法炮制的陈皮挥发油成分及不同溶剂提取液进行色谱分析。结果显示，两种方法炮制的陈皮其GC和HPLC色谱图谱相似，说明炮制后的陈皮主要化学成分基本一致。因此，广东传统的陈皮炮制方法是可行的。

## 二、陈皮挥发油的提取工艺

挥发油的提取方法有多种，主要包括浸提法、回流法、渗漉法、水蒸气蒸馏法、同时蒸馏萃取法、超临界流体萃取法、超声波提取法和微波辐照诱导萃取法等，其中，水蒸气蒸馏法、压榨法和化学溶剂萃取法等方法是比较常用的挥发油提取方法。

### (一)水蒸气蒸馏法

水蒸气蒸馏法是目前最常用的一种植物精油提取方法，通常在一些植物挥发油的前期处理中都会应用到。

水蒸气蒸馏法一般有三种提取形式：水中蒸馏、水上蒸馏和水汽蒸馏。水中蒸馏是将原料直接放入水中浸泡，使液体水与原料直接接触；水上蒸馏是将原料放在多孔隔板上，通过加热纯水产生的饱和蒸汽与原料接触环绕进行蒸馏提取；水汽蒸馏是将样品放在多孔板上，由喷气管喷出的水蒸气穿过原料，进行水蒸气蒸馏。尽管三者的提取形式不同，但原理是一样的，利用水扩散进入植物组织内置换出植物的香精油，通过热水的作用形成油-水共沸物，再通过收集器的冷凝作用对不同密度的挥发油和水进行分离。

研究发现，水蒸气蒸馏法的优点是设备简单、容易操作、成本低、产量大。但是，也存在由于提取时间长和温度过高而导致部分组分损失等缺点。

### (二)压榨法

压榨法是最传统、最简单的提取方法。此方法操作方便，能有效地保留挥发性成分，且能耗低、污染少。压榨法比较适用于新鲜原料，适于制取含油量高的新鲜植物的挥发油，如柑橘属果皮等。

### (三)脂吸法

脂吸法也称为"脂吸原精"，是18世纪法国南部地区发明的一种精油萃取的古老方法。由于费时费力且成本高，该萃取方法适用于较脆弱的植物花瓣如玫瑰花、茉莉花等原料。该方法是在层层相叠的玻璃中涂抹厚厚的动物油脂，然后在两层玻璃中放入植物花瓣后静置，期间更换花瓣，直至油脂吸满植物的精华，再将其分离。此法所产生的精油浓度高，气味饱满，称为"原精"。

### (四)化学溶剂萃取法

对于不适宜使用水蒸气蒸馏法提取挥发油的原料，可考虑用化学溶剂萃取法，即采用低沸点有机溶剂提取，这是树胶、树脂和花类挥发油的常用萃取方法。化学溶剂提取法的缺点是这种办法会将原料中的一部分色素、黄酮等物质与挥发油一并萃取出来，需要进一步分离和纯化。

### （五）超临界萃取法

该法所用流体有二氧化碳、氨、乙烯、丙烷、水等，目前研究与应用较多的是二氧化碳，称为"二氧化碳超临界萃取法"。这种方法所用仪器较为昂贵，运行成本高。

### （六）微波提取法

微波提取技术具有设备简单、适用范围广、提取效率高、重现性好、节省时间、污染小等特点，是值得推广的新方法。

随着科学技术的发展，挥发油萃取方法也在不断更新与进步。除了以上几种方法外，近些年相继涌现出超/亚临界萃取、无溶剂微波辅助萃取、超声波辅助萃取和瞬时降压萃取等绿色萃取技术，这些技术可在保证精油品质的同时大幅度缩短萃取时间，降本增效，节能环保。

## 三、陈皮挥发油的应用

挥发油一般都具有一定的生物活性与药用功效，比如杀菌、消毒等作用。因此，挥发油可用来洁净空气，改善空气环境。挥发油的分子链比较短、有挥发性，又可以调节神经系统、提神醒脑。这使得它们成为"芳香疗法"中的主角。它们极易渗透皮肤，且借着皮下丰富的毛细血管进入体内，到达血液和淋巴液，输送到体内的各个器官，使细胞获得充足养分，加速身体的新陈代谢。另外，挥发油可以通过鼻腔黏膜组织的吸收而进入身体组织，经过信息传送至大脑，通过刺激大脑的边缘系统来调节情绪和身体的生理功能。挥发油能加速消除神经紧张，缓解心理障碍，让人释放压力，净化心灵，涤荡心胸。世界卫生组织曾经指出精油或许是某些抗生素的替代品，这可能也为挥发油的应用提供了一个更为广阔的空间。

陈皮挥发油（柑橘类精油）是天然香精香料中的一大类，气味清新怡人，具有令人愉悦的天然柑橘香气，在食品、医药、日化产品、化工等行业中应用广泛。陈皮挥发油作为天然的食品添加剂与赋香剂，可应用在饮料、啤酒、糕点、糖果、饼干、点心、冰淇淋等食品中。陈皮挥发油具有清新及镇静效果，常被用作忧虑和沮丧的提振剂，用于缓解沮丧与焦虑。陈皮挥发油还具有抗菌消炎、消除自由基的功效，也能够调节肠胃蠕动，帮助排气以及增进食欲和改善消化道功能，还能够辅助溶解胆结石。

此外，挥发油中所含的微量香豆素有抗癌功效，与薰衣草等调和使用，还可有效淡化妊娠纹及疤痕。因此，陈皮挥发油在医疗保健行业有很广泛的用途。此外，还作为添加剂与特殊功效成分，陈皮挥发油在化妆品、香水、牙膏、香皂、家庭除臭剂等日常化工产品中也有大量应用。陈皮挥发油是果皮中的重要功效成分，含量最丰富的是外果皮的油胞层，约占湿重的 1%～3%[29]。

广东民间将新会陈皮点燃，淬入花生油，如是反复十多次，即可制成陈皮花生油。据说，使用此种陈皮油来搓背和揉擦肚子，可以防治小孩夜咳等病症。这是由于新会陈皮中的精油和黄酮类等活性成分对此类病症具有治疗性作用。此外，新会民间有人拿新会青柑胎干品制作成枕头，枕香入眠，这是人们利用了茶枝柑挥发油成分芳香助眠的一个好例证。

### 四、新会陈皮的香气成分研究

"月在千里故乡圆,皮放陈年满屋香",这不仅反映了海外侨胞对祖国的思念情怀和对故乡新会陈皮的厚爱之情,也强调了新会陈皮具有香气和陈化增香的基本特征。清末《新会乡土志》记载:"新会陈皮岭北人甚重之,盖经北方霜雪地,香倍于常。"此外,新会陈皮的芳香味具有镇定安神、缓解疲劳和促进睡眠的功效。因此,也有人使用散碎新会陈皮或新会柑胎仔作为枕芯制成枕头,用以缓解失眠、帮助提升睡眠质量。

陈荣荣[30]在以广陈皮为对象的研究中指出,不同年份陈皮样品的整体特征香气组分属性主要包括果香、萜烯、辛香、药草味、干草味、果酸、木味、陈味、油味及霉味。经过感官评价得出,三年陈皮的特征香气主要是果香味和萜烯味,可能是因年份越短,陈皮中的果糖和水分越高,其果香味越明显;十年陈皮的辛香味、药草味、干草味、木香和陈味较浓郁;五年陈皮的香气特征则介于三年陈皮和十年陈皮之间。此外,陈荣荣的研究还提出以下两点结论:第一,不同年份陈皮的香气分属性:果香、油味和霉味在强度上存在显著差异,其他香气如萜烯、辛香、药草、干草、果酸、木味、陈味在强度上无显著差异。年份越短的陈皮挥发油含量越高,所以精油味较浓郁;并且年份短的陈皮果糖和水分较高,所以果香味较明显。年份较久的新会陈皮,黄酮类成分的含量在开始几年有增高趋势,随后趋向稳定,故而十年陈皮相比三年陈皮,药草味和霉味更浓郁。第二,不同食用方式的陈皮香气分属性:对于三年陈皮和五年陈皮,沸水冲泡之后,冲泡液的香气属性都明显提高。对于三年陈皮,冲泡液的果香、果酸都比陈皮干皮香气更浓郁;五年陈皮冲泡液中的陈味、药草味、木味和辛香比本身干皮的强度更大;十年陈皮干皮和冲泡液的香气差别不大。

裴亚萍[31]利用气相色谱-质谱联用(GC-MS)法分析以水和食用乙醇作为溶剂制备的陈皮(产地:福建宁德,一年陈)提取物的挥发性香气成分,并通过与水蒸气蒸馏法萃取的陈皮天然挥发性香气成分进行成分比对,探讨其成分的异同。结果表明,三种不同制备方法的样品经GC-MS分别检测出17种(陈皮水提取物)、13种(陈皮乙醇提取物)和9种(陈皮天然香成分)挥发性香气成分,3种样品中含有的主要挥发性成分均为糠醛、香芹烯(d-苧烯)和α-松油醇。伍锦鸣等人[32]采用吹扫捕集法富集了四种陈皮中的头香成分,并利用GC-MS法对其进行分离鉴定,结合嗅辨仪确认陈皮的关键致香成分。结果表明,陈皮的香气来源于烯烃类成分,共鉴定出8种烯烃类挥发性香味成分,d-柠檬烯是陈皮特征香气的主要成分,其余香气成分有γ-松油烯、β-月桂烯、α-蒎烯、β-蒎烯、邻伞花烃、异松油烯和莰烯。表4-3展示了五个不同产地的陈皮油香气成分[33]。

表4-3 五个不同产地的陈皮油香气成分[33]

| 序号 | 化合物名称 | 保留时间/min | 质量分数/% | | | | |
|---|---|---|---|---|---|---|---|
| | | | 新会 | 广州 | 广西 | 江西 | 湖南 |
| 1 | 3-侧柏烯 | 5.477 | 0.34 | 0.24 | — | 0.24 | 0.22 |
| 2 | 左旋-α-蒎烯 | 5.595 | 1.24 | 1.04 | 0.68 | 0.98 | 0.99 |

(续表)

| 序号 | 化合物名称 | 保留时间/min | 质量分数/% | | | | |
|---|---|---|---|---|---|---|---|
| | | | 新会 | 广州 | 广西 | 江西 | 湖南 |
| 3 | 桧烯 | 6.280 | 0.25 | 0.35 | 0.19 | 0.46 | 0.38 |
| 4 | β-蒎烯 | 6.344 | 0.79 | 0.52 | 0.48 | 0.57 | 0.55 |
| 5 | β-月桂烯 | 6.558 | 1.84 | 2.08 | 1.81 | 2.17 | 2.09 |
| 6 | 邻异丙基甲苯 | 7.152 | 1.02 | 0.22 | 1.00 | 0.45 | 1.14 |
| 7 | d-柠檬烯 | 7.248 | 55.76 | 84.87 | 81.47 | 81.20 | 82.46 |
| 8 | 罗勒烯 | 7.521 | — | — | 0.28 | — | — |
| 9 | 萜品烯 | 7.713 | 9.45 | 8.22 | 7.68 | 8.90 | 8.12 |
| 10 | 异松油烯 | 8.200 | 0.7 | 0.45 | 0.47 | 0.52 | 0.43 |
| 11 | 芳樟醇 | 8.366 | 0.56 | 0.70 | 0.31 | 0.72 | 0.88 |
| 12 | 香茅醛 | 9.194 | 0.17 | — | — | — | — |
| 13 | 癸醛 | 9.981 | 0.11 | — | 0.17 | 0.24 | 0.30 |
| 14 | 6-甲基十二烷 | 10.072 | 0.12 | — | — | — | — |
| 15 | 2,3,6-三甲基癸烷 | 11.029 | 0.40 | — | — | — | — |
| 16 | 百里香酚 | 11.259 | 1.84 | — | — | 0.18 | — |
| 17 | 十六烷 | 11.666 | 0.16 | — | — | — | — |
| 18 | 4-蒈烯 | 11.917 | — | 0.18 | 0.67 | — | — |
| 19 | α-荜澄茄油烯 | 12.463 | — | — | 0.35 | — | — |
| 20 | β-榄香烯 | 12.655 | — | — | 0.74 | — | — |
| 21 | 十六烷 | 12.939 | 0.15 | — | — | — | — |
| 22 | 金合欢烯 | 13.409 | — | — | 0.39 | — | — |
| 23 | 十六烷 | 13.441 | 0.18 | — | — | — | — |
| 24 | 大根香叶烯 | 13.848 | — | 0.19 | 0.98 | 0.19 | — |
| 25 | 二十烷 | 13.875 | 0.49 | — | — | — | — |
| 26 | α-法尼烯 | 14.051 | 0.49 | — | 0.87 | — | — |
| 27 | 2,4-二叔丁基苯酚 | 14.121 | 0.64 | 0.28 | — | — | — |
| 28 | 杜松烯 | 14.324 | — | — | 0.36 | — | — |
| 29 | 十二烷 | 14.420 | 0.21 | — | — | — | — |
| 30 | γ-榄香烯 | 14.795 | — | — | 0.72 | — | — |
| 31 | 降姥鲛烷 | 15.672 | 0.13 | — | — | — | — |

（续表）

| 序号 | 化合物名称 | 保留时间/min | 质量分数/% ||||| 
|---|---|---|---|---|---|---|---|
| | | | 新会 | 广州 | 广西 | 江西 | 湖南 |
| 32 | 二十一烷 | 16.372 | 0.41 | — | — | — | — |
| 33 | α-甜橙醛 | 16.913 | 0.29 | — | — | — | — |
| 34 | 十七烷 | 18.335 | 0.17 | — | — | — | — |
| 35 | 棕榈酸甲酯 | 18.603 | — | — | — | — | 0.21 |
| 36 | 十八烷 | 18.622 | 0.34 | — | — | — | — |
| 37 | 棕榈酸 | 18.988 | — | — | — | 0.73 | — |
| 38 | (2E)-2-[4-(4-methoxyphenyl)but-3-en-2-ylidene]hydrazinecarbothioamide | 20.625 | 0.66 | — | — | — | — |
| 39 | 二十烷 | 21.143 | 0.67 | — | — | — | — |
| 40 | 二十烷 | 22.004 | 1.65 | — | — | — | — |
| 41 | 二十四烷 | 22.828 | 2.63 | — | — | — | — |
| 42 | 二十烷 | 23.620 | 2.89 | — | — | — | — |
| 43 | 2-甲基十八烷 | 24.096 | 0.14 | — | — | — | — |
| 44 | 十八烷 | 24.395 | 2.58 | — | — | — | — |
| 45 | 二十四烷 | 25.272 | 1.75 | — | — | — | — |
| 46 | 二十烷 | 26.299 | 1.05 | — | — | — | — |
| 47 | 角鲨烯 | 26.717 | 0.27 | — | — | — | — |
| 48 | 二十烷 | 27.540 | 0.80 | — | — | — | — |
| 49 | 二十烷 | 29.070 | 0.33 | — | — | — | — |
| 50 | 维生素E | 31.889 | 0.84 | — | — | — | — |
| 51 | 甜橙素 | 33.044 | 0.97 | — | — | — | 1.37 |
| 52 | 其他成分 | — | 4.52 | 0.66 | 0.38 | 2.45 | 0.86 |
| | 总计 | — | 100 | 100 | 100 | 100 | 100 |

注："—"表示未检出。

萜烯类化合物是广陈皮中的一类重要的功效成分。华大基因和华南农业大学等多家研究机构[34]共同合作，使用了一种多组学方法，以"土壤养分-根系微生物-广陈皮品质成分"的关联轴心来阐明环境因素，即土壤特性和土壤微生物群均能影响茶枝柑果皮中单萜烯的生产。土壤环境(如高盐度、Mg、Mn和K)通过促进新会区的柑橘植株中盐胁迫响应基因和萜烯骨架合酶的表达来提高柑橘果皮的单萜含量。根际微生物则通过与宿主免疫系统的相互作用激活萜烯的合成并促进果实单萜烯的累积。研究者据此认为,柑橘种植户可以通过合理施肥和精确的微生物群管理来提高柑橘果实的质量。

## 第三节 多糖类成分

多糖(polysaccharides)通常由10个以上的单糖分子组成,是天然存在数量最多的大分子化合物。植物多糖又称植物多聚糖,是指植物界普遍存在的由细胞代谢产生的许多相同或者不同单糖以α-或者β-糖苷键组成的化合物。天然植物多糖广泛地存在于植物体内,是植物体内重要的生物大分子,同时也是维持和保证生物体生命活动正常运转的四大基本物质之一。

植物多糖的生物活性功能多样,主要包括抗氧化、降血脂、免疫调节、降血糖和抗肿瘤等。比如,刺五加多糖、黄芪多糖和人参多糖都具有免疫调节作用。植物多糖常常被应用于食品、保健品和化妆护肤品中。此外,植物多糖也可视作益生元,对人体内某些有益的肠道微生物的生长和代谢具有调节作用[35]。

植物多糖作为天然的微生态调节剂对肠道菌群有显著的影响。一方面,植物多糖能够选择性地促进肠道有益菌群的增殖,抑制有害菌群的定植,调节肠道菌群的组成结构与代谢功能。另一方面,大多数植物多糖由于不能被胃部和小肠内的消化酶所降解,却能被大肠内细菌降解后进行生物转化发挥其生物学功能。由于植物多糖的来源、种类以及提取方式的不同,其对有机体的胃肠道菌群的作用也不尽相同。植物多糖对扶植肠道益生菌菌群的生长、改善机体免疫功能、调节肠道微生态等方面有着明显的作用[36]。

### 一、陈皮多糖类成分及含量

同其他植物多糖类似,陈皮多糖也具有抗氧化、降血糖、免疫调节及抗肿瘤等作用,并且无毒副作用和无抗药性。研究表明,陈皮果胶多糖还可作为结肠靶向药物的理想载体[37]。因此,陈皮多糖正受到社会各界人士的普遍关注。

陈皮多糖是陈皮中含量较为丰富的一类结构与功能成分。Colodel等人[38]报道了巴西产桠柑的外果皮多糖主链由(1→4)-α-D-半乳糖醛酸构成,部分羧酸甲酯化。甘伟发等人[39]使用分步醇沉多糖分子质量的方法,测得茶枝柑(广东翁源)果皮多糖的重均相对分子质量($\bar{M}_w$)随着乙醇体积分数的增加而减小,分别为72 059 u、47 433 u和18 743 u(相应的乙醇体积分数为50%、70%和90%)。另外,根据核磁共振(NMR)的结果推测,茶枝柑果皮(广东翁源)的多糖主链是由(1→4)-α-D-GalpA构成,存在部分半乳糖醛酸甲酯化,半乳糖、鼠李糖和甘露糖等以α-吡喃糖形式存在于末端或侧链。

陈皮多糖成分的含量受柑橘品种和采收时间等因素影响而有所变化。韦媛媛等人[40]对不同品种陈皮多糖含量进行研究发现,广西(柳州)大红柑的陈皮多糖含量最高,为15.84%;而广西(柳州)青皮多糖含量最低,为7.21%。郑国栋等人[41]对25个批次11个不同品种来源的陈皮(广陈皮、湖南陈皮、湖北陈皮和福建陈皮等)多糖含量进行了研究,采用醚醇除杂法提取多糖，多糖含量值在 2.329%～4.322% 之间。其中，含糖量最高的是新会东甲陈皮，其次为新会古井镇的陈皮。

四川和重庆产的红橘皮中多糖含量的整体变化趋势随采收时间的延长而不断增加，直到达到稳定状态，即随着橘皮的成熟度的增加，多糖含量亦随之增加。据此可以为阐释青皮、陈皮"一体二用"和同源而不同效的物质基础差异提供参考[42]。此外，张鑫等人[43]研究发现，陈皮接种黑曲霉后由于黑曲霉对多糖的利用而引起陈皮多糖含量的降低。

在新会陈皮多糖的研究方面，莫云燕等人[18]测得新会陈皮的总多糖含量为 7.20%。廖素媚等人[44]对新会陈皮多糖提取工艺进行了考察，得到最佳提取工艺为固液比 1∶10，提取温度 100 ℃，提取时间 6 h，多糖提取率可达 7.61%。刘荣等人[45]采用硫酸-苯酚比色法测定了不同贮藏年限广陈皮药材中多糖的含量。结果显示，4～52 年广陈皮药材中多糖含量为 13.31%～26.31%，其中贮藏 7 年的广陈皮药材中多糖含量最高达 26.31%，并且随着贮藏年限的增加，多糖含量变化的整体趋势为先增加后降低至趋于稳定。该结论为广陈皮药材多糖类成分的深入研究、临床用药及验证陈皮用药的"陈久者良"之说提供了依据。黄少宏等人[46]研究发现，新会陈皮的多糖含量与采收期及具体的采收地点有关。对于同一种植地，陈皮多糖的含量从采收期 9 月到 12 月先增加后降低，一般在 10 月或 11 月达到最大。当然，也有部分产区的新会陈皮在 12 月时含糖量最高。Zhou 等人[47]则研究了新会柑果皮贮藏过程中的多糖结构特征及其生物活性，并指出随着贮藏时间的延长，新会柑果皮多糖的免疫调节活性有所提高。

## 二、多糖类的提取方法

### （一）溶剂提取法

多糖类物质的分子中含有大量极性基团，对水分子具有较大的亲和力。一些相对分子质量较小、分支程度较低的多糖在水中有一定溶解度，并且随着温度升高，多糖的溶解性能越好。因此，传统的热水提取法是提取植物多糖最常用的方法[48]。

### （二）酶解法

酶解法是近年来研究者非常关注的一种高专属性生物提取技术。这种提取方法是利用酶的专一性特点，通过酶解反应将植物细胞壁分解成易溶于提取溶剂的小分子物质。酶解法需要时间较短，条件温和，主要包括单酶提取和复合酶提取两种方法[49]。由于植物细胞壁的主要成分是纤维素和果胶，因此，酶解法中常用的酶主要有纤维素酶、果胶酶、木瓜蛋白酶、中性蛋白酶等。

### （三）超声波辅助提取法

超声波辅助提取法是利用超声波的机械破碎、空化作用使生物细胞壁及整个生物体破裂，加速浸提物从原料向溶剂扩散的一种提取技术。超声波提取能加快细胞内容物的释放，促进细胞中有效成分的溶出，提高多糖的获得率[50]。超声波在传播过程中会使液体分子产生振动，不同的液体分子之间由于振动频率不同会产生剪切作用，从而使液体分子相互摩擦而分解。同时,液体中的微小气泡在超声波的振动作用下定向扩散,形成空化泡,当空化泡不断胀大并破裂的一瞬间会释放出巨大的能量,形成高温高压的环境,并伴随有一定强度的冲击波和微声流,在植物细胞壁破裂瞬间,细胞内的有效成分被释放出来并溶解在提取溶剂中。超声波技术已经广泛应用于植物多糖和真菌类多糖等不同原料多糖的提取中。超声波提取多糖具有耗时短、温度低和提取率高等优点。

### (四)微波辅助提取法

微波是一种高频电磁波,具有较高的能量。微波辅助提取法是一项从植物等组织中提取化学成分的新型萃取技术,其原理是将微波和传统浸提联合使用,利用微波的热效应提取多糖等物质。高频电磁波的频率在 300 MHz～300 GHz,具有很强的穿透性、选择性和较高的加热效率,能穿透溶剂将能量传递到细胞质,在微波热效应及产生的电磁波效应下,促使细胞内温度及压力升高,加快细胞内外分子运动;当内压超过细胞壁所能承受的能力时,促使细胞破裂,从而将细胞内多糖等有效成分成功释放到浸提液中。微波辅助提取法克服了传统提取方法提取时间长、提取温度高、提取产率低以及多糖易降解等缺点,被认为是一种高效节能、环境友好型的提取方法,具有选择性强、方便快捷、得率高等优点,并且已经广泛应用于植物材料的多糖提取[51]。

### (五)超临界流体萃取法

超临界流体萃取法是一种新型的物理萃取分离技术。超临界流体萃取的溶质与溶剂分离过程是利用超临界流体的溶解能力与其密度的关系,即利用压力和温度对超临界流体溶解能力的影响而进行的。超临界状态下的流体具有很高的渗透能力和溶解能力,在较高压力条件下,将溶质溶解在流体中;当流体的压力降低或者温度升高时,流体的密度变小、溶解能力减弱,导致流体中的溶质析出,从而实现萃取的目的[52]。超临界流体萃取技术具有传质速率快、穿透能力强、萃取效率高及操作温度低等特点,已经广泛应用于医药、食品、香料、石油化工等领域。此外,超临界萃取法的萃取过程条件温和,既环保又节能。

### (六)其他提取方法

植物多糖的种类繁多,不同种类多糖的相对分子质量、空间结构和化学性质以及物理特性等也有所差异。因此,在多糖提取过程中,通常将几种技术联用以提高多糖获得率。随着科学技术的进步,多糖提取方法也在不断发展和创新,从传统的溶剂提取法到先进的超临界流体萃取法,多糖的提取工艺从简单到复杂,多糖提取率和提取纯度也在不断提高与完善。

## 三、陈皮多糖的提取工艺研究

李粉玲等人[53]研究得出,陈皮多糖提取的最佳工艺条件是以料液比 1:20,在 80 ℃ 水浴条件下,提取 2 次,每次提取 2 h,提取率达到 6.01%。这对于陈皮再利用的实践起到理论性指导作用。李萍等人[54]以陈皮为原料,应用酸法提取粗果胶,通过正交试验优化提取工艺,比较几种吸附剂对粗果胶的纯化效果。结果表明,最佳工艺条件为溶液 pH 1.5、料液比 1 g∶35 mL、物料粉碎度 60～80 目、温度 75 ℃、时间 120 min，乙醇用量是果胶提取液体积的 4 倍，在此条件下提取率达到 18.69%。影响粗果胶提取率的因素次序为溶液 pH＞时间＞物料粉碎度＞温度＞加醇量＞料液比，溶液 pH 的变化对粗果胶提取率具有显著影响。AB-8 大孔吸附树脂对粗果胶纯化效果好，纯化后果胶得率最高。与粗果胶相比，纯化后果胶含量提高了 18.29%，酯化度提高了 14.75%，且纯化前后的果胶都属于高甲氧基果胶。红外光谱吸收的变化表明，果胶纯化后糖类物质特征吸收增强。综上所述，酸法提取陈皮果胶操作简单，利用 AB-8 大孔吸附树脂对粗果胶进行纯化处理的方法可行。此外，在陈皮多糖脱色方面，陈思等人[55]对其工艺方法进行了优化，为生产出高品质的陈皮多糖提供了科学依据。刘荣等人[56]采用星点设计-效应面法优化陈皮多糖的提取工艺，得到的提取工艺参数为料液比 1∶49，提取温度 92 ℃，回流提取时间 150 min，陈皮多糖的提取率达 14.77%。采用星点设计-效应面法优化的陈皮多糖提取工艺简便可靠，为陈皮多糖的开发利用奠定了基础，也为阐释陈皮、青皮药效物质基础及"一体二用"的科学内涵提供了参考。

## 第四节　黄酮类成分

黄酮类化合物（flavonoids）是指以 2-苯基色原酮为母核衍生的一类化合物的总称，现在泛指具有 $C_6$-$C_3$-$C_6$ 基本结构的一类化合物的总称（图 4-2）。黄酮类化合物广泛地存在于植物界，是一类重要的植物次生代谢产物，并且普遍存在于天然植物的根、茎、叶以及花朵和果实中。最早发现的黄酮类化合物呈黄色或淡黄色，故称黄酮。黄酮类化合物在植物体组织中主要以糖结合成苷类的形式存在，少部分以游离苷元的形式存在。最常见的黄酮类化合物是黄酮和黄酮醇，其他的黄酮类化合物主要包括双氢黄酮（醇）、异黄酮、双黄酮、黄烷醇、查尔酮、橙酮、花色苷和新黄酮类等。黄酮类化合物的生理功效是多方面的，具有调血脂、止血、镇咳、祛痰以及降低血管脆性等作用[57]。现代药理学研究表明，黄酮类化合物还具有清除体内有害自由基、抗氧化、抗细菌、抗病毒和抗肿瘤等药理学作用[58]。一般而言，银杏、红花、黄芩、陈皮等常用中药材中都含有黄酮类成分。

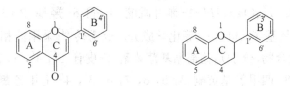

图 4-2　黄酮类化合物的 $C_6$-$C_3$-$C_6$ 基本结构

黄酮类化合物已成为人类膳食的重要组成部分，美国人均每日摄入量达 1 g。黄酮类化合物也是陈皮中一大类活性成分。目前已从柑橘类水果中分离和鉴定的黄酮类化合物多达 60 多种，主要包括黄酮、异黄酮、黄烷酮、黄酮醇、黄烷酮醇、查尔酮和花色素苷等，其中以黄烷酮居多，且多以糖苷的形式存在。

## 一、陈皮中的黄酮类化合物及其研究

黄酮类化合物是影响陈皮生理活性的重要物质,主要体现在抗氧化活性、拮抗氧自由基等方面的功能。陈皮中的黄酮类化合物包括橙皮苷、新橙皮苷、川陈皮素、红橘素、柚皮芸香苷等物质成分,占比可达80%以上。橙皮苷占黄酮类化合物总量的50%以上,其主要功效为增强毛细血管的坚韧度,防止微血管破裂出血,从而维持血管正常的渗透压,降低心血管疾病的发生率,具有良好的药用价值。

目前,在已分离鉴定的陈皮多甲氧基黄酮类提取物中,研究较多的是橘皮中三个主要多甲氧基黄酮类化合物,分别是5,6,7,8,3′,4′-六甲氧基黄酮(川陈皮素)和3,5,6,7,8,3′,4′-七甲氧基黄酮以及它们的5-去甲基衍生物。与对应的前体相比,5-去甲基多甲氧基黄酮类化合物具有更强的抗炎与抗癌活性[59]。极性较低的多甲氧基黄酮(polymethoxylated flavones)是柑橘属植物如甜橙和柑橘的果皮中所特有的一类具有2个或2个以上甲氧基的黄酮类化合物。多甲氧基黄酮的生物活性作用主要包括抗炎、降低胆固醇、防止胆固醇氧化和防瘤抗癌等,并且具有较高的口服生物利用度。

陈皮中的黄酮类化合物主要有黄酮、黄酮醇、黄烷酮、原花色素等,多以糖苷或苷元的形式存在,包括橙皮苷(陈皮苷、橘皮苷)、新陈皮苷、川陈皮素(蜜橘黄素)、柚皮苷元(柑橘素)、二氢川陈皮素、红橘素(橘皮素、蜜橘素)、3,5,6,7,8,3′,4′-七甲氧基黄酮。其中橙皮苷(hesperidin)、新橙皮苷(neohesperidin)属于黄烷酮,为类黄酮糖苷[60]。将川橘粉碎后以石油醚提取,提取物经硅胶柱层析后可分离到三种黄酮类化合物:5-羟基-6,7,8,3′,4′-五甲氧基黄酮、5,6,7,8,4′-五甲氧基黄酮和5,6,7,8,3′,4′-六甲氧基黄酮。钱士辉和陈廉[61]从陈皮乙醇提取物的醋酸乙酯萃取部位分离得到四种黄酮类化合物,经鉴定其中三种分别为柚皮黄素(natsudaidain)和川陈皮素(nobiletin)和3,5,6,7,8,3′,4′-七甲氧基黄酮,并且柚皮黄素和3,5,6,7,8,3′,4′-七甲氧基黄酮为首次从陈皮中发现的黄酮类化合物。孙印石等人[62]应用高速逆流色谱法分离制备了陈皮中三种黄酮类化合物,在溶剂系统为醚/乙酸乙酯/甲醇/水(体积比为2∶4∶3∶3)、转速850 r/min、流动相流速1.7 mL/min、波长280 nm条件下制备得到橙皮苷10.1 mg、橘皮素49.8 mg和5-羟基-6,7,8,3′,4′-五甲氧基黄酮50.6 mg。马琳等人[63]通过超高效液相色谱-飞行时间质谱联用技术鉴定出陈皮中32个化学成分,主要有橙皮苷($C_{18}H_{34}O_{15}$)、$4H$-1-苯并吡喃-4-酮-5-羟基-2-(3-羟基-4,5-二甲氧基苯基)-7,8-二甲氧基($C_{19}H_{18}O_8$)等化学成分。赵秀玲[64]采用液相色谱-质谱联用技术鉴定出八种黄酮类化合物,分别是葡萄糖基芹菜素、橙皮苷、3′,4′,5,7,8-五甲氧基黄酮、川陈皮素、4′,5,7,8-四甲氧基黄酮、3,5,6,7,8,3′,4′-七甲氧基黄酮、橘皮素、3′,4′,5,6,7-五甲氧基黄酮。杨洁[65]采用80%乙醇首次从陈皮中分离得8-羟基-3,5,6,7,3′,4′-六甲氧基黄酮和5,4′-二羟基-3,6,7,8,3′-五甲氧基黄酮。

## 二、新会陈皮中的黄酮类化合物

### (一)新会陈皮中黄酮类化合物的提取工艺研究

白卫东等人[66]以水和乙醇溶液为提取介质分别提取了新会陈皮中的黄酮类化合物,通过单因素试验和正交试验确定了提取新会陈皮黄酮类化合物的最佳工艺条件。研究表明：乙醇作为新会陈皮黄酮类化合物提取介质的提取效果明显优于纯水作提取介质；采用乙醇作为提取溶剂时，影响新会陈皮中黄酮类化合物提取率的因素，影响程度由大到小依次为乙醇浓度＞液料比＞提取时间＞提取温度；最佳工艺条件为乙醇浓度80%、液料比1∶45、温度70℃、提取时间3h，此条件下所得新会陈皮黄酮得率为0.80%。此外，罗岗橙皮、梅州蜜柚皮、芦柑皮采用最佳提取工艺所得黄酮含量分别为0.94%、0.30%和1.19%。钟桂云等人[67]对新会陈皮中黄酮类化合物的提取工艺进行研究比较，确定了影响提取效率的主要因素和提取的最佳条件。结果表明，黄酮类化合物的提取效率主要受提取的溶剂的种类、原料和溶剂比例、提取温度、提取次数及提取时间等因素的影响。此外，该科研团队还对新会陈皮黄酮类提取物进行了生物活性测试——杀菌和体外抗肿瘤。研究显示，新会陈皮中黄酮类提取物具有良好的杀菌效果和抗肿瘤活性。

### （二）新会陈皮中黄酮类化合物的成分分析

研究资料显示，新会陈皮中主要的黄酮类成分有橙皮苷、6,8-二-$C$-β-葡萄糖基芹菜苷、芸香柚皮苷、川陈皮素、橘皮素（橘红素）、橘皮黄素、3,5,6,7,8,3′,4′-七甲氧基黄酮、5-羟基-6,7,8,3′,4′-五甲氧基黄酮、柚皮苷-4′-$O$-葡萄糖苷、芹菜素-6,8-二-$C$-葡萄糖苷、金圣草黄素-6,8-二-$C$-葡萄糖苷、香叶木素-6,8-二-$C$-葡萄糖苷、圣草次苷、新圣草次苷、柠檬黄素-3-$O$-(3-羟基-3-甲基戊二酸)-葡萄糖苷及其异构体、香风草苷、橙皮素、柚皮素-3-$O$-(5-葡萄糖苷-3-羟基-3-甲氧基戊二酸)-葡萄糖苷、柚皮黄素-3-$O$-葡萄糖苷、柚皮黄素-3-$O$-(3-羟基-3-甲基戊二酸)-葡萄糖苷、异橙黄酮、橙黄酮、3,5,6,7,3′,4′-六甲基黄酮、四甲基-$O$-异黄芩素、8-羟基-3,5,6,7,3′,4′-六甲氧基黄酮、6,7,8,4′-四甲氧基黄酮、5-羟基-3,7,3′,4′-四甲氧基黄酮、3,6,7,8,2′,5′-六甲氧基黄酮、5,4′-二羟基-3,6,7,8,3′-五甲氧基黄酮、5-羟基-3,6,7,8,3′,4′-六甲氧基黄酮、2′-羟基-3,4,4′,5′,6′-五甲氧基查尔酮、2′-羟基-3,4,3′,4′,5′,6-六甲氧基查尔酮、7-羟基-3,5,6,3′,4′-五甲氧基黄酮、5,6,7,8,3,4′-六甲氧基黄酮、5,7,8,4′-四甲氧基黄酮、5,6,7,4-四甲氧基黄酮、7-羟基-3,5,6,8,3′,4′-六甲氧基黄酮[68]。

## 第五节　生物碱类成分

生物碱(alkaloids)的发现始起于19世纪初，是人们研究得最早而且最多的一类天然有机化合物。生物碱是一类具有显著药理活性的含氮碱性有机化合物，广泛存在于植物体内，如罂粟科、豆科、兰科和麻黄科植物等。动物来源的生物碱如蟾蜍中的蟾蜍碱、麝香中的麝香吡啶、加拿大海狸香腺中的海狸碱等。生物碱的化学组成中含负氧化态氮原子，大多数具有含氮杂环，有旋光性和明显的生理效应。生物碱类化合物的数量庞大、结构多样、种类繁多。

目前，已知生物碱种类在一万种左右，可划分为59种类型，其中有一些结构式还没有完全确定。依据化学结构不同可将生物碱分为有机胺类(麻黄碱、益母草碱、秋水仙碱等)、喹诺里西啶类(苦参碱、槐定碱、氧化槐定碱等)、异喹啉类(小檗碱、左旋千金藤碱、粉防己碱等)、吲哚类(钩藤碱、龙胆碱、麦角新碱等)、莨菪烷类(阿托品、东莨菪碱、樟柳碱等)、二萜类(乌头碱、飞燕草碱等)、吡啶类(尼古丁、槟榔碱、半边莲生物碱等)、咪唑类(毛果芸香碱等)、喹唑酮类(常山碱等)、嘌呤类(咖啡碱、茶碱等)、甾体类(茄碱、浙贝母碱、澳洲茄碱等)、其他类(加兰他敏、雷公藤碱等)等十几大类[69]。基于生物来源广泛性和化学结构多样性等特点,生物碱类化合物表现出生物活性功能的多样性。现代药理学研究表明,生物碱具有抗肿瘤、抗菌消炎、镇咳平喘、抗病毒、抗心律失常、镇痛、解痉等活性功能,是一种重要的药用性资源。我国传统镇痛中药中的乌头碱、四氢帕马丁(延胡索乙素)和青藤碱等生物碱均已被开发成镇痛药物用于临床,对多种急慢性疼痛显示出良好的镇痛疗效;长春瑞滨、紫杉醇等在乳腺肿瘤的治疗中获得了公认的较好治疗效果[70-71]。然而,随着研究的不断深入,科学家发现部分生物碱在发挥药理活性的同时对机体的消化系统、中枢神经系统、呼吸系统、免疫系统等产生了一定的毒性,这大大地限制了生物碱在临床上的应用。因此,如何使生物碱发挥好增效减毒的作用,也是研究人员重点关注并亟须解决的问题。

### 一、陈皮中生物碱类的结构与成分研究

陈皮中主要的生物碱类成分是辛弗林和 $N$-甲基酪胺,且这两种成分均具有强心升压、抗休克的作用。辛弗林是目前文献报道中陈皮中含量最高的生物碱,具有收缩血管、升高血压和较强的扩张气管和支气管的作用,临床用于治疗支气管哮喘以及手术和麻醉过程中出现的低血压、虚脱、休克、体位性低血压等症状。同时,还具有促进新陈代谢、增加热量消耗、提高能量水平、氧化脂肪、减肥的功效。

#### (一) 辛弗林(synephrine)

辛弗林又称对羟福林,早已收载于北欧三国药典和德国药典,也已经广泛应用于医药和食品、饮料等保健品行业。它的分子式为 $C_9H_{13}NO_2$,相对分子质量为 167。辛弗林的结构与内源性神经递质肾上腺素和去甲肾上腺素相似。它可能存在三个不同的结构或位置异构体形式(对位 $p$,间位 $m$,邻位 $o$),如图 4-3 所示。

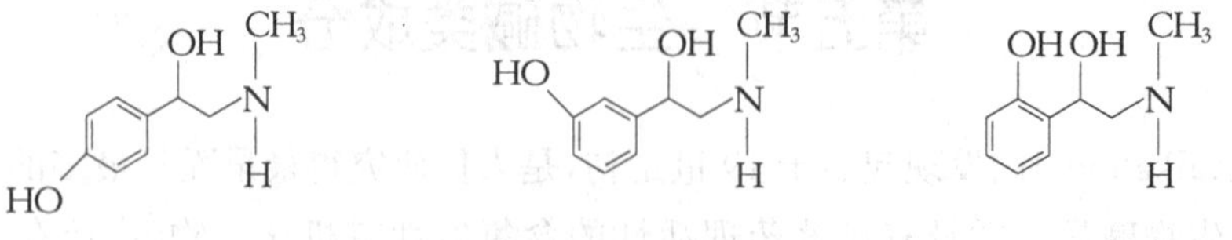

(a) $p$-辛弗林      (b) $m$-辛弗林      (c) $o$-辛弗林

**图 4-3 辛弗林位置异构体三种形式**

辛弗林的三个位置异构体有着非等效的药理作用和新陈代谢机理。$p$-辛弗林和 $m$-辛弗林都是 $α$-肾上腺素能受体激动剂,可以收缩血管,引起人体血压升高。$m$-辛弗林也可用于治疗鼻子充血症、眼部疾病等。$p$-辛弗林和 $m$-辛弗林都可以通过化学方法合成,$p$-

辛弗林的植物性来源主要是芸香科柑橘属植物，$m$-辛弗林在人体血液中微量存在。$p$-辛弗林是天然存在的最广泛的植物源性辛弗林，而 $o$-辛弗林只能化学合成，并且很难在市场买到。

### (二) $N$-甲基酪胺($N$-methyl tyramine)

$N$-甲基酪胺的分子式为 $C_9H_{13}NO$，相对分子质量为 151。结构式见图 4-4。$N$-甲基酪胺是一种很好的医用药品，具有良好的抗休克性。它能够加快冠状动脉血流量和肾血流量，能增强心肌收缩力，降低心肌耗氧量，也很有利于排尿，但具有一定的低毒性。在临床中可以与辛弗林配合使用，可明显地增强抗休克疗效。

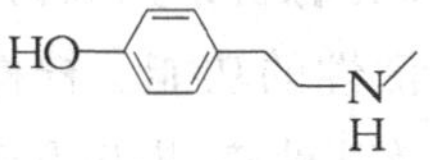

图 4-4 $N$-甲基酪胺的结构式

张鑫等人[72]采用模拟加速的方法，将产自四川、广东、重庆三个地区的五批陈皮样品置于同一温湿度环境中，研究陈皮在贮藏过程中辛弗林的含量变化规律。结果显示，五批样品中的辛弗林含量均呈现下降趋势。贾晓斌等人[73]使用 HPLC 测定了苏州地区几种陈皮中的辛弗林含量(表 4-4)。杨秀娟等人[74]也使用 HPLC 法测定了新会陈皮中辛弗林等 7 种化学成分，结果表明新会陈皮中含有少量的辛弗林，含量约为 0.278 6%，仅次于橙皮苷(3.550 8%)、川陈皮素(0.427 1%)与橘皮素(0.323 6%)。

表 4-4 苏州出产陈皮中辛弗林含量

| 品种 | 早红 | 晚红(鲜品) | 晚红(干品) | 温柑 | 香橙 | 西山大橘 | 福橘 |
| --- | --- | --- | --- | --- | --- | --- | --- |
| 辛弗林含量/% | 0.357 | 0.266 | 0.455 | 0.594 | 0.125 | 0.462 | 0.211 |

文献研究表明，广陈皮中总生物碱的含量随着果皮成熟度的增加而升高，在 10 月达到最大值后逐渐下降，并且随着贮存时间的增加而升高。而辛弗林含量则随着果皮成熟度的增加和贮存期的延长呈逐渐降低的趋势。

### 二、陈皮生物碱类药理作用的研究

文高艳[75]研究指出，陈皮生物碱提取物对 MRC-5 增殖有明显的抑制作用。陈皮生物碱提取物能降低肺纤维化大鼠血清和肺组织中羟脯氨酸的含量、抑制 TNF-α 的 mRNA 和蛋白表达，使基质金属蛋白酶-9(MMP-9)表达增高、金属蛋白酶抑制剂-1(TIMP-1)表达下降。这提示陈皮生物碱提取物具有一定的预防和治疗博来霉素(BLM)诱导的肺纤维化的作用，其作用机制之一可能是通过抑制 TNF-α 的表达，调节 MMP-9 与 TIMP-1 的平衡来实现的。许荣龙[76]和陆婷[77]分别探究了陈皮生物碱对 PGE2 生物通路的影响和陈皮生物碱干预肺纤维化作用的潜在机制。

## 第六节 柠檬苦素类成分

柠檬苦素(limonin)类化合物是一类主要存在于芸香科和楝科植物中具有呋喃环结构的四降三萜系衍生物,其分子式为 $C_{26}H_{30}O_8$,相对分子质量为 470。根据结构性质的不同来划分,柠檬苦素类化合物主要包括四环均完整型、A-环开环、B-环开环、C-环开环、A,B-环开环型等几种类型[78]。

1989 年,Shin Hasegawa 首次发现柠檬苦素类似物苷。同年,Lan 等人发现了柠檬苦素类似物具有激活谷胱甘肽 S-转移酶活性的功能。柠檬苦素类化合物在芸香科植物(如柠檬、甜橙、佛手柑和葡萄柚等)的果实及其种核、果皮和囊衣等组织中含量丰富,其中柑橘种子中的柠檬苦素含量可高达 3 200.0 mg/kg;而在楝科植物中则数印度楝树所含柠檬苦素类化合物的种类最多。目前,科学家已经发现的柠檬苦素类化合物达 300 余种,其中从芸香科和楝科植物中分别发现了 130 多种。其中,柠檬苦素配基化合物(苷元)39 种,中性的 24 种,酸性的 15 种。中性类柠檬苦素化合物不是理想的功能食品添加剂,因它们不太溶于水,而且其中大多呈苦味;而酸性类柠檬苦素化合物却相反,可溶于水溶液,除个别之外都无苦味。

柠檬苦素类似物的活性与其结构有着密切的关系。柑橘中的几种主要柠檬苦素类似物的结构如图 4-5 所示。

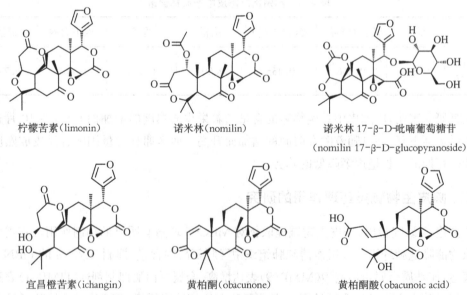

柠檬苦素(limonin)　　诺米林(nomilin)　　诺米林 17-β-D-吡喃葡萄糖苷
　　　　　　　　　　　　　　　　　　　(nomilin 17-β-D-glucopyranoside)

宜昌橙苦素(ichangin)　　黄柏酮(obacunone)　　黄柏酮酸(obacunoic acid)

**图 4-5 柑橘的 6 种柠檬苦素类似物结构**

国内外学者对柠檬苦素类化合物的生理活性进行了大量研究,发现柠檬苦素类化合物具有抗肿瘤、抗焦虑、抗病菌、抗病毒、抗氧化、镇静、镇痛消炎和驱虫等活性作用(表 4-5)。除了用作药物以外,柠檬苦素类化合物也广泛应用于食品行业,作为保健品和天然食品添加剂,还可以用作天然杀虫剂以及动物饲料添加剂[79-81]。

柠檬苦素配糖体大多可溶于水,无味,在 pH 2～8 范围内保持稳定,也是一种理想的食品添加剂。柠檬苦素配糖体已被广泛应用于医疗药物或作为膳食补充剂应用于现代营养制品中。到目前为止,仅有 nomilin-$\beta$-$D$-glucopyranoside 和诺米林(nomilin)两种柠檬苦素配糖体被证实具有抗癌活性[82]。

最近,吴今人等人[83]对陕西城固县某柑橘的不同部位中柠檬苦素的含量进行研究,结果显示,该柑橘的茎、叶、花、皮、果肉、橘络和种子中的柠檬苦素的含量分别为(980.5±15.8) mg/kg、(880.0±10.2) mg/kg、(2 500.0±30.5) mg/kg、(768.4±9.6) mg/kg、(220.2±8.1) mg/kg、(1 780.0±20.5) mg/kg 和(3 200.0±35.1) mg/kg。茶枝柑的柑橘核中含有丰富的柠檬苦素。茶枝柑种子经过烘干后去掉种子外皮,使用高效液相色谱法测定其柠檬苦素含量为0.43%。纯化后的柠檬苦素可用于制作增强免疫力的保健品或用于生产抗肿瘤药物。华南农业大学曾育聪等人[84]探索了新会茶枝柑橘核中柠檬苦素类物质的适宜提取方法。结果显示,有机溶剂(丙酮)提取法在最优条件下(时间 3.2 h,温度 68.2 ℃,料液比 1∶64.8)的提取率为 4.97 mg/g;水溶助剂(水杨酸钠)提取法在最优提取条件(时间 5.6 h,温度51.8 ℃,料液比 1∶8,水杨酸钠浓度 2 mol/L)的提取率为 5.19 mg/g。此外,水溶助剂法提取率更高,但是操作较烦琐,有机溶剂法操作简单,提取率相对较低。

表 4-5　几种功能性柠檬苦素类化合物的活性及其来源[81]

| 柠檬苦素类化合物 | 生理活性 | 来源 |
| --- | --- | --- |
| 柠檬苦素 | 抗癌、抗菌、昆虫拒食 | 柑橘 |
| 诺米林 | 抗癌、抗菌、昆虫拒食 | 柑橘 |
| 甲基诺米林酸 | 抗癌、抗菌 | 柑橘 |
| 宜昌橙苦素 | 抗癌、抗菌、昆虫拒食 | 柑橘 |
| 黄柏酮 | 抗癌、抗菌、昆虫拒食 | 柑橘 |
| 梣皮酮 | 抗癌、抗菌 | 柑橘 |
| calodendrolide | 抗癌、抗菌 | 柑橘 |
| 柠檬苦素糖苷 | 抗癌等 | 柑橘 |
| 印楝素 | 昆虫拒食 | 印楝 |
| 苦楝内酯 | 抗癌、抗菌 | 印楝 |
| 沙兰林 | 昆虫拒食 | 印楝 |
| salannol | 昆虫拒食 | 印楝 |
| 苦楝素 | 昆虫拒食 | 印楝 |

柠檬苦素类化合物的提取原理是依据提取成分的极性和溶剂极性相似原则。文献报道的提取方法有丙酮提取-结晶分离法、热水提取-树脂吸附法、超临界二氧化碳提取法、超声波循环提取法。分离和纯化的方法有结晶法、萃取法、柱层析法、制备型高效液相法等。

类柠檬苦素的检测方法有 HPLC、MSIR、可见光光谱法、NMR、GC-MS、LC-MS、LC-NMR 等。利用 TLC-HPLC 法对柑橘果实中的柠檬苦素和诺米林的定性研究取得了较好的效果,超声波循环提取法是近年来应用到天然产物提取分离中的一种较常用的方法,其原理主要是利用超声空化效应来增大物质分子运动频率和速度,增加溶剂穿透力,提高成分溶出速度和溶出次数,缩短提取时间。与传统提取方法相比,超声波循环提取法具有提取时间短、提取率高、低温提取有利于保护有效成分等优点。采用超声波提取柠檬苦素工艺流程如下所示:柑核→干燥→粉碎→脱脂→浸提→超声波提取→脱脂→结晶→产品[85]。

## 第七节 维生素类成分

维生素(vitamin)是维持有机体正常生命过程所必需的微量有机物。部分维生素在人体内无法合成,或合成量不能满足机体需要,这就需要从食物中摄取一定量的维生素以满足人体正常生命活动的需要。维生素的种类很多,化学结构差异较大,生理功能也有所区别。多数维生素作为酶的辅酶或辅基的组分,在机体新陈代谢过程中发挥着很重要的作用。

根据溶解性质的区别,维生素大致可以分为水溶性与脂溶性两大类。水溶性维生素主要有 B 族维生素(包括维生素 $B_1$、维生素 $B_2$、维生素 $B_5$、维生素 $B_6$、泛酸、生物素、叶酸和维生素 $B_{12}$)和维生素 C;脂溶性维生素主要有维生素 A、维生素 D、维生素 E、维生素 K 和硫辛酸。水溶性维生素的主要功能是作为酶的辅酶(作为酶的活性所必需的物质)。脂溶性维生素不作为酶的辅酶,但是参与其他重要的机体功能。例如,维生素 A 与视觉和上皮细胞完整性的维持有关。维生素 D 与钙的吸收和骨盐的沉积有关,维生素 E 则作为代谢的抗氧化剂,维生素 K 为血液的正常凝固所必需。

### 一、水溶性维生素

#### (一)B 族维生素

B 族维生素属于水溶性维生素,共含有 8 个亚类,包括维生素 $B_1$(硫胺素,thiamine)、维生素 $B_2$(核黄素,riboflavin)、维生素 $B_3$(烟酸,niacin)、维生素 $B_5$(泛酸,pantothenic acid)、维生素 $B_6$(吡哆醇,pyridoxine)、维生素 $B_7$(生物素,biotin)、维生素 $B_9$(叶酸,folate)和维生素 $B_{12}$(钴胺素,cobalamin)。这些维生素虽然在名称上相近,但是其化学结构却十分不同,在机体组织代谢中也起重要作用,并且能共存于同一种食物里[86]。B 族维生素是人体内糖类、脂肪和蛋白质等新陈代谢时不可缺少的物质。

大多数 B 族维生素作为机体酶的辅助因子参与细胞内蛋白质、脂肪和碳水化合物的合成、分解以及相互转化。B 族维生素与人类疾病的发生发展息息相关。譬如,维生素 $B_1$ 缺乏时可以使肿瘤形成和生长速度加快,也可增加胃癌和白血病的发病率,但过量使用则会使病情恶化。维生素 $B_2$ 可抑制黄曲霉毒素的活性,减少肝癌的发生率。此外,当人体内的 B 族维生素缺乏或过剩时,也会引起失眠、精神衰退、口角炎等疾病。

### (二) 维生素 C

维生素 C(L-抗坏血酸,vitamin C)是人体必需的水溶性维生素,作为酶的辅助因子参与有机体新陈代谢等生理活动。维生素 C 的缺乏会导致人体罹患坏血病。坏血病在长途航海的水手中发生较为普遍,原因是他们的日常饮食中缺乏富含维生素 C 的食物。令人感到奇怪的是,长途海洋航行的中国旅客却很少有罹患坏血病的。这是因为中国人基本上有饮茶的习惯,绿茶中维生素 C 的含量高达 280 mg/kg,红茶中维生素 C 的含量也达 210 mg/kg。在日常食品中,柠檬、橘子、番茄、甜红椒、花椰菜、草莓、葡萄和柚等蔬果都含有很高的维生素 C。我国成人维生素 C 的推荐每日允许摄入量为 100 mg[87]。

维生素 C 生理功能主要包括:

1. 维生素 C 具有羟化作用。维生素 C 可以作为脯氨酸羟化酶与赖氨酸羟化酶的辅助因子,通过羟化作用参与胶原蛋白合成,参与并促进胆固醇的羟基化;丙氨酸和酪氨酸代谢均依赖维生素 C 的氧化酶;维生素 C 能促进去甲肾上腺素的合成;等等。

2. 维生素 C 具有抗氧化作用。维生素 C 既能够以氧化型又能够以还原型存在于生物体内,所以它既可以作为氢的供体,又可以作为氢的受体,在体内极其重要的氧化还原反应中发挥作用。维生素 C 能够抵御低密度脂蛋白胆固醇的氧化,预防动脉粥样硬化;维生素 C 能够防止维生素 A、维生素 E 的氧化,提高机体红细胞的抗氧化作用,减少溶血的发生;通过对酶巯基还原态的维持,使酶发挥应有的作用;维生素 C 也可以通过辅助白细胞的吞噬作用,促进抗体形成等来增强机体的免疫力。

3. 维生素 C 具有解毒功能。维生素 C 能帮助维持巯基酶的活性和谷胱甘肽的还原状态,起解毒作用;它还能解除重金属离子如铅、汞、砷和镉等对机体的毒性作用;等等。

4. 维生素 C 具有防治贫血的作用。维生素 C 能使 $Fe^{3+}$ 还原为 $Fe^{2+}$,促进铁的吸收,辅助治疗缺铁性贫血,防止巨幼红细胞性贫血,因此补铁剂中往往加有维生素 C。此外,血红细胞中的维生素 C 可直接将高铁血红蛋白(HbM)还原成为血红蛋白(Hb),恢复血红细胞运输氧的能力。

5. 维生素 C 具有协同作用。维生素 C 能保护维生素 A、维生素 E 及维生素 B 免遭氧化,还能促进叶酸转变为有生理活性的四氢叶酸。

6. 维生素 C 可以防止组胺的累积,有助于组胺的降解和清除,提高免疫系统的功能,因此患感冒后服用适量维生素 C 可以缓解感冒症状。

7. 维生素 C 具有较强的防癌、抗癌作用。维生素 C 可以阻断致癌物亚硝胺的合成,促进淋巴细胞的形成,增强机体免疫功能,还可通过影响能量代谢直接抑制癌细胞生长。

另外,有证据显示,维生素 C 可以调节甲状腺素、前列腺素的合成,也可以调节组胺敏感性和影响血管舒张从而调节体温;维生素 C 还可以刺激免疫系统,防止和治疗感染;等等。

## 二、脂溶性维生素

### (一) 维生素 A

维生素 A(vitamin A)是一类机体不可或缺的微量营养素,与人体的正常视觉、免疫功能、生长发育、细胞增殖分化、造血及代谢的维持密切相关。食物中维生素A进入人体后，在小肠中与胆汁和脂肪一起被乳化，由肠黏膜吸收。胆汁中的胆盐是乳化所必需的，脂肪是可以促进维生素A吸收的。维生素A是儿童时期不可或缺的微量营养素，它不仅参与人体正常视觉的维持，而且在特异性及非特异性免疫、生长发育、细胞增殖分化、造血及调节代谢等方面发挥着广泛的调控作用[88]。此外，维生素A具有抑制恶性肿瘤的作用。研究结果显示，在灌喂亚硝胺、黄曲霉毒素等致癌物的同时适量地补充维生素A，动物肿瘤的发生率降低了。

（二）维生素D

**1. 促进骨的矿化，保护骨骼**

维生素D(vitamin D)是人体骨骼生长发育不可缺少的重要调节物质之一。机体缺少维生素D将会导致骨代谢障碍，引起佝偻病、骨质疏松和容易骨折等情况。

**2. 保护肌肉力量的作用**

营养学研究发现血液中维生素D浓度较高的老年人个体具有较强的大腿力量。

**3. 免疫保护作用**

研究发现，维生素D可以促使白血病细胞、骨髓干细胞和外周血单核细胞向巨噬细胞分化，并直接作用于单核细胞和巨噬细胞，影响其功能。因此，维生素D对人体免疫系统具有保护作用，可以防止由于免疫功能紊乱而导致的某些疾病的发生。

**4. 抗肿瘤与预防糖尿病的作用**

维生素D通过肿瘤起始阶段的抗炎、抗氧化和修复DNA损伤作用，以及在发展阶段调节肿瘤细胞增殖以及分化过程中的代谢通路从而发挥抗肿瘤特性。

**5. 防止牙齿脱落的作用**

维生素D对防止牙齿脱落、保护牙齿很重要。机体内维生素D的低血浓度与牙周病发生相关。有调查研究显示，维生素D摄入少的人牙周病并发牙齿脱落的比例比那些维生素D摄入多的人高出25%。

（三）维生素E

维生素E(vitamin E)具有较强的抗氧化作用，可以抑制机体游离自由基的形成，保护细胞的正常分化，阻止上皮细胞过度增生角化和减少细胞癌变。临床研究证实，维生素E与某些抗肿瘤药物合用可以增强抗癌疗效，同时维生素E还可以减轻化疗对人体的毒性反应。维生素E的衍生物（比如维生素E琥珀酸酯）也可以抑制人白血病细胞、鼠B-16黑色素瘤细胞、人前列腺癌细胞、人乳腺癌细胞和小鼠T淋巴瘤细胞等多种肿瘤细胞的生长，其细胞分子机制为阻滞肿瘤细胞周期、抑制肿瘤细胞DNA合成和诱导肿瘤细胞凋亡等。

（四）维生素K

维生素K(vitamin K)又称为凝血维生素，属于维生素的一种，具有叶绿醌生物活性，其最早于1929年由丹麦化学家达姆从动物肝和麻子油中发现并提取。维生素K包括$K_1$、$K_2$、$K_3$、$K_4$等几种形式，其中$K_1$、$K_2$是天然存在的，属于脂溶性维生素，而$K_3$、$K_4$是通过人工合成的,属于水溶性维生素。

### (五)硫辛酸

硫辛酸(lipoic acid)又称 α-硫辛酸,是一种天然的二硫化合物,广泛存在于动植物体内。硫辛酸的化学名称是 1,2-二硫戊环-3-戊酸,分子式为 $C_8H_{14}O_2S_2$,存在于线粒体中,类似于维生素,是一些微生物的生长因子,可作为辅酶参与机体内的物质代谢中的酰基转移,能消除导致加速老化与致病的自由基。硫辛酸是已知天然抗氧剂中效果最强的一种,能够再生内源性抗氧化剂,如维生素 C、维生素 E、辅酶 $Q_{10}$、谷胱甘肽(GSH)以及硫辛酸本身等。因此,硫辛酸也被广泛应用于妇产、口腔等多个医科领域。

## 三、柑橘果肉和果皮中维生素的研究

橘肉中维生素 C 与柠檬酸的含量最为丰富,并且维生素 C 的含量比苹果和梨都高。而橘汁中则富含钾、维生素 B 和维生素 C,也可在一定程度上预防心血管疾病。英国有研究发现,每天两杯绿茶、一个橘子,对抵御电磁辐射有一定帮助。

近年来,研究显示多吃橘子可明显预防肝脏病和动脉硬化。人体血液中类胡萝卜素对维护人体肝脏功能、防止动脉硬化有一定作用。每天吃 3~4 个橘子的人患脂肪肝的比例就少,这是因为柑橘中的类胡萝卜素和维生素 C 可提高血清的抗氧化能力,对保护肝脏有益[89]。徐旭耀[90]采用沉淀法和溶液法分别对几种柑橘(廉江橙、芦柑、进口柠檬、国产柠檬和脐橙)鲜榨果汁中的维生素 C 含量进行了测定,其结果如表 4-6 所示。前者操作程序长,但有对试剂加入量不需过分精确和工作曲线较陡直等优点。后者操作程序短,省时省力,且有对低含量样品测定能力强等优点。两种方法各有所长,具有一定的实用价值。

表 4-6　几种柑橘果汁中维生素 C 含量的测定结果　　　　单位:mg/100 g

| 样品 | 测定方法 | | 样品 | 测定方法 | |
|---|---|---|---|---|---|
| | 沉淀法 | 溶液法 | | 沉淀法 | 溶液法 |
| 廉江橙 | 0.868 | 0.480 | 国产柠檬 | 0.220 | 0.019 |
| 芦柑 | 0.277 | 0.057 6 | 脐橙 | 0.896 | 0.301 |
| 进口柠檬 | 1.180 | 0.213 | | | |

柑橘汁是维生素 C 的极好来源,并且能为人体提供其他关键的营养素,如钾、叶酸、镁和维生素 A 等。成熟的茶枝柑果肉富含糖类、有机酸、膳食纤维、黄酮、多酚以及多种维生素,已经有研究人员围绕其发酵果肉开展了果酒、果醋以及发酵果蔬汁的生产与加工工艺的研究工作,以期变废为宝,并已经取得了一些成就。研究还发现,陈皮中富含多种人体必需的多种营养物质,它的蛋白质、维生素 C 和类胡萝卜素含量显著高于果汁,分别高于果汁的 4 倍、1~4 倍和 3~5 倍以上。其中,陈皮中维生素 C 含量比号称"水果之王"的猕猴桃(100 mg/100 g)还要高 15%~90%[91]。生育酚是具有维生素 E 活性的植物衍生类异戊二烯,参与植物的多种生理过程。Rey 等人[92]对柑橘果实成熟过程中生育酚的合成和积累进行生理和分子表征。四种主要商业品种的柑橘类水果如葡萄柚(*Citrus paradisi*)、柠

(*Citrus limon*)、甜橙(*Citrus sinensis*)和柑橘(*Citrus clementina*),并分析了生育酚含量和14个参与生育酚合成的基因在黄葡萄果肉成熟过程中的表达谱。结果显示,柑橘类水果的果实外皮油胞层中生育酚的浓度是其果肉中的2~50倍。

# 第八节　化学元素成分

目前人类已经发现的化学元素(chemical element)有110多种,其中已知天然存在的化学元素有92种,其他的20多种属于人工合成元素,自然界中实际不存在。在自然界中,这些元素中除了惰性气体元素(氦、氖、氩、氪、氙、氡)和锝、钫、锕、镁、砹等以外,其他81种元素均存在于生物体中,统称为"生命元素"。

根据世界卫生组织的规定,必需元素是构成有机体组织和结构的成分,也是维持机体正常生理功能和新陈代谢所需的元素。这些元素为人体(或动物体)生理所必需,在组织中含量较恒定,它们不能在体内合成,必须从食物和水中摄入。当某一元素的含量低于一定程度时会导致某一重要生理功能的降低。目前已经证实的必需元素有碳、氢、氧、氮、磷、硫、氯、钾、钙、镁、钠、铁、碘、锌、硒、氟、铜、钴、锰、铬、钒、镍、锡、锶、硅、溴、砷、硼等。一般而言,某种元素的缺少或者过多对人体(或动物体)并无显著的影响,我们称之为非必需元素。主要的非必需元素有铝、钨、钡、钛、铌、锆、锗、镓和稀土元素等。

## 一、化学元素的分类及其生理作用

天然元素根据其在生物体中的含量的多寡又可以分为宏量元素和微量元素。宏量元素是指占人体总重量的0.01%以上的元素,包括碳、氢、氧、氮、磷、硫、氯、钙、镁、钾、钠等,宏量元素占人体总质量的99.25%;微量元素是指占人体总重量在0.01%~0.005%以下的元素,包括铁、碘、锌、硒、氟、铜、钴、镉、汞、铅、铝、钨、钡、钛、铌、锆、锗、镓和稀土元素等约70多种。微量元素对于维持人体正常的生理活动具有重要的作用。其主要功能包括:①在酶系统中起催化作用;②作为激素、维生素的必需成分或辅助成分发挥作用;③形成功能蛋白,比如转铁蛋白、金属硫蛋白、铜蓝蛋白和血红蛋白等;④对免疫系统的调节作用;⑤对核酸功能的影响[93]。

事实上,微量元素在防病、抗病等方面还起着不可忽视的作用。然而,对于任何一种微量元素,当摄入量超过正常需要的含量时就可能会产生毒害作用。元素的价态也与元素在生物体内的毒性有着密切联系。铬是人体和动物体必需的微量元素,三价铬是否具有致癌性和诱发基因突变作用目前尚不清楚,六价铬已经是公认的具有致癌和诱发基因突变的特性。另外,微量元素砷、镍、镉等及其化合物均具有致癌作用,砷可致皮肤癌和肺癌,镉可致前列腺癌和肺癌,镍与鼻咽癌的发病密切相关。

因此,微量元素缺乏与否和人体的疾病与健康的状态息息相关。微量元素被认为是关系到人类健康和长寿的一个富有潜力的新领域,并已引起国内外食品界、营养界和医学界的普遍重视。

## 二、陈皮中化学元素的研究

无机化学元素是植物生理代谢活动的重要参与者,也是植物次生代谢产物的构成因子,其含量和种类的差异会对中药材的药效产生一定的影响。近年来,中药材无机元素因与人类健康密切相关,逐渐成为中医药领域活性成分的研究重点,如 Ca、Fe、Cu、Zn、Mn 等微量元素影响着中药材的药效作用,并且影响人类的健康。具体而言,中药材中的无机元素与中药本身的生长及其在人体内的消化吸收、生理药理作用的发挥有密切的关系。例如:锌元素可能与当归、红花、艾叶的活血、补血和止血功能有一定的联系;镁对重楼中的酶有激活作用;甘草的有效成分甘草酸和甘草苷的含量与其所含的无机元素密切相关。因此,可以通过调控微量化学元素的施用种类和浓度来种植甘草,达到调控药材有效成分的目的。

### (一)陈皮中化学元素的检测

陈皮中含有丰富的无机化学元素成分,包括多种人体生命必需营养元素如钾、钙、钠、镁、锂、铁、锌、锰等。林广云等人[94]利用火焰原子吸收分光光度法对贮藏多年的新会陈皮进行了化学元素的检测。结果表明,以 600 ℃ 作为最适灰化温度,陈皮中钾、钠、钙、镁、铜、锌、铁、锶和锰的含量分别是 12 260 $\mu g/g$、105.4 $\mu g/g$、5 307 $\mu g/g$、706 $\mu g/g$、3.8 $\mu g/g$、10.3 $\mu g/g$、41.0 $\mu g/g$、11.1 $\mu g/g$ 和 5.1 $\mu g/g$。唐睿等人[95]用湿法消解结合电感耦合等离子体原子发射光谱法对新会陈皮中钙、镁、铁、锌、铜和锰的含量进行了测定。结果显示,该种陈皮中钙、镁、铁、锌、铜和锰的元素含量分别是 8 682 $\mu g/g$、1 463 $\mu g/g$、195.7 $\mu g/g$、48.64 $\mu g/g$、8.73 $\mu g/g$ 和 17.63 $\mu g/g$。通过该分析方法所测的 6 种微量元素有较好的精密度和回收率,因此被测陈皮的微量元素含量结果可靠。

还有资料报道,橘皮中钾、钙、镁、铁、锌含量比果肉中含量高得多,钾含量高 2%~67%,钙含量高 6%~24%,镁含量高 65%~197%,铁含量高 1 132 倍,锌含量高 4~9 倍。定量分析研究指出,陈皮中含有铁(Fe) 390 mg/kg、锰(Mn) 23.6 mg/kg、锌(Zn) 14.7 mg/kg、铜(Cu) 8.4 mg/kg、锶(Sr) 6.4 mg/kg、镍(Ni) 1.10 mg/kg、钴(Co) 0.38 mg/kg、铬(Cr) 0.29 mg/kg、钾(K) 8 500 mg/kg、钙(Ca) 4 000 mg/kg、镁(Mg) 1 500 mg/kg、钠(Na) 210 mg/kg[96]。

胡庆兰[97]用微波消解和火焰原子吸收光谱法相结合的方法对丑橘陈皮进行预处理,并测定了其中锌(Zn)、镁(Mg)、钙(Ca)、铁(Fe)四种元素的含量。在最优的试验条件下,测得的各元素的含量分别为 Zn 8.388 0 $\mu g/g$、Mg 86.032 $\mu g/g$、Ca 318.28 $\mu g/g$、Fe 25.249 $\mu g/g$。胡庆兰所测陈皮元素含量与林广云等人及唐睿等人所测的结果有一定差距,这很好地反映了丑橘陈皮与新会陈皮因品种、生长环境的差异而在某些元素含量上显示区别的现象。

彭政等人[98]采用微波消解法对样品进行消解,利用电感耦合等离子体质谱法(ICP-MS)对陈皮中 38 种无机元素进行定量分析,采用 SPSS 19.0 进行主成分分析,并构建反向传播(back propagation, BP)神经网络模型进行陈皮来源的鉴别。结果显示,不同来源的 36

批陈皮中38种无机元素的含量中钾(K)、钙(Ca)、镁(Mg)和铁(Fe)元素的平均含量较高，分别为8 509.26 mg/kg、3 480.20 mg/kg、610.93 mg/kg和145.35 mg/kg，而铍(Be)、铕(Eu)、镝(Dy)、钬(Ho)和铒(Er)等元素平均含量较低，均小于0.01 mg/kg，部分批次未检出。主成分分析结果表明，钇(Y)、镨(Pr)、钕(Nd)、钆(Gd)、镝(Dy)、铒(Er)、镁(Mg)和钾(K)是陈皮的特征元素。BP神经网络模型可以对不同来源的陈皮样品进行鉴别，检验集正确率为91.7%。作者认为该研究方法操作简便、快速、准确，结果可靠，适用于中药材陈皮中无机元素的测定，可为陈皮药材的质量控制、品种选育和综合利用提供依据。

陈皮中矿质元素含量与其出产地密切相关。李富荣等人[99]采集了广东、福建、重庆3个不同产地的206份陈皮样品，利用电感耦合等离子体质谱仪(ICP-MS)和电感耦合等离子体发射光谱仪(ICP-AES)测定了32种矿质元素含量，结合方差分析、主成分分析和线性判别分析、正交-偏最小二乘法判别分析方法建立了陈皮产地判别模型。研究结果表明，陈皮样品的32种矿质元素中有26种元素含量在广东与其他两个产地间存在显著差异，而其中11种元素在3个不同产地间存在显著差异。经过主成分分析，从32种矿质元素中可提取出4个主成分，代表了总指标70.0%的信息。基于主成分分析，陈皮样品可根据其来源进行初步聚类。其中前两个主成分的主要变量为Dy、Sm、Gd、Pr、Nd、Y、La、Fe、Be、V、Ce、Sc、Co、P、Mo、As、Pb、B这18种元素。通过线性判别分析确定了K、P、Ca、Co、Cu、Mn、Mo、V、Ni、B、Li、Pb、As、Sr、Ti、Th、Gd、Sc、Nd、Pr、Y这21种矿质元素为陈皮的有效溯源指标，基于正交-偏最小二乘法判别分析方法建立的判别模型确定了Sc、B、Y、Co、Nd、La、Pr、Be、Gd、Dy、Sm、Mo、Fe这13种元素的重要性。两种判别分析方法构建的判别模型的交叉验证和外部样品验证的整体正确判别率均达100%，基本实现了陈皮的产地判别。因此，矿质元素指纹分析技术可用于陈皮的产地溯源判别。

### (二)陈皮中硒、铜元素的检测

目前，广陈皮中研究相对较多的重要微量元素是硒、铜等元素。其中，硒具有改善机体免疫功能、预防糖尿病、抗衰老的作用，硒也可以影响中脑神经细胞的生长，还可以通过调整细胞分裂、分化及抑癌基因的表达等使癌细胞行为向正常方向转化。此外，硒还具有促进正常细胞增殖和再生的功能。

铜在医药领域的应用可以追溯到秦汉时期，但直到1925年才被确认为人体的必需微量元素。铜的生物学功能有以下几个方面：

1. 铜对铁代谢和造血功能的影响。铜具有维持造血功能、保持心脏血管弹性、抗流感等功能。铜元素缺乏时，会引起少女皮肤干燥粗糙、面色苍白、免疫力下降，甚至会影响今后的生育功能。

2. 解毒作用。有研究表明，以铜、锌刺激机体产生金属硫蛋白，可减缓重金属镉的吸收速度，并降低其在肝脏和肾脏的毒性。

3. 促进黑色素的形成。人体缺铜时会使酪氨酸羟化酶活性降低，黑色素合成减少，导致皮肤与毛发颜色变浅，甚至出现少白头和白癜风等疾病。

4. 对骨骼、心血管系统和结缔组织代谢的影响。缺铜会使骨胶的多胶键的交联不牢固,胶原的稳定性和强度降低,容易导致骨质疏松、骨骼畸变易折;缺铜会使弹性蛋白和胶原纤维共价交联形成障碍,胶原及弹性蛋白成熟迟缓,导致心肌纤维异常、心肌细胞氧化和代谢紊乱,引起心脏畸变和心肌病变,同时还会使弹性组织形成的大动脉易于破碎。

5. 对能量代谢的影响。缺铜后细胞色素 C 氧化酶活性减低,传递电子和激活氧的能力下降,从而导致生物氧化中断。血液中的氧不能为组织所利用,导致组织缺氧。

6. 对中枢神经系统的影响。体内缺铜,会严重影响儿童大脑的发育,导致神经元的减少,精神发育停滞,出现神志淡漠、嗜睡、视觉障碍、运动迟缓或共济失调,引起多动以致智力发育迟钝等。有研究报道,72 例多动症患病儿童中缺铜者占 58.33%。

2003 年,周件贵和辛国爱[100]以邻苯二胺盐为显色剂,运用紫外分光光度计法在波长 335 nm 下对硒元素含量进行了测定,结果表明,12 个不同产地的陈皮药材样品中的硒元素含量范围在 2.36~9.83 $\mu g/g$ 之间(表 4-7)。作者进一步指出陈皮硒元素含量差异可能反映了不同地方土壤中硒元素含量的不同。2007 年,唐志华[101]使用紫外分光光度法分析三种不同来源陈皮中硒元素含量时得出广东陈皮、四川陈皮和陕西城固陈皮的硒元素含量分别为 5.375 4 $\mu g/g$、2.757 0 $\mu g/g$ 和 2.900 8 $\mu g/g$。2010 年,刘有芹等人[102]使用紫外分光光度法对枸杞子、陈皮、生姜样品中硒含量进行了测定,结果显示陈皮的无机硒、有机硒和总硒含量分别是 0.444 $\mu g/g$、6.719 $\mu g/g$ 和 7.163 $\mu g/g$。其中,有机硒含量最高为陈皮,最低为枸杞子,有机硒占总硒比例最高的也是陈皮(93.80%)。

表 4-7 12 个不同产地的陈皮样品中的硒元素含量测定结果($n=5$)

| 产地 | 硒含量/($\mu g \cdot g^{-1}$) | 产地 | 硒含量/($\mu g \cdot g^{-1}$) |
| --- | --- | --- | --- |
| 广东茂名 | 4.85 | 四川雅安 | 6.45 |
| 广东清远 | 5.39 | 四川德阳 | 3.54 |
| 广东新会 | 2.36 | 重庆涪陵 | 8.67 |
| 湖南邵阳 | 2.89 | 贵州贵阳 | 9.83 |
| 湖南怀化 | 4.21 | 江西九江 | 3.58 |
| 湖南益阳 | 2.56 | 江西萍乡 | 4.71 |

2003 年,李瑛等人[103]利用火焰原子吸收光度法测得陈皮中铜的含量为 4.182 mg/kg,该测定结果在数值上与林广云等人的结果很接近,但只有唐睿等人测定结果的一半左右。这可能是由仪器与测定方法之间差异导致。此外,李瑛团队还测得锌、锰、铅三种元素的含量分别为 25.626 mg/kg、12.342 mg/kg 和 1.902 mg/kg。

因此,在膳食中添加陈皮不仅能调味辟腥以及补充人体所需黄酮类和维生素类等物质,还能增加机体对硒、铜等营养元素的摄入量。这对于维持身体健康以及预防慢性病和癌症都大有裨益。

## 参考文献

[1] 苌美燕,冯杉,王婷婷,等.柑橘属药用植物香豆素类化学成分研究进展[J].化工管理,2018(11):9-10.

[2] Yu X, Sun S, Guo Y Y, et al. Citri reticulatae pericarpium (Chenpi):Botany, ethnopharmacology, phytochemistry, and pharmacology of a frequently used traditional Chinese medicine [J]. Journal of ethnopharmacology, 2018, 220: 265-282.

[3] 马静,葛熙,昌增益.蛋白质功能研究:历史、现状和将来[J].生命科学,2007,19(3):294-300.

[4] 杜荷.食物营养安全与国民健康[M].北京:军事医学科学出版社,2013.

[5] 钱爱萍,林虬,余亚白,等.闽产柑橘果肉中氨基酸组成及营养评价[J].中国农学通报,2008,24(6):86-90.

[6] 杜秦娇,孔倩茹,孙莉,等.柑橘皮的营养成分及体外降解率测定[J].甘肃畜牧兽医,2020,50(11):56-61.

[7] 张新,应东成,栾对赛,等.柑橘皮发酵口服液的研制及功能成分测定[J].食品与发酵科技,2020,56(3):41-45,58.

[8] 李小欣,陈柏忠,谭佩琪,等.新会陈皮保健泡菜的试制及评价[J].食品安全质量检测学报,2020,11(24):9516-9521.

[9] 徐弦,安兆祥,李晓明,等.柑橘皮蛋白质提取工艺优化及抗氧化活性研究[J].食品工业科技,2021,42(16):154-162.

[10] 郑佳.植物油健康营养解析指南[J].黑龙江粮食,2020(6):55-56.

[11] 李俊健,林锦铭,高杰贤,等.陈皮挥发油提取、成分分析及应用的研究进展[J].中国调味品,2021,46(8):169-173.

[12] 费玉成.橘皮油的加工[J].农家参谋,2011(12):23.

[13] 何静,陈谷,何倩娴,等.广陈皮精油的特异性分析[J].现代食品科技,2020,36(2):224-231.

[14] 李赟,徐梦祥,杨宁宁.水果渣中膳食纤维的研究进展[J].农产品加工,2021(11):86-88,93.

[15] 樊亚鸣,何芝洲,陈永亨.陈皮及其果肉的应用研究新进展[C]//江门市新会区人民政府,中国药文化研究会.第三届中国·新会陈皮产业发展论坛主题发言材料.新会,2011:7.

[16] 王志宏,薛建斌,平晓丽,等.陈皮膳食纤维对亚硝酸盐的吸附作用[J].中国实验方剂学杂志,2012,18(8):92-95.

[17] 叶辉,刘雪莲,熊超,等.甜蜜的科学:糖化学[J].黄冈师范学院学报,2021,41(3):96-100.

[18] 莫云燕,黄庆华,殷光玲,等.新会陈皮多糖的体外抗氧化作用及总糖含量测定[J].今日药学,2009,19(10):22-25.

[19] 陈思.茶枝柑皮多糖提取、分离纯化、结构及抗氧化活性研究[D].广州:广东药学院,2011.

[20] 甘伟发.茶枝柑皮提取物中多糖成分的分离纯化及抗氧化活性研究[D].广州:广东药学院,2013.

[21] 李慧.陈皮多糖血糖调节作用及其口服液的制备研究[D].重庆:西南大学,2020.

[22] 吴琦,任茂生,田长城.不同年份陈皮多糖的理化性质和益生元活性比较[J].现代农业科技,2021(13):229-231,243.

[23] 余祥英,陈晓纯,李玉婷,等.陈皮挥发油组成分析及其单体的抗氧化性研究[J].食品与发酵工业,2021,47(9):245-252.

［24］高婷婷,杨绍祥,刘玉平,等.陈皮挥发性成分的提取与分析[J].食品科学,2014,35(16):114-119.

［25］高明,徐小飞,陈康,等.陈皮炮制前后挥发性成分的比较研究[J].中药材,2012,35(7):1046-1048.

［26］吴晓东,林楠,陈华师.蒸制陈皮炮制工艺的研究[J].中国药师,2011,14(9):1265-1267.

［27］Gao B, Chen Y L, Zhang M W, et al. Chemical composition, antioxidant and antimicrobial activity of pericarpium citri reticulatae essential oil [J]. Molecules, 2011, 16(5): 4082-4096.

［28］郑文红,蓝义琨,陈淑映,等.不同炮制方法陈皮的色谱图谱分析[J].江西中医药,2012,43(4):71-72.

［29］陆胜民,施迎春,杨颖.柑橘类精油的粗提及浓缩精制研究进展[J].食品与发酵科技,2012,48(1):1-6.

［30］陈荣荣.不同陈化年份广陈皮中香气活性组分鉴定[D].杭州:浙江大学,2017.

［31］裴亚萍.陈皮提取物挥发性香气成分的GC-MS分析[J].食品研究与开发,2017,38(17):163-166.

［32］伍锦鸣,许春平,王华,等.吹扫捕集-气相色谱/质谱/嗅闻法分析陈皮特征头香香气成分[J].分析仪器,2019(6):75-78.

［33］邹士玉,吴成顺,刘飞,等.不同产地陈皮油中3种多甲氧基黄酮含量及香气成分分析[J].广东农业科学,2015,42(22):79-85.

［34］Su J M, Wang Y Y, Bai M, et al. Soil conditions and the plant microbiome boost the accumulation of monoterpenes in the fruit of *Citrus reticulata* "Chachi" [J]. Microbiome, 2023, 11(1): 61.

［35］张琴,李美东,罗凯,等.植物多糖生物活性功能研究进展[J].湖北农业科学,2020,59(24):5-8,15.

［36］邱霞,张健,李可昌,等.肠道菌群与植物多糖相关性研究进展[J].中国食物与营养,2021,27(1):54-57,20.

［37］Hodges L A, Connolly S M, Band J, et al. Scintigraphic evaluation of colon targeting pectin-HPMC tablets in healthy volunteers [J]. International Journal of Pharmaceutics, 2009, 370(1/2): 144-150.

［38］Colodel C, Vriesmann L C, de Oliveira Petkowicz C L. Cell wall polysaccharides from Ponkan mandarin (*Citrus reticulata* Blanco cv. Ponkan) peel [J]. Carbohydrate Polymers, 2018, 195: 120-127.

［39］甘伟发,周林,黄庆华,等.茶枝柑皮提取物中多糖的分子质量分布及抗氧化活性[J].食品科学,2013,34(15):81-86.

［40］韦媛媛,韦宾,周吴萍,等.不同品种陈皮多糖的含量测定[J].时珍国医国药,2012,23(12):3047-3048.

［41］郑国栋,罗美霞,罗琇捷,等.不同品种来源陈皮总黄酮和多糖含量测定及分析比较研究[J].中南药学,2018,16(5):679-683.

［42］刘荣,杨丽,李雪莲,等.同一植株橘果皮不同生长期多糖的动态积累研究[J].时珍国医国药,2014,25(6):1472-1475.

［43］张鑫.基于真菌与陈皮药效物质相关性研究陈皮陈化机制[D].成都:成都中医药大学,2017.

［44］廖素媚,黄庆华,林林,等.陈皮多糖提取工艺的研究[J].广东药学院学报,2007,23(6):654-655.

［45］刘荣,李雪莲,冯胜平,等.不同贮藏年限广陈皮中多糖含量的变化规律研究[C]//中国工程院,国家中医药管理局.第四届中医药现代化国际科技大会论文集.成都,2013.

［46］黄少宏,梁惠明,彭敏,等.新会陈皮含量测定研究[J].食品与药品,2016,18(3):195-198.

［47］Zhou T, Jiang Y M, Wen L R, et al. Characterization of polysaccharide structure in *Citrus reticulate*

'Chachi' peel during storage and their bioactivity[J]. Carbohydrate research,2021,508:108398.

[48] 徐锁玉.植物多糖提取工艺的研究进展[J].食品安全导刊,2018(30):144-145.

[49] 黄晓玲,陈文,王湘君,等.超声波辅助酶解法提取仙人掌多糖测定研究综述[J].内江科技,2020,41(11):99-100.

[50] 张文,张丽芬,陈复生,等.超声波提取多糖技术的研究进展[J].粮食与油脂,2018,31(9):10-13.

[51] 景永帅,孙丽丛,程文境,等.微波辅助法提取多糖的研究进展[J].食品与机械,2020,36(10):228-232.

[52] 吴芳,李雄山,陈乐斌.超临界流体萃取技术及其应用[J].广州化工,2018,46(2):19-20,23.

[53] 李粉玲,蔡汉权,李红,等.陈皮多糖的提取工艺[J].食品研究与开发,2009,30(10):38-41.

[54] 李萍,闫静坤,汪青青,等.陈皮果胶的提取与纯化[J].河南工业大学学报(自然科学版),2017,38(3):67-72.

[55] 陈思,黄庆华,谢燕钿,等.陈皮多糖脱色工艺优化[J].安徽农业科学,2010,38(34):19364-19366.

[56] 刘荣,韦正,银玲,等.星点设计-效应面法优化陈皮多糖提取工艺[J].中国实验方剂学杂志,2013,19(18):23-26.

[57] 康亚兰,裴瑾,蔡文龙,等.药用植物黄酮类化合物代谢合成途径及相关功能基因的研究进展[J].中草药,2014,45(9):1336-1341.

[58] 孙玉敏.植物黄酮抗肿瘤作用的研究进展[J].中西医结合心血管病电子杂志,2020,8(7):15-16.

[59] 温祥.陈皮及其黄酮类物质对肠道的保护作用研究[D].天津:天津商业大学,2018.

[60] 李伟伟,张国伟.陈皮黄酮类成分研究进展[J].中国医学创新,2014,11(24):154-156.

[61] 钱士辉,陈廉.陈皮中黄酮类成分的研究[J].中药材,1998,21(6):301-302.

[62] 孙印石,刘政波,王建华,等.高速逆流色谱分离制备陈皮中的黄酮类化合物[J].色谱,2009,27(2):244-247.

[63] 马琳,黄小芳,欧阳辉,等.UHPLC/Q-TOF-MS/MS快速鉴定陈皮化学成分[J].亚太传统医药,2015,11(19):33-36.

[64] 赵秀玲.陈皮生理活性成分研究进展[J].食品工业科技,2013,34(12):376-381.

[65] 杨洁.陈皮化学成分的研究[D].长春:吉林大学,2013.

[66] 白卫东,钱敏,蔡培钿,等.新会陈皮中黄酮类化合物提取工艺的研究[J].广东农业科学,2009,36(9):129-132.

[67] 钟桂云,郑晓瑞.新会陈皮黄酮类化合物的提取及其杀菌抗肿瘤活性研究[J].云南化工,2020,47(8):65-66.

[68] 梅全喜,杨得坡.新会陈皮的研究与应用[M].北京:中国中医药出版社,2020.

[69] 张春华,赵靖敏.生物碱类镇静催眠的化学成分及作用机制研究[J].神经药理学报,2016,6(5):34-38.

[70] 张攀,张宜凡,陈群力,等.生物碱类天然产物抗乳腺肿瘤机制研究进展[J].中国中药杂志,2021,46(2):312-319.

[71] 戴雨辰.天然植物中生物碱类对细胞凋亡影响的研究进展[J].湖北农业科学,2020,59(S1):1-3.

[72] 张鑫,刘素娟,王智磊,等.模拟加速实验研究陈皮主要药效物质动态变化规律[J].成都中医药大学学报,2016,39(3):8-12.

[73] 贾晓斌,施亚芳,黄一平,等.HPLC测定苏州地区陈皮中辛弗林含量[J].南京中医药大学学报,1999

(1):29-30,68.

[74] 杨秀娟,巢颖欣,蔡轶,等.新会陈皮化学成分的综合分析测定研究[J].中国医院药学杂志,2019,39(4):348-352.

[75] 文高艳.陈皮生物碱提取物抗肺纤维化的实验研究[D].南京:南京中医药大学,2011.

[76] 许荣龙.基于PGE2通路探讨陈皮生物碱对肺纤维化早期干预的实验研究[D].南京:南京中医药大学,2016.

[77] 陆婷.陈皮生物碱抗小鼠肺纤维化相关PGE2信号通路的实验研究[D].南京:南京中医药大学,2016.

[78] 田庆国,丁霄霖.测定橘核中柠檬苦素类似物的分光光度法[J].分析测试学报,1999,18(5):45-47.

[79] 张群琳,何雅静,李甜,等.柠檬苦素类化合物抗病原体作用及机制研究进展[J].天然产物研究与开发,2020,32(6):1078-1085.

[80] 晏敏,周宇,贺肖寒,等.柑橘籽中柠檬苦素及类似物的生物活性研究进展[J].食品与发酵工业,2018,44(2):290-296.

[81] 李一兵,龚桂芝,彭祝春,等.柠檬苦素类化合物在植物保护中的应用[J].中国南方果树,2017,46(5):154-158.

[82] 葛维,李小定,吴谋成.柠檬苦素类似物及其配糖体的研究与应用进展[J].湖北农业科学,2009,48(4):1000-1003.

[83] 吴今人,耿平,胡田叶,等.柑橘不同部位中柠檬苦素的分布及含量分析[J].湖北农业科学,2015,54(4):882-885.

[84] 曾育聪,朱新贵,陈洪璋,等.陈皮柑橘籽中柠檬苦素类物质提取工艺的比较研究[J].食品工业科技,2012,33(21):265-268,272.

[85] 梁姚顺,朱新贵,杨幼慧.柑肉综合开发利用的思路与方法探讨[C]//广东省食品学会.广东省食品学会第六次会员大会暨学术研讨会论文集.广州,2012:5.

[86] 芮元元,李倩.B族维生素与临床相关疾病的研究进展[J].沈阳医学院学报,2021,23(2):173-176.

[87] 李美茹,刘秀芬.维生素C的作用[J].生物学教学,2006,31(10):75.

[88] 郭琇婷,徐芝兰,刘洁薇,等.维生素A及其生理功能的研究现状[J].微量元素与健康研究,2018,35(6):62-64.

[89] 陈卫民.柑橘的营养与药用及副产品利用[J].浙江柑橘,2013,30(3):26-29.

[90] 徐旭耀.柑橘中黄酮类物质和维生素C的测定方法研究[D].长沙:湖南大学,2011.

[91] 张理平.陈皮补益效用的探讨[J].中国中西医结合杂志,2005,25(8):754-757.

[92] Rey F, Zacarias L, Rodrigo M J. Regulation of tocopherol biosynthesis during fruit maturation of different *Citrus* species[J]. Frontiers in plant science, 2021, 12: 743993.

[93] 杨维东,刘洁生,彭喜春.微量元素与健康[M].武汉:华中科技大学出版社,2007.

[94] 林广云,陈红英,蔡葵花,等.火焰原子吸收分光光度法测定陈皮中微量元素[J].中国卫生检验杂志,2002,12(3):270-271.

[95] 唐睿,黄庆华,严志红.湿法消解结合电感耦合等离子体原子发射光谱法测定陈皮中微量元素的含量[J].广东药学院学报,2006,22(1):47,50.

[96] 王光宇,王义新.320种中药及其微量元素[M].北京:中国科学技术出版社,2018.

[97] 胡庆兰.陈皮中微量金属元素含量的测定[J].湖北第二师范学院学报,2019,36(8):5-8.

［98］彭政,郭秀芝,周利,等.ICP-MS 结合化学计量学分析不同来源陈皮中 38 个无机元素[J].中国现代中药,2021,23(7):1204-1212.

［99］李富荣,刘雯雯,文典,等.基于矿质元素指纹分析的陈皮产地溯源研究[J].食品工业科技,2022,43(11):295-302.

［100］周件贵,辛国爱.陈皮中微量元素硒的含量测定[J].广东药学,2003(1):7-8.

［101］唐志华.紫外分光光度法分析陈皮中微量元素硒[J].广东微量元素科学,2007,14(6):50-53.

［102］刘有芹,杨庆辉,黄函,等.紫外分光光度法测定枸杞子、陈皮、生姜中硒含量[J].理化检验(化学分册),2010,46(3):329-330.

［103］李瑛,李文君,刘克林,等.中药及中药制剂中的锌铜锰铅的含量测定[J].现代仪器,2003(4):31-32.

# 第五章

# 陈皮的现代药理学研究

新会陈皮早已在李时珍的《本草纲目》中被提及,之后又被《中华人民共和国药典》和《中药大辞典》等典籍收录并被公认为陈皮中的上品。据《名医别录》记载:"(陈皮)下气,止呕咳,治气冲胸中,吐逆霍乱,疗脾不能消谷,止泻,除膀胱留热停水,五淋,利小便,去寸白虫,久服轻身长年。"如今,新会陈皮在生活保健、收藏投资和临床药用等多个方面都有着极高的价值。中医的"陈皮半夏汤""二陈汤"中均含有中药陈皮。以陈皮作为主要成分的中成药还有川贝陈皮、蛇胆陈皮、甘草陈皮和陈皮膏等。陈皮辛散通温,气味芳香,长于理气,能入脾肺,故既能行散肺气壅遏,又能行气宽中,用于肺气拥滞、胸膈痞满、脾胃气滞和脘腹胀满等。现代药理学研究表明,陈皮中含有挥发油、橙皮苷、果胶、黄酮类化合物、多酚类化合物、香豆精类化合物、甾醇类化合物、果胶和类胡萝卜素等多种化学成分。因此,陈皮具有抗氧化、改善消化机能、止咳祛痰和平喘、保护心血管、抗菌抗病毒、抗炎、抗肿瘤、改善免疫力以及调节胃肠道微生物等生理功能。陈皮入药历史久远,被广泛地运用在中医药领域,其显著疗效也深得医家和群众的信赖,享誉海内外。除了医药用途外,陈皮在现代生活中的用途日渐宽广,具有防腐、去腥和脱臭的作用,既作食品添加剂,又能制成化妆品等。新会陈皮是中国传统道地药材,也是岭南道地药材的重要代表之一。

## 第一节 抗氧化作用

现代流行病学研究证明,人体内过剩的活性氧和自由基与多种慢性退行性疾病及肿瘤的发生密切相关,摄入和补充抗氧化物质是预防这些疾病的一种有效途径。抗氧化物质是指能有效抑制自由基氧化反应的物质,其作用机理是直接与自由基反应,或间接消耗掉易生成自由基的物质,防止进一步发生与细胞损伤相关的化学反应。研究显示,陈皮提取液中某些成分不仅可以延长果蝇的寿命,还能够增强它的飞行能力,其主要原因可能是陈皮提取物中含有可以产生Fenton(芬顿)清除反应的物质,减少羟自由基(—OH)和次黄嘌呤-黄嘌呤氧化酶系统所产生的超氧阴离子($O_2^-$),使果蝇头部中的SOD活性提高,进而使体内氧化脂质的含量变低[1]。现代药理学研究也指出,陈皮中含有黄酮类化合物、挥发油、多糖和多酚,这四大类化合物共同构成了陈皮(包括新会陈皮)抗氧化作用的主要物质基础。

### 一、陈皮黄酮类化合物抗氧化作用

黄酮类化合物对活性氧自由基具有清除作用。柑橘果实中含有的黄酮和异黄酮类物质具有显著抗氧化活性。多甲氧基黄酮是近年来在柑橘类果实中发现的抗氧化活性最强的黄酮类化合物。2015年,叶兴乾教授及其研究团队[2]对浙江省主栽的15个柑橘品种进行了柑橘果皮类黄酮组成的测定,并对其提取液的抗氧化能力进行了研究,结果显示大部分柑橘品种的果皮提取液有较强的抗氧化能力,其中椪柑果皮中多甲氧基黄酮含量最高(川陈皮素为9.01 mg/g DW,橘皮素为5.10 mg/g DW)。实际上,早在1999年,苏丹和秦德安以果蝇为实验对象来研究陈皮提取液的抗氧化作用时得出陈皮提取液能明显抑制膜脂质过氧化反应,可延缓衰老[3]。赵翾等人[4]在2003年就已经指出,陈皮提取物的抗氧化性与它的黄酮含量有密切关系,并对此开展了相关研究。

高蓓在分析不同贮藏年份和不同采收期广陈皮的黄酮类化合物含量变化及其抗氧化性能的差异时,得出如下结论:① 随贮藏时间的增加,广陈皮提取物的总黄酮含量呈减少趋势,抗氧化指标如DPPH(1,1-二苯基-2-三硝基苯肼)自由基清除能力和ABTS(2,2′-联氮-双-3-乙基苯并噻唑啉-6-磺酸)自由基清除能力均呈下降趋势。② 随果实采收期的推迟,广陈皮的DPPH自由基清除能力呈下降趋势,青皮的DPPH自由基清除能力显著大于微红皮和大红皮。不同采收期广陈皮的FRAP(荧光漂白恢复)铁还原能力和ABTS自由基清除能力无显著性差异,但随采收期的推迟呈下降趋势。不同采收期广陈皮的主要黄酮(6种黄酮化合物:橙皮苷、川陈皮素、橘皮素、5-羟基-6,7,8,3′,4′-五甲氧基黄酮和3′,4′,5,7,8-五甲氧基黄酮)含量与DPPH自由基清除能力、ABTS自由基清除能力和FRAP铁还原能力呈正相关(表5-1)[5]。此外,高蓓还研究了11个不同品种柑橘皮(茶枝柑、德庆皇帝柑、宫川蜜柑、国庆1号蜜橘、哈姆林、江西柳橙、江西脐橙、锦橙、南方蜜橘、南丰橘和沙糖橘)的总黄酮含量与其氧化活性的相关性,结果显示不同品种柑橘皮总黄酮含量和DPPH自由基清除能力、ABTS自由基清除能力以及FRAP铁还原能力之间的相关性都不是很强。其中,总黄酮含量和DPPH自由基清除能力之间的相关系数最大,为0.504 4。

表5-1 不同采收期广陈皮体外抗氧化指标和黄酮含量的比较

| 项目 | 青皮 | 微红皮 | 大红皮 |
| --- | --- | --- | --- |
| DPPH IC$_{50}$/(μg/mL) | 812.56±21.67$^a$ | 1 006.87±100.16$^b$ | 1 151.87±89.87$^b$ |
| FRAP/(μmol TE/g) | 94.67±15.18$^a$ | 87.05±14.95$^a$ | 85.13±13.50$^a$ |
| ABTS/(μmol TE/g) | 193.03±37.24$^a$ | 168.05±29.95$^a$ | 161.60±29.29$^a$ |
| 黄酮类总含量/(mg/g) | 76.39±1.33$^a$ | 49.60±0.87$^b$ | 43.74±2.21$^c$ |

注:μmol TE/g表示每克广陈皮中所含trolox(水溶性维生素E)当量;不同的小写字母表示组内有显著性差异($P<0.05$)。

然而,与高蓓的研究结果①相悖的是,刘丽娜等人[6]在研究不同贮藏年份陈皮中黄酮类物质及其抗氧化活性的差异时得出,随着新会陈皮贮藏时间的延长,其总黄酮含量显著增加,抗氧化能力增强,橙皮苷、川陈皮素和橘皮素3种主要的黄酮类物质含量递增。同时进一步指出,这一变化规律可为阐释陈皮"陈久者良"的科学内涵提供理论依据,对研究陈皮陈化品质的形成及其调控也具有参考价值。类似的研究规律和结果也可见于林林等人[7]和郑国栋等人[8]的关于新会陈皮黄酮类化合物的研究。与高蓓的研究结果②类似,王洋等人[9]的研究显示广陈皮中三种黄酮类化合物(橙皮苷、川陈皮素、橘皮素)的含量随采收期推迟而逐渐减少,并且贮藏时间对其含量影响不大。丁春光等人[10]的研究也表明新会陈皮的黄酮含量随贮藏时间变化较小。李娆玲[11]采用中药血清药物化学研究的思路,对灌胃新会陈皮的大鼠血清中提取物的原型成分进行分离及鉴定,从提取物中分离提纯出6个多甲氧基黄酮类化学成分,其中4个成分被认为是入血的原型成分,并构建了细胞的氧化应激损伤模型,对6个多甲氧基黄酮类成分和提取物进行了抗氧化活性的细胞筛选试验。结果表明,$H_2O_2$诱导PC12细胞后与正常对照组比较,丙二醛(MDA)含量升高,谷胱甘肽过氧化物酶(GSH-Px)和超氧化物歧化酶(SOD)活性降低,证明已成功构建PC12细胞体外氧化应激模型。而受试成分处理组对SOD和GSH-Px活性降低具有抑制作用,并使MDA含量降低。入血成分对细胞的这种保护作用较未入血的成分明显。推测新会陈皮提取物中的多甲氧基黄酮类成分,可能通过提高SOD和CSH-Px活性和降低MDA含量,减少氧化应激对神经细胞的损伤,从而发挥抗氧化作用。

有关非新会产区陈皮的抗氧化研究,张瑞菊等人[12]采用体外的化学方法证明了陈皮含有的黄酮类化合物具有良好的抗氧化活性。王卫东和陈复生[13]开展了一项在正常小鼠体内进行陈皮黄酮的抗氧化作用的实验。实验结果显示,陈皮提取物黄酮类化合物的总抗氧化能力与提取物浓度有很强的量效关系,线性关系显著,对小鼠体内的MDA的产生有显著抑制作用,可极显著提高小鼠血浆和组织中的SOD、CAT(过氧化氢酶)活性。这表明陈皮提取物中黄酮类化合物具有较强的抗氧化活性。何露等人[14]采用超声波辅助溶剂提取法提取陈皮黄酮类化合物,通过1,1-二苯基-2-三硝基苯肼(DPPH)法和2,2'-联氮-双-3-乙基苯并噻唑啉-6-磺酸(ABTS)法检测抗氧化活性。结果表明,纯化前、乙酸乙酯萃取和AB-8树脂纯化后的陈皮黄酮的$IC_{50}$值分别为427.83 μg/mL、129.76 μg/mL、87.44 μg/mL,抗坏血酸当量(AEAC值)分别为1 283.85 mg/100 g、4 266.04 mg/100 g、6 245.73 mg/100 g。结果表明,纯化前、乙酸乙酯萃取和AB-8树脂纯化后的陈皮黄酮的$IC_{50}$值分别为181.67 μg/mL、50.87 μg/mL、43.3 μg/mL,AEAC值分别为8 584.79 mg/100 g、30 690.99 mg/100 g、36 006.24 mg/100 g,并且陈皮黄酮的抗氧化能力具有剂量效应关系,纯化后的能力显著增强。

此外,有关科学研究证实,橘皮苷(维生素P,黄酮类化合物之一)具有较强的清除活性氧的能力,并有降低髓过氧化物酶(MPO)活性的作用。通过柚皮、甜橙皮渣、红橘皮的水、70%乙醇、正丁醇、乙酸乙酯提取液对过氧化氢($H_2O_2$)清除作用的研究,表明水提液有较强的清除作用。陈皮提取液可延长果蝇寿命和增强其飞翔能力,提高果蝇头部超氧化物歧化酶(SOD)活性,降低过氧化脂质含量,提示陈皮提取液具有延缓果蝇衰老及提高生命活力的作用,这都是陈皮具有抗氧化性能的体现。

使用不同浓度的甲醇和乙醇作为溶剂来提取橘皮中的黄酮类化合物,结果表明,80%甲醇和70%乙醇提取的黄酮类化合物清除自由基的效果最好,清除率分别是36.50%和36.40%。柑橘皮中含有多种黄酮类化合物,它们不仅可以食用,还具有一定的药理学作用。体外实验表明,柑橘皮提取物对抑制猪油的自动氧化、清除羟自由基(·OH)等都具有较强的作用;体内实验表明,柑橘皮水提液对小鼠脑、心和肝组织的脂质过氧化具有较强的抑制作用,还可明显增强 SOD 酶的相对活性。以 Fenton 反应产生的羟自由基(·OH)可引发人红细胞膜的氧化损伤,以此为实验模型研究橙皮苷对红细胞膜氧化损伤的影响。结果显示,·OH 能引起红细胞膜脂质过氧化,丙二醛(MDA)含量显著升高,而橙皮苷可使膜 MDA 含量明显减少,显著提高膜脂流动性和膜重封闭能力,对膜氧化损伤有一定的保护作用;橙皮苷对·OH 有明显的清除作用,且呈浓度依赖关系。陈皮提取物可清除次黄嘌呤-黄嘌呤氧化酶系统产生的超氧阴离子自由基和 Fenton 反应产生的·OH,抑制氧自由基发生系统诱导的小鼠心肌匀浆组织过氧化作用,这表明陈皮具有抗氧化作用。根据最新研究资料,陈皮素及橙皮苷不能直接减少四氮唑蓝(NBT),不能清除由无酶的 PMS/NADH(PMS,吩嗪硫酸甲酯;NADH,烟酰胺腺嘌呤二核苷酸)系统产生的超氧阴离子自由基,与标准组 SOD 对照无统计学意义,这提示陈皮素及橙皮苷可能不是陈皮抗氧化的主要成分[15]。

## 二、陈皮挥发油类抗氧化作用

挥发油是陈皮的主要成分之一,目前从陈皮挥发油中分离鉴定的化合物多达 160 多种,包括单萜(烯)、倍半萜(烯)和含氧化合物(酸、酯、醛、酮类化合物),以单萜类和倍半萜类化合物为主。陈皮挥发油是陈皮具有抗氧化和抗菌活性的重要来源。目前,有关陈皮挥发油活性的研究主要集中在混合物抗氧化性能上。

高蓓研究了不同贮藏年份的新会陈皮挥发油抗氧化活性,认为不同贮藏年份新会陈皮挥发油抗氧化活性差异较大。不同年份陈皮所含 DPPH 自由基清除能力的强弱顺序是新会陈皮(2008 年)>新会陈皮(2001 年)>新会陈皮(1998 年)>新会陈皮(2004 年)>新会陈皮(1994 年),新会陈皮(2008 年)的 DPPH 自由基清除能力比其他年份显著增强($P<0.05$)。在总抗氧化能力方面,新会陈皮(1994 年)的 FRAP 值最高,为 26.89 $\mu mol\ TE/g$,而新会陈皮(2008 年)值最低,为 11.36 $\mu mol\ TE/g$;总抗氧化能力由大到小依次为新会陈皮(1994 年)>新会陈皮(1998 年)>新会陈皮(2001 年)>新会陈皮(2004 年)>新会陈皮(2008 年),可以看出,随着贮藏时间的增加,新会陈皮挥发油的总抗氧化能力是逐渐增强的,可能与 α-蒎烯、β-蒎烯的含量增加有关。ABTS 自由基清除能力由大到小顺序依次为新会陈皮(2001 年)>新会陈皮(1998 年)>新会陈皮(2004 年)>新会陈皮(2008 年)>新会陈皮(1994 年)。随着贮藏时间的增加,广陈皮挥发油的 ABTS 自由基清除能力先增强后减弱。新会陈皮(2001 年)的 ABTS 值最高,为 26.48 $\mu mol\ TE/g$[5]。

崔佳韵和梁建芬[16]采用 DPPH 自由基清除实验、ABTS 自由基清除实验、羟基自由基清除实验和总还原能力测定实验综合评价五种不同年份(2016 年、2014 年、2013 年、2011 年、2006 年)的新会陈皮挥发油的抗氧化活性。结果显示,不同年份的新会陈皮挥发油均表现出 DPPH、ABTS、羟基自由基清除能力和还原能力,且抗氧化效果与挥发油的体积分数呈量效关系。从选用的样品看,2014 年出产的陈皮样品具有最好的 DPPH 和 ABTS 自由基清除能力,2016 年出产的陈皮具有最好的羟基自由基清除能力和总还原能力。

为探究陈皮挥发油中具有抗氧化性的关键组分,余祥英等人[17]采用水蒸气蒸馏法提取新会茶枝柑和福建芦柑的陈皮挥发油,利用GC-MS法分析陈皮挥发油的组成,以DPPH自由基清除能力、ABTS自由基清除能力和还原能力评价陈皮挥发油及其单体的抗氧化性。两种陈皮挥发油中共鉴定出23种成分,均以d-柠檬烯含量最高,γ-萜品烯含量次之,其中新会陈皮挥发油具有相对较低的d-柠檬烯/γ-萜品烯值和倍半萜烯含量,同时邻甲氨基苯甲酸甲酯和香芹酚仅在新会陈皮挥发油中检出。抗氧化性测定结果显示,新会茶枝柑陈皮挥发油相比福建芦柑陈皮挥发油具有基本相同的自由基清除能力和较强的还原能力;单体中香芹酚的抗氧化性最高,单萜烯(萜品油烯、γ-萜品烯和α-松油烯)抗氧化性其次,d-柠檬烯与醛醇类含氧化合物的抗氧化性较低,邻甲氨基苯甲酸甲酯无显著的DPPH自由基清除活性,但具有较强的ABTS自由基清除活性和还原能力。结合陈皮挥发油组成和抗氧化性测试结果发现,香芹酚、单萜烯(萜品油烯、γ-萜品烯和α-松油烯)和邻甲氨基苯甲酸甲酯对陈皮挥发油的抗氧化性贡献较大。

### 三、陈皮多糖类抗氧化作用

植物多糖作为一类具有多种生物活性的化学成分,一直以来都是国内外的研究热点。陈皮的多糖含量虽然丰富,但国内对其研究并不深入,仅见部分提取工艺的优化及抗氧化活性研究。有关新会陈皮多糖的体外抗氧化作用,国内外的报道也是较为少见。廖素媚以抗坏血酸为阳性对照,分别采用Fenton反应体系和DPPH对陈皮多糖和黄酮的体外清除自由基活性进行研究。结果显示,新会陈皮多糖与总黄酮对DPPH·和·OH有显著的清除能力,并呈一定的量效关系,表明多糖与黄酮类均是陈皮的抗氧化活性成分。由半数清除率($SC_{50}$)值可知,陈皮黄酮对自由基的清除效能接近于抗坏血酸,多糖清除能力较陈皮黄酮和抗坏血酸低一至两个数量级。虽然陈皮多糖清除自由基活性不及黄酮类物质,但其在陈皮中的含量远远高于黄酮类成分,有望发展成为一种原料广、安全可靠的新型天然抗氧化物质[18]。莫云燕等人[19]选用了三种国内外常用的体外抗氧化作用评价方法——Fenton法、DPPH法和FRAP法,以抗氧化剂"抗坏血酸"作阳性对照,共同评价新会陈皮多糖的体外抗氧化作用。该实验通过自由基性质不同的体系——水溶性的Fenton体系、脂溶性的DPPH体系和衡量总抗氧化能力的FRAP体系证明了新会陈皮多糖的体外抗氧化作用,取"50%"时所需的多糖浓度:Fenton<FRAP<DPPH。陈皮多糖为水溶性多糖,在水溶性体系表现的抗氧化能力比脂溶性体系强。作者最后总结指出,陈皮多糖来源于"药食同源"的陈皮,其抗氧化作用不容忽视。若能将其作为植物抗氧化添加剂,适当摄入可能有助于改善人体的抗氧化状况,预防因氧化引起的相关疾病,延缓衰老。但进一步的体内实验和深入研究仍需开展以探明和确认其抗氧化功能与作用机制。

李慧[20]开展了一项关于陈皮多糖的体外抗氧化的研究。结果表明,新会陈皮多糖体外抗氧化能力较强。其中,当陈皮多糖的质量浓度为1.2 mg/mL时(以纯化水为溶质),其对DPPH、ABTS、·OH自由基的清除能力分别达到65.45%、85.23%、88.53%,总还原能力达到0.917,总抗氧化能力达到0.852。

甘伟发等人[21]采用不同体积分数的乙醇分步醇沉的方法提取茶枝柑皮提取物中的多糖,通过分离纯化、凝胶渗透色谱(GPC)表征多糖分子质量,建立以 $H_2O_2$ 诱导细胞氧化损伤模型,测定细胞存活率,分析提取物中各醇沉多糖对细胞氧化损伤的保护作用。结果发现,分步醇沉多糖分子质量随着乙醇体积分数的增加而减小,乙醇体积分数分别为 50%、70%和90%,所得多糖的重均分子质量($\bar{M}_w$)分别为 72 059 u、47 433 u 和 18 743 u。新会陈皮粗多糖和透析处理后的多糖都具有一定的抗氧化活性,但脱色和脱蛋白处理后的多糖基本失去了抗氧化活性。因此,茶枝柑皮提取物中多糖的分子质量分布对抗氧化活性有一定影响,多糖的分子组成(例如含有色素和蛋白质)与抗氧化活性存在密切关系。

张小英等人[22]在研究茶枝柑皮多糖对 $H_2O_2$ 诱导的 PC12 细胞氧化损伤的保护作用时,通过采用 MTT 法检测细胞存活率,建立 $H_2O_2$ 诱导 PC12 细胞氧化损伤模型;使用比色法测定细胞内丙二醛(MDA)含量、超氧化物歧化酶(SOD)以及谷胱甘肽过氧化物酶(GSH-Px)的活性。结果发现,100 $\mu mol/L$ $H_2O_2$ 诱导 PC12 细胞 4 h,细胞呈现明显损伤形态,细胞内 MDA 含量升高,SOD 和 GSH-Px 活性降低。茶枝柑皮多糖可明显改善 PC12 细胞损伤,显著降低细胞 MDA 含量,极显著提高 SOD 和 GSH-Px 活性。因此,茶枝柑皮多糖对 $H_2O_2$ 诱导 PC12 细胞损伤具有明显的保护作用,其作用机制可能与提高 PC12 细胞的抗氧化酶活性有关。

**四、陈皮多酚类抗氧化作用**

柑橘类果实果皮富含多种酚酸类物质,不同成熟期果皮酚酸类物质组成成分及其含量均有所差异。在柑橘果皮中发现的酚酸类化合物主要有以下两类:① $C_6-C_1$ 型,基本骨架是苯甲酸,如没食子酸、对羟基苯甲酸、原儿茶酸、香草酸和丁香酸等;② $C_6-C_3$ 型,其基本骨架是羟基肉桂酸,如咖啡酸、阿魏酸、对香豆酸和芥子酸等。徐贵华等人[23]对宽皮柑橘进行了研究,发现椪柑、温州蜜柑果皮酚酸物质由肉桂酸型酚酸(咖啡酸、对香豆酸、阿魏酸、芥子酸)、苯甲酸型(没食子酸、原儿茶酸、对羟基苯甲酸、香草酸)和绿原酸组成。左龙亚[24]从 12 种柑橘亚属植物果皮提取物中共检测出 4 种酚酸物质,主要包括没食子酸、绿原酸、咖啡酸和阿魏酸,这与前人研究结果基本符合。

作为柑橘类果实的陈化果皮,陈皮蕴含有丰富的酚酸。多酚主要具有较强的自由基清除能力,陈皮也因而具有抗氧化作用。黄寿恩等人[25]采用不同干燥方式对柑橘皮中抗氧化物质及抗氧化能力的影响进行研究,研究得出新鲜湿柑橘皮或者干柑橘皮的抗氧化物质中多酚含量最高,黄酮类次之,维生素 C 含量最少,进一步筛选出了合适的柑橘皮干燥方式,为生产实际提供指导。

盛钊君等人[26]比较了新会柑胎仔、一年青皮、五年陈皮及十年陈皮 4 种新会柑产品的功能成分及生理功效的差异。以没食子酸为标准品,采用福林酚比色法测定 4 种样品中的多酚总含量;以维生素 C 为阳性对照品,采用分光光度计法评估 4 种样品清除 DPPH 和 ABTS 自由基的能力。四种乙醇提取物的多酚含量从高到低依次是柑胎仔(164 $\mu g/mg$)、十年陈皮(98 $\mu g/mg$)、一年青皮(66 $\mu g/mg$)、五年陈皮(58 $\mu g/mg$),4 种样品清除 DPPH 自由基的能力从强到弱依次是柑胎仔($IC_{50}$ = 91 $\mu g/mL$)、十年陈皮($IC_{50}$ = 234 $\mu g/mL$)、五年陈皮($IC_{50}$ = 384 μg/mL)、一年青皮($IC_{50}$ = 473 μg/mL),清除 ABTS 自由基的能力从强到弱依次是柑胎仔($IC_{50}$ = 18 μg/mL)、一年青皮($IC_{50}$ = 53 μg/mL)、十年陈皮($IC_{50}$ = 56 μg/mL)、五年陈皮($IC_{50}$ = 90 μg/mL)。新会柑胎仔的多酚含量与体外抗氧化活性均远远高于其他 3 种样品,抗氧化活性结果与多酚含量呈正相关。新会柑胎仔在功能食品的研究和开发中具有较大的应用潜力。

2021 年,万红霞等人[27]在《10 种广东药食两用植物的抗氧化和抗增殖活性评价》的论文中研究得出,新会陈皮的总黄酮为(8.61 ± 0.29) μmol CE/g DW(其中,CE 为儿茶素当量,DW 为干物质),总多酚为(62.03 ± 2.83) μmol GAE/g DW(其中,GAE 为没食子酸当量,DW 为干物质),被检陈皮的 DPPH 自由基的清除活性为(1.001 ± 0.086) mg/mL,羟自由基的清除活性为 21.49% ± 0.98%,抗增殖活性 $EC_{50}$ 值为(1.29 ± 0.08) mg/mL。作者进一步总结出,新会陈皮的总多酚含量相对较低,但其抗 MC-38 细胞增殖活性却较高。药食两用植物的生理活性功效虽有剂量效应,但还受到其成分种类、协同作用以及构效关系等的影响。

## 第二节　改善消化系统的功能

陈皮能够有效地缓解脘腹胀满、嗳气泛酸、恶心呕吐、便秘或腹泻等消化系统紊乱的症状[28]。新会陈皮促进胃肠消化的功能更是毋庸置疑。

### 一、陈皮的胃肠双向调节作用

陈皮提取物可以双向调节胃肠平滑肌运动,对胃肠运动既有促进作用,也有抑制作用。陈皮对胃肠具有双向调节作用,其调控机制受不同浓度影响。研究指出,中剂量浓度的陈皮水提液对肠动力具有促进作用,通过进一步提升剂量对胃动力也有推动作用。当达到一定的浓度呈抑制效应,表现为降低胃底纵行肌张力,减小胃体、胃窦环行肌收缩波平均振幅及幽门环行肌运动指数。因此,陈皮对胃肠动力的先兴奋后抑制现象与浓度强弱有密切关系。除此以外,陈皮随酸碱度的改变对胃肠也有影响,当 pH 达到 4.28 时,表现为降低胃底纵行肌张力,减少胃体、胃窦横行肌收缩及幽门横行肌运动等。由此看来,当陈皮处于高浓度及酸性条件下呈现胃肠抑制性,目前未知其是否与橙皮苷对胃肠的双向调节有关。

**（一）在胃肠抑制方面**

大量研究证实,陈皮水煎液对胃、十二指肠及结肠平滑肌具有显著抑制作用。杨颖丽等[29]通过陈皮水煎剂对大鼠的胃、十二指肠结肠平滑肌进行试验。结果表明,陈皮水煎剂对胃肠各部位平滑肌均有明显的抑制作用。在抑制胃动力的作用机制上,陈皮能通过 M 受体作用于胃体纵行肌、环行肌条,降低胃体纵行肌条张力。在肠动力抑制方面,基于对陈皮和青皮的比较研究,发现陈皮和青皮的水煎液、挥发油及总黄酮成分同样对兔离体小肠呈抑制作用,并进一步指出青皮水煎液及其总黄酮成分对兔离体小肠的抑制作用强于陈皮而挥发油弱于陈皮。由于青皮和陈皮均含辛弗林,且青皮的含量比陈皮更高,而辛弗林为 α-

肾上腺素受体激动剂。因此,陈皮肠动力抑制作用可能与肾上腺素α受体有关,未知是否与黄酮成分及挥发油关系。罗小泉等人[30]采用离体肠肌实验,比较了四个品种来源(江西南昌、江西新干、广东新会和福建福州)的陈皮挥发油对兔离体肠肌运动的影响,初步探讨挥发油的作用机制。结果发现,陈皮挥发油高、中、低剂量组对兔离体肠肌自发活动均有不同程度的抑制作用,且对乙酰胆碱和磷酸组胺促进十二指肠收缩同样有抑制作用。四种陈皮挥发油均对肠肌运动有抑制作用,作用部位可能在十二指肠。

(二)在胃肠促进方面

陈皮是传统治疗胃肠道疾病的有效药材,常配伍其他的理气药一同使用,如有名的香砂平胃散复方由陈皮、木香、砂仁、苍术、厚朴及甘草六味药材组成,它能通过促进小鼠胃排空和小肠推进功能改善胃肠动力。针对陈皮胃肠动力作用进行研究,表明陈皮水煎剂可促进小鼠胃排空,对胃复安所致的胃排空具有加强作用。在作用机制上,它能部分通过拮抗乙酰胆碱、$BaCl_2$ 及 5-羟色胺(5-HT)受体而显效,已经证实与毒蕈碱型受体(M受体)作用有密切关系。因此,陈皮促进胃动力作用来自不同的途径。再者,陈皮对肠道亦有推动作用。对陈皮和青皮(四花青皮)药材对小鼠胃排空及肠推进作用进行对比研究,结果表明,在不同剂量下陈皮与青皮能够促进正常小鼠的肠推进运动,只有在高剂量下陈皮与青皮才具有促进正常小鼠胃排空作用,提示了陈皮促进肠动力作用可能较胃动力为强。但作用机制尚未明确,有待进一步研究。胃肠推动作用的活性物质与陈皮及青皮共同成分橙皮苷有关,它能拮抗阿托品、肾上腺素引起的胃排空和小肠推进抑制作用,对胃肠兴奋有明显作用。提示了陈皮作用机制可能与调控 M 受体、α 及 β 受体有关。除此以外,陈皮不仅对胃肠机械活动有影响,对其电活动也有影响。陈皮可使绵羊空肠回肠移行性运动复合波周期的时程缩短,并同时令慢波负载峰电的百分率显著增强,发生率提高,诱发小肠的位相性收缩,有效改善小肠消化功能。因此,电活动对回肠的影响是肠推动作用的途径之一[31]。

## 二、陈皮、新会陈皮的应用研究与应用实例

在普通陈皮的研究方面,早在 1989 年,张文芝等人[32]已经就中药陈皮水煎剂对离体唾液淀粉酶的作用进行了研究。结果显示,中药陈皮水煎剂对离体唾液淀粉酶活性有明显的促进作用。张旭等[33]研究发现,陈皮提取物显著提高了小鼠的胃排空率,促进了小肠推进;在离体条件下,陈皮提取物能够抑制家兔回肠平滑肌的收缩。官福兰[34]使用改良的酚红含量测定法来观察陈皮水煎剂以及橙皮苷对小鼠胃肠运动功能的影响时发现,陈皮水煎剂能够增强阿托品和肾上腺素对小鼠胃排空的抑制作用,并且拮抗新斯的明引起的促进小鼠胃排空和小肠推进的作用。李庆耀等人[35]在陈皮促进胃肠动力有效部位筛选的研究中得出结论:陈皮乙酸乙酯提取物是陈皮促进胃肠动力的有效部位。林健等人[36]研究发现,复方陈皮咀嚼片(福建)显著改善了大鼠的消化机能,促进消化液和消化酶分泌。陈皮挥发油对胃肠道存在轻微的刺激作用,可以增强大鼠胃液正常分泌。陈皮还有一定的保肝作用,张雄飞和竹剑平[37]研究发现,提前用陈皮提取物对小鼠进行灌胃,能够显著延长小鼠醉酒发生时间,缩短醒酒时间,降低小鼠的血清乙醇浓度,提高血清中乙醇脱氢酶的含量,恢复肝

组织中谷胱甘肽硫转移酶的活性,提高还原型谷胱甘肽的含量,对脂肪肝有预防作用。

在新会陈皮的研究方面,李景新研究团队先后使用5年、10年和20年的新会陈皮来治疗消化不良患者,发现其均有显著治疗作用,且20年新会陈皮的治疗效果最好[38-40]。傅曼琴等人[41]在制备广陈皮提取物后,对Sprague Dawley大鼠进行连续灌胃四周后发现,陈皮的提取物川陈皮素、橙皮苷和二者的混合物显著促进了大鼠胃液和胃蛋白酶的分泌,提高了胃蛋白酶活力,增强其消化功能。

## 第三节 对呼吸系统的作用

现代药理研究证实了陈皮几千年来的应用实践,其主要作用之一是在呼吸系统中的广泛应用,而对人体呼吸系统的影响主要表现为止咳、祛痰和平喘三个方面的功效。若陈皮与感冒中药配伍,则可增强其治疗感冒的效果。

徐彭的药物实验表明,陈皮挥发油对豚鼠药物性哮喘有保护作用[42]。蔡周权等人[43]的研究发现陈皮挥发油能松弛豚鼠离体支气管平滑肌,其水提物和挥发油均能阻断氯化乙酰胆碱、磷酸组胺引起的支气管平滑肌收缩痉挛,具有平喘、镇咳和抗变应性炎症的作用。挥发油中的柠檬烯具有抗菌作用,对肺炎双球菌、甲型链球菌、金黄色葡萄球菌有很强的抑制作用,并且有显著的镇咳和祛痰作用。研究发现陈皮所含挥发油不但能帮助消化道缓和刺激,而且还能够刺激呼吸道黏膜,促使津液分泌增多,使痰液稀释,利于排出[44]。

李婧等人[45]筛选《清宫医案集成》113首止咳方剂,统计其中各药的使用频率,利用数据挖掘分析不同味药在治疗咳嗽中的使用规律。结果发现,常用止咳中药中出现频率在前5位的分别是甘草、茯苓、桔梗、半夏、陈皮(表5-2)。止咳中药按类型统计,使用频率在前5位的为理气药、清热化痰药、补气药、止咳平喘药、温化寒痰药。关联性分析结果得出:陈皮与其他多种药物关联性最强,其次是甘草、茯苓、半夏等,而陈皮+桔梗、桔梗+茯苓、茯苓+半夏药的关联性明显强于其他两两药物之间的关系。置信度和支持度分析:陈皮+枳壳+茯苓、陈皮+黄芩+茯苓、陈皮+半夏+茯苓、陈皮+半夏+甘草+茯苓的置信度为100%。由此可见,陈皮具有止咳作用并在方剂中广泛应用。

张明等人[46]通过三种方式来观察复方新会陈皮含片的止咳祛痰作用及初步机制:①采用网络药理学方法,结合通路富集分析,预测含片与呼吸道疾病可能的通路及靶点;②采用氨水引咳、酚红排泌、气管排痰实验和气管纤毛运动等多个实验,观察复方新会陈皮含片的止咳、祛痰作用;③复制大鼠急性支气管炎模型,观察大鼠造模及给药前后的肺组织病理结构,水通道蛋白AQP4、AQP5及黏蛋白MUC5B的mRNA变化,屏障蛋白MLCK、ZO-1及凋亡相关蛋白Bcl-2、Fas的表达变化。实验结果表明,网络药理学富集结果显示复方新会陈皮含片的作用主要涉及炎症、钙离子信号、肌动蛋白调节、凋亡自噬信号等。复方新会陈皮含片给药后咳嗽潜伏期小鼠数量明显减少,且均能显著降低5 min内的咳嗽次数。气管酚红的浓度在给药后显著升高,增加了大鼠毛细管排疫量,提高离体兔气管纤毛的运行速率。在急性支气管炎大鼠中,模型组大鼠肺部支气管上皮细胞肿胀,管腔内分泌物增多,给药后恢复;支气管内黏蛋白分泌增多,而给药后减轻;水通道蛋白 AQP4、AQP5 及黏蛋白 MUC5B mRNA 的相对表达升高,给药后降低;肺部屏障相关蛋白 MLCK 表达增加、ZO-1 表达降低,给药后恢复;抗凋亡蛋白 Bcl-2 表达降低,凋亡调节分子 Fas 表达升高,而给药后 Bcl-2 表达升高,Fas 表达降低。他们从实验中得出结论:复方新会陈皮含片具有止咳化痰的作用,其作用机制可能与调节肌动蛋白、抗凋亡等改善屏障功能有关。

表 5-2 《清宫医案集成》方剂中止咳中药频数统计表

| 次序 | 名称 | 次数 | 频率% | 次序 | 名称 | 次数 | 频率% |
| --- | --- | --- | --- | --- | --- | --- | --- |
| 1 | 甘草 | 60 | 53.10 | 26 | 当归 | 12 | 10.62 |
| 2 | 茯苓 | 52 | 46.02 | 27 | 神曲 | 12 | 10.62 |
| 3 | 桔梗 | 51 | 45.13 | 28 | 白芍 | 12 | 9.73 |
| 4 | 半夏 | 49 | 43.36 | 29 | 贝母 | 11 | 9.73 |
| 5 | 陈皮 | 45 | 39.82 | 30 | 防风 | 11 | 9.73 |
| 6 | 麦冬 | 41 | 36.28 | 31 | 浙贝 | 11 | 9.73 |
| 7 | 黄芩 | 40 | 35.40 | 32 | 白术 | 11 | 9.73 |
| 8 | 枳壳 | 36 | 31.86 | 33 | 香附 | 11 | 9.73 |
| 9 | 杏仁 | 33 | 29.20 | 34 | 青皮 | 11 | 9.73 |
| 10 | 前胡 | 29 | 25.66 | 35 | 麻黄 | 10 | 8.85 |
| 11 | 橘红 | 26 | 23.01 | 36 | 栀子 | 10 | 8.85 |
| 12 | 桑皮 | 25 | 22.12 | 37 | 款冬花 | 10 | 8.85 |
| 13 | 知母 | 24 | 21.24 | 38 | 白蜜 | 10 | 8.85 |
| 14 | 川贝 | 23 | 20.35 | 39 | 生甘草 | 9 | 7.96 |
| 15 | 天冬 | 23 | 20.35 | 40 | 蒌仁 | 9 | 7.96 |
| 16 | 薄荷 | 22 | 19.47 | 41 | 海石 | 8 | 7.08 |
| 17 | 花粉 | 21 | 18.58 | 42 | 礞石 | 8 | 7.08 |
| 18 | 生地黄 | 19 | 16.81 | 43 | 熟大黄 | 8 | 7.08 |
| 19 | 葛根 | 18 | 15.93 | 44 | 元参 | 8 | 7.08 |
| 20 | 胆南星 | 16 | 14.16 | 45 | 苏子 | 7 | 6.19 |
| 21 | 沉香 | 14 | 12.39 | 46 | 乌梅 | 7 | 6.19 |
| 22 | 木香 | 14 | 12.39 | 47 | 白芥子 | 7 | 6.19 |
| 23 | 人参 | 14 | 12.39 | 48 | 瓜蒌 | 6 | 5.31 |
| 24 | 苏叶 | 13 | 11.50 | 49 | 阿胶 | 6 | 5.31 |
| 25 | 枳实 | 13 | 11.50 | 50 | 苏梗 | 6 | 5.31 |

此外,陈皮也有一定的抗肺纤维化和抗肺炎的功效。肺纤维化的基本病理改变是在多种炎症介质的作用下,肺成纤维细胞/肌成纤维细胞异常增生,产生大量的细胞外基质和胶原,导致器官功能受损。

文高艳[47]研究指出陈皮生物碱提取物对人胚肺成纤维细胞(MRC-5)增殖有明显的抑制作用。陈皮生物碱提取物能降低大鼠血清和肺组织中羟脯胺酸(HYP)的含量、抑制肿瘤坏死因子α(TNF-α)的mRNA和蛋白表达,使基质金属蛋白酶9(MMP-9)表达增高、基质金属蛋白酶组织抑制因子1(TIMP-1)表达下降。这提示陈皮生物碱提取物具有一定的预防和治疗博来霉素诱导的肺纤维化的作用,其作用机制之一可能是通过抑制TNF-α表达,调节MMP-9与TIMP-1的平衡实现的。周贤梅等人[48]以大鼠为动物模型开展了一项关于陈皮的实验研究。结果表明,陈皮挥发油对博来霉素诱导的肺纤维化具有干预作用,其作用机制可能与调节氧化及抗氧化失衡、下调结缔组织生长因子(CTGF)蛋白及其mRNA表达、减少胶原蛋白沉积以减少肺纤维化程度有关;陈皮精油可提高肺炎小白鼠存活率,对小白鼠肺炎具有恢复治疗作用,作用机制是直接到达肺脏发挥抑菌作用。许荣龙[49]研究使用博来霉素来建立C57BL/6小鼠的肺纤维化模型,原代培养出肺成纤维细胞,用四甲基偶氮唑盐微量酶反应(MTT)比色法筛选出活性最强的陈皮生物碱。实验结果显示:陈皮生物碱在体外对C57BL/6小鼠肺成纤维细胞均有较好的抑制其增殖的作用,其中对羟基苯乙胺盐的抑制作用最好,其对小鼠肺成纤维细胞起抑制作用的是其生物活性,并非其毒性。该作者还进一步探讨了陈皮生物碱对PGE2生物通路的影响。与此相关,陆婷[50]在陈皮生物碱对PGE2通路影响的课题上进一步发掘,尝试探讨陈皮生物碱干预肺纤维化作用的潜在机制。

## 第四节　对心脑血管系统的影响

研究发现陈皮中的陈皮苷有抗病毒、抗血管脆性和预防心血管疾病的作用。根据传统中医理论,"邪之所凑,其气必虚",痰饮致悸虽与各个脏腑的功能失调有密切的关系,但只有在心脏亏虚时,痰饮才能趁势侵犯心神而导致心悸。陈皮具有燥湿化痰的功效,合理与正当地使用陈皮,将有利于心血管系统疾病的治疗。另外,《神农本草经》把陈皮(橘皮)列为上品,并有"利水谷,久服,去臭下气通神"的记载[51]。所谓"下气通神"意即"排泄身体浊气,使身心和神志健康",也就是说,陈皮有改善心脑血管系统、促进人体健康的功效。

中药方剂温胆汤出自《备急千金要方》,由张仲景的小半夏汤与橘皮竹茹汤化裁而成。《三因极一病证方论》中该方剂加了茯苓、大枣,共为半夏6g,枳实6g,竹茹6g,陈皮9g,茯苓5g,甘草3g,姜5片,大枣1枚,为现代临床通用方,主治胆虚痰热内忧之虚烦不眠、惊悸、口苦呕诞。2008年,崔文成[52]报道了陈皮(橘皮)竹茹汤治心肌炎、心律失常、呕吐的医学案例。2017年,王拥军[53]用温胆汤加减治疗心血管系统疾病效果较好,其中包括冠心病心绞痛、肺心病心衰、心律失常、病毒性心肌炎和心血管神经官能症在内的五个病例。也有研究者认为,陈皮的水煎剂、醇提物等能兴奋心肌。不过,若剂量过大,反而会出现抑制,还可使血管产生轻度的收缩,迅速使血压升高。陈皮中的果胶对高脂饮食引起的动脉硬化也有一定的预防作用。

## 一、陈皮多糖类对心脑血管的作用

植物多糖作为一种重要生命物质,具有广泛的生物活性,不仅具有免疫调节功能,还可以抗炎、抗病毒、抗肿瘤、降血糖、降血脂、降血压和抗辐射等,且无毒副作用。膳食多糖(也称膳食纤维)是一种包含纤维素、半纤维素、木质素、果胶及可溶性多糖等多种成分的混合物,它作为一种重要的营养素引起了国内外营养学家的高度关注,在临床医学和功能性食品等领域的开发中也越来越被重视。自1986年日本批准香菇多糖应用于临床以来,目前在中国、美国、韩国、日本及一些欧洲国家,已有几十种多糖被批准用于保健食品和疾病的治疗,例如,香菇注射液、灰树花营养液、复合灵芝孢子粉胶囊与姬松茸多糖冲剂,尤其是灵芝多糖在降血糖、降血脂、免疫调节等方面应用广泛[54]。

柑橘类水果的果皮和果肉都富含安全有效、容易消化的膳食纤维。柑橘皮作为柑橘深加工的产品,是一种很好的膳食纤维来源。最近的研究显示,多数心血管疾病如高脂血症、动脉粥样硬化、冠心病等与食物中的膳食纤维含量较少有关。因此,研究柑橘类水果的膳食纤维成分及其产品开发对于人类健康饮食具有举足轻重的意义。中医药古方剂橘皮汤出自《金匮要略》,由陈皮、姜组成。在临床应用过程中发现,橘皮汤(主要成分:橙皮苷、川陈皮素和6-姜酚等)对心血管疾病有一定的疗效。李季[55]研究发现锦橙(又名鹅蛋柑26号)果皮膳食纤维对高脂血症大鼠血脂水平和脂质过氧化有一定的降低和缓解作用,对大鼠心血管疾病的发生具有预防和改善作用。最近,吴琦等人[56]在不同年份陈皮(新会产)多糖的理化性质和益生元活性的比较研究中发现,5年以上的陈皮水溶性多糖对肠道菌群具有调节作用,是一种潜在的益生元。肠道菌群的调节则通过肠-脑轴来作用于心血管系统,使人体的大脑、心脏、血管和毛细血管等器官和组织发挥正常的生理功能。

## 二、陈皮黄酮类对心脑血管的作用

陈皮具有松弛血管及血管保护作用,其物质基础主要是陈皮中的黄酮类化合物。一方面,陈皮中的黄酮可通过第二信使NO-cAMP通道增加NO生成,以及通过增加cGMP生成,激活cGM-PKC途径共同松弛血管。另一方面,NO-cAMP通道的激活可调节NO及其他血管舒张因子的生成。这些舒张因子可维持血管正常稳态,阻止血管粥样硬化进程,如抑制平滑肌细胞增殖、血小板聚集、白细胞粘连及低密度脂蛋白的氧化修饰。所以,陈皮具有保护血管的作用。

药理化学研究表明陈皮中主要的有效成分为橙皮苷[57]。橙皮苷是橙皮素与芸香糖形成的糖苷,为二氢黄酮的衍生物。橙皮苷可改善链佐星(STZ)诱发糖尿病大鼠的冠脉循环和心泵功能,并逆转由糖尿病引起的心率变异性(HRV)变化[58]。何少玲的研究表明陈皮水汽蒸馏提取物和生姜超临界提取物(陈皮姜油)对缺血心肌有确切的保护作用[59]。曾威等人[60]的研究应用超高效液相色谱-串联四极杆飞行时间质谱(UPLCQ-TOF/MS)技术,结合代谢组学和中药血清药物化学的研究方法,分析了广陈皮干预高脂血症模型大鼠的生化指标、代谢组药效特征,以及广陈皮入血的化学成分。在确定干预高脂血症模型有效的前提下,发现入血成分中的川陈皮素和 5-去甲川陈皮素葡糖醛酸代谢物与模型所引起的内源性代谢物表达异常的鞘脂类和溶血磷脂酰胆碱类成分表现出高度的关联性,影响鞘脂代谢和甘油酯代谢,从而改善高脂血症。该项研究结果为筛选新会陈皮中治疗高脂血症的有效成分组合奠定了基础,可为发现明确的效应物质及其作用机制提供参考。类似地,Gao 等人[61]首次建立了一种高效的基于正交试验设计和大孔树脂色谱法的方法来富集茶枝柑果皮中的聚甲氧基黄酮(PMFs)。最佳提取富集工艺条件为:液固比 1∶14,提取时间 2 h,70%乙醇重复提取 2 次;采用 HPD-450 大孔树脂,洗涤溶剂为纯化水和 25%乙醇水溶液,解吸溶剂为 70%乙醇水溶液。所得提取物中 PMFs 的纯度达到 62.26%。数据表明,纯化的 PMFs 无毒且能够有效地缓解高脂饮食诱导的高脂血症。因此,该科研团队认为,新建立的方法适用于大规模分离茶枝柑果皮中的 PMFs,并且茶枝柑果皮中 PMFs 可作为一种抗高脂血症药物或膳食补充剂。

最近,刘晓萍等人[62]在探讨川陈皮素抑制高糖诱导心肌细胞肥大的作用及其机制时发现,川陈皮素能够抑制高糖诱导的心肌细胞肥大,其机制可能与激活 Nrf2/HO-1 信号通路有关。

### 三、陈皮生物碱类对心脑血管的作用

心血管疾病主要包括高血压病、冠状动脉硬化性心脏病、心力衰竭、心肌梗死、心律失常等严重危害人类健康的常见病和多发病。临床上常用的防治心血管疾病的药物多以化学合成药为主。天然植物药物成分,如陈皮生物碱,虽也有部分用于心血管疾病的防治,但使用的数量和范围较低,因此常常用作保健。

在动物实验方面,沈明勤等人[63]使用陈皮注射剂(自制陈皮水溶性总生物碱,含生药 1 g/mL;江苏苏州)给猫静脉注射后可迅速而显著地改变猫的血流动力学参数,主要表现为:血压迅速上升,且脉压差增加,心输出量增加,左室内压及其最大上升速率均明显上升,而左室舒张末期压则有明显下降,心脏指数、心搏指数、每搏心输出量、左室做功指数均明显上升;而血管总外周阻力在给药后 1~2 min 内上升,5 min 后则有明显下降,反映心肌氧耗指标的 TTI 值(左心室壁张力-时间指数)在给药后 3 min 内也明显增加。上述各项指标的作用时间一般在给药后瞬间至 5 min 时,给药 10 min 后则基本恢复或接近正常。动物的心率在给药后瞬间略有减少,其他时刻无明显改变。

陈皮中含有包括陈皮生物碱类在内的多种药用成分,陈皮生物碱类具有帮助治疗心脑血管疾病和提高生活品质的作用。《本草备要》言陈皮"调中快膈,导滞消痰。利水破症,宣通五脏,统治百病"。吴焕林教授在冠心病的病因病机认识中认为"痰"贯穿于冠心病发病的始终,冠心病患者大多数有血脂升高,出现胸闷、咳痰等痰湿表现,符合吴教授团队的最新研究成果——"中医痰证诊断标准"中的痰证的症状[64-65]。根据吴教授的理论,化痰在冠心病的治疗中起着至关重要的作用,故陈皮、青皮、化橘红等祛痰中药便可依病情对症选择。

治疗心血管疾病的药物种类繁多。目前在全世界范围内,对心血管疾病用药的临床研

究方兴未艾,对许多药物的安全性和有效性都有了更深入的理解和研究。近年来,经过科研工作者的不断探索,许多新药物、新剂型以及包含广陈皮在内的传统中草药物制剂相继投入市场。

陈皮对心率的增加和降压作用已经被实验所证明,但是,除了内服外,陈皮还可外用。沙树伟等人[66]在研究含陈皮的中药(当归、川芎、陈皮)药浴剂对健康人体循环和脑血流的影响中发现,进行该中药药浴的志愿者的血压、心率、脑血流的变化比一般温水浴者的明显。

## 第五节  抗菌、抗病毒作用

新会陈皮与陈皮的化学成分相近,主要含有挥发油、黄酮类、生物碱类、糖类等化合物成分,因此两者生理功能也比较接近,在大多数情况下可以通用。据目前报道,陈皮中含有50多种有效的化学成分。其中,橘皮苷也称川陈皮素,具有抑制某些细菌、真菌、病毒生长和繁殖的作用。

在抗菌方面,阚振荣和于娟[67]利用不同有机溶剂浸提,获得陈皮提取液,将该提取液利用管碟法做抗菌(防霉)实验,并与制霉菌素的抗菌(抗霉)效果进行比较,结果证明陈皮提取液有较好的抗菌能力,该提取液在室温条件下储存1 h后仍留有一定的抗菌活力。李斌等人[68]通过抑菌实验得知柚皮精油对枯草芽孢杆菌和金黄色葡萄球菌均有抑制效果,精油浓度越高抑菌效果越好。陈林林等人[69]利用测量橘皮精油的抑菌圈直径来分析抗菌活性大小,发现橘皮精油对白色葡萄球菌、大肠杆菌和青霉菌均有较强的抑菌作用,其中对大肠杆菌抑菌作用最强。最近,程小河和戴梦姗[70]开展的临床研究结果显示,在常规西医四联方案的基础上加用六君子丸治疗脾胃虚弱型幽门螺杆菌感染,可显著提高幽门螺杆菌清除率,有效改善患者临床症状。六君子丸出自《医学正传》,其主要由党参、白术、茯苓、半夏、陈皮、甘草、生姜、大枣等组成,功能为补脾益气、燥湿化痰,多用于治疗气虚痰多、食欲不振、腹胀便溏等以脾胃虚弱证为主要表现的消化系统疾病。临床上,六君子丸对于改善消化系统症状,如恶心、腹胀、反酸、胃痛、口臭等有很好的效果。实际上,现代医学研究发现陈皮中含有的橙皮苷和某些类黄酮在体外可以抑制幽门螺杆菌生长。Bae等人[71]报道了橙皮苷对能使慢性胃炎转化为胃癌的幽门螺杆菌的繁殖也有抑制效果。此外,橙皮苷对小鼠体内的金黄色葡萄球菌也有一定的抑制作用。

在抗病毒方面,钟志东等人[72]利用薄层色谱法(TLC)能明显检出小儿抗病毒颗粒方剂(天津市儿童医院研制)中的陈皮、连翘、金银花成分。现代医学研究表明,橘皮苷通过刺激宿主细胞的环腺嘌呤单核苷酸的合成和抑制病毒的复制来呈现其抗病毒活性。橘皮苷对单纯疱疹病毒Ⅰ型、副流感3型病毒、脊髓灰质炎Ⅰ型病毒、呼吸道合胞病毒、轮状病毒等都有一定的抑制作用[73]。

在抗新冠病毒感染方面,沈洁等人[74]收集了2020年2月19日前国家及上海、浙江、广州、四川、吉林等地发布的中医药防治新冠病毒感染诊疗方案共52张处方,采用Aprior关联规则算法,以支持度、置信度、提升度为指标,分析方剂中的高频药物、配伍规律和关联规则,采用PCA聚类分析法分析不同治疗时期处方的相似性与差异性。结果显示,藿香出现频率最高(超过30%),甘草、连翘、陈皮、金银花、苍术、黄芩、茯苓、生石膏、厚朴、草果、苦杏仁、生麻黄等出现频率也超过15%。这些高频中药的相互配伍,如金银花+连翘、苦杏仁+生石膏、陈皮+茯苓、苍术+厚朴、苍术+生麻黄+草果、苍术+厚朴+草果+藿香的支持度、置信度和提升度均很高,在新冠病毒感染防治中应用广泛。由此可见,陈皮在中药防治新型冠状病毒感染方面有着重要的应用价值。湖北省中西医结合医院的王志宏等人[75]基于数据挖掘分析湖北省中西医结合医院运用中医药治疗新冠病毒感染的组方用药规律时得出结论:要重视肺脾胃同治,可适当多用温、寒、苦、甘之品,常用茯苓、陈皮、苦杏仁、法半夏、白术等药。类似地,姜芬等人[76]用数据挖掘方法分析国家及各省份新冠病毒感染恢复期的中医用药规律与特点。结果发现,在34个新冠病毒感染恢复期诊疗方案中,使用中医处方77首,涉及中药133味,总频次754次,使用频次排名前五位的中药为甘草、茯苓、陈皮、麦冬、黄芪,以性温、平、微寒为主,药味以甘、辛、苦为主,多归属于肺、脾、胃经;中医证候以肺脾气虚、气阴两虚为主;治法主要以益气养阴、健脾补肺、培护阴津、除湿祛邪为主;利用复杂网络分析得出甘草、黄芪、陈皮、党参、茯苓等14味核心药物。崔琳琳等人[77]研究了基于网络药理学和分子对接的陈皮干预的可能机制。结果发现,从陈皮中筛选出的关键活性成分(柚皮素和陈皮素)与新型冠状病毒(SARS-CoV-2)的3CL水解酶蛋白(Mpro)和ACE2受体有结合潜力,陈皮或可通过抗病毒、抗炎、调控细胞凋亡、调节免疫等途径来发挥抑制肺纤维化的作用。该项研究为治疗新冠病毒感染的中药天然药物及单体药物的研发提供了新思路和依据。

## 第六节 抗肿瘤作用

肿瘤是指机体在各种致瘤因子作用下,局部组织细胞增生所形成的新生物,因为这种新生物多呈占位性块状突起,也称赘生物。肿瘤主要分良性和恶性两类。良性肿瘤细胞分化成熟,生长慢,不转移;恶性肿瘤(癌)的细胞分化不成熟,生长快,常蔓延到附近组织或造成全身转移。癌症一般是指一大类恶性肿瘤的统称。

2月4日是世界癌症日,世界卫生组织国际癌症研究机构发布了2020年全球最新癌症负担数据。2020年,全球发病率前十的癌症分别是乳腺癌226万,肺癌220万,结直肠癌193万,前列腺癌141万,胃癌109万,肝癌91万,宫颈癌60万,食管癌60万,甲状腺癌59万,膀胱癌57万,这十种癌症占据新发癌症总数的63%。2020年,全球死亡人数前十的癌症分别是肺癌180万,结直肠癌94万,肝癌83万,胃癌77万,乳腺癌68万,食管癌54万,胰腺癌47万,前列腺癌38万,宫颈癌34万,白血病31万,这十种癌症死亡人数占据癌症死亡总数的71%[78]。

癌症是世界上威胁人类健康的主要疾病之一。柑橘水果中黄酮类具有抗癌活性,其显著的抗癌作用被许多研究成果所证实,主要涉及肝癌、肺癌、乳腺癌、结肠癌、胰腺癌、胃癌等恶性肿瘤。Du 和 Hui 研究了柑橘(椪柑,Citrus reticulata Blanco cv. ponkan)的甲基黄酮对四种肿瘤细胞(A549、HL-60、MCF-7 和 HO8910)的抗增殖活性,发现柑橘甲基黄酮对卵巢癌、乳腺癌细胞有良好的抑制作用[79]。王毓炜等[80]通过研究发现柑橘黄酮诺必擂停(nobiletin)可有效抑制慢性粒细胞白血病细胞 K562 的体内生长以及体外增殖,并能抑制肿瘤组织的血管生成。

《中国医药大辞典》中陈述了陈皮具有"破症瘕痃癖,治疗风痰麻木"的功效,而"症瘕痃癖"则泛指腹腔内的肿物。这里意指陈皮具有抗肿瘤的功效[81]。现代医学对癌症生成有明确的解释,内皮细胞生长因子(vascular endothelial growth factor,VEGF)和碱性纤维母细胞生长因子(basic fibroblast growth factor,b-FGF)等是促进癌症血管生成的生长因子。

从中药中提取有效成分进行抗肿瘤研究得到广泛重视。从 20 世纪 70 年代起,科学家对黄酮类化合物开展了研究,发现这类化合物是一类低分子天然植物成分,具有抗炎、抗氧化、抗肿瘤、改善心血管功能、提高免疫力等生物活性。陈皮是传统的中药,对陈皮多甲氧基黄酮类成分的研究表明,它在体外有广泛的抑制肿瘤细胞生长的作用。更多的现代药理研究结果显示,陈皮多甲氧基黄酮可以通过抑制血管生长因子 VEGF 及 b-FGF 的表达,从而抑制肿瘤血管的生成,进而抑制肿瘤的生长,也并不排除与胃癌、结肠癌及直肠癌的激抗机制有关[82]。作为我国传统中药之一的陈皮,在许多的肿瘤治疗中具有重要的辅助作用。相关的主要研究和应用情况介绍如下:

## 一、防治乳腺肿瘤的功能

古语有云:"衣烂从小补,病向浅中医。"乳腺炎、乳腺增生及乳腺结节在成年女性中是比较常见的乳腺疾病。徐瑛等人报道了 50 例应用陈皮甘草汤治疗的乳腺炎,吴德强也报道了 19 例类似的治愈病例[83-84]。吴德强的配方和用法是:广陈皮一两,生甘草二钱,加水三碗,煎成一碗半。一日一剂,分二次服。发病初期一般只用上述二药,可以获效;若发热较甚,脉象弦数,或局部红肿热痛明显者,可加银花三钱、山栀二钱。骆明远也指出陈皮可治急性乳腺炎,治愈率在 70% 以上。但气虚阴虚燥咳者不宜使用,吐血症者慎服[85]。

中医认为癌瘤由气滞血瘀水停所致,陈皮(含青皮)因燥湿化痰、破气消积之功常用于治疗肿瘤。而现代药理学研究表明,陈皮中含有重要的抗肿瘤活性成分,包括川陈皮素(nobiletin)、橙皮素(hesperetin)和黄酮类化合物等。

王志国等人[86]采用 MTT 法研究了陈皮多甲氧基黄酮类成分对人乳腺癌、肝癌细胞株的增殖抑制作用并对其敏感性进行比较。实验结果表明,不同剂量多甲氧基黄酮类成分($10\ mg/L$、$20\ mg/L$、$40\ mg/L$)作用于 MCF-7 细胞株,24 h 细胞抑制率分别为 18.75%、19.79%、34.38%,48 h 细胞抑制率分别为 17.39%、36.96%、40.22%,72 h 细胞抑制率分别为 35.57%、47.08%、50.69%;作用于 HepG2 细胞株,24 h 细胞抑制率分别为 5.51%、11.81%、29.92%,48 h 细胞抑制率分别为 13.54%、38.54%、51.04%,72 h 细胞抑制率分别为13.21%、43.40%、55.67%。因此,该作者认为,多甲氧基黄酮类成分可以抑制人乳腺癌MCF-7、肝癌HepG2细胞株的生长并对两细胞株的增殖抑制呈现时间、浓度依赖性。同等条件下,在小剂量、短时间作用时,MCF-7对于多甲氧基黄酮类成分作用的敏感性较高;在大剂量、长时间作用时,HepG2表现出比MCF-7更高的敏感性。

陈皮活性成分川陈皮素的化学结构式为5,6,7,8,3′,4′-六甲氧基黄酮,体内外实验证明其对人乳腺癌细胞、JAR绒癌细胞、人肾癌细胞、人直肠癌细胞、人肺癌细胞均具明显的抑制作用。曹鹏等人[87]探讨川陈皮素对乳腺癌细胞MDA-MB-231的体外化疗增敏作用。20 $\mu$mol/L川陈皮素分别与1 nmol/L紫杉醇或50 ng/mL阿霉素联合使用时肿瘤细胞增殖抑制率为75.1%和82.6%,单独使用1 nmol/L紫杉醇或50 ng/mL阿霉素时,肿瘤细胞增殖抑制率为40%和45%;核小体双抗体夹心酶免疫法和DNA凝胶电泳实验表明川陈皮素与紫杉醇或阿霉素联合用药可明显促进MDA-MB-231细胞的凋亡。EMSA(凝胶迁移实验)和ELISA(酶联免疫吸附)实验表明,川陈皮素与紫杉醇或阿霉素联合用药可明显抑制NF-$\kappa$B的转录活性。因此,川陈皮素可能是通过抑制NF-$\kappa$B的转录来促进临床化疗药物对乳腺癌细胞增殖的抑制作用和诱导凋亡作用。

李云等人[88]通过HPLC法检测来自不同产地的橘核、橘络和陈皮药材中橙皮苷、柠檬苦素及诺米林的含量,结合体外DPPH和FRAP抗氧化实验方法以及MTT法研究3种成分的含量差异对药材抗氧化活性和抑制乳腺癌细胞MCF-7增殖作用的影响。结果显示:橙皮苷含量,陈皮>橘络>橘核;柠檬苦素类物质含量,橘核>橘络>陈皮;体外抗氧化活性,陈皮>橘络>橘核;抑制乳腺癌细胞增殖作用,橘核>橘络>陈皮。因此,研究者认为,橘核、橘络和陈皮的抗氧化活性强弱主要与橙皮苷含量相关,而三者的抗乳腺癌活性强弱主要与其柠檬苦素和诺米林含量相关。

广陈皮中的橙皮素具有抑制乳腺癌细胞增殖的作用,王宏[89]利用高通量测序技术分析转录组变化,研究了橙皮素抑制乳腺癌细胞活性的作用机制,并比较橙皮素对雌激素受体依赖型和非依赖型的乳腺癌细胞的抑制机理的异同。

## 二、防治肺部肿瘤的功效

川陈皮素作为从柑橘果皮中提取的一种多甲氧基黄酮类化合物,大量研究证明其具有抗肿瘤活性。管晓琳等人[90]在探讨川陈皮素促非小细胞肺癌A549细胞凋亡作用时,发现川陈皮素对A549细胞的抑制作用呈明显的时效和量效关系;流式细胞仪检测到细胞周期阻滞$G_2/M$期、$G_0/G_1$期细胞明显减少;随着川陈皮素剂量的增加,A549细胞的凋亡率明显增高。

川陈皮素在体内外有明显的抑制肺肿瘤细胞增殖的作用。体外实验表明,川陈皮素对人肺腺癌细胞A549细胞增殖有明显的抑制作用,且抑制效应随浓度的增加而增强。体内实验表明,川陈皮素高(300 mg/kg)、中(200 mg/kg)、低(100 mg/kg)浓度组对小鼠Lewis肺癌的抑瘤率分别为43.70%、27.59%、20.14%,与对照组相比,差异具有统计学意义($P<0.01$)。川陈皮素能使Lewis肺癌细胞发生凋亡;使Lewis肺癌组织内Bax和Caspase-9(胱

天蛋白酶)表达上调,Bcl-2 表达下调[91]。

陆红玲等人[92]在观察橙皮苷对人非小细胞肺癌 A549/DDP 细胞凋亡的影响时发现,橙皮苷(6 mg/L)可诱导人非小细胞肺癌 A549/DDP 细胞早期凋亡,且凋亡率随橙皮苷剂量的增大而逐渐增加,呈现出明显的剂量依赖关系。该项研究为柑橘果皮的开发利用提供了重要的实验依据,也为进一步的抗癌理论研究打下了基础。

中医药治疗非小细胞肺癌有其特点和优势。刘娟收集和整理古今文献资料,探讨了古代肺癌相关病证诊治特点。经过数据挖掘发现,古代方剂中支持度较高的药物是陈皮、木香、甘草、桂枝、吴茱萸、人参、干姜、槟榔、桔梗、青皮等理气化痰、补虚、温阳药;现代方剂中支持度较高的药物是黄芪、白术、茯苓、甘草、麦冬、白花蛇舌草、北沙参、党参、半夏、薏苡仁等益气养阴、清热解毒、化痰利湿药。古方中药支持度较高的为槟榔-木香、桂枝-陈皮、青皮-陈皮、桔梗-人参等[93]。

药理研究表明,以"陈皮-半夏"为君臣的二陈汤可逆转肿瘤细胞多药耐药的作用,认为其作用主要与通过 c-Jun 氨基末端激酶(JNK)信号转导通路而使多药耐药相关蛋白(MRP)1 和 P-糖蛋白(P-gp)表达下降有关。程祺等人[94]在探讨老年肺癌基于网络药理学分析"陈皮-半夏"药对的潜在作用机制时,从 TCMSP(中药系统药理学数据库与分析平台)中共筛选出"陈皮-半夏"药对共 18 个有效活性成分,"陈皮-半夏"药对治疗老年肺癌的靶基因共有 56 个,并构建"药物-成分-靶点-疾病"网络。筛选出 56 个 PPI(蛋白质相互作用)核心基因并构建 PPI 网络。GO 功能富集分析显示,"陈皮-半夏"药对涉及 77 种生物学过程,而其中功能主要集中在核受体功能、乙酰胆碱受体活性、类固醇激素受体活性及转录因子活性等方面。通过 KEGG 通路富集分析,"陈皮-半夏"药对对老年肺癌的治疗共涉及信号通路 82 条,主要包括 p53 信号通路、细胞凋亡及磷脂酰肌醇 3-激酶/蛋白激酶 B(PI3K/AKT)信号通路等。

在体外实验中,钟桂云等人[95]发现新会陈皮黄酮类提取物对人肺癌 A549 细胞具有很强的抑制作用,抑制率达到 92.38%。

### 三、抗击胃部肿瘤的作用

基于痰浊凝结为癥瘕是肿瘤形成与转移的重要病理因素之一,郭晓冬等人[96]设计观察了含有陈皮的消痰散结方(由半夏 15 g、胆南星 15 g、茯苓 15 g、枳实 10 g、陈皮 10 g、炙甘草 6 g 等组成)对裸鼠胃腺癌体内生长的抑制作用及其对胃癌组织中增殖细胞核抗原(PCNA)表达的影响。实验结果证实,消痰散结方可抑制裸鼠胃癌的生长,降低胃癌细胞的增殖活性。王建平课题组[97-98]在研究消痰散结方对裸鼠 MKN-45 人胃腺癌组织的影响时先后发表两篇研究文章指出,中药组胃癌组织中 $CD_{44}V_6$ 表达水平明显低于空白对照组,中药组胃癌组织中 E-Cad 表达水平明显高于空白对照组。因此,研究者认为消痰散结方抑制胃癌细胞转移的作用机理和相关环节可能与其能影响黏附分子的表达从而影响细胞的黏附性机制有关。李强和杨柳[99]总结了自 1994 年以来运用益胃汤合橘皮竹茹汤加减治疗胃癌放化疗后呃逆 96 例,效果较好。中医治疗胃癌以补虚扶正为基础,根据辨证可配合施以清热解毒、活血化瘀、疏肝理气等方法治疗。李星和樊巧玲[100]在探讨胃癌的中医证型特点和中医治疗胃癌的方药规律时发现最常用到的中药为白术、茯苓、党参、陈皮、甘草。杨雪竹等人[101]采取不同浓度的川陈皮素(0 mg/L、30 mg/L、60 mg/L、120 mg/L)体外处理 SGC-7901 细胞，观察川陈皮素对胃癌 SGC-7901 细胞侵袭能力的影响，并探讨其可能的作用机制。实验结果表明，川陈皮素可降低胃癌 SGC-7901 细胞的侵袭能力，其机制可能是川陈皮素通过抑制 STAT3 通路，继而抑制细胞上皮间质转化。

### 四、防治肝癌的研究及其功效

在肝癌的中药使用方面，杨英艺[102]通过对近 10 年临床肝癌证候及方药的研究指出，茯苓、甘草、白术、柴胡、当归、白芍、黄芪、党参、白花蛇舌、陈皮、半枝莲等为高频使用的药物。

从现代医学研究方法的角度上说，陈皮黄酮类化合物具有广泛的药理活性，尤其是黄酮类化合物的多甲氧基黄酮。多甲氧基黄酮类成分主要包括川陈皮素，5-羟基川陈皮素(5HPMF)是从陈皮中分离得到的一种结构新颖的多甲氧基黄酮类化合物。赵妍妍等人[103]的研究显示，川陈皮素对人肝癌细胞 SMMC-7721 具有明显体外抗增殖作用，对小鼠移植性肿瘤 $H_{22}$ 有一定的抑制作用。李兰英等人[104]从陈皮中提取多甲氧基黄酮类成分，研究该成分对荷瘤小鼠肿瘤细胞周期的影响，结果显示：5.0 mg/kg 和 10.0 mg/kg 的多甲氧基黄酮类成分均能诱导肿瘤细胞凋亡，DNA 电泳可见典型的凋亡特征。在细胞凋亡过程中，由于限制性内切酶的作用，凋亡细胞内的碱基对被降解成 200 bp 左右的碎片而从细胞漏出，使细胞内 DNA 减少。在 DNA 电泳中出现梯形条带，在细胞周期分析中表现 $G_0/G_1$ 期峰前的亚 $G_1$ 峰。因此，陈皮多甲氧基黄酮类成分可以抑制 $H_{22}$ 肝癌小鼠肿瘤细胞的生长，诱导肿瘤细胞的凋亡。同时，该研究进一步证实了黄酮类化合物的主要抗肿瘤机理——诱导肿瘤细胞凋亡。国外学者 Manassero 等人[105]研究了一种柑橘皮(产地：阿根廷科连特斯)的精油和柠檬烯对两种人类肿瘤细胞系(肺腺癌 A549 和肝癌 HepG2)生长的影响。经过冷榨法提取挥发油后采用气相色谱和气相色谱/质谱分析其化学组成，再使用 MTT 法研究其抗增殖作用。结果发现，柑橘精油和柠檬烯对肝癌 HepG2 和肺腺癌 A549 的生长抑制均表现出强烈的剂量依赖性。钟桂云等人[95]在体外实验中发现新会陈皮黄酮类提取物对肝癌细胞株 Bel-7402 具有很强的抑制作用，抑制率达到 91.22%。

### 五、治疗其他类型肿瘤的研究和应用

传统中医学在肿瘤的认识和治疗方面具有独到之处。其在恶性肿瘤针对性治疗的实践和研究中发现，有些中药可以提高人体免疫能力，扶正祛邪，有些中药可以直接或间接地抑制、杀伤肿瘤细胞。因此，应用中医药辨证施治可以改善症状，缓解病情，提高肿瘤患者的生存质量。现代肿瘤学的治疗策略开始从"以杀为主"向"以调为主"转变，从对恶性肿瘤的局部治疗为主向肿瘤生长的微环境和内环境整体调控为主转变。

正是出于对中医与西医两种治疗方法的特征与疗效的平衡考量，我们国家发展出了中

西医结合的肿瘤治疗方法。中药陈皮中的川陈皮素、橙皮苷和挥发油成分能减少肿瘤细胞 DNA 的合成而诱导细胞凋亡作用,再通过诱导细胞凋亡或抑制细胞增殖发挥预防和治疗肿瘤的作用,而橙皮苷等还能在细胞发育、死亡及 DNA 合成方面具有一定的调节作用。钱士辉等人[106]以肉瘤 180(S180)、肝癌(Heps)、艾氏腹水癌(EAC)移植性肿瘤为模型,进行了陈皮提取物抑制肿瘤细胞的实验。结果表明,陈皮提取物对小鼠移植性肿瘤 S180、Heps 具有明显的抑制作用,使癌细胞增殖周期 $G_2/M$ 细胞减少,使 $G_0/G_1$ 期细胞增多,同时具有促使癌细胞凋亡的作用。此外,该科研团队还采用 MTT 法观察到陈皮提取物对人肺癌细胞、人直肠癌细胞和肾癌细胞最敏感,提示陈皮提取物是一种有开发前景的抗肿瘤中药提取物[107]。苏明媛等人[108]通过对川陈皮素的体外抑癌活性研究发现,川陈皮素能抑制五种类型肿瘤细胞(Caco-2、Hela、HepG2、A375、SW19905),尤其是 Hela 细胞的生长,并可诱导 Hela 细胞发生凋亡。

Zheng 等人[109]采用 CCK-8 法(细胞计数试剂法)测定细胞活力、流式细胞术检测细胞凋亡率,同时利用定量实时聚合酶链反应和蛋白印迹法(Western blot)分析分别检测 mRNA 和蛋白的表达等,对从陈皮中提取的川陈皮素抑制多种形式的肿瘤增殖进行研究,结果发现川陈皮素可抑制 C666-1 细胞的增殖,提高细胞凋亡率。此外,川陈皮素抑制聚 ADP 核糖聚合酶-2(PARP-2)的表达,并且其对 C666-1 的肿瘤抑制作用与 PARP-2 依赖途径有关。因此,该研究团队认为川陈皮素抑制 C666-1 细胞的生长可能与其调控 PARP-2/SIRT1/AMPK 信号通路有关。

范佳鑫等人[110]通过 CCK-8 法检测细胞抑制率,流式细胞术检测细胞周期变化,Western blot 检测细胞 Bcl-2、Bax、Caspase-3 蛋白表达一系列科学方法来探究广陈皮中的主要成分川陈皮素及橙皮苷在白血病 KG-1a 细胞株凋亡中的作用机制。结果表明,广陈皮所含川陈皮素和橙皮苷浓度不同对于 KG-1a 细胞(急性白血病细胞)增殖抑制率影响不同,时间增加,增殖抑制越明显,剂量浓度越高增值越依赖,川陈皮素和橙皮苷对细胞阻滞周期有所不同且两者能够降低细胞的抗凋亡蛋白 Bcl-2 蛋白的表达,增加 Bax 及 Caspase-3 蛋白的表达。有研究人员认为,川陈皮素与橙皮苷可以有效抑制 KG-1a 细胞增殖及诱导其凋亡。这可能与 Bcl-2 蛋白表达下调和 Bax、Caspase-3 蛋白表达上调相关。最近,北京大学张岩研究团队[111]用 BALB/c 裸鼠移植人肿瘤细胞来评价橙皮苷的体内抗肿瘤作用。研究结果显示,橙皮苷是一种具有心脏保护和抗肿瘤双重功能的 CaMKII-δ 特异性小分子抑制剂,也是一种很有希望用于心脏 I/R 损伤和心力衰竭临床治疗的先导化合物。

现代药理学研究表明,新会陈皮提取物及其所含成分川陈皮素、橙皮素等在体内外对乳腺癌、肝癌、肺癌、胃癌、卵巢癌、前列腺癌、结肠癌、黑色素瘤和肉瘤等多种肿瘤细胞均具有良好的抑制作用。它们对肿瘤的抑制机理主要归为以下几个方面:

(1)促凋亡作用:细胞凋亡又称程序性细胞死亡,是个体发育过程中基因调控下的细胞自主的有序的死亡过程,也是机体为调控发育、维护体内环境的稳定,由基因编码的细胞主动死亡的过程。细胞凋亡的意义,是生物体去除不需要的或者异常的细胞,它对生物的进化、内环境的稳定以及多个系统的发育有重要的作用。细胞凋亡对维护机体健康和免疫系统正常功能具有重要作用。肿瘤类疾病存在着细胞增殖异常和分化异常,也存在细胞的凋亡异常。因此,促凋亡作用有利于抑制肿瘤细胞形成和生长,维持细胞正常的代谢过程。

(2) 细胞周期阻滞作用:恶性肿瘤是以细胞异常分化与生长为特征的一类疾病。普遍认为肿瘤由生物体内外因素共同作用引起。细胞周期调控的异常即属于内因的一种。真核细胞的细胞周期的进程需要大量的胞内外信号的配合,如果缺少适当的信号,细胞将不能从一个阶段转向下一个阶段,这个节点被称为检查点,这种现象称为细胞周期阻滞。细胞在受到各种损伤因素导致的DNA损伤时会有一套应答修复机制。其中细胞周期阻滞在DNA损伤应答修复中扮演了重要角色,为修复受损DNA创造了条件。在DNA损伤修复过程中,损伤位点募集的磷脂酰肌醇-3-激酶样激酶(PIKKs)可引起细胞周期检查点相关蛋白的激活,导致细胞周期阻滞[112]。在碱基切除修复、核苷酸切除修复、错配修复、DNA双链断裂修复等常见的DNA损伤修复途径中,招募的损伤修复相关蛋白在细胞周期调控中也起到一定的作用。

(3) 对微管蛋白的影响:肿瘤是有机体在体内外各种致瘤因素的作用下,在基因水平失去对细胞生长的调控,导致单株细胞异常增生而形成的赘生物(新生物)。近年来,科学家研究发现,肿瘤细胞中某些微管相关蛋白(Stathmin蛋白、Tau蛋白、Ras相关结构域家族1A蛋白、棘皮动物微管相关蛋白样4-间变淋巴瘤激酶)存在异常表达,这些蛋白引起微管动态系统的失衡,对肿瘤的发生与发展起着重要的作用。

(4) 放化疗增敏减毒效应:放化疗是肿瘤治疗的现代医学重要手段之一。但是,由于肿瘤细胞突变导致其对放化疗耐受从而降低治疗的效果,而放化疗对正常细胞的损伤也是其主要副作用之一,结合现代研究,新会陈皮提取物及所含有效成分(比如川陈皮素)可以增强放化疗的效果,同时减轻其副作用[113]。

(5) 代谢调控作用:在正常有氧的条件下,肿瘤细胞优先利用糖酵解途径。细胞代谢在肿瘤发生、发展过程中的作用引起了广泛的关注。其基本机制是肿瘤细胞在营养匮乏的环境中通过劫持,重塑不同的细胞代谢途径,包括合成和分解途径,从而为其生存和增殖提供生物大分子原料;而这些代谢途径改变和代谢物的变化通过转录、表观翻译和翻译后修饰等不同机制来调控细胞的生命活动,从而在肿瘤发生发展中起着至关重要的作用。

(6) 迁徙和侵袭的抑制作用:肿瘤细胞的转移是肿瘤细胞从原发部位迁徙至新的场所并克隆性增生的过程,是一个高选择、包含一系列相关联事件的非随机过程,这一过程是由多种分子和基因改变决定的阶梯式步骤,被称为转移瀑布。肿瘤转移是导致肿瘤患者死亡的一个重要因素。因此,寻找具有抗肿瘤迁徙的潜在药物具有十分重要的意义。

(7) 恢复机体免疫系统的平衡功能:免疫系统是生物有机体执行免疫应答及免疫功能的重要系统。它具有识别和排除抗原性异物,与机体其他器官系统相互协调共同维持机体内环境稳定和生理平衡的功能。免疫系统主要由免疫器官、免疫细胞以及免疫分子组成。免疫系统各组分遍布机体四周,纵横交错,正常情况下免疫系统发挥保护人体的功能(即免疫防御、免疫监视、免疫自稳)。在某些情况下,免疫系统会发生功能失调(比如超敏反应、免疫缺陷、自身免疫性疾病等),从而对人体产生不利的影响。

因此,随着人们对柑橘、陈皮和相关产品的抗肿瘤活性及其作用机理研究的不断深入,其作为功能保健食品和临床抗肿瘤药物将在日常生活和医学治疗中不断地发挥出更大的作用和价值。

## 第七节 抗炎症、改善免疫力的作用

炎症是由细菌或真菌侵入人体而引发的。目前,临床上主要使用抗生素来治疗细菌等引发的炎症疾病。但是,抗生素会引起很多不良反应,会对身体产生不良的影响,而抗生素在抗炎的同时,也会导致病菌潜移默化地对抗生素产生耐药性。黄酮类成分被证实有较好的抗炎作用。黄酮类成分存在于植物中,如忍冬科的忍冬藤,金粟兰科的肿节风、金粟兰,蓼科的虎杖、大黄,薯蓣科的粉草蓣、山药,大戟科的透骨草、五月茶,车前科的车前草、车轮草,夹竹桃科的徐长卿,豆科的甘草、紫荆等,都具有明显的抗炎活性。但是,植物黄酮类化合物抗炎机制及作用基础尚未十分明确。

日本学者二宫文乃报道了抑肝散加陈皮半夏与调胃承气汤对眼围皮肤炎奏效[114]。虽然研究报道中的陈皮只是作为中药方剂的一个组成成分,但它也体现了陈皮在抗炎中的重要角色。游元元等人[115]用生理盐水、陈皮水煎液与橘叶水煎液分别给3组雌鼠(怀孕分娩后随机分组)灌胃。6天后经第4对乳腺基部注入浓度$1.5 \times 10$ CFU/mL的金黄色葡萄球菌50 $\mu$L诱发乳腺炎,48 h后取乳腺组织,检测乳腺菌落数,观察病理组织切片。采用平皿打孔法观察陈皮与橘叶水煎液的体外抑菌效果。结果显示,与生理盐水组相比,陈皮组和橘叶组菌落数都显著减少($P<0.05$),橘叶组细菌数少于陈皮组细菌数($P<0.05$);病理切片显示陈皮组、橘叶组乳腺组织病变较轻,生理盐水组炎症明显;体外抑菌实验显示陈皮水煎液(0.14 g/mL)和橘叶水煎液(0.20 g/mL)对金黄色葡萄球菌无抑制作用。因此,研究者认为红橘陈皮和橘叶对乳腺炎有抑制作用,可能通过机体免疫调节及抗炎作用实现。李向宇等人[116]在研究陈皮利咽合剂对急性咽炎模型大鼠外周血白细胞和咽部黏膜炎症的影响时发现,陈皮利咽合剂对急性咽炎模型大鼠有很好的治疗作用。很多慢性疾病的发病机制都涉及炎症,抗炎治疗成为预防和治疗各种疾病的重要途径。学者贺燕林和杨中林[117]使用脂多糖处理RAW264.7细胞,创建炎症研究模型。实验结果表明,陈皮中的黄酮类川陈皮素成分具有抑制嗜酸性粒细胞的作用;陈皮醇提物、陈皮水提物及橙皮苷部位均可显著降低模型细胞一氧化氮(NO)的释放量,具有显著抗炎活性。通过各给药组组间比较分析可知,陈皮醇提物、陈皮水提物的抗炎活性优于橙皮苷部位,推测为陈皮提取物中多成分协同作用的结果。

张艳艳和卢艳花[118]使用二甲苯对小鼠进行耳廓急性炎症造模,然后将从陈皮中提取出来的川陈皮素涂抹在小鼠耳郭肿胀部位上。实验结果表明,不同剂量的川陈皮素可以不同程度地缓解二甲苯导致的小鼠耳郭急性炎症,具有良好的抗炎作用。

李颖[119]选取78例反流性食管炎患者,随机分为两组,每组39例。对照组采用枸橼酸莫沙比利联合铝碳酸镁进行治疗,观察组在对照组基础上联合橘皮竹茹汤,两组均连续治疗8周。比较两组中医证候积分、总有效率、治疗前后胃半排空时间与胃排空时间及不良反应总发生率,并以此评价橘皮竹茹汤治疗反流性食管炎的疗效及对胃肠动力学的影响。

治疗前,对两组各项中医证候积分进行比较,差异均无统计学意义($P>0.05$);治疗后,观察组烧心、泛酸、急躁、胁肋隐痛、口干口苦、大便干结、喜饮等中医证候积分均低于对照组,差异均有统计学意义($P<0.05$);观察组总有效率为94.87%,高于对照组79.49%,差异有统计学意义($P<0.05$);治疗前,对两组胃半排空时间、胃排空时间进行比较,差异无统计学意义($P>0.05$);治疗后,观察组胃半排空时间、胃排空时间分别为$(27.59±4.20)$min、$(35.37±5.22)$min,均短于对照组$(32.78±4.63)$min、$(39.87±4.93)$min,差异均有统计学意义($P<0.05$);观察组与对照组不良反应总发生率分别为12.82%与7.69%,差异无统计学意义($P>0.05$)。因此,研究者认为,橘皮竹茹汤可促进反流性食管炎患者胃肠动力学的改善与患者症状的缓解,疗效优于单独西药治疗,是一种安全、有效的治疗方案。

研究使用发酵陈皮提取物预处理细胞 2 h,脂多糖(LPS)诱导细胞 22 h,发现对RAW264.7细胞无细胞毒性作用的情况下,发酵陈皮提取物能高度抑制LPS诱导细胞产生的NO,并且以浓度依赖性的方式抑制LPS诱导细胞产生的iNOS(诱生型一氧化氮合酶)和COX-2(环氧合酶)及其mRNA的表达,在LPS刺激的巨噬细胞中,发酵陈皮提取物能显著抑制TNF-α、IL-6和PGE2(前列腺素E2)的分泌[120]。

# 第八节 调节肠道微生物的作用

健康成年人的胃肠道内定植着多达100万亿个微生物,至少包括30个属约1 000种细菌,是人体微生物栖息最多的部位,如此庞大数量的微生物及其生活的环境等构成了人体的肠道微生态。2007年,美国国家卫生研究院(National Institutes of Health,NIH)首先提出人体微生物组计划(Human Microbiome Project,HMP),肠道微生物开始成为国际科研界关注的焦点。经过大量的深入研究,科学家发现肠道微生态系统作为人体最大的互利共生有机统一体,参与人体物质代谢、免疫调节、信号传导等重要生命活动。肠道菌群也被视作"人类第二套基因组",与心脑等器官的代谢与免疫疾病的发生与发展息息相关,是目前生物医学领域的热点研究领域之一。肠道菌群在机体健康中占据重要地位,在一定程度上影响着宿主的代谢和能量平衡。肠道菌群既有明显的个体差异性,又存在许多共性,多种因素都可以影响肠道菌群结构,如环境、饮食、遗传、疾病和药物等。

中医理论以"整体观"为特点,认为肠道菌群和人体是统一的整体,中医更将肠道菌群代谢纳入脾胃理论;中药以汤剂为主,大部分物质被肠道菌群所利用,肠道菌群是中药发挥药效的重要靶点之一。肠道微生物除了在中药的代谢中发挥作用外,还能促进中药的吸收。有些中药的有效成分不能被肠道吸收,只有经过肠道菌群代谢后才能进入血液发挥作用。中药陈皮中含有大量的果胶多糖、黄酮类化合物等肠道亲和性物质。前人的研究表明,水提法提取的 10 年陈皮的多糖可以诱导小鼠肠道派氏结的 T 细胞的免疫应答,具有一定的肠道免疫活性[121]。

## 一、动物肠道模型的研究

张耀[122]在探讨陈皮对肉鸡生长性能、肠道微生物区系的影响及其作用机制时指出,添加的 0.2%陈皮对 1～12 日龄的 AA 白羽肉鸡的生长性能和盲肠乳酸杆菌数量有明显影响,但对 21～42 日龄阶段以及饲养全期各组日增重及料重比无显著影响。橙皮柑对肉鸡乳酸杆菌和盲肠菌群的生长无明显影响。肉鸡回肠菌群不能降解橙皮苷,而盲肠菌群可以将橙皮苷降解为橙皮素。张文连等人[123]将 60 头试验猪随机分为 2 组,每组 3 个重复,每个重复 10 头猪;对照组和试验组分别饲喂基础日粮和添加 0.2%复方陈皮粉的日粮,共计 60 天;饲喂过程中定期采集新鲜粪便,采用变性梯度凝胶电泳(DGGE)和末端限制性内切酶片段长度多态性(T-RFLP)指纹图谱技术研究饲喂复方陈皮粉对猪胃肠道菌群多样性的影响。结果表明,试验期间试验组的猪只基本不腹泻,对照组有部分猪只经常腹泻。分别对两组粪便样品的胃肠道微生物进行 16S rDNA V3 区扩增,再通过 DGGE 技术进行条带分离,DGGE 图谱显示,猪胃肠道菌群物种丰富,两组样品之间存在明显的条带差异。对两组粪便样品的胃肠道微生物 16S rDNA 全长进行扩增,用 MspⅠ和 HaeⅢ对扩增产物进行限制性酶切,再运用 T-RFLP 技术检测,通过 RDP 数据库查询比对,在两组粪便样品中,相同的 T-RFs 片段有 27个,相对于试验组,对照组样品中差异部分片段对应的菌种多为致病菌。研究结果表明,临床上使用复方陈皮粉能有效预防猪腹泻等胃肠道疾病,这可能与药物能改善胃肠道微生态环境、调节菌群平衡有关。赖星等人[124]在研究日粮中分别添加绿原酸和橙皮苷对断奶仔猪(长白×大白×荣昌猪三元杂交断奶阉公仔猪)生长性能与肠道功能的影响时发现,日粮添加橙皮苷能显著提高断奶仔猪的平均日增重、平均日采食量、空肠黏膜绒毛高度,显著降低料肉比;橙皮苷具有抗氧化作用,能维持断奶仔猪肠道微生物区系的多样性。

Tung 等人[125]以实验鼠为模型研究了柑橘皮中的聚甲氧基黄酮(PMFs)和羟基聚甲氧基黄酮(HOPMFs)在体外和体内调节肠道微生物和抗肥胖潜力。与高脂日粮组相比,具有高含量 PMFs 和 HOPMFs 的实验组通过增加普雷沃氏菌 Prevotella 和减少 rc4-4 细菌来改变肠道微生物群。肠道微生物群(共生微生物和致病性微生物群落)组成的变化可能决定着机体代谢的健康,并能够用于解释其减肥的机制。据此,研究者认为,柑橘皮提取物可减少体内和体外的脂质积累,可以考虑用于控制和管理超重和肥胖状况。宁波大学、五邑大学和美国罗格斯大学组成的科研团队[126]分别用高脂日粮组、添加 0.25%和 0.5%陈皮提取物的高脂日粮组以及正常日粮组喂养小鼠 11 周。陈皮提取物使小鼠粪便中的短链脂肪酸显著增加,乙酸增加 43%,丙酸增加 86%。陈皮可降低变形杆菌的感染率到大约 88%,使厚壁菌与拟杆菌的比率分别降低至 70%。此外,该项研究首次通过监测肠道微生物群的动态变化,以剂量和时间依赖性的方式证明了两种有益细菌属阿克曼菌属和异杆菌属在陈皮的治疗过程中的动态变化。肠道微生物群的宏基因组分析表明,一些途径,如双组分系统、紧密连接、金黄色葡萄球菌感染和其他途径被动态地增强。代谢生物过程的改善,尤其是苯甲酸衍生物代谢过程的改善,可能是由于陈皮中的聚甲氧基黄酮在结肠中的代谢转化增加。因此,该科研团队指出,陈皮对肠道微生物群的调节作用可能是其减肥机制的重要途径。类似地,东北农业大学的 Li 等人[127]采用 HFD(高脂饮食)诱导的小鼠模型来评估陈皮提取物的降脂效果与肠道微生物群变化之间的关系。结果表明,摄入陈皮提取物 12 周后,剂量依赖性地抑制 HFD 诱导的体重、食物摄入量、Lee's 指数,同时降低空腹血糖、总胆固醇、甘油三酯和低密度脂蛋白胆固醇水平。此外,服用陈皮提取物可上调粪便微生物群的丰度和多样性,并下调厚壁菌门/拟杆菌门的比例。研究结果表明陈皮中含有大量的活性成分,能促进消化系统的吸收,对心血管系统疾病等有良好的疗效。陈皮提取物的抗肥胖能力可能与改善肠道微生物群失衡有关。

董汉琦在研究陈皮对犬肠道菌群及脂质代谢调控的影响时得出如下结论:第一,陈皮显著降低了由于高脂日粮引起的体重增加,降低总胆固醇和游离脂肪酸水平,减小脂肪细胞体积;第二,陈皮通过激活 AMPKα2 通路,下调 ACC1 和 FAS 的表达来促进脂肪酸氧化,下调胆固醇调节元件结合蛋白 1(SREBP1)的表达和过氧化物酶体增殖物激活受体 γ(PPARγ)的表达,抑制 PLIN1 表达,抑制了前脂肪细胞向成熟脂肪细胞的分化来抑制肥胖;第三,陈皮显著地增加了犬肠道乳杆菌属、瘤胃菌属地相对丰度,并引起机体肠道微生物多样性及丰度增加[128]。

## 二、人体肠道微生态系统模拟的研究

罗玉霜等人[129]应用人体肠道微生态系统模拟装置(simulator of the human intestinal microbial ecosystem,SHIME)模拟人体体内微生态,通过 16S rRNA 高通量测序技术分析橘皮汤对肠道菌群的影响,通过气相色谱技术分析橘皮汤对肠道菌群代谢产物短链脂肪酸的影响。结果显示,橘皮汤干预后韦荣氏球菌属相对丰度在干预期下降了 33.65%、在维持期下降了 92.78%,克雷伯菌属相对丰度在干预期下降了 63.60%、在维持期下降了 67.82%,巨单胞菌属相对丰度在干预期升高了 27.5%、在维持期升高了 62.61%;短链脂肪酸中乙酸含量先下降后上升,总体增加了 3.21%,丙酸含量减少了 45.43%($P<0.01$),异丁酸、丁酸、异戊酸、戊酸的含量显著增加($P<0.01$),分别增加了 52.94%、40.86%、48.94%和 80.00%。

橘皮汤干预能起到改变模拟人体肠道微生物多样性的作用,并具有调整菌群丰度水平的功能,表现在促进厚壁菌门巨单胞菌属的生长,抑制变形菌门克雷伯菌属及韦荣氏球菌属等肠道有害微生物的生长,对放线菌门双歧杆菌属也有一定的抑制作用,并对肠道菌群代谢产物短链脂肪酸的产生有一定的促进作用,在一定程度上改善了人体肠道健康水平。橘皮对肠道菌群代谢产物短链脂肪酸的含量的影响也在一定程度上反映了细菌的活性及其对肠道菌群的数量与结构的影响。

## 三、陈皮在肠道微生物影响方面的专利

陈东松等人[130]申请了名为"一种中药组合物在制备改善胃肠功能、调节肠道菌群的药物中的应用"的专利。这种含有陈皮的中药组合物(黄芪、炒白术、陈皮、麦冬、黄芩、炒山楂、炒莱菔子)具有改善胃肠功能、调节肠道菌群的功效。具体而言,该中药组合物可调节胃肠激素以

及与食欲相关的神经肽,改善肠道菌群的微生态,治疗及预防由饮食引起的以消化不良为主要特征的消化系统疾病,改善幼儿的一般体征状态,缓解厌食、排便异常等症状,改善肠道内酶活性,促进消化吸收,进而提高机体的营养水平。类似地,宁夏医科大学的朱西杰等人[131]申请了名为"一种增加胃肠道菌群的中药组合物及其制备方法和应用"的专利。该专利发明提供了一种增加胃肠道菌群的中药组合物及其制备方法和应用,涉及中药组合物领域。该中药组合物的原料按重量份数计包括陈皮 520 份、黄连 312 份、吴茱萸 620 份、干姜 312 份、半夏 520 份、升麻 315 份、焦乌梅 520 份、五味子 520 份、焦山楂 520 份、地榆炭 520 份、仙鹤草 530 份、秦皮 520 份、防风 520 份。其制备方法简单,将原料粉碎后混合制成药剂即可,获得的药剂可用于防治消化道慢性疾病。本申请中通过对各种中药原料进行配伍,从调节肠道菌群入手来治疗和防治疾病,具有良好疗效。

## 四、小结与展望

人体肠道在维持机体健康中扮演着至关重要的角色,而存在于肠道中的微生物对人体健康的影响也不容小觑。目前,肠道微生物依然受到生命医学科学界的高度重视。作为人体重要的"微生物器官",肠道微生物是最庞大、最复杂的微生态系统,与人体的免疫、营养、代谢等诸多生理功能紧密相关。关于陈皮,特别是新会陈皮,它在人体肠道微生物中的调理和调控作用的研究(譬如:"陈皮-胃肠道""陈皮-肠道微生物-胃肠道"等等)正在不断发掘和深入。目前,随着新的科学技术方法如基因组学、代谢组学、蛋白质组学和微生态学等多维分析方法的涌现,陈皮、肠道微生物与人体健康的相互作用与关系的解释和阐明正朝着科学的方向不断发展和进步。

## 参考文献

[1] 秦睿.不同年份、不同品级柑普茶的比较与评价[D].广州:华南农业大学,2018.

[2] 徐贵华,刘东红,李波,等.柑橘果皮中类黄酮组成与抗氧化能力研究[J].食品工业科技,2015,36(16):114-117,123.

[3] 苏丹,秦德安.陈皮提取液抗氧化及延缓衰老作用的研究[J].华东师范大学学报(自然科学版),1999(1):111-112.

[4] 赵翾,李红良,赵琳.陈皮中抗氧化成分的提取工艺研究[J].郑州工程学院学报,2003(1):24-26,34.

[5] 高蓓.广陈皮黄酮类化合物和挥发油成分及其活性研究[D].武汉:华中农业大学,2011.

[6] 刘丽娜,徐玉娟,肖更生,等.不同年份陈皮黄酮成分分析及抗氧化活性评价[J].南方农业学报,2020,51(3):623-629.

[7] 林林,林子夏,莫云燕,等.不同年份新会陈皮总黄酮及橙皮苷含量动态分析[J].时珍国医国药,2008,19(6):1432-1433.

[8] 郑国栋,蒋林,杨雪,等.不同贮藏年限广陈皮黄酮类成分的变化规律研究[J].中成药,2010,32(6):977-980.

[9] 王洋,乐巍,吴德康,等.不同采收期广陈皮药材三种黄酮类成分的含量测定[J].现代中药研究与实践,2009,23(5):66-68.

[10] 丁春光,孙素琴,周群,等.应用HPLC-DAD及HPLC-HRMS技术研究不同贮存年限陈皮的指纹图谱[J].中国新药杂志,2008,17(11):927-930.

[11] 李娆玲.茶枝柑皮提取物抗氧化有效成分的研究[D].广州:广东药学院,2012.

[12] 张瑞菊,邢桂丽,孙海波.陈皮中黄酮类化合物的抗氧化性[J].食品与药品,2007,9(11):22-24.

[13] 王卫东,陈复生.陈皮中黄酮类化合物抗氧化活性的研究[J].农产品加工(下),2007(4):21-23.

[14] 何露,胡璐曼,邓健善,等.陈皮黄酮提取工艺优化及抗氧化活性检测[J].基因组学与应用生物学,2021,40(3):1316-1323.

[15] 欧立娟,刘启德.陈皮药理作用研究进展[J].中国药房,2006,17(10):787-789.

[16] 崔佳韵,梁建芬.不同年份新会陈皮挥发油的抗氧化活性评价[J].食品科技,2019,44(1):98-102.

[17] 余祥英,陈晓纯,李玉婷,等.陈皮挥发油组成分析及其单体的抗氧化性研究[J].食品与发酵工业,2021,47(9):245-252.

[18] 廖素媚.陈皮多糖的分离纯化、结构表征及其清除自由基活性研究[D].广州:广东药学院,2009.

[19] 莫云燕,黄庆华,殷光玲,等.新会陈皮多糖的体外抗氧化作用及总糖含量测定[J].今日药学,2009,19(10):22-25.

[20] 李慧.陈皮多糖血糖调节作用及其口服液的制备研究[D].重庆:西南大学,2020.

[21] 甘伟发,周林,黄庆华,等.茶枝柑皮提取物中多糖的分子质量分布及抗氧化活性[J].食品科学,2013,34(15):81-86.

[22] 张小英,周林,黄庆华,等.茶枝柑皮多糖对PC12细胞氧化损伤的保护作用[J].食品工业科技,2013,34(18):99-101,105.

[23] 徐贵华,胡玉霞,叶兴乾,等.椪柑、温州蜜桔果皮中酚类物质组成及抗氧化能力研究[J].食品科学,2007,28(11):171-175.

[24] 左龙亚.柑橘亚科属植物果皮多酚类物质提取及其抗氧化、抑菌活性检测[D].重庆:西南大学,2018.

[25] 黄寿恩,李忠海,何新益.干燥方式对柑橘皮中主要抗氧化成分及其活性的影响[J].食品与机械,2014,30(5):190-195.

[26] 盛钊君,谭永权,葛思媛,等.新会柑胎仔和青皮、陈皮提取物的多酚含量及抗氧化活性比较研究[J].河南工业大学学报(自然科学版),2018,39(1):78-82.

[27] 万红霞,胡玉玫,贾强,等.10种广东药食两用植物的抗氧化和抗增殖活性评价[J].食品工业科技,2021,42(8):307-312.

[28] 李洪京.陈皮的药理分析及临床应用研究[J].医学信息,2015,28(6):100-101.

[29] 杨颖丽,郑天珍,瞿颂义,等.青皮和陈皮对大鼠小肠纵行肌条运动的影响[J].兰州大学学报(自然科学版),2001,37(5):94-97.

[30] 罗小泉,皮达,陈欢,等.《中国药典》中四个品种来源的陈皮挥发油对兔离体肠肌运动影响的比较[J].时珍国医国药,2020,31(6):1281-1285.

[31] 林佑.陈皮对消化系统作用研究进展[J].中医学,2012(4):37-40.

[32] 张文芝,周梦圣,华连敏.陈皮水煎液对离体唾液淀粉酶活性的影响[J].辽宁中医杂志,1989(4):30.

[33] 张旭,纪忠岐,赵长敏,等.陈皮提取物对小鼠胃排空、肠推进及家兔离体回肠平滑肌的影响[J].河南大学学报(医学版),2012,31(1):12-14.

[34] 官福兰.陈皮、枳壳对胃肠运动作用规律和分子机理的研究[D].广州:广州中医药大学,2002.

[35] 李庆耀,梁生林,褚洪标,等.陈皮促胃肠动力有效部位的筛选研究[J].中成药,2012,34(5):941-943.

[36] 林健,林蔚,钟礼云,等.复方陈皮咀嚼片促进机体消化功能的探讨[J].医学动物防制,2017,33(2):175-178.

[37] 张雄飞,竹剑平.陈皮提取物对酒精肝的保护作用[J].当代医学(学术版),2008,14(5):157-158.

[38] 李景新,邱国海,唐荣德,等.20年新会陈皮治疗功能性消化不良临床研究[J].新中医,2011;43(4):7-10.

[39] 邱国海,李景新,唐荣德,等.10年新会陈皮治疗功能性消化不良临床研究[J].新中医,2010,42(4):21-23.

[40] 邱国海,李景新,唐荣德,等.5年新会陈皮治疗功能性消化不良的临床研究[J].中华中医药学刊,2011,29(2):346-348.

[41] 傅曼琴,肖更生,吴继军,等.广陈皮促消化功能物质基础的研究[J].中国食品学报,2018,18(1):56-64.

[42] 徐彭.陈皮水提物和陈皮挥发油的药理作用比较[J].江西中医学院学报,1998(4):172-173.

[43] 蔡周权,代勇,袁浩宇.陈皮挥发油的药效学实验研究[J].中国药业,2006,15(13):29-30.

[44] 文高艳,周贤梅.陈皮有效成分在呼吸系统中的作用研究[J].现代中西医结合杂志,2011,20(3):385-386.

[45] 李婧,吴立旗,童文新,等.基于数据挖掘分析《清宫医案集成》止咳方药的应用[J].中华中医药杂志,2015,30(1):270-273.

[46] 张明,陈可晗,吴玉环,等.复方新会陈皮含片的止咳祛痰作用研究[J].中药与临床,2021,12(2):30-34.

[47] 文高艳.陈皮生物碱提取物抗肺纤维化的实验研究[D].南京:南京中医药大学,2011.

[48] 周贤梅,赵阳,何翠翠,等.陈皮挥发油对大鼠肺纤维化的干预作用(英文)[J].中西医结合学报,2012,10(2):200-209.

[49] 许荣龙.基于PGE2通路探讨陈皮生物碱对肺纤维化早期干预的实验研究[D].南京:南京中医药大学,2016.

[50] 陆婷.陈皮生物碱抗小鼠肺纤维化相关PGE2信号通路的实验研究[D].南京:南京中医药大学,2016.

[51] 许姗姗,许浚,张笑敏,等.常用中药陈皮、枳实和枳壳的研究进展及质量标志物的预测分析[J].中草药,2018,49(1):35-44.

[52] 崔文成.经方治疗儿童心肌炎体悟[J].中医杂志,2008,49(4):307-309.

[53] 王拥军.温胆汤治疗心血管系统疾病体会[J].实用中医药杂志,2017,33(2):182-184.

[54] Chu T T W, Benzie I F F, Lam C W K, et al. Study of potential cardioprotective effects of Ganoderma lucidum (Lingzhi): Results of a controlled human intervention trial [J]. The British journal of nutrition, 2012, 107(7): 1017-1027.

[55] 李季.柑橘皮膳食纤维对大鼠降血脂效果的研究[D].雅安:四川农业大学,2009.

[56] 吴琦,任茂生,田长城.不同年份陈皮多糖的理化性质和益生元活性比较[J].现代农业科技,2021(13):229-231,243.

[57] 朱思明,于淑娟,杨连生,等.陈皮中橙皮苷的超声法提取与结晶[J].食品工业科技,2005,26(6):131-134.

[58] 王巍,杨智昉,王红卫,等.橙皮苷对糖尿病大鼠心泵功能和心率变异性的影响[J].内科理论与实践,2011,6(4):291-294.

[59] 何少玲.陈皮、姜提取物治疗胸痹证的药效学研究[D].广州:广州中医药大学,2012.

[60] 曾威,罗艳,黄可儿,等.广陈皮抗高脂血症的血清代谢组学研究[J].中药新药与临床药理,2020,31(1):72-79.

[61] Gao Z, Wang Z Y, Guo Y, et al. Enrichment of polymethoxyflavones from Citrus reticulata 'Chachi' peels and their hypolipidemic effect [J]. Journal of chromatography B, 2019, 1124:226-232.

[62] 刘晓萍,赖香茂,欧阳资章,等.川陈皮素抑制高糖诱导的乳鼠心肌细胞肥大[J].中国临床药理学与治疗学,2021,26(7):753-759.

[63] 沈明勤,叶其正,常复蓉.陈皮注射剂对猫心脏血流动力学的影响[J].中药材,1996,19(10):517-519.

[64] 吴焕林.中医痰证诊断标准[J].中国中西医结合杂志,2016,36(7):776-780.

[65] 金晓,徐丹苹,陈小光,等.吴焕林运用岭南药物治疗心血管疾病经验举隅[J].辽宁中医杂志,2018,45(11):2280-2282.

[66] 沙树伟,梁萍,段旭东,等.当归、川芎、陈皮药浴剂对健康人体循环和脑血流的影响[J].中西医结合心脑血管病杂志,2016,14(4):424-426.

[67] 阚振荣,于娟.陈皮提取液的抗菌作用比较[J].河北大学学报(自然科学版),1998,18(4):384-386.

[68] 李斌,杨丽君.柚皮精油的提取与抗菌作用研究[J].南阳理工学院学报,2012,4(2):89-92.

[69] 陈林林,米强,辛嘉英.柑橘皮精油成分分析及抑菌活性研究[J].食品科学,2010,31(17):25-28.

[70] 程小河,戴梦姗.六君子丸治疗脾胃虚弱型幽门螺杆菌感染临床研究[J].新中医,2021,53(15):29-31.

[71] Bae E A, Han M J, Kim D H. In vitro anti-helicobacter pylori activity of some flavonoids and their metabolites [J]. Planta medica, 1999, 65(5):442-443.

[72] 钟志东,陈双璐,张茵.小儿抗病毒颗粒的质量控制[J].中国医院药学杂志,2009,29(3):239-240.

[73] 张保顺.橙皮苷衍生物的合成及其药理作用的研究[D].重庆:西南大学,2011.

[74] 沈洁,郑敏霞,谢升阳,等.新型冠状病毒肺炎中医药防治组方规律分析[J].中国药业,2020,29(6):25-28.

[75] 王志宏,张静,吴淑琼,等.基于数据挖掘分析中医药治疗新型冠状病毒肺炎普通型的组方用药规律[J].天津中医药,2021,38(10):1241-1246.

[76] 姜芬,张华敏,纪鑫毓,等.我国新型冠状病毒肺炎诊疗方案恢复期中医药组方用药规律挖掘与探讨[J].中国中医药图书情报杂志,2020,44(5):1-6.

[77] 崔琳琳,宋亚刚,苗明三.基于网络药理学和分子对接的陈皮干预COVID-19的可能机制[J].中药药理与临床,2020,36(5):28-33.

[78] 世界癌症日:乳腺癌超肺癌成全球第一大癌[J].临床研究,2021,29(2):4.

[79] 李娜.陈皮多甲氧基黄酮抗肿瘤作用及其机理研究[D].北京:北京中医药大学,2007.

[80] 王毓炜.柑橘类黄酮诺必播停对K562细胞的体内体外作用及其机制的研究[D].扬州:扬州大学,2009.

[81] 潘华金,毕文钢,杨雪.新会陈皮道地性密码释译[C]//江门市新会区人民政府,中国药文化研究会.第三届中国·新会陈皮产业发展论坛主题发言材料.新会,2011:16.

[82] Du Q Z, Chen H. The methoxyflavones in Citrus reticulata Blanco cv. ponkan and their antiproliferative activity against cancer cells [J]. Food chemistry, 2010, 119(2):567-572.

[83] 徐瑛,宁永兰.陈皮甘草汤治疗50例急性乳腺炎体会[J].安徽中医临床杂志,1995(1):66.

[84] 吴德强.陈皮甘草汤治疗急性乳腺炎19例[J].福建中医药,1966(2):38.

[85] 骆明远.陈皮可治急性乳腺炎[J].开卷有益(求医问药),2011(3):37.

[86] 王志国,李兰英,张利.陈皮多甲氧基黄酮类成分对人乳腺癌MCF-7、肝癌HepG2细胞株增殖抑制作用及其敏感性比较[J].江苏中医药,2007,39(11):79-80.

[87] 曹鹏,王东明,顾振华.川陈皮素对乳腺癌细胞的化疗增敏作用[J].中草药,2009,40(9):1418-1422.

[88] 李云,邢丽娜,周明眉,等.柑橘不同用药部位中橙皮苷、柠檬苦素及诺米林含量与其体外抗氧化和抗乳腺癌活性相关性研究[J].上海中医药杂志,2015,49(6):87-90.

[89] 王宏.广陈皮植物化学物生物活性及橙皮素抑制乳腺癌细胞活性机理研究[D].广州:华南理工大学,2017.

[90] 管晓琳,罗刚,朱玲,等.川陈皮素诱导非小细胞肺癌A549细胞凋亡的研究[J].中国药科大学学报,2006,37(5):443-446.

[91] 罗刚,曾云,朱玲,等.川陈皮素对肺癌的增殖抑制作用及其机制[J].四川大学学报(医学版),2009,40(3):449-453.

[92] 陆红玲,丁学兵,刘达兴,等.橙皮苷诱导人非小细胞肺癌A549/DDP细胞凋亡的实验研究[J].时珍国医国药,2012,23(8):1925-1926.

[93] 刘娟.中医治疗非小细胞肺癌方药应用文献研究[D].南京:南京中医药大学,2020.

[94] 程祺,郝珍珠,朴星虎,等.基于网络药理学分析"陈皮-半夏"药对治疗老年肺癌的潜在作用机制[J].中国老年学杂志,2020,40(23):4969-4972.

[95] 钟桂云,郑晓瑞.新会陈皮黄酮类化合物的提取及其杀菌抗肿瘤活性研究[J].云南化工,2020,47(8):65-66.

[96] 郭晓冬,魏品康,许玲.消痰散结方对裸鼠MKN-45胃腺癌组织中PCNA表达的影响[J].广州中医药大学学报,2000,17(2):152-154,191.

[97] 王建平,魏品康,李毅华,等.消痰散结方对裸鼠MKN-45人胃腺癌组织中CD(44)V6表达的影响[J].成都中医药大学学报,2001,24(3):20-21.

[98] 王建平,魏品康,许玲,等.消痰散结方对裸鼠MKN-45人胃腺癌组织中E-Cad表达的影响[J].中医研究,2002,15(2):18-20.

[99] 李强,杨柳.益胃汤合橘皮竹茹汤治疗胃癌放化疗后呃逆96例[J].中国中医药信息杂志,2001,8(7):67.

[100] 李星,樊巧玲.胃癌中医辨证与方药应用的文献研究[J].中医杂志,2017,58(8):693-696.

[101] 杨雪竹,张浩,崔西玉,等.川陈皮素抑制胃癌SGC-7901细胞侵袭能力的机制探讨[J].现代肿瘤医学,2020,28(18):3099-3104.

[102] 杨英艺.近10年临床肝癌证候及方药文献研究[D].广州:广州中医药大学,2017.

[103] 赵妍妍,马秀英,周黎明.川陈皮素对肝癌细胞的抑制作用[J].华西药学杂志,2007,22(2):149-151.

[104] 李兰英,彭蕴汝,钱士辉.陈皮多甲氧基黄酮类成分诱导荷$H_{22}$肝癌小鼠肿瘤细胞凋亡作用的研究[J].中药材,2009,32(10):1596-1598.

[105] Manassero C A, Girotti J R, Mijailovsky S, et al. In vitro comparative analysis of antiproliferative activity of essential oil from mandarin peel and its principal component limonene [J]. Natural product research, 2013, 27 (16): 1475-1478.

[106] 钱士辉,王佾先,亢寿海,等.陈皮提取物体内抗肿瘤作用及其对癌细胞增殖周期的影响[J].中国中药

杂志,2003,28(12):67-70.

[107] 钱士辉,王侑先,亢寿海,等.陈皮提取物体外抗肿瘤作用的研究[J].中药材,2003,26(10):744-745.

[108] 苏明媛,牛江龙,李林,等.川陈皮素的体外抑癌活性及其机制研究[J].中成药,2011,33(9):1479-1483.

[109] Zheng G D, Hu P J, Chao Y X, et al. Nobiletin induces growth inhibition and apoptosis in human nasopharyngeal carcinoma C666-1 cells through regulating PARP-2/SIRT1/AMPK signaling pathway [J]. Food science & nutrition, 2019, 7(3): 1104-1112.

[110] 范佳鑫,吴建伟,黄建栩,等.广陈皮在白血病 KG1a 细胞株凋亡中的作用机制分析[J].深圳中西医结合杂志,2021,31(5):11-13.

[111] Zhang J X, Liang R Q, Wang K, et al. Novel CaMKII-δ inhibitor hesperadin exerts dual functions to ameliorate cardiac ischemia/reperfusion injury and inhibit tumor growth [J]. Circulation, 2022, 145(15): 1154-1168.

[112] 董明新,孙晓辉,徐畅,等.DNA 损伤修复与细胞周期阻滞[J].国际生物医学工程杂志,2021,44(4):329-333,339.

[113] 马于然.川陈皮素增强抗癌药物抗肿瘤效果及机理研究[D].江门:五邑大学,2020.

[114] 二宫文乃.眼围皮肤炎:抑肝散加陈皮半夏与调胃承气汤奏效[J].明通医药,2006(353):7-8.

[115] 游元元,祝婕,李建春,等.红橘陈皮与橘叶对小鼠实验性乳腺炎的影响[J].时珍国医国药,2012,23(4):909-910.

[116] 李向宇,王新帅,王颖.陈皮利咽合剂对急性咽炎模型大鼠白细胞和咽黏膜影响的研究[J].新中医,2013,45(9):145-147.

[117] 贺燕林,杨中林.陈皮不同提取物及橙皮苷部位的抗炎活性比较研究[J].亚太传统医药,2014,10(13):23-25.

[118] 张艳艳,卢艳花.陈皮黄酮川陈皮素的分离纯化及抗炎止血作用研究[J].辽宁中医杂志,2014,41(6):1238-1239.

[119] 李颖.橘皮竹茹汤对反流性食管炎患者胃肠动力学的影响[J].国际医药卫生导报,2019,25(5):750-753.

[120] Kim C, Ji J, Baek S H, et al. Fermented dried Citrus unshiu peel extracts exert anti-inflammatory activities in LPS-induced RAW$_{264.7}$ macrophages and improve skin moisturizing efficacy in immortalized human HaCaT keratinocytes [J]. Pharmaceutical Biology, 2019, 57(1), 392-402.

[121] Tian C C, Xu H, Li J, et al. Characteristics and intestinal immunomodulating activities of water-soluble pectic polysaccharides from Chenpi with different storage periods [J]. Journal of the science of food and agriculture, 2018, 98(10): 3752-3757.

[122] 张耀.陈皮对肉鸡生长性能、肠道微生物区系的影响及其作用机制的探讨[D].南京:南京农业大学,2007.

[123] 张文连,黄志坚,殷光文,等.复方陈皮粉对猪胃肠道菌群多样性的影响[J].福建农林大学学报(自然科学版),2016,45(2):196-202.

[124] 赖星,陈庆菊,卢昌文,等.日粮添加绿原酸和橙皮苷对断奶仔猪生长性能与肠道功能的影响[J].畜牧兽医学报,2019,50(3):570-580.

[125] Tung Y C, Chang W T, Li S M, et al. Citrus peel extracts attenuated obesity and modulated gut microbiota

in mice with high-fat diet-induced obesity [J]. Food & function, 2018, 9(6): 3363-3373.

[126] Zhang M, Zhu J Y, Zhang X, et al. Aged citrus peel (Chenpi) extract causes dynamic alteration of colonic microbiota in high-fat diet induced obese mice [J]. Food & function, 2020, 11(3), 2667-2678.

[127] Li A, Wang N, Li N, et al. Modulation effect of chenpi extract on gut microbiota in high-fat diet-induced obese C57BL/6 mice [J]. Journal of food biochemistry, 2021, 45(4): e13541.

[128] 董汉琦.陈皮对犬肠道菌群及脂质代谢调控的研究[D].武汉:华中农业大学,2020.

[129] 罗玉霜,伍静仪,刘世锋,等.基于SHIME研究橘皮汤对肠道菌群结构的影响[J].现代食品科技,2021,37(4):7-15,49.

[130] 陈东松,陈伟珊,陈培麟.一种中药组合物在制备改善胃肠功能、调节肠道菌群的药物中的应用:CN111035715A[P].2020-04-21.

[131] 朱西杰,杨利侠,王佳林.一种增加胃肠道菌群的中药组合物及其制备方法和应用:CN110013540A[P].2019-07-16.

# 第六章

# 茶枝柑副产品的开发与研究

柑橘果肉营养丰富,除了富含膳食纤维和有机酸等组成成分外,柑橘果肉中还含有许多功能性成分,如类黄酮、维生素和酚酸等,这赋予了柑橘果肉具有抗炎、抗癌、抗氧化、抗过敏等重要生理作用。

研究资料显示,每 100 g 柑橘可食部分中含蛋白质 0.9 g、碳水化合物 12 g,可产生热量 222 kJ,而且还含有钙 25 mg、磷 15 mg、铁 0.2 mg、胡萝卜素 0.55 mg 和维生素 $B_1$、$B_2$ 及烟酸等。柑橘果肉具有抗癌作用,这是因为果肉中含有大量的 β-玉米黄质。澳大利亚有学者曾经声称,每天吃一个橘子,可使患口腔癌、喉癌和胃癌的概率降低 50%。另有学者研究发现,柑橘肉的糖度越高,其中 β-玉米黄质(β-隐黄素)的含量越多,抗癌效果就越好,并且比胡萝卜素的抗癌效果要强上 5 倍。此外,橘子维生素 C 的含量也仅次于枣和荔枝。还有研究显示,柑橘果肉所含的抗氧化剂可用来增强机体免疫力,限制肿瘤生长,促进癌变细胞的正常化,也能够降低心血管疾病、肥胖症和糖尿病的患病概率。日本农水省果树试验场通过老鼠实验确认,柑橘果肉在预防皮肤癌、大肠癌方面有明显效果。一个柑橘果实的 β-玉米黄质含量约为 1~2 mg。近来有些研究发现,多吃柑橘果肉可明显预防肝脏疾病和动脉硬化。人体血液中类胡萝卜素对维护人体肝脏功能、防止动脉硬化有一定作用。每天吃 3~4 个橘子的人患上脂肪肝的概率更低,这是因为柑橘中的胡萝卜素和维生素 C 可提高机体血清的抗氧化能力,对保护肝脏大有裨益。调查研究显示,人体血液中含类胡萝卜素高的人比含类胡萝卜素低的人患动脉硬化的概率要低很多。因此,多吃柑橘能摄取更多的类胡萝卜素,可有效地预防动脉硬化。柑橘肉还含有丰富的糖类、维生素、苹果酸、柠檬酸、蛋白质、食物纤维以及多种矿物质等,对于坏血症、夜盲症、皮肤角化和发育迟缓均有一定的辅助治疗作用。特别是维生素 C 与柠檬酸含量最为丰富,维生素 C 的含量比苹果和梨都高。

柑橘瓣外面的薄皮(囊衣)含有大量的膳食纤维,这些纤维物质具有通便和降低胆固醇的作用。柑橘囊衣中还含有橘皮苷,能够降低人体血压,扩张心脏的冠状动脉。对比而言,柑橘汁则富含钾元素、维生素 B 和维生素 C,也可在一定程度上帮助人体预防心血管疾病。英国有研究发现,每天两杯绿茶、一个橘子,对于人体抵御电磁辐射有一定帮助[1]。因此,我国柑橘大多数用于鲜吃。但是,柑橘也可用于加工果脯、果酱、果茶、果冻等食品。

随着科学技术与食品工业的发展,柑橘类水果开始得到产业化的研究与应用。譬如,柑橘副产品的功能成分开发用于制备果胶、类黄酮、类胡萝卜素、柠檬苦素、香精油和辛弗林等,也可以将柑橘果实进行生物质的发酵,转化生产乙醇、柠檬酸、有机肥和动物饲料等。近年来,我国柑橘产业飞速发展,柑橘产量也逐年增加,柑橘的鲜果市场日渐饱和。因此,有必要发展柑橘的综合加工产业,寻求新的更好的方式对柑橘水果产品加以利用,从而更为合理充分地利用柑橘资源,取得更大的经济和社会效益。

茶枝柑的主打产品是新会陈皮。随着我国功能食品的发展,新会陈皮的营养产品的开发和研究也逐渐发展成为当前茶枝柑产业化的热点课题之一。相比较而言,茶枝柑果肉营养产品的研究工作虽然稍有落后,但是与之相关的开发项目及其科学研究与实际应用的工作也正方兴未艾。

# 第一节　柑橘副食品的开发与研究

柑橘副食品主要涵盖了柑橘饮品、柑橘酒类和柑橘食品三个方面的种类。果醋以其美味、营养和保健价值而被人们冠以"21世纪的产品"称号。随着人们生活水平的提高,健康保健意识的增强,果醋产品在我国消费市场存在巨大的潜力。柑橘果醋的开发与研制不仅扩大了酿醋资源范围,而且产品附加值高,市场前景可观,对促进我国柑橘产业的发展具有积极意义。果酒是指以新鲜水果为原料,经破碎或压榨取汁,通过全部或部分发酵酿制而成的低度发酵酒,酒精含量一般在7%~18%。我国酿制果酒的历史悠久,成果丰硕。果酒中含有丰富的营养物质,如不可发酵性糖或微生物代谢后产生的糖类、维生素、氨基酸、微量元素、矿物质等,浆果类(如葡萄、桑葚和蓝莓等)发酵果酒中还富含花青素、黄酮类、白藜芦醇等酚类及醇类物质等[2]。我国的柑橘类水果资源也比较丰富。采用柑橘水果来酿酒,味道鲜美,口感比较好,营养又健康。柑橘果酒既可以促进机体血液循环和新陈代谢,又能控制体内胆固醇水平,改善心脑血管功能,还具有利尿、激发肝功能和抗衰老的功效[3]。目前,复合型柑橘果醋、果酒的开发成为柑橘产品研发的一个新方向。

## 一、柑橘果醋的研究

柑橘果醋是以新鲜、成熟的柑橘类水果为原料,经去皮、榨汁、分离、脱苦、酒精发酵、醋酸发酵、陈酿和灭菌等工艺生产所得。柑橘果醋的内在成分、营养价值均有异于传统食醋,且具有柑橘水果的独特风味和天然色泽。使用柑橘类等水果酿制的果醋比粮食酿制的食醋营养更为丰富,维生素和其他生物活性物质更多,而且可以增加柑橘类副食品的种类。早在1960年,美国已有科研人员对柑橘的果醋进行了研制[4]。近年来,我国在这方面的研究也逐渐增多,不断深入。单杨等人将柑橘汁脱苦、澄清,后经酒精发酵、醋酸发酵制成果醋,对柑橘果醋的加工工艺和操作关键点进行了探讨,并对柑橘中的苦味物质及生物酶脱苦机理进行了阐述[5-6]。吴永娴等人[7]以红橘果肉为原料,在果汁中添加20%~40%果渣组成的混合汁渣,用果胶酶处理后调整浓度和含氮量,再用酒精、醋酸发酵,陈酿得橙黄色的果醋,其产酸速度和酒精转化率均高于纯果汁。

应用柑橘果渣发酵生产柑橘果醋是对柑橘果渣利用的一种有益尝试,具有创造显著经济效益和社会效益的潜力。张超等人[8]在柑橘果渣醋酸发酵动力学实验研究中指出,最佳工艺条件为接种量10%、温度30 ℃、转速180 r/min、酒精度6%、发酵时间96 h,醋酸含量达到5.29 g/100 mL,醋酸转化率为85.27%。发酵罐放大实验表明,发酵时间为83 h,醋酸产量达到4.88 g/100 mL,醋酸转化率为78.66%。上述工艺条件比较接近实际生产条件。湖南农业大学的陈学先[9]以脱苦柑橘全果汁为发酵原料,对柑橘果醋的发酵工艺进行了优化。研究得出柑橘果醋的醋酸发酵工艺最佳优势组合为醋酸菌接种量为10%,发酵温度32 ℃,发酵醪液装醪量为40%,在此条件下产酸量最高,达到59.87 g/L。经陈酿制得柑橘果醋原液后,为了研制口感独特的营养保健柑橘果醋饮料,以柑橘果醋原液、脱苦柑橘汁、木糖醇、碳酸钠为调配原料,通过单因素和正交试验设计的试验结果,得到最佳的调配配方为柑橘果醋原液15 mL/100 mL、脱苦柑橘汁10 mL/100 mL、木糖醇8 g/100 mL、碳酸钠0.3 g/100 mL,成品柑橘醋饮料颜色橙黄,酸甜适中,清凉爽口,具有天然柑橘香和醋香味,有少量气泡。杨馨悦等人[10]采用液态表面发酵法发酵的柑橘果醋,在酒精度为6%的条件下,营养盐含量0.10%,底酸含量0.8%,发酵温度34 ℃为醋酸发酵最佳组合,由此酿制的柑橘果醋总酸含量可达到6.167%。柑橘果醋在四种有机酸的检测中,乳酸含量远高于柠檬酸、苹果酸、酒石酸;在十种单体酚的检测中,槲皮素、表儿茶素、儿茶素含量高于其他单体酚;柑橘果醋总酚和总黄酮含量均低于柑橘果汁。

最近几年来,科学研究者对柑橘果醋的酿造工艺做了不少的工作,但是依旧有一些问题尚未解决。比如,酶解工艺对柑橘果醋感官品质及香气构成有很大的影响,但是国内对此的研究并不是很多,且一般采用单一的果胶酶对果汁进行水解,得到的出汁率并不高。此外,国内许多研究者大多采用单一的菌种进行柑橘果醋发酵试验。研究结果表明,其产酸能力及耐酸耐酒精能力均不理想。

为了推动柑橘果醋酿造工艺的发展,应该加大对混合酶解工艺的研究,并且推动混合菌种的开发、推广及应用。利用柑橘果实生产出高品质的果醋,不仅解决了果农销售柑橘难的问题,与以往的罐头、果汁等加工产品相比,其技术含量大大提高,既能够保证产品档次与质量,又能够丰富柑橘加工产品的种类,其加工废弃的柑橘皮可提取色素、果胶、黄酮等物质,也是综合利用柑橘资源,提高柑橘产业效益的一条重要途径[11]。

## 二、柑橘果酒的研究

我国生产的果酒是指除了葡萄酒以外,以苹果、橘子、杨梅、凤梨、枇杷、山楂以及一些野生果实为原料,采用发酵法酿造的饮料酒。这类果酒以酒精含量较少、具有水果的原有风味为特色,深受广大中老年消费者和妇女儿童的喜爱[12]。20世纪末,我们国家曾经提出要大力开发多规格、多品种和多档次的果酒,而柑橘果酒具有良好的开发潜力和较为广阔的市场前景。近10年来,面对柑橘产量的快速增长,柑橘类果酒的研究也越来越受到重视与支持,并取得一些较为优秀的科技成果。

### (一)柑橘果酒酿造技术的研究

柑橘果酒是以柑橘肉为原料,经过发酵等工艺流程(图6-1)加工而成的水果饮料酒。我国柑橘果类资源比较丰富,品质优良且价格实惠,用柑橘酿酒,不仅不会破坏柑橘原有的营养成分,而且酿造的果酒口感好、酒香浓郁,对人们身体有较多的好处,具有防衰抗老、养颜润肺、补肝安神等功效[13]。目前,我国柑橘罐头工业和柑橘果汁工业发展虽然较好,但柑橘果酒却未能实现真正的工业化上市。因此有必要加大柑橘酒的研发力度,推进柑橘果酒的工业化和市场化进程。

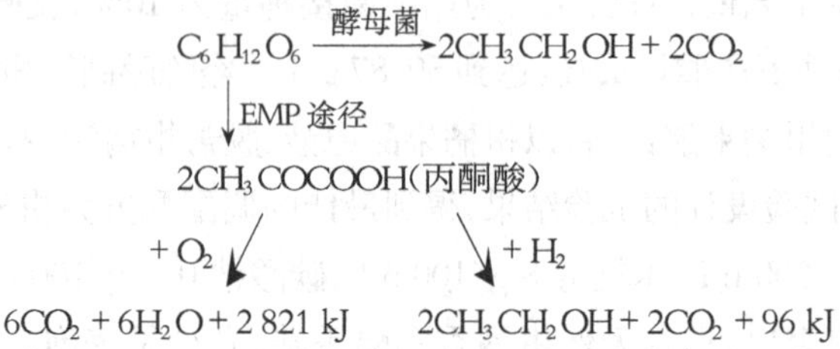

$$C_6H_{12}O_6 \xrightarrow{\text{酵母菌}} 2CH_3CH_2OH + 2CO_2$$

$$\downarrow \text{EMP途径}$$

$$2CH_3COCOOH(\text{丙酮酸})$$

$$+O_2 \downarrow \qquad \downarrow +H_2$$

$$6CO_2 + 6H_2O + 2\,821\ kJ \qquad 2CH_3CH_2OH + 2CO_2 + 96\ kJ$$

**图 6-1 果酒发酵工艺流程**

21世纪初,我国柑橘类果酒的酿造与研究取得了关键性的突破。2004年,刘正中报道了重庆市垫江县柑橘酿酒的成功开发[14]。2007年,罗芒生报道了柑橘果酒制作流程[15]。此后,我国柑橘类果酒的开发与研究逐年增多。钟世荣等人[16]采用组合菌种发酵技术,控制发酵温度为22℃、组合菌种用量为7‰、二氧化硫的添加量为70 mg/L(添加$SO_2$的作用主要是杀菌、澄清、抗氧化和增酸),初始糖度为18%、初始pH为3.7,酿造出色、香、味俱全的优质橘子酒。孙美玲等人[17]研究活性酵母的接种量、装液量及发酵温度对果酒发酵的影响,结果表明发酵温度为25℃,活性酵母接种量为10%,装液量为酿制设备容积的2%时为最优化条件。万萍等人[18]对柑橘酒发酵条件进行了研究。采用单因素试验找出发酵pH、接种量和温度的最佳条件,再用正交试验进行进一步的优化。结果表明,在接种量12%、pH 3.8、温度25℃的条件下发酵5天,酒精度达到11.24%。何钢等人[19]以四川橘为原料,对橘子果酒发酵工艺参数进行优化,比较两株果酒酵母的发酵性能(果酒酵母菌株Ⅰ和果酒酵母菌株Ⅱ分别从成熟葡萄表皮和鸭梨表皮经分离和纯化获得)。结果表明,最佳发酵菌株为果酒酵母菌株Ⅰ,影响橘子果酒感官品质的各因素主次顺序为发酵温度>酵母接种量>初始糖度>初始pH,结合酒精度和感官综合评分控制酵母接种量为6%、主发酵温度为21℃、初始糖度为20%、初始pH为3.4,选用果酒酵母菌株Ⅰ发酵新鲜橘子全汁,可以获得色泽鲜艳、口感适宜的橘子果酒。陈清婵等人[20]以荆门地区蜜橘为原料、果酒酵母为酿造菌种,发酵生成橘子酒。试验结果优化出橘子酒的最佳工艺参数为橘汁:水=10:9(体积比),可溶性固形物为20°Bx,$SO_2$添加量为80 mg/L,接种量为3.0 g/L,pH为3.8,在此条件下,发酵的蜜橘酒具有较好的色泽和风味。杨香玉等人[21]采用甜橙鲜果汁经酒精发酵工序酿制甜橙果酒,$SO_2$的添加量为60 mg/L,通过单因素试验和正交试验得到了酒精发酵优化条件为酿酒高活性干酵母添加量0.15%,初始糖度23%,发酵温度30℃,发酵时间144 h,果酒酒精度为12.8%,陈酿3~4个月。在此条件下可得酒体呈橙黄色,清亮透明,有独特宜人的甜橙果香和纯正的酒香及口感愉悦的甜橙果酒。在2017—2018年间,麻成金的研究团队对椪柑果酒的深层发酵工艺、澄清工艺、催陈方式以及椪柑果酒香气成分进行了一系列的分析与探讨,取得了一定的科研成果,为提高椪柑资源附加值和优化我国椪柑产业结构提供了一条重要途径[22-24]。最近,黄衡等人[25]对利用爱媛38号(爱媛38号为柑橘杂交新品种,采自桂林良丰农场)果实发酵生产果酒技术进行了初步探索。通过选择成熟果实,分选清洗、剥皮、破碎打浆、酶解、调整成分杀菌、加入活化后的酵母菌发酵、离心、陈酿、下胶、过滤、调配等工艺,得到成品酒。爱媛柑橘果酒香味独特,色泽青黄,清亮,透明,但苦味较重。

柑橘酒的研究项目已经在我国多个柑橘生产地区相继开展了。比如,以衢州柑橘、广东郁南砂糖橘、四川柑橘、南丰蜜橘、雪峰蜜橘等为原料,研究其果酒的酿造工艺。相关研究报道还指出,以柑橘为原料酿造果酒,酒精度低,酒质温和爽口,果香味浓,基本保持了柑橘中的天然营养成分。柑橘果酒含有7种人体必需氨基酸,果酒香气成分也多达40种[26-27]。

### (二) 柑橘果酒的陈酿技术

当前国内外对于果酒催陈技术的研究多集中于葡萄酒等。新发酵的果酒,酒体浑、香气粗、口感涩,不宜入口;经陈酿之后可变得澄清透亮、香气馥郁、口感细腻。陈酿的过程是分子重排以及氧化还原、合成与重组等物理化学变化过程。为了提高生产效率,加速果酒的陈酿过程,可在传统陈酿方法的基础上结合快速人工催陈技术。目前,微氧熟化、超声波、微波、冷热处理、化学助催剂、电磁场、辐射、高压脉冲等人工快速催陈方法在不同种类的果酒陈酿过程中得到广泛应用,催陈效果明显[28]。王丽萍使用橡木片与微氧结合对葡萄酒进行催陈试验。研究结果表明,酯化作用明显,能有效地替代橡木桶对葡萄酒进行催陈[29]。

## 三、茶枝柑果肉的酿酒、酿醋技术研究

果酒是世界酒类行业中产值、进出口贸易、附加值最大的产业,茶枝柑果肉中富含糖类、维生素、有机酸、抗氧化活性物质等,具有很高的食用和药用价值。若能将其鲜果肉转化成果酒,不仅可以解决资源浪费问题,实现资源的综合利用,提高农业产业化发展水平,增加农民收入,而且还能使茶枝柑果肉中的有效药理成分和果酒自身的营养保健功能相结合,具有十分重要的现实意义和巨大的市场推广前景。此外,相较于年产值近百亿元的新会陈皮产业,茶枝柑果肉还有很大的发展空间。目前,茶枝柑果肉的研究开发依然处在起步阶段,产业链较短、规模较小。

近年来,面对废弃茶枝柑果肉资源所带来的环境卫生问题,新会积极发掘民间智慧,研发了不少"民间良方",其中柑饼、柑果酱、白兰地酒等已被地方新闻媒体、生活杂志等广泛宣传,是一种可行的利用茶枝柑果肉的有效途径[30]。然而,囿于市场需求和研发资金投入等多种原因的限制,这些类型的资源化利用与产业化生产并未能一蹴而就。因此,全方位、多措并举地开发具有抗氧化、降血脂、降血糖、预防肥胖及调节肠道菌群功能的茶枝柑果肉(包含种子)相关的系列功能食品,才能保证充分地利用资源,同时满足人们对新型功能性食品的追求。

白卫东等人[31]以新会茶枝柑为原料,经发酵酿制成保健型果醋。试验对果胶酶处理、酒精发酵、醋酸发酵的适宜工艺条件进行了研究,采用正交试验法,确定了较好的工艺参数:果胶酶处理,酶加入量0.04%,酶解温度60 ℃,酶解时间60 min。酒精发酵,起始总糖度为16%,初酸度在酶解柑橘汁的自然酸度下(pH≈4.2),酵母菌接种量为5%,28 ℃发酵72 h。醋酸发酵,初始酒精度7%,醋酸菌接种量13%,30 ℃发酵120 h。通过该工艺条件,发酵出来的

新会柑果醋产品总酸含量达到 5.05%，不挥发酸 pH=2.74，可溶性固形物含量为 2.12%，达到国家相关标准要求。任文彬等人[32-33]以新会柑果肉为原料，研究新会柑果酒的加工工艺。结果表明，经 β-环糊精脱苦后的新会柑果汁的适宜发酵参数为：糖度 16%，有效酸度 pH=4.1，接种量为 7% 的葡萄酒酵母培养液，27 ℃恒温发酵 6 天，8~15 ℃后发酵 15 天以上。制成的果酒酒体颜色为浅黄色或黄色，口感醇和协调，但香气不够明显。和大多数柑橘果汁一样，脱苦处理是一个关键和必要的环节。白卫东和刘晓艳[34]对柑橘汁形成苦味的原因和柑橘汁脱苦方法的研究进展进行了综述，并指出有必要对现有的脱苦方法进行深入研究，同时寻找新的脱苦方法，以解决柑橘加工产品的脱苦问题（包括新会柑果肉汁脱苦问题）。廖林和王珊珊[35]以新鲜香橙、蜜橘和蜜柚为原料，研究混合果酒的酿造工艺，通过单因素试验，考察不同干酵母添加量、初始发酵糖度、发酵温度及偏重亚硫酸钾添加量对混合果酒的酒精度和品质的影响。经过 $L_9(3^4)$ 正交试验，优化得出主发酵温度 18 ℃、干酵母添加量 7 g/L、偏重亚硫酸钾 0.16 g/L，按 1∶1 添加白糖和冰糖、初始糖度 20°Bx 的条件下可酿制出优质混合果酒（酒精度为 7.6%），产品质量指标符合国际标准。王玉霞等人[36]的实验研究了柑橘分别与不同用量苹果、雪梨、猕猴桃果醪混合发酵对酒体品质的影响，考察了黄酮、多酚、维生素 C 和总氨基酸含量等营养成分的差异。结果显示，苹果等其他水果的添加对发酵过程总糖降低有一定延缓效应，但对果酒总酸含量有促进作用。此外，苹果和猕猴桃的添加对果酒中总氨基酸含量也有一定的促进作用，其中柑橘/苹果（1∶1）果酒中总氨基酸含量最高，达到 604.11 mg/L，比柑橘果酒高出了 9.11%。感官分析结果显示，柑橘/猕猴桃（2∶1）的酒样感官品评分值最高，达到 81.73 分，最低的为单一柑橘果酒（76.73 分）。综合各项指标的主成分分析结果进一步验证了添加苹果等其他水果对柑橘混酿果酒品质改善和提升方面的显著效果。显然，前述两项研究报道也为新会茶枝柑果肉发酵制酒提供了一条可供借鉴的创新方法。

现有报道指出，茶枝柑在开皮时容易割伤果肉导致微生物污染，进而在果酒发酵时出现异味。同时，单纯的茶枝柑果肉所酿制的果酒风味单调、苦涩味重；而蒸馏酒则香味较淡薄，陈酿时间长；茶枝柑的酒饮料稳定性也不佳，杀菌后容易产生风味劣变。针对这些问题，一些研究项目也陆续开展了茶枝柑发酵酒、蒸馏酒及复合果酒的加工工艺优化与研究。

在新会茶枝柑酿酒发明专利方面，陈卓宏[37]公开发明了一种新会柑果酒，包括如下组分及其质量分数：白砂糖，5%~20%；酿酒酵母，0.25‰~1‰；果胶酶，0.01‰~0.5‰；橡木片，0.2‰~1‰；抗氧化剂，0.05‰~1‰；余下为新会柑。所述新会柑果酒的制备方法包括以下步骤：① 选取新鲜成熟的新会柑去皮去籽榨汁；② 按重量份称取组成新会柑果酒的各个组分，加入白砂糖调整糖度，再加入酿酒酵母果胶酶进行发酵，经橡木浸制陈酿，过滤，除菌，再分装成成品。该新会柑果酒香味浓郁，富含酯类物质，口感清爽滑润，杂醇油含量低。吴继军研究团队申请的专利"一种茶枝柑果酒及其制备方法"和"一种柠檬与茶枝柑复合发酵果酒及其制备方法"已获得发明授权[38-39]。此外，张斌[40]公开了"一种新会柑烈酒的加工方法"，该方法是将新会柑全汁发酵得到的干酒进行处理，然后采用特殊方式萃取出香气物质，再将萃余液进一步提取香气物质，进行第二次萃余液蒸馏得到基酒，最后将香气物质添加到新会柑烈酒基酒中，密闭条件下陈酿，即得果香浓郁的新会柑烈酒。利用该发明所制作的新会柑烈酒果香浓郁,富含酯类物质,口感清爽滑润,并且发明工艺简单,成本低。最近,在应用茶枝柑果肉酿酒方面,胡业涛[41]发明了"一种新会柑果肉蒸馏白酒及生产方法",包括以下份数的原料:新会柑果肉 100 份,白砂糖 2~5 份,发酵物 0.25~0.7 份。制备方法包括:经过原料挑选、清洁、整理、发酵后,经过两次蒸馏,第一次出酒酒精度平均值为 27%~35%,第二次出酒酒精度平均值为 43.9%~65%。采取与传统浓香型白酒生产工艺相结合的方法,一方面充分利用浓香白酒生产过程中存在的有益菌群,另一方面在水果白酒的感官品质上增加了浓香型白酒特有的香味物质,与水果发酵香味相得益彰。加工过程中直接使用原材料与白砂糖、酒曲进行调配、发酵、蒸馏和勾兑,没有添加任何粮食、食品添加剂和催化剂,保证成品酒纯正。

另外,据有关资料显示,新会区有多家企业已经融资投产新会柑果肉白兰地。新会柑果肉白兰地在生产工艺上采用了现代生物工程技术,设备上采用了带冷却水循环夹层的不锈钢发酵罐,改善了产品的风味。目前,我国柑橘白兰地的加工技术已达到国际先进水平,产品质量也达到国内同类产品领先水平。这对中国南方柑橘的产业结构调整和产业化发展起到了积极的推动作用[42]。

## 第二节　柑橘副产品作昆虫饵料的研究与应用

柑橘果肉的综合开发与利用技术有利于妥善处理废弃茶枝柑果肉,改善地区环境卫生,也有助于减少茶枝柑果肉资源的浪费,促进农业经济资源的再生与循环利用。有关研究指出,生物有机体消化是解决茶枝柑果肉资源化利用的可行办法。目前,把柑橘果肉加工成某些养殖昆虫的饵料是一种行之有效的方案,并且已经进入了企业的生产与经营中。

亮斑扁角水虻被认为是一种理想的环保昆虫,也是消化茶枝柑果肉的一种现实性策略。亮斑扁角水虻俗称"黑水虻",学名为光亮扁角水虻,拉丁学名为 *Hermetia illucens*。亮斑扁角水虻属于双翅目(Diptera)水虻科(Stratiomyidae)扁角水虻属(*Hermetia*)的一种腐食性昆虫,原产于美洲,20 世纪 90 年代被引入我国进行人工养殖。亮斑扁角水虻一般是以畜禽粪污、餐厨果皮垃圾等为主要食物,目前广泛分布于贵州、广西、广东、上海、云南、湖北、台湾等地,而在美洲、非洲、澳大利亚、新西兰以及多个太平洋岛屿上都有其活动踪迹。亮斑扁角水虻因具有繁殖速度快、生物量大、食性杂、养殖成本低、饵料转化率高、动物适口性好且容易管理等诸多特点而可以实现资源化人工养殖[43]。

受成虫寿命短、孵化期长并且天敌多等因素的制约,野生亮斑扁角水虻的自然种群密度偏低;但是由于适应能力较好,它们的地理分布比较广泛,种群相对稳定。与家蝇相比,亮斑扁角水虻具有无可挑剔的环境安全性,不会造成生态性威胁与灾害。亮斑扁角水虻成虫不携带致病菌,可算得上是非任何一种形式的卫生害虫或农业害虫。另外,亮斑扁角水虻具有普适性强、环境安全性高、取食范围广泛等优势,并且其成虫没有进入人居环境的习性。因此,人们将其作为固体有机质废弃物如餐厨垃圾、养殖废弃物、食品加工下脚料等的生物媒介昆虫加以养殖和利用。发展亮斑扁角水虻养殖产业可以充分消化禽畜粪便和生活垃圾,生产出高价值的动物蛋白。另外,发展亮斑扁角水虻养殖对于缓解人畜争粮的矛盾、实现畜牧业循环经济和建立节约型社会具有十分重要的意义。

亮斑扁角水虻资源化利用的养殖技术通过水虻的采食实现柑肉、米糠、麦麸(养虫基质)中的蛋白质、碳水化合物的分解,合成新的昆虫蛋白质和脂肪酸资源。采食后排出的昆虫粪便为优质生物肥料。在亮斑扁角水虻的采食过程中会产生大量有益菌群,经过其幼虫不断蠕动产热及微生物发酵的共同作用,经采食的基质大量散发热量,不断向外蒸发水分。经过15天的采食处理,亮斑扁角水虻分解消耗基质,收获幼虫、虫砂、虫蜕等。具体的消化流程简述如下:

(1) 将麦麸、米糠、果汁(柑肉的榨汁)混合加入虫卵,柑普茶生产季节会加上新鲜柑肉,控制湿度和温度进行孵化,孵化时间为2天。部分柑肉在非收获季节进行榨汁储罐,榨汁后的果肉渣用在养虫基质调配上。

(2) 幼虫孵化出来后移出孵化室,经过15天的培养,幼虫到达三四龄。

(3) 一个月后培养成为成虫(6龄),即可出售成虫活体,用作活体饵料,或烘干制成粉末用作饲料原料或制成昆虫蛋白粉。

(4) 部分成虫会继续培养,移到羽化室进行羽化、交配、繁殖和产卵。然后,通过筛分把虫砂、虫蜕和蛹壳分离。虫砂与未消化完全的麦麸、米糠可用作有机肥料的原料,用于园林绿化等施肥工作;虫蜕可用于医疗用手术线研发;蛹壳可用于提取甲壳素(用于医学皮肤修复)。未完全消化的柑橘络可入药。虫砂、柑核属于农林有机质,可用于有机肥料原料,实现资源化的增值利用。

## 第三节　柑橘副产品在畜禽营养中的研究与应用

随着柑橘产业的快速发展,越来越多的柑橘果实用于深加工,产生了大量的柑橘皮渣和肉渣。大量研究表明,风干柑橘皮渣含有丰富的无氮浸出物(又称"可溶性碳水化合物")、维生素和微量元素,其所含能量接近玉米和麦麸,可以作为畜禽能量饲料的来源。在美国和巴西等柑橘加工业发达的国家,通常将柑橘皮肉渣直接干燥制成颗粒饲料后用于饲喂反刍动物。目前,我国柑橘加工业产生的大量柑橘皮肉渣,除了少量用于提取果胶、精油和用于制作中药陈皮外,大部分被排入江河湖海或堆弃为废料垃圾,既浪费资源又污染环境。此外,由于鲜皮渣苦味重、水分含量高,压榨后会损失大量养分,人工干燥成本高,自然晾晒费工耗时且容易被致病菌污染,柑橘皮渣和肉渣在我国作为畜禽饲料应用时受到某种程度上的限制[44]。但是,随着科技人员的刻苦攻关和技术手段的日新月异,柑橘皮渣和肉渣的畜禽营养研究取得了不少的进展和成果。

### 一、柑橘肉的畜禽营养研究

柑橘果肉的深加工方式主要有提取果胶、柑橘类黄酮等活性成分,或用作饲料添加剂以及加工成可降解的包装材料等。其中,柑橘果肉渣用作饲料原料能变废为宝,是一种经济型的节能利用方式。而且,柑橘果肉中还含有抗菌和抗氧化等生物活性成分,有助于提高动物有机体的免疫功能。因此,柑橘果肉在畜禽动物营养研究与应用中具有一定的开发潜力。但是,柑橘果肉作为饲料原料也存在着一些问题,如单宁和果胶等影响动物消化系统的抗营养因子,尚待重点研究和解决。此外,柑橘果肉具有蛋白质含量偏低、酸度较大、粗纤维含量高等特点,这些因素也影响着柑橘果肉在饲粮中的单独运用。总之,柑橘果肉畜禽饲料研究需要社会各界增加资金投入,也需要科技工作者们加大研究力度,锐意创新,积极完善技术开发路径和策略。

丹麦科学家研究了干燥的柑橘果肉渣(Citrus pulp, Cp)作为浓缩饲料的替换物对羔羊肉蛋白的抗氧化作用的影响。将 26 头 90 天的 Comisana 羊羔随机分组并接受 3 个喂养方案:①市售含 60%大麦的浓缩饲料(对照组,$n=8$);②含 35%大麦和 24%柑橘果肉的浓缩饲料(Cp24,$n=9$);③含 23%大麦和 35%柑橘果肉的浓缩饲料(Cp35,$n=9$)。胸腰最长肌的切片在有氧条件下包装,并在 4 ℃避光条件下贮存 6 天发现,柑橘果肉组(Cp24 和 Cp35)能显著降低蛋白质自由基和羰基化合物,并较对照组在 6 天内保留更多的巯基化合物。柑橘果肉组显著减缓了蛋白质氧化速率,表明柑橘果肉渣组能减缓羊羔肉中蛋白质的氧化改变[45]。类似地,意大利 Inserra 等几位学者[46]研究了在饲粮中用高水平的干柑橘果肉渣替代谷物浓缩物对羔羊肉氧化稳定性的影响。在 56 天内,给羔羊喂以大麦为基础的浓缩物(对照组)或含 24%和 35%干柑橘果肉渣的浓缩物以部分替代大麦(分别为 24%和 35%的柑橘)。羊肉在真空条件下老化 4 天,随后在 4 ℃下有氧储存。无论替代水平如何,在有氧贮藏的 6 天内,饲粮干柑橘果肉能显著降低肉类的脂质氧化,而颜色参数在贮藏期间没有明显变化,其变化率不受饲粮的影响。总之,在浓缩饲料中用干柑橘果肉代替谷物可能是一种可行的策略,可以明显提高肉类的氧化稳定性,应该合理地推进这类副产品的研究与开发。根据 Lu 等人[47]的报道,柑橘肉渣的添加可有效地提高肉兔肝脏的抗氧化能力。Mínguez 和 Calvo[48]用新鲜甜橙(Citrus sinensis)果肉部分替代豚鼠的饲粮中的苜蓿以研究其对豚鼠肥育期间的死亡率、生长性能、屠宰特性和感官特性的影响。实验设计为共有 450 只豚鼠被安置在集体围栏内,每个围栏约有 10 只左右。实验豚鼠分为三组:对照组(CG,以新鲜苜蓿为饲料)和治疗组(G15 和 G30,分别有 15%和 30%的苜蓿被甜橙果肉渣取代)。结果显示,CG 和 G15 在所有研究的性状上没有发现显著差异,但是,G30 的生长和胴体性状值最低,组别之间在感官特征方面没有发现显著差异。综上所述,适度加入甜橙果肉渣有助于减少豚鼠肉生产对苜蓿的依赖性。

一般地,国外的柑橘果肉渣成分(以干物质基础计算)为 60%~65%果皮、30%~35%果肉和 0~10%种子。我国新会地区的去皮茶枝柑果肉渣则只含有果肉(约 90%)和种子(约 10%)。茶枝柑果肉水分含量高,容易腐败,不适合长途运输,就近处理是比较适宜的处理方式,可以经过发酵后用作饲料原料或者土壤肥料等。为了有效地利用新会陈皮加工副产物,减少资源浪费和降低环境污染,增加畜禽养殖业的饲料原料的供给,田静等人[49]研究将茶枝柑果肉和小麦壳按不同比例混合进行青贮并评价其青贮效果。该实验设计茶枝柑果肉与小麦壳混合比例为 7∶3、6∶4 和 5∶5,每个混合比例又分为植物乳杆菌(Lactobacillus plantarum)添加与无添加,共 6 个处理。实验结果显示:茶枝柑果肉营养丰富,粗脂肪是小麦壳的 3.23 倍,水溶性碳水化合物比小麦壳稍高,粗灰分、粗纤维、中性洗涤纤维和酸性洗涤纤维均比小麦壳低,具有较高的利用价值;柑橘肉和小麦壳按 7∶3 比例混合青贮效果良好,且添加植物乳杆菌青贮效果最好,pH 降至 3.56,乳酸含量达 5.92%,同时也降低了乙酸、丙酸和氨态氮含量。

此外,添加陈皮柑汁对柱花草和水稻秸秆的青贮品质有一定的改善作用。吴硕等人[50]的研究表明,与对照组相比,添加陈皮柑汁可以提高柱花草青贮乳酸的含量,降低 pH 和氨态氮的含量,提高蛋白质的保存率;陈皮柑汁处理的水稻秸秆青贮后干物质含量也显著提升。此外,陈皮柑汁对柱花草和水稻秸秆青贮饲料中的大肠杆菌均有抑制作用。因此,陈皮柑汁对柱花草青贮品质影响较大,其中添加 2%陈皮柑汁的柱花草青贮品质较好。

## 二、柑橘果皮(含果渣)的畜禽饲料研究

### (一) 鸡饲料的应用与研究

李冬春等人[51]报道了陈皮提取物能促进鸡源乳酸菌的生长,陈皮与益生素均能提高肉鸡的生产性能。胡忠泽等人[52]开展了一项关于陈皮对蛋鸡生产性能和蛋品质影响的研究。他们发现饲喂陈皮组比对照组产蛋率提高了 2.54%,采食量显著提高 1.28%,鸡蛋均重和料蛋比分别降低 0.06%和 1.48%,破壳蛋率下降 1.2%;哈氏单位和蛋比重分别提高 10.73%和 0.94%,蛋黄颜色提高 12.89%,蛋壳颜色、蛋壳厚度、蛋黄指数分别提高 2.6%、3.39%和 5.26%,蛋壳比例和蛋白比例分别提高 1.68%和 3.83%,粗蛋白显著提高 9.34%,蛋黄比例和粗脂肪分别降低 9%和 9.42%,粗灰分降低 7.95%。这项研究表明陈皮具有提高蛋鸡生产性能和改善鸡蛋品质的作用。

李玲研究团队[53-54]研究指出,陈皮提取物对肉鸡生长性能、免疫功能、血清指标、抗氧化功能有一定的积极影响,日粮中添加不同比例的陈皮提取物可提高营养物质的消化率和生长速度,提高肉鸡生产性能,且随着陈皮提取物添加时间的延长这种效果更明显;还可提高免疫器官指数,对肉鸡中枢免疫器官生长具有积极作用;添加 0.1%陈皮提取物可降低胆固醇、三酰甘油和低密度脂蛋白含量,提高高密度脂蛋白含量,有明显降低血脂的作用。魏青娟[55]将陈皮添加在肉鸡日粮中进行生长试验。同天入孵出蛋壳的 240 只京黄肉仔鸡随机分成四组,每组 60 只。对照组饲料不添加陈皮,而试验组基础日粮中分别添加 0.5%、1%、1.5%的陈皮作添加剂,进行 60 天的饲养试验。结果表明:三个试验组只均增重比对照组依次提高 8.6%、10.6%、10.2%;成活率分别提高 1.6%、3.3%、1.6%,料重比分别减少 9.7%、11.4%、15.3%。该项研究表明,用陈皮作肉鸡添加剂是一项投资少、见效快、效果好和易于推广的技术措施。

王小清等人[56]选用磺胺间甲氧嘧啶钠、硫酸阿托品和地塞米松磷酸钠 3 种药物建立鸡生长抑制模型,从中选择一种效果较好的药物进行后续试验。结果显示,在生长抑制模型建立试验中,地塞米松组平均日增重最低,显著低于对照组($P<0.05$),料重比最高,显著高于对照组($P<0.05$),且十二指肠和空肠绒毛高度均显著低于对照组($P<0.05$),表明地塞米松组生长抑制效果最好。本试验选用地塞米松磷酸钠给药建立鸡生长抑制模型进行后续试验。在兽用陈皮口服液对鸡生长抑制治疗效果评价试验中,将 50 只 AA 肉鸡随机分为 5 组,每组 10 只。第 1~4 组分别胸肌注射地塞米松磷酸钠 0.25 mg/kg 体重,连续给药 8 天,人工造病形成生长抑制模型;第 9 天开始,第 1~3 组连续 7 天分别灌服 0.1 mL/kg 体重、0.2 mL/kg 体重和 0.3

mL/kg体重的陈皮口服液;第4组为阳性对照组,第9~16天不使用陈皮口服液,灌服等量灭菌生理盐水;第5组为阴性对照组,用等量灭菌生理盐水代替地塞米松磷酸钠,连续注射8天,第9~16天灌服等量灭菌生理盐水。治疗结束时,第2、3组平均日增重高于第4组(阳性对照组),与空白对照组差异不显著($P>0.05$),料重比低于第4组,且与空白对照组差异不显著($P>0.05$);陈皮口服液治疗组脏器系数及血液生化指标(除谷草转氨酶外)与空白对照组基本接近($P>0.05$),说明陈皮口服液能明显缓解地塞米松对肉仔鸡的生长抑制,修复地塞米松生长抑制肉仔鸡的脏器损伤,且高剂量组(0.3 mL/kg)体重缓解作用更好。

### (二) 猪饲粮的应用与研究

韩国科技人员利用橘皮饲养改良生猪和黑猪,发现改良猪肉的有机物质含量比普通猪肉高,味道也较普通猪肉好,且脂肪层厚度要比普通猪肉的脂肪层减少12%~23%,是一种低脂肪猪肉,改良猪肉的维生素含量要比普通猪肉高出84%~140%。此外,橘皮喂猪也可以提高猪肉中蛋白质含量[57]。

在我国,田树海等[58]用胃蛋白酶-胰酶两步体外模拟猪胃肠道消化环境,评定了中草药陈皮对猪饲料蛋白降解率的影响。试验结果表明,陈皮能提高饲料中粗蛋白质的消化率,其中以添加0.5%和1.0%组的效果较好,并推测可能是由于陈皮中的挥发油成分能够增强胃蛋白酶和胰酶的活力,从而提高饲料中粗蛋白质消化率。而张晓菊等[59]在生产试验中发现,长金猪日粮中添加以陈皮、甘草、黄芪等组成的复方添加剂后能显著提高断奶仔猪的日增重($P<0.05$),降低腹泻指数,提高饲料养分消化率,且与高效抗生素组的作用效果相当。在生长肥育猪饲料中添加10%的陈皮,有利于提高猪的生长性能,改善胴体品质,降低背膘厚度。还有研究报道,含有陈皮粉的复方中草药制剂可有效改善猪胃肠道环境,使肠道微生态菌群趋于稳定,并改善猪群腹泻状况,且可提高母猪胎次和仔猪生长性能[60-61]。林夏生[62]为了测定在基础日粮中添加陈皮超微粉能否对断乳仔猪的腹泻率、日增重和料肉比产生影响时,选取288头日龄、体重、体长、胎次大致相同的健康三元杂交断乳仔猪,随机分为四组(1个空白对照组和3个试验组),每组3个重复,每个重复24头;以空白对照组喂基础日粮,试验组日粮是在基础日粮的基础上分别添加0.15%、0.25%、0.45%陈皮超微粉,试验周期35天。试验结果表明:在基础日粮中添加陈皮超微粉组较空白对照组的增重情况均有所提高,料肉比均有所下降,腹泻率均有所降低,以添加0.45%陈皮超微粉效果最佳。李庆丰[63]在饲粮中分别添加0.5%、1.0%和1.5%比例陈皮粉,对肥育猪饲养12周后,测定各组猪群采食性能、体重增长情况及与免疫、抗氧化等相关的血清生化指标。结果发现,与对照组相比,饲粮中添加0.5%、1.0%和1.5%比例陈皮粉均有利于提高肥育猪采食性能和体重生长量,但增长效果以陈皮粉1.0%和1.5%添加比例效果更明显。因此,陈皮粉有效成分具有抗菌、抗病毒和平喘止咳的功效,在一定程度上可抑制疫病发生,降低用药成本,并提高猪群存活率。

### (三) 反刍动物饲料的应用与研究

院东等人[64]研究陈皮和酸甜剂对奶牛生产性能和血清中部分生化指标的影响时发现,在日粮基础上添加陈皮和酸甜剂能够显著提高奶牛干物质采食量和产奶量,同时提高血清中总蛋白（TP）、血清白蛋白（ALB）含量，且添加陈皮的试验组能够显著提高血清中丙氨酸氨基转移酶（ALT）活性，极显著降低总胆固醇 TC 含量。陈皮和酸甜剂对奶牛都具有一定的诱食效果，但陈皮对奶牛的生产性能及血清生化指标的影响较酸甜剂效果更明显，推测其原因可能是陈皮作为中草药常用提取物之一，除了含有丰富的营养物质之外还有很多酸甜剂中没有的有效活性因子，可以保护奶牛肝脏，促进体内蛋白质合成，从而促进奶牛的生产性能。

根据有关报道，美国学者使用橘皮饲喂肉牛，能够有效地对抗食品源性传染病（如沙门氏菌、弯曲杆菌、志贺氏菌、大肠杆菌等）在牛群中的发生与传播[65]。在美国，柑橘果肉生产仅限于特定的亚热带地区，其中佛罗里达州中南部依然是柑橘生产总量最大的，其次是加利福尼亚州和得克萨斯州的一些生产区。柑橘果肉被归类为能量浓缩副产品饲料。饲喂给肉牛的柑橘副产品主要包括柑橘糖蜜、柑橘粉、湿柑橘肉渣、干柑橘肉渣和颗粒柑橘肉渣。然而，在当前的生产系统中，果肉渣（湿状、干燥和颗粒状）是唯一常用的柑橘副产品[66]。

由于茶枝柑果皮（新会陈皮）的市场价格偏贵，通常较少用于畜禽营养与养殖方面。但是，据有关资料报道，新会区某些畜禽养殖企业或者私营单位时常使用散碎的新会陈皮泡水饲喂马冈鹅，可以起到帮助马冈鹅防病和抗病的作用。此外，柑橘果皮及其果肉在畜禽养殖与营养方面的应用可以作为茶枝柑果肉资源化综合利用的参考。茶枝柑的综合开发利用，不仅能有效地减少果肉资源的浪费，保护生态环境，而且也可提高整个茶枝柑产业及相关产业如畜牧业的经济效益，带动畜牧养殖的健康发展。

## 第四节　柑橘副产品在环保水产养殖中的研究与应用

陈皮可以作为水产动物的优质营养添加剂，促进水产动物健康生长，提高增重率，是一种非常有使用价值的添加剂。在基础饵料中有不同质量（0.05%、0.1%、0.25%、0.5%、1.0%、3.0%）的柑橘或甜橙外果皮，丁光等人[67]用记录仪记录鲤鱼啄咬饵料球的频率和力度。实验表明，柑橘和甜橙外果皮是两种新的鲤鱼诱食性物质，而且二者对鲤鱼诱食作用的效果基本相同，其适宜添加量分别为 0.25% 和 0.1%。此外，丁光团队在研究饲料中适量添加陈皮对草鱼免疫指标和血糖水平的影响时发现，陈皮作为饲料添加剂可明显提高草鱼的免疫功能，添加量以 0.2% 为最佳并且对血糖水平无显著性改变[68-69]。

由于市场价格较贵，茶枝柑果皮（新会陈皮）用作水产鱼类的饲料添加物的做法显然不甚划算。但是，相对而言，价格便宜的茶枝柑果肉却很可能在水产养殖方面发挥一定的作用。根据相关研究，茶枝柑果肉及果汁营养丰富，可以满足某些微生物的全部生长需求。李义勇等人[70]在研究新会柑果汁发酵物对水产养殖尾水的净化效果时，使用新会柑果汁作为天然培养基，扩培利生源（主要成分为硫化氢氧化细菌、类球红细菌、多种超耐低氧芽孢杆菌等复合菌）、酵之源（主要成分为进口复合乳酸菌、酵母菌、超低耐氧芽孢杆菌等）、乳丁宝（主要成分为乳酸菌和乳丁宝菌）等 3 种微生物菌剂，并用于净化养殖尾水，得出如下主要结论：①与柑汁自然发酵相比，添加了微生物菌剂的发酵物方可有效地促进模拟尾水的总氮（TN）和铵态氮

($NH_3$-N)去除。②离心柑汁较之未离心柑汁更适合于发酵,其发酵物对 TN 和 $NH_3$-N 的去除效果更理想。③以离心柑汁的利生源发酵物为最优处理剂,可加速池塘尾水 TN 和 $NH_3$-N 的去除进程,其中罗非鱼池塘尾水氮指标达到了淡水池塘养殖水排放要求(SC/T 9101—2007)的二级标准。

为了解决微生物絮凝剂大量投产使用所面临的生产成本问题,研究者设法研制新型的廉价产絮培养基。陈钊霞等人[71]利用新会柑加工废弃果肉的肉汁作为替代碳源(添加量分别为1%、10%和100%),制备产絮培养基,经产絮芽孢杆菌发酵后,以高岭土模拟废水评价其絮凝效果,并以奶牛场尾水脱色效果进行验证,以葡萄糖产絮培养基作为对照。结果表明,在新会柑肉汁添加量1%水平下,絮凝效果最好,絮凝率为95.3%(含菌体)和94.7%(不含菌体),接近对照培养基的絮凝率。对于奶牛场尾水,脱色率达到26.2%(含菌体)和25.9%(不含菌体),较对照培养基的脱色率提高了一倍以上。总之,新会柑果肉汁产絮培养基所产絮凝剂的絮凝效果好,既可解决新会柑产业中废物的环保问题,又可为畜禽养殖等废水处理提供环保材料,变废为宝,一举两得,具有经济可行性,值得推广应用。

## 第五节　其他产品的开发与研究

进入21世纪,高新技术已经成为引导新时代农工业生产的重要技术手段之一。随着高效分级、物性修饰、非热加工、亚临界萃取、膜分离、节能干燥、发酵工程、酶工程、细胞工程等现代食品绿色加工与低碳制造技术的创新发展,柑橘水果作为时尚的跨国农产品,已经发展成为帮助食品加工企业参与全球化市场扩张的核心竞争力和实现可持续发展的不竭驱动力。柑橘副产物资源综合利用的关键核心技术是实现绿色低碳化发展。比如,采用热泵等节能干燥、生物合成、生物酶法加工、系统节水等技术,使柑橘及其副产物的产品开发、生物转化、活性成分提取的生产过程更加绿色低碳、节能减排,而且产品更富营养和更加健康。

柑橘是广东重要的特色水果,根据国家统计局数据显示,2016年全国柑橘产量3 764.87万 t,仅次于苹果的4 388.23 万 t。2013年广东柑橘产量达494.33万 t,仅次于湖南的496.95万 t,位居全国第二。目前,我国95%以上的柑橘产品作为鲜果食用,只有不到5%被用作深加工,年加工量也仅有100万 t,其中90%被加工为糖水橘瓣罐头。广东省柑橘产业化开发中有一大部分是加工为药材,如新会陈皮和化橘红,另有一部分用来加工成陈皮糖、柚皮糖等果脯蜜饯类休闲食品。但是,柑橘果汁与果酒生产加工比例依然很低。

随着社会主义现代化建设的发展,我国柑橘产业在不断地提高创新程度和发展水平,在产业化开发方面也逐渐与国际先进水平接轨。为了实现资源合理利用和产业的"零排放",我们要对柑橘废弃物中的有用物质进行有效的合理利用,达到"吃干用尽"创高效的目的。此外,柑橘生产加工企业或者主体单位要通过推广先进适用的环保技术并配套环保设施设备,加大废弃物的处理力度,杜绝二次污染,实现生产加工的清洁化。同时,还要坚持资源化、减量化、可循环化发展,促进加工企业与合作社、家庭农场、农户有机结合和综合利用,促使种养业主体调整生产方式,使副产物更加符合循环利用要求和加工原料标准。总之,政府和有关部门要提高自身的技术指导和科技服务能力,把柑橘副产物转化成饲料、乙醇、肥料等产品,实现柑橘综合利用、循环发展、转化增值和生态环保的目标[72]。

## 一、茶枝柑果肉的产品开发与研究

茶枝柑是加工广陈皮的主要原料,其鲜果皮晒干后陈化三年及以上即成正品中药陈皮。近年来,随着生活水平的提高,新会陈皮的生产量与消费量都在逐年增加。茶枝柑通常加工取皮后果肉弃之不用并随便丢在田间路边,造成了资源浪费和环境污染。据不完全统计,在新会地区,每年因制作新会陈皮所产生的茶枝柑果肉总量超过 4 万 t。

新会茶枝柑资源的综合利用与开发是一项具有很大市场空间的项目。它的兴起可带动相关产业的发展,达到社会效益和经济效益的同步增长。研究人员利用新会陈皮的药用功效,融入科技元素,开发出高端产品如陈皮饮料、陈皮酒、陈皮果醋、陈皮礼品、陈皮调味料以及陈皮中成药等。这不仅创新了茶枝柑的产品类型,也提高了新会陈皮的知名度。

经过近几年的探索与发展,茶枝柑果肉的开发与利用正在不断推陈出新,逐渐走到多元化轨道上来。譬如,比较传统的做法就是把果肉做成糖水罐头或者盐水罐头。有关报道指出,某些新会企业将茶枝柑果肉做成压片糖,满足"吃货们"的味蕾。也有研发者应用现代生物技术,将茶枝柑果肉酿制成酵素,发展出一些具有保健性或功能性的食品。其中,一项比较容易推广的技术来自华南农业大学生命科学学院药用植物研究中心与广东新会和越生物科技有限公司的合作研究。他们共同开发出一种名为"陈皮金虫"(或称"陈皮虫")的昆虫,利用"陈皮虫"吃掉废弃柑肉来达到茶枝柑果肉资源合理化运用的目的。此外,"陈皮虫"营养丰富,含多种蛋白质、氨基酸和脂肪酸等成分,可以用作动物饲料的原料,对畜牧业和养殖业来说是一个利好消息[73]。接二连三的研发举措不仅延长了茶枝柑产业链,而且成就了新会陈皮的全产业发展模式。

适量的茶枝柑果肉与其他植物原料混合发酵后又可以用作农业有机肥料。在发酵的茶枝柑果肉酵素中加入常见的洁净剂可生产出酵素洁净剂,用于厨房油污和厕所便池污垢的去除,从而达到废物利用与高效洁净的双重效果。

为了解决新会陈皮加工产生的大量果肉废渣(液)污染环境的问题,卫尤明等人[74]以茶枝柑加工废渣(液)为原料制成复方柑液有机碳肥,并进行系列盆栽、大田肥效试验。试验结果表明:施用有机碳肥后,叶菜类(小白菜、油麦菜等)增产 18.6%～71.0%;除了大田玉米复方柑液有机碳肥 $A_3$ 处理组外,其他处理组玉米增产 12.9%～14.2%;作物的叶绿素含量升高,有利于促进光合作用。叶菜类蔬菜施用 C/N(质量比)为 3.2～3.5 的复方有机碳肥效果较好,谷物类施肥 C/N 在 2.1～3.2 为宜;有机碳的肥效与作物种类、肥料的 C/N 有关。这为农产品加工废物的治理提供了资源化利用的新途径。试验所用方法为乡村振兴中兴起的农产品加工产业的废渣(液)的资源化处理提供了新的科技动力。热带、亚热带的农产品加工所产生的废物,如中药渣(液)、酒精厂木薯渣(液)以及菠萝、椰子等水果加工厂的废渣(液)等,均可采用这一资源化技术进行开发。

胡金梅[75]申请了一种发酵果汁沐浴露及其制备方法的专利。所述沐浴露包括以下原料及其重量份数：发酵茶枝柑果汁 20～40 份，月桂醇聚醚硫酸酯钠 5～15 份，乙二胺四乙酸二钠 0.02～0.5 份，氯化钠 0.02～0.5 份，月桂酰胺丙基甜菜碱 2～8 份，月桂酰两性基乙酸钠 1～8 份，聚季铵盐 0.05～2 份，甲基异噻唑啉酮 0.001～0.1 份，柠檬酸 0.1～1 份和水 24～71 份。本发明发酵果汁沐浴露将茶枝柑果肉发酵后制成沐浴露，可有效提高果香，不需添加香精类物质，给使用者带来良好的舒适度和滋润度，既充分利用废弃的茶枝柑果肉，又避免了资源的浪费和环境的污染，并且制备方法操作简单，适用于大规模生产。余建国等人[76]公开了一种含有茶枝柑青柑汁的浴室清洁剂及其制备方法。该浴室清洁剂以质量份数计包括茶枝柑青柑汁 30～80 份、表面活性剂 3～6.5 份、助剂 0.5～5 份、去离子水 8.5～66.5 份。该发明将未成熟的茶枝柑果肉经过再制造的加工工艺，生产出在日常生活中清洁污垢用的浴室清洁剂，可以变废为宝，综合利用，实现了茶枝柑柑肉资源的回收利用，并且该生产工艺简单、制备方法实用，可实现大规模工业化生产，有显著的经济价值与环保价值。

另外，人们采用研制果酱、果酒和果醋等方法来处理茶枝柑果肉，这是果肉废弃物资源化有效利用的一种方式。但是，由于这些方法成本较高并且产品市场竞争力不强等原因致使其未能实现产品的规模化与产业化。当然，采用茶枝柑果肉制取酵素肥料或者其他副食品已取得了一定的成效，但由于发酵时间长（3～8 个月）及基础建设投入不够等原因导致陈皮加工企业难以在收获季节期间（每年的 10～12 月）及时地处理产生的大量果肉和废渣。因此，目前亟待发展其他更好的处理茶枝柑果肉废渣和废液的适用性技术。

在政府和有关部门的统筹管理下，茶枝柑果肉已经实现了集中收购和集中处理，基本上解决了往昔胡乱堆放和"柑肉围城"的问题。但是果肉系列产品的研究与开发的项目依然箭在弦上，蓄势待发。

## 二、柑橘果皮的产品开发与研究

实际上，国外曾经出现了一些新兴的柑橘类果汁加工副产品综合利用途径。在葡萄牙，有人提出可以将已榨汁的柑橘废料经干燥后作为有机肥料增补土壤从而提高莴苣的产量。还有研究发现，柑橘果皮的水提取液具有良好的抗菌能力，在室温下储存一段时间后仍有一定的抗菌能力。日本学者曾经利用柑橘皮粉作为饲料防腐剂，按 5%（质量比）比例将这种防腐剂添加到饲料中，置于温度 30 ℃、湿度 100% 的环境中，15 天后未发现霉菌；而未加防腐剂的饲料，3～4 天后即可发现有霉菌长出[77]。在我国，雷钢等人[78]采用乙醇浸泡橘皮并浓缩提炼出浸膏。结果表明，该膏状物表现出良好的防霉及抗菌作用，可用于食品及饲料的防霉。

陈皮作为一种传统的药食两用中药，含有丰富的生物活性成分，具有多种保健功能。近年来，陈皮除了药用外，多被应用开发为清咽和健胃消食的保健饮料，部分产品已经在市面上进行销售，如东鹏饮料的九制陈皮特饮、康师傅的陈皮酸梅汤饮料、王老吉的山楂陈皮饮料等。随着人们对陈皮功效成分及保健功能研究的日益深入，关于陈皮保健饮料的报道也越来越多。比如，张金桃等人[79]以陈皮为原料制备岭南特色陈皮饮料，研究了料液比、提取温度、提取时间、滤芯材料对陈皮饮料的风味及澄清度的影响，最佳工艺参数为料液比 1∶20，提取温度

90 ℃,提取时间 20 min,200 目棉芯粗滤加 300 目棉芯精滤,在此条件下制得的陈皮饮料口感宜人,澄清度好。冯巩[80]以陈皮和六堡茶为原料,研制出一款即饮式陈皮六堡茶饮料,汤色红浓明亮,滋味醇和,六堡茶陈香与陈皮香气明显且协调,风味悠长。该品项的研发丰富了茶饮料品种,符合"方便、快捷"的现代生活方式,具有一定的市场前景和开发价值。李学莉等人[81]发明了一种丁香陈皮饮料,以纯天然无毒无副作用的九制陈皮、丁香和红枣为主要原料制成,既保持陈皮的芳香和滋味,又能改善胃动力,达到促进消化的作用。林尤娟等人[82]发明了一款陈皮果醋饮料,该饮料除含有苹果醋本身发酵产生的氨基酸、有机酸和多种维生素外,还富含陈皮的有益成分;生物发酵使陈皮中的活性成分更好地溶于果醋中,大大提升了橙皮苷、川陈皮素和橘皮素的提取率,使产品具有更好的保健效果。闫红云等人[83]以阿胶和陈皮为主要原料发明了一款阿胶陈皮保健饮料,该饮料具有理气健脾、燥湿化痰、滋阴补血、增强免疫力、抗氧化的保健功能。这些研究为陈皮在保健饮料行业的发展开辟出了新的道路。邵利平[84]以玫瑰茄为主要原料,以陈皮和甘草为辅料,以感官评分为指标,通过单因素试验,确定玫瑰茄、陈皮、甘草和白砂糖的添加量;再通过正交试验优化出主要原辅材料的最适配比(玫瑰茄 2.0%,白砂糖 7.0%,陈皮 0.4%,甘草 0.5%);最后通过调节产品的适宜杀菌温度和时间参数(分别为 110 ℃和 12 s)研制出一种天然复合保健饮料。这种陈皮保健饮料的营养丰富、风味独特,并具有促进消化、理气化痰的功能。

## 三、展望与小结

近些年来,党中央高度重视生态环境保护,多次提出环境保护是我国的基本国策,人民环保意识日渐增强。新会茶枝柑取皮产生的果肉副产物数量庞大,长期占地堆放,异味扰民,果肉滤液渗透至地下污染水体,影响市容景观。情况严重时更会引起积虫藏鼠,容易滋生有害病菌,造成多方面的环境与卫生问题。

近年来,新会各级研究机构通过发展有机体消化、生产酵素和柑核提取等应用方法,使茶枝柑的综合利用水平得到大大的提升,变废为宝,实现农作物副产品资源的高效利用,基本解决了"柑肉围城"的问题,也避免了柑肉资源浪费和柑肉腐烂变质所带来的经济损失及其负面影响,更满足了农产品多元化需求和践行了农业供给侧结构性改革的推进,促进农民就业增收和农业增值增效,加快了农村的经济发展。新会茶枝柑的果皮和果肉的资源开发利用的进一步拓展,既促进茶枝柑产业的飞速发展,也为新会区的生态、经济、社会和人文的建设贡献了宝贵的力量。

## 参考文献

[1] 陈卫民.柑橘的营养与药用及副产品利用[J].浙江柑橘,2013,30(3):26-29.

[2] 梁艳玲,陈麒,伍彦华,等.果酒的研究与开发现状[J].中国酿造,2020,39(12):5-9.

[3] 余含露,姚周麟,彭玲玲,等.柑橘果酒酿制工艺研究进展[J].浙江柑橘,2016,33(4):9-11.

[4] Braddock R J, Cadwallader K. *Citrus* by-products manufacture for food use [J]. Food technology, 1992, 46: 105-110.

［5］单杨,何建新,李高阳,等.柑桔营养果醋的研制［J］.食品与机械,2002,18(4):16-18.

［6］单杨,李高阳,何建新,等.柑桔营养果醋的生产工艺研究［J］.湖南农业科学,2002(S1):34-35,38.

［7］吴永娴,刘译汉.柑桔醋酸饮料的研制［J］.农牧产品开发,1997(4):16-17.

［8］张超,王玉霞,曾顺德,等.柑橘果渣醋酸发酵动力学参数研究［J］.食品科学,2013,34(19):233-236.

［9］陈学先.柑橘全果低苦制醋及柑橘醋饮料的研制［D］.长沙:湖南农业大学,2013.

［10］杨馨悦,杨宇驰,周秀娟,等.柑橘果醋发酵条件的优化及其成分分析［J］.中国调味品,2020,45(10):75-79.

［11］陈婷婷,刘青娥.柑橘果醋酿造工艺研究新进展［J］.安徽农业科学,2015,43(10):269-270.

［12］张超,王玉霞.柑橘果酒的加工现状及存在问题［C］//重庆市果树研究所.重庆市园艺学会会员代表大会论文集.重庆:《西南园艺》编辑部,2005:3.

［13］李建婷,张晓丹,秦丹.我国柑橘类果酒的研究现状［J］.农产品加工,2016(6):62-65.

［14］刘正中.垫江县柑橘酿酒开发成功［J］.西南园艺,2004(4):55.

［15］罗芒生.柑橘果酒制作流程［J］.农村百事通,2007(16):13.

［16］钟世荣,夏兵兵,刘达玉.桔子果酒的酿造及成分分析［J］.食品工业科技,2010,31(7):294-297,312.

［17］孙美玲,刘芳,刘齐,等.柑橘发酵果酒工艺条件的优化研究［J］.酿酒科技,2011(12):44-47.

［18］万萍,李翔,李曦,等.柑橘酒发酵条件研究［J］.食品与发酵科技,2013,49(1):67-69,90.

［19］何钢,郭晓强,颜军,等.桔子果酒的发酵工艺优化［J］.食品与发酵科技,2013,49(5):1-5.

［20］陈清婵,简清梅,王劲松,等.蜜橘果酒发酵工艺［J］.中国酿造,2015,34(1):168-171.

［21］杨香玉,余兆硕,唐琦,等.甜橙果酒酿造工艺［J］.农业工程,2015,5(6):58-60,64.

［22］李冲,邹海英,余佶,等.椪柑果酒液态深层发酵工艺及香气成分GC-MS分析［J］.饮料工业,2017,20(4):39-45.

［23］李冲,余佶,邹海英,等.椪柑果酒澄清工艺优化［J］.食品工业科技,2017,38(24):212-216,291.

［24］李冲,余佶,邹海英,等.不同催陈方式对椪柑果酒品质与香气成分的影响［J］.食品与发酵工业,2018,44(7):141-147.

［25］黄衡,邓欣毅,邓明学.爱媛38号果实发酵生产柑橘果酒初探［J］.南方园艺,2021,32(2):69-72.

［26］顾国贤.酿造酒工艺学［M］.北京:中国轻工业出版社,2007.

［27］钟世荣,夏兵兵,刘达玉.桔子果酒的酿造及成分分析［J］.食品工业科技,2010(7):249-253.

［28］李冲.椪柑果酒酿造工艺及其香气成分与货架期研究［D］.吉首:吉首大学,2018.

［29］王丽萍.不锈钢罐仿橡木桶葡萄酒陈酿技术应用研究［D］.杨凌:西北农林科技大学,2008.

［30］张炳华.探求柑肉资源化再利用方法［J］.乡村科技,2019(11):108-109.

［31］白卫东,赵文红,陈颖茵,等.新会柑果醋的研究［J］.中国调味品,2006,31(8):12-15.

［32］任文彬,白卫东,黄桂颖,等.新会柑果酒加工工艺的研究［J］.酿酒科技,2008(12):89-90,93.

［33］任文彬,赵文红,白卫东,等.新会柑果汁脱苦工艺的研究［J］.食品科技,2009,34(3):45-47.

［34］白卫东,刘晓艳.柑桔汁脱苦方法研究进展［J］.食品工业科技,2006,27(9):202-206.

［35］廖林,王珊珊.混合果酒酿造工艺研究［J］.中国酿造,2014,33(7):157-160.

［36］王玉霞,李兵,朱谦丽,等.添加不同水果的柑橘果酒酿造与品质分析［J］.食品工业科技,2019,40(2):124-130.

［37］陈卓宏.一种新会柑果酒:CN108753542A［P］.2018-11-06.

［38］吴继军,余元善,徐玉娟,等.一种茶枝柑果酒及其制备方法:CN106867771B［P］.2020-11-17.

[39] 吴继军,肖更生,邹波,等.一种柠檬与茶枝柑复合发酵果酒及其制备方法:CN106834015B[P].2021-02-26.

[40] 张斌.一种新会柑烈酒的加工方法:CN108148724A[P].2018-06-12.

[41] 胡业涛.一种新会柑果肉蒸馏白酒及生产方法:CN110938514A[P].2020-03-31.

[42] 樊亚鸣,何芝洲,陈永亨.陈皮及其果肉的应用研究新进展[C]//江门市新会区人民政府,中国药文化研究会.第三届中国·新会陈皮产业发展论坛主题发言材料.新会,2011:7.

[43] 许新新,王颖.黑水虻资源化利用的研究进展[J].农业工程技术,2020,40(26):56,58.

[44] 姚焰础,刘作华,杨飞云,等.柑橘皮渣的营养组成及其在畜禽饲料中的应用研究进展[J].养猪,2013(1):17-21.

[45] 丹麦研究膳食柑橘果肉能提高有氧条件下羔羊肉蛋白的稳定性[J].肉类研究,2014,28(2):12.

[46] Inserra L, Priolo A, Biondi L, et al. Dietary citrus pulp reduces lipid oxidation in lamb meat[J]. Meat science, 2014, 96(4): 1489-1493.

[47] Lu J Z, Long X H, He Z F, et al. Effect of dietary inclusion of dried citrus pulp on growth performance, carcass characteristics, blood metabolites and hepatic antioxidant status of rabbits[J]. Journal of applied animal research, 2018,46(1): 529-533.

[48] Mínguez C, Calvo A. Effect of supplementation with fresh orange pulp (*Citrus sinensis*) on mortality, growth performance, slaughter traits and sensory characteristics in meat Guinea pigs[J]. Meat science, 2018, 145: 51-54.

[49] 田静,唐国建,李国栋,等.柑橘肉和小麦壳混合青贮及其饲用品质[J].草业科学,2020,37(1):194-200.

[50] 吴硕,邹璇,王明亚,等.陈皮柑汁对柱花草和水稻秸秆青贮品质的影响[J].草地学报,2021,29(7):1565-1570.

[51] 李冬春,张耀,毛胜勇,等.陈皮提取物对鸡源乳酸菌及肉鸡生产性能的影响[C]//中国畜牧兽医学会动物营养学分会.动物营养与饲料研究:第五届全国饲料营养学术研讨会论文集.珠海,2006:1.

[52] 胡忠泽,张银平,王立克.陈皮对蛋鸡生产性能和蛋品质的影响[J].饲料研究,2011(5):47-49.

[53] 李玲,陈常秀.陈皮提取物对肉鸡生长性能、血脂指标和抗氧化功能的影响[J].黑龙江畜牧兽医,2009(9):104-106.

[54] 李玲,陈常秀.陈皮提取物对肉鸡免疫功能和血清生化指标的影响[J].黑龙江畜牧兽医,2009(8):101-103.

[55] 魏青娟.陈皮对肉鸡生长性能的影响[J].青海畜牧兽医杂志,2012,42(3):11-12.

[56] 王小清,林旋,王寿昆.兽用陈皮口服液对肉仔鸡生长抑制治疗效果的评价[J].中国畜牧兽医,2018,45(1):249-255.

[57] 杨勇.韩国利用柑橘皮饲养有机猪[J].小康生活,2005(7):62.

[58] 田树海,芦春莲,曹洪战.体外消化法测定中草药饲料原料干物质消化率的研究[J].饲料广角,2008(20):39-40.

[59] 张晓菊,王友明,陶志伦,等.中药饲料添加剂对长金猪生长性能和饲料养分消化率的影响[J].中国畜牧杂志,2004,40(6):32-33.

[60] 张文连,黄志坚,殷光文,等.复方陈皮粉对猪胃肠道菌群多样性的影响[J].福建农林大学学报(自然科学版),2016,45(2):196-202.

[61] 李元凤,何健,敖翔,等.不同添加剂对夏季热应激母猪繁殖性能和仔猪生长性能的影响[J].中国畜牧杂志,2019,55(6):82-86.

[62] 林夏生.不同剂量陈皮超微粉对断乳仔猪腹泻率、日增重和料肉比的影响[J].福建畜牧兽医,2021,43(5):1-3.

[63] 李庆丰.饲粮中添加陈皮对肥育猪生长性能和血清指标的影响[J].养猪,2020(5):57-58.

[64] 院东,邵伟,彭国亮,等.陈皮和酸甜剂对奶牛生产性能和血清中部分生化指标的影响[J].黑龙江畜牧兽医,2016(4):11-15.

[65] 陈红,李婵.桔皮喂牛可帮助对抗食品源性传染病[J].当代畜牧,2016(8S):63-64.

[66] Arthington J D, Kunkle W E, Martin A M. *Citrus* pulp for cattle[J]. Veterinary clinics of north America-food animal practice, 2002, 18(2): 317-326.

[67] 丁光,陈振昆,徐宝明.在饲料中添加柑橘或甜橙外果皮对鲤鱼诱食作用的比较研究[J].水产科学,1999,18(1):16-19.

[68] 丁光,陈振昆,李文贵,等.陈皮对草鱼细胞免疫影响的研究[J].云南农业大学学报,2004,19(6):727-730,742.

[69] 丁光,陈振昆,孔令富,等.饲料添加鱼腥草或陈皮对草鱼血糖水平影响的比较研究[J].中兽医医药杂志,2005,24(5):10-11.

[70] 李义勇,陈柏忠,曾嘉佳,等.新会柑汁发酵物对水产养殖尾水的净化效果研究[J].水产养殖,2020,41(10):5-10.

[71] 陈钊霞,彭康淳,杨泳聪,等.新会柑肉汁产絮培养基的研制及应用[J].环境保护前沿,2019,9(3):431-438.

[72] 单杨,丁胜华,苏东林,等.柑橘副产物资源综合利用现状及发展趋势[J].食品科学技术学报,2021,39(4):1-13.

[73] 黄铭恒,曾耀佳,梁社坚.小陈皮里学问多[J].生命世界,2016(10):14-17.

[74] 卫尤明,廖宗文,朱佳豪,等.陈皮废弃果渣(液)有机碳肥研制及肥效初报[J].肥料与健康,2020,47(4):46-50.

[75] 胡金梅.一种发酵果汁沐浴露及其制备方法:CN109431833A[P].2019-03-08.

[76] 余建国,梁浩文,冯梅琳.一种含有茶枝柑青柑汁的浴室清洁剂及其制备方法:CN110272784A[P].2019-09-24.

[77] 高彦祥,方政.柑橘类果汁加工副产品综合利用研究进展[J].饮料工业,2005,8(1):1-7.

[78] 雷钢,王永强,张雅军,等.柑桔皮浸膏的防霉、饲养效果研究[J].武汉工业学院学报,2001(4):51-54.

[79] 张金桃,叶琼娟,杜冰.岭南特色陈皮饮料的关键技术[J].饮料工业,2013,16(12):16-18.

[80] 冯巩,杨兰,蒋菁云,等.基于模糊数学感官评价法的陈皮六堡茶饮料的研制[J].饮料工业,2018,21(2):31-35.

[81] 李学莉,胡海娥,梁洪源,等.一种丁香陈皮饮料及其制备方法:CN110326726A[P].2019-10-15.

[82] 林尤娟,余顺荣,周雪峰.陈皮果醋、陈皮果醋饮料及其制备方法:CN111763601A[P].2023-09-19.

[83] 闫红云,方伟,房振.阿胶陈皮保健饮料及其生产方法:CN106923108A[P].2017-07-07.

[84] 邵利平.玫瑰茄、陈皮、甘草复合饮料的开发[J].现代食品,2022,28(3):77-81.

# 第七章

# 茶枝柑含茶制品的研究与应用

## 第一节 柑普茶的概况

柑普茶属于再加工茶类,主要使用柑橘皮和普洱茶加工而成。相传柑普茶起源于道光年间,"粤东四大家"之一的罗天池从云南辞官回乡时带了不少云南普洱茶回到新会。在一次妻子煎制陈皮水为其治疗感冒时,错误地将陈皮水装入了盛有普洱茶的茶壶中,罗天池饮用后,发现味道醇厚,两颊生香,连续喝了两天的陈皮水冲泡普洱茶后感冒神奇般地好了。受此启发,罗天池成功地创制了最早的柑普茶[1]。经过大约两百年的发展,柑普茶的生产与制作工艺获得了较大的发展,但在很长的时期内未能迎来产业化的建设。柑普茶曾经历过一段较长时间的品种类型少、消费群体小的局面,且无品牌效应。近几年来,为了改变这一落后的现状,促进新会柑普茶产业化的发展,新会地区建立了柑普茶生产示范区,为柑普茶的生产提供科学指导,大大推进了柑普茶产业化建设的步伐。柑普茶相关研究工作的开展为其产业化发展提供了科学依据,不仅助推柑普茶产业成为中国茶产业的一个重要组成部分,而且加速了中国茶产业链完整结构的形成。

### 一、柑普茶的制作、产品质量及其产业化

新会青柑皮与普洱茶在机缘巧合下组合起来形成茶品,可谓是一种奇妙的结合。它不仅是茶道艺术的发挥,更是为健康和养生保驾护航的一种融合。新会柑皮普洱茶结合了陈皮独有的柑果清香和普洱茶特有的醇厚,成为一种别具一格的茶艺产品。两者的"联姻",成就了目前被茶艺界认可的一种珠联璧合的运用。追本溯源,早在唐代陆羽的《茶经》里就已有"橘皮煮茶"的描述。由于其方法简单、有效和实用,这一传统茶艺在民间流传至今,有着广泛的群众基础。在江门新会乃至粤闽地区,很多家庭都有着这样的习惯,将陈皮撕成碎片,或用开水冲泡,或用于熬制汤水。这些看似不太相关联的习俗,却悄悄地为柑普茶的成功创制埋下了伏笔。

"柑普茶"是陈皮普洱的通俗称呼。陈皮普洱,是新会本地质监部门定义的名称,即是在新会柑里面加普洱茶制作出来的含茶制品,原料是新会柑和云南普洱熟茶,并且没有年份的限制。关于柑普茶这一含茶制品的质量标准中,已经有了地方企业标准作为生产规范,但是到目前为止,还没有与此相关的比较正式的国家质量标准颁布。

新会柑普茶食品安全管理体系的建设并非一蹴而就,目前依然在探讨和完善中。为

此,新会出入境检验检疫局特意进行了一项柑普茶饮用安全性的研究。实验以从某商店购买的3个不同储存年份的柑普茶为研究对象,参考了云南普洱茶的国家标准检测方法,分别检测了柑普茶茶叶和茶汤中的菌落总数、霉菌和酵母计数、大肠菌群、沙门氏菌和金黄色葡萄球菌。结果显示,茶叶和茶汤中均未检出致病菌。在茶叶和茶汤中均没有发现致病菌或可疑致病菌,即说明柑普茶(按照标准操作程序生产的柑普茶)加工和储存过程中不易受到致病菌的污染。该项研究结果表明了柑普茶的饮用安全性[2]。

除了饮用的安全性外,茶汤的口感也是评价柑普茶品质优劣的重要因素。可以说,柑普茶口感是由普洱茶和新会柑的品质共同决定的。许多柑普茶企业都在柑普茶的质量上下硬功夫——努力完善供应链,严格管控生产源头和制作原料,逐步建立可溯源的产品体系,对柑普茶供应链中反映柑普茶质量安全的信息进行有效的溯源、跟踪、预警和管理,并以此推动柑普茶的安全生产、销售和品牌建设。

通过溯源系统,实现了柑普茶产品由下至上的信息追溯,确定了柑普茶生产流通的每个环节的责任主体,从而能够更加有效地控制茶枝柑种植、加工与生产,保证了产品的安全性和可靠性,推动柑普茶的标准化生产,也让企业供应链的管理更加便捷。面对全国日益庞大的市场需求,建立规模化、规范化、标准化和专业化的柑普茶生产模式迫在眉睫。为此,很多柑普茶企业在生产技术和管理方面进行革新,促使柑普茶的制作从传统小作坊式的加工逐步走向标准化和质量化的企业生产。近年来,柑普茶产业发展迅速,2015年新会拥有柑普茶生产许可证的企业只有20多家,到2016年底,拥有SC证(食品生产许可证)的柑普茶生产单位已逾100家。

此外,柑普茶的生产需要考量多方面的因素。比如,柑橘果实的外形与大小的分级筛选、鲜果水浴清洗与棉布干洗的选择、人工和半自动开果的选择、细菌检测与致病菌的隔离、普洱熟茶的原料等级的选择、挖去果肉后果壳的塌缩、初制品的晾晒时间控制以及烘箱烘干的温度和时间控制等问题。如果生产技术不够成熟,轻则导致产品口感苦涩、发酸,重则导致发霉变质(干燥不透或后期受潮)。尤其是大红柑,由于其果皮糖分含量较高,一旦陈化储存不当便容易受潮和发霉,严重影响制成品(大红皮和柑普茶)的产品质量。

柑普茶的传统生产模式基本都是手工制作,人工开顶盖、挖肉、装茶等,其中挖肉难度最大且最耗时。干燥一般采用太阳晾晒,遇到阴雨天气则需用柴火烘干。这种模式虽然能相对精准地把控产品的品质,但生产效率实在太低,容易受气候因素影响,不能很好地适应当前的市场需求。

科学技术的日新月异,使得柑普茶的生产走向现代化。柑普茶的制作从人工分选果实发展到筛选果源与鼓泡汽浴清洗的一体化,从传统手工剥柑到使用自动或者半自动开果机去除果肉,从露天日光干燥到热风、快速电热烘干和冷冻低温干燥,从柴火烘干到渐成行业标准的数控低温烘干。柑普茶产业慢慢从传统手工制作过渡到大批量机械化生产,大大减少了生产成本,有利于柑普茶产品的规模化生产。

国内市场上一直有柑普茶销售,但一直不温不火,直到"小青柑"普洱茶的出现,该产品才开始进入快速成长期。其中以大益为代表的普洱茶企业大规模进军柑普茶行业,使得柑普茶市场彻底沸腾。目前,已取得食品生产许可的新会柑(陈皮)茶加工经营企业超过100家,年产量在8 000 t以上,年产值在32亿元以上。但是,由于柑普茶产品目前还没有国家标准,市场上鱼目混珠。这对消费者的品饮体验造成不良影响,也是其在全国范围内销售受到限制的原因之一。当然,随着粤港澳大湾区食品产业转型升级和消费者对于食品安全与质量的重视,以及柑普茶行业的内在自律意识的提高,新会柑普茶的这种不利状况正在不断地好转。

## 二、柑普茶的成分、功效特征

柑普茶保健功能早已得到了养生茶业界的认可。主流观念认为柑普茶的药理作用是陈皮和普洱的总和。陈皮有燥湿化痰、理气健脾的功效。普洱茶有消食、清胃、解油腻的作用。目前,关于两者的具体互相作用的机制尚未得到较为清晰的研究和认识[3]。随着柑普茶在市场上的不断走俏,其独特的口感赢得了广大消费者的喜爱和信任。消费者普遍反映饮用后生津顺气,身体倍感舒适。不过,有关柑普茶在营养与生理功效方面的基础数据依然有限。

郑敏等人利用HS-SPME-GC-MS技术,分析了新会柑普茶不同部位(外皮、内茶)及茶水中的挥发性成分。结果表明,柑普茶中的挥发性成分主要是烯烃类和酯类;外皮中烃类成分以柠檬烯、γ-松油烯、α-异松油烯、金合欢烯、α-侧柏烯、α-蒎烯、β-蒎烯、β-月桂烯等为主,其相对含量在87%以上,其他种类的化合物相对较少;而在内茶及茶汤中,$N$-甲基邻氨基苯甲酸甲酯、2-叔丁基苯基酯等酯类物质及醇类(4-松油醇、α-松油醇、β-香茅醇)、杂氧环类物质的相对含量较高[4]。蔡佳梓等人[5]对柑普茶的能量和核心营养成分进行了研究。结果表明,新会柑普茶的蛋白质含量为24.8~30.9 g/100 g,41~52 NRV%(NRV%为营养素参考值百分比,是指每100 g、每100 mL或每份食品可食部中某营养素含量占营养素参考值的百分比);脂肪含量为0~1.9 g/100 g,0~3 NRV%;碳水化合物含量为43.0~63.5 g/100 g,15~21 NRV%;钠的含量为12~32 mg/100 g,1~2 NRV%;能量含量为1 310~1 450 kJ/100 g,16~18 NRV%。这些研究数据证实了柑普茶可以作为一种具有保健性功能的茶制品。目前,在江门地区获得食品认证的柑普茶生产企业超过了100家。但是,新会地区依旧有不少家庭式作坊生产柑普茶,质量和食品安全有可能未得到很好的保证,应该加强食品安全的监督和管理[6]。

此外,果霜是判断茶枝柑青果皮品质的一个重要标志,青柑普茶外表面的白霜则是判断挥发油含量丰富与否的标志之一。在新会地区,青柑"白霜"也被称为"脑晶"或"柑油晶"。白霜是青柑皮表面析出的白色粉末状结晶物质,主要化学成分为萜类和醇类化合物,具有保健和养生的功效。值得注意的是,经过高温烘焙的青柑普洱茶由于油囊大多被破坏掉而难以形成白霜。根据《医学衷中参西录》记载:"柿霜色白入肺经,其滑也能利肺痰,其润也能滋肺燥。"柿霜温水化服,可治慢性支气管炎、干咳和咽炎[7]。同样地,陈年的青柑普茶表面也能形成白霜。柑普茶表面上的白霜和柿子上的白霜在生理功效上有着异曲同工之妙。

目前,关于新会柑普茶保健功效的研究非常有限。柑普茶经过适当的年月陈化后,不仅适合普通人群经常饮用,而且具有多方面的保健功效,现归结如下:

(1)降脂、减肥作用。江新风等人[8]研究发现普洱茶有降低高脂血症大鼠的血脂和预防大鼠脂肪肝的作用。熊昌云等人[9]通过肥胖模型组比较得出,普洱生茶和熟茶均对肥胖大鼠体重增加有较强的抑制作用,即普洱茶能显著改善大鼠的各项肥胖指标。此外,茶多酚与陈皮多酚常常与人体脂肪的代谢密切相关。多酚类物质及其他有益的营养物质通过脂肪酶对脂肪产生分解作用,因而柑普茶具有降脂和减肥的功效。

(2)降压、抗动脉硬化的作用。茶叶中的黄酮类与陈皮黄酮类均有降低血糖血压的功效;异橙皮苷和柚皮素等二氢黄酮,以及多甲氧基黄酮和柑橘果胶等能有效地抗血管动脉硬化。

(3)防癌、抗癌作用。普洱茶含有多种丰富的抗癌微量元素,陈皮中的柠檬苦素和辛弗林都是有效的天然的抗癌物质。有研究表明,饮茶人群的癌症发病率相对较低。俞乐安等人[10]研究发现新会柑普茶对 HepG2 细胞和人胃癌细胞 SGC-7901 均有明显的抗增殖作用,推测其显著功效可能来源于柑橘皮水溶性物质中的多甲氧基黄酮与普洱茶内的酚类物质的协同作用。

(4)健胃、和胃、抗胃溃疡的作用。陈皮是传统治疗胃肠道疾病的有效药材,陈皮中的挥发油具有刺激胃肠道的作用,能促进正常消化道分泌,包括增加唾液淀粉酶活性,对食物内的淀粉进行分解,亦能通过促进胃液及胆汁分泌对食物内的蛋白质及脂肪进行分解,有效增强胃肠道消化能力[11]。陈皮也能够帮助人体排除肠内积气。此外,陈皮所含甲基橙皮苷具有实验性抑制胃溃疡的作用。因此,在适宜的冲泡浓度下,饮用有质量保证的柑普茶可以帮助人体养胃护胃。

(5)抗氧化、抗衰老的功效。在柑普茶的成分中,陈皮、青皮和茶叶多酚物质具有很好的抗氧化效应。陈晓璐[12]提取中药陈皮主要活性成分,外用涂抹于光老化皮肤中。实验结果显示,陈皮提取物对光老化皮肤有明显的延缓作用。普洱茶中含有维生素 C、维生素 E、茶多酚、氨基酸和微量元素等,具有抗氧化和延缓衰老的功能,普洱茶也被称为"益寿茶"。综合而言,柑普茶具有抗氧化和抗衰老的功效。张燕等人[13]发现新会柑普茶有优于阿卡波糖的降糖能力和较好的抗氧化功效,具体表现为其提取物对 α-淀粉酶的抑制活性高于阿卡波糖以及具有清除 DPPH 和 ABTS 自由基的能力。

(6)具有美容、防辐射的作用。何国藩等人[14]应用小鼠模型研究得出,饮用2%普洱茶对 $^{60}$Co-γ 辐射引起的机体损害有一定的防护作用。常喝普洱茶、柑普茶能调节人体新陈代谢,促进血液循环,恢复机体的体内免疫平衡能力。在海外华侨中,普洱茶也常被称为"美容茶",可见其具有美容的效果。

(7)祛痰、平喘的作用。陈皮的功效包括化痰止咳(消痰涎、治上气咳嗽、消痰止嗽、治痰实结气和消痰泄气)。《药性赋》则明确指出陈皮"留白者补胃和中,去白者消痰泄气"[15]。柑普茶由普洱茶和陈皮组成,兼具普洱茶和陈皮的功效。因此,柑普茶祛痰平喘的功能主要由其中所含的陈皮成分来体现。

(8) 利胆作用。柑普茶的利胆功能主要是由陈皮所发挥的作用。陈皮所含化学成分复杂、药理作用广泛,具有抗休克、抗动脉硬化、抗过敏和疏肝利胆等生理效应[16]。

(9) 降低毛细血管通透性的作用。新会陈皮的橙皮苷含量约为3%～7%。橙皮苷与甲基橙皮苷能降低机体毛细血管的通透性,即有维生素P样作用。

(10) 健齿、护齿的功能。普洱茶中含有许多生理活性成分,具有杀菌消毒的作用,因此能去除口腔异味,保护牙齿。优质的柑普茶能给人喝后产生齿颊生香、满口生津的愉悦感受。

新会陈皮与普洱茶联合,由内而外,浑然天成,可谓一绝。普洱熟茶暖胃、降血糖血脂、抗衰抗辐射、保护心血管的功效,配上陈皮理气健脾、消积化滞、燥湿化痰、疏肝润肺、疏通五脏等作用,再加上陈皮"遇升则升,遇降则降"性能,保健功效十分显著,堪称日常饮用的保健佳品[17]。另外,根据有关调查研究显示,长期抽烟者、电脑工作族、肠胃气滞者、频繁应酬者以及热衷于养生爱好者可以根据自身的需要选择适量多喝优质的柑普茶来达到养生与保健的目的。

### 三、柑普茶文化的浅析

新会钟灵毓秀,物产丰富。新会人勤劳聪慧,开拓创新,以正宗新会柑和云南上好普洱茶,经过科学和特殊的工艺制成柑普茶。该茶融合了新会柑清醇的果香味和云南普洱茶醇厚甘香之味,让柑皮与茶叶相互吸收精华,形成了风味独特、口感一绝的柑普茶,成为当今休闲茶饮产品的新宠儿,同时形成了独具特色的柑普茶文化。

柑普茶文化并非单一的茶文化。它是指以茶枝柑和普洱茶的种植、陈皮和普洱茶生产、陈皮和普洱茶的膳饮等为载体,在生产劳动和社会生活及其历史长河中所形成的物质财富和精神财富的总和。柑普茶文化具有独特性、民俗性、历史性、客观性、地域性,也是自然科学与人文科学的一种有机结合。柑普茶文化是含义广泛的概念,其内涵十分丰富,是新会人民和云南人民在发现柑和茶后在驯化、种植、利用、生产、加工、运输、销售、饮用等过程中所产生的物质文化和精神文化。它与自然、地理、民族、经济、文化紧密相连,涉及柑树与茶树种植,陈皮茶叶采制,饮茶人的生活方式、生活习俗、思想观念、宗教信仰、文化艺术等方面。柑普茶文化是新会柑文化、新会陈皮文化和云南普洱茶文化的总和,三者三位一体,融会贯通[18]。

# 第二节　柑普茶制作工艺的研究

新会陈皮和普洱茶两者都具有独特的功效,深受人们的喜爱。以广东新会茶枝柑果皮和云南普洱熟茶为原料制成的普洱茶具备较高的药用价值。陈皮(包括广陈青皮)在脾胃和肝胆的保养、湿气的去除以及化痰止咳等方面具有极佳的功效,但是其本身味道苦,加入了具有独特香味的普洱茶,能够丰富其口感层次和味觉体验。普洱茶也具备降血脂和助消化等功效,在促进人体血液流通方面能够发挥重要作用。新会陈皮和普洱茶的有机结合能够最大限度地挖掘其药用价值,成就了一款具备养生功效的保健产品——新会柑普茶。

## 一、柑普茶的制备及其工艺流程

柑普茶(图7-1)的传统制作工艺一般经历采果洗果、开果去肉、杀青、填茶、烘晒以及包装等工序。采果选取每年7~8月的小青柑,此时茶枝柑果实尚未成熟,外皮青绿,油室点微凹且密集,质硬皮薄且味辛气香。将柑果进行清洗后挑选大小一致、品质上好的柑果,人工使用开孔器先对小青柑底部开孔,再将果柄连一部分柑体切开成盖状后使用勺子将果肉掏空,得到果皮空壳。将果壳放在阳光下杀青,可以在杀菌消毒的同时去掉柑皮的青涩味,并将果皮里的一些苦涩物质转化成甘醇的香气。待杀青结束,往柑壳填入普洱茶叶后把切除的盖状果柄盖上。接着将其放置在太阳下连续天然生晒3天以上,蒸发掉大部分水分的同时可以更好地保护柑皮中的油囊,使其不被剧烈地破坏,也可以让柑皮的果香味与普洱茶的醇厚香味更好地交汇融合。此后,对柑普茶进行低温烘焙以确保去除柑普茶的水分至较低水平。烘干工序结束后用棉纸封装好每个柑普茶,置存于干燥的器皿中保存以备日后冲泡。

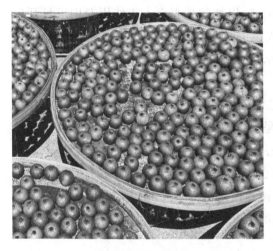
(a) "蒸青"柑普茶

(b) "生晒"柑普茶

图 7-1 新会柑普茶

另外,杨成公布了一种新颖的新会陈皮普洱茶的制备方法[19],具体操作流程归纳如下:

(1)原料的选取:从广东新会地区的茶枝柑树上采摘新鲜成熟且品相良好的大红柑,仔细检查大红柑的外果皮,确保果皮表皮上不存在任何破损。对采摘下来的大红柑进行集中清洗,用清水洗去表皮可见的污物,并在阴凉处放置使其表皮干燥。

(2)开皮:利用人工开皮的方式取出大红柑中的果肉。

(3)晾晒:将剥离的茶枝柑果皮在合理的时间段内放置在太阳光下自然晾干,逐步地去除果皮中的水分。

(4)翻晒:将已经晒干的茶枝柑果皮存储在阴凉干燥的地方,避免被太阳光直射,且每年定期按批量取出,并根据日照强度进行适当晾晒。

(5) 陈化:经过几年的合理翻晒后的新会陈皮可以放心存放并任其自然陈化,新会陈皮的制备基本完成。

(6) 普洱茶的原料选取:普洱茶的取材主要是在云南产的普洱熟茶范围内进行,自然晾晒遵循的原则基本与新会陈皮的制备一致。

(7) 混合加工:将新会陈皮切成与茶叶类似的大小,陈化年份相仿的普洱茶叶与新会陈皮按照重量为6∶1(即每1g新会陈皮配比6g普洱茶叶)进行科学搭配,并拌匀充分混合。

(8) 包装:将均匀混合的新会陈皮普洱茶包装好并密封储存,在进入市场流通前需要一段时间的自然发酵和陈化,使两者的香味实现充分融合。值得强调的是,新的制备流程针对暴晒这一问题采取的解决办法是将原料的晾晒过程细化分为3个阶段,分别是清晨晾晒2h,上午晾晒1h(10:00~11:00)和傍晚晾晒1h,采用这样的制备方法可以让新会陈皮和普洱茶在干燥的过程中柔和地去除水分,并能最大限度地保持其原有的口感和香味。

## 二、小青柑半自动开口去肉设备

柑普茶是由小青柑的果壳填入普洱茶所制成,以往的果壳由人工使用专用工具开口挖肉制成,生产效率不高。随着柑普茶市场规模的扩大,促使当地企业及研究者对小青柑开口去肉专用工具进行设计与改良,逐渐从完全手动工具转变为人工辅助的半自动设备。

王强等人[20]在分析了传统小青柑加工工艺流程后,对其进行了相应的优化并根据优化流程设计了一种制作小青柑专用工具,该工具呈长方体设置,内设取孔装置、取芯装置以及取肉装置,对比传统的专用工具,该工具方便使用与携带,生产效率提高了50%以上。武号洋[21]从简化人工挖果肉的操作流程方面入手,设计了一款小青柑打孔取肉的辅助装置,该装置由支撑底板、打孔机构、放置机构、推动机构和控制机构组成,使用时只需人工放置小青柑于装置中固定,然后操作控制装置即可实现小青柑的打孔和初步果肉剔除,有效地节约了劳动力资源。

为了提高小青柑壳的生产效率,研发人员根据生产工艺不断设计和改良相关生产设备,使小青柑半自动开口去肉设备逐渐趋于成熟,结构更加简单且操作简便。相比传统的全手工柑壳生产,小青柑半自动开口去肉机效率更高,为生产企业大幅度降低了劳动成本。但是,小青柑半自动开口去肉机工作过程中仍需要人工辅助操作,并没有完全实现自动化,面对大批量生产仍存在一定的不足之处。

## 三、小青柑全自动开口去肉设备

小青柑半自动开口去肉设备虽然能满足大部分企业的生产需求,但面对柑普茶市场需求的不断增加,其短板也逐渐明显。当地企业需要一些能满足大批量生产的小青柑全自动开口去肉设备,降低生产成本以提高效益。小青柑全自动开口去肉设备相比半自动开口去肉设备有很大差别,技术含量高且研发难度更大,目前许多企业及研发者从各方面开展了一系列探索并研发了成套样机。

苏红飞等人[22]设计了一种小青柑壳加工机器,该机器基本实现了小青柑自动开口去肉功能,在放置柑果后不需人工操作,相比以往的半自动开口去肉设备自动化程度更高,但该设备仍存在一定的问题,如无法批量生产等,需进一步设计与优化。王芳云[23]以提高生产效率为重点,设计了一种小青柑自动挖果肉装置,该装置由机架、固定模板、移动模板、驱动机构以及果肉挖取机构组成,工作时只需把批量小青柑放入移动模板中,设备就会通过果肉挖取机构自动完成小青柑开口去肉工序,同一批次能够批量完成多个柑壳,生产效率高。王建生团队从设备可控方面出发,设计了一款基于可编程逻辑控制器(PLC)的小青柑自动掏肉设备,该设备主体分上下两部分,上方为气缸、转盘、小青柑底座和压模等部件,下方为电机、气缸等部件。工作时人工将小青柑放置于底座后,设备通过 PLC、气动控制系统和电机结合控制机械机构自动实现小青柑批量开口、掏肉、卸料和装茶的全加工过程,该设备相比其他小青柑全自动开口去肉设备,生产效率和加工质量更高,可控性更好。

目前,小青柑全自动开口去肉设备虽然在功能上基本实现了小青柑开口、去肉及装茶等过程的自动化,但该种设备仍处于开发初期阶段,依然存在着一些尚待解决的问题,比如需要人工放置小青柑,小青柑去肉效果不甚理想,且容易对柑皮产生损伤,设备结构较为复杂,设备在长期运作中容易发生故障,返修率比较高等。不过,小青柑全自动开口去肉设备使柑果壳在生产环节实现了全程自动化,在大批量生产中能大幅度降低人工成本和节省劳动力。因此,该种设备在柑普茶生产中具有一定的开发与应用前景。

柑普茶的生产与发展依然在创新的道路上进取。随着科学技术的进步和国家食品质量标准的实施,柑普茶的制作技艺和科技水平正朝着规范化、科学化的目标不断向前迈进。

## 第三节 新会青柑普洱茶与橘皮普洱茶的风味比较

新会青柑普洱茶(或称新会青柑茶、青柑茶)是选用未成熟的茶枝柑果皮和云南普洱茶为原料经特殊工艺加工而成,将柑果内里的果肉掏空,果皮清洗晒干,将云南出产的普洱熟散茶装入柑皮内再进行干燥,采用阳光生晒或低温烘焙或烘晒结合的方式以最大限度保留柑皮的有效活性成分,从而为其陈皮香气奠定基础,因此青柑茶兼具了陈皮和茶的功效。

由于生理未成熟的茶枝柑果皮颜色为青绿色,故俗称之为"青柑",按柑果的粒径由小到大分为柑胎、小青柑、青柑。不同生长期的茶枝柑制成的柑普茶,风味和功效有所不同。柑胎属于新会茶枝柑的胎果,是自然掉落的幼果或果农为了柑的品质而梳理出的不超过桂圆大小的柑果经过干燥后制得的,柑胎几乎无果肉,也不需要加普洱茶,但它含有丰富的挥发油,可以入药,也可以用开水冲泡。中医认为,柑胎有疏肝破气、消积化滞、消炎的功效。

新会茶枝柑的柑皮是制作新会陈皮的正宗原料，新会陈皮根据采收加工时间可分为柑青皮（青皮）、微红皮（黄皮）和大红皮（红皮）。青皮通常指立秋至寒露这段时间采收的茶枝柑的果皮，色泽呈青褐色至青黑色，质硬皮薄，味辛、苦，气芳香。有文献报道，青柑皮的油酮类化合物含量丰富，挥发性芳香精油较多，冲泡时香气显著且更为耐泡，属于柑普茶中能使茶汤香气浓郁、特点鲜明的适合搭配品类。

新会青柑茶入肝胆经，可以健脾燥湿、疏肝润肺、消积化滞。市场上以广东新会茶枝柑的柑皮和云南普洱熟茶制得的柑普茶为正品陈皮普洱茶，其他各类柑皮、橘皮甚至橙皮则因产地不同可统称为"橘皮"，橘皮在药用功效上或各有所宜或功效稍差。橘皮普洱指采用"橘皮"和普洱茶以类似于新会柑普茶制作工艺的方式加工而成的橘普茶。

人们所熟悉的普洱茶一般都产自云南勐海县、普洱市、沧源县、勐腊县、双江县、临沧市、耿马县、元江县等地。云南省昆明市、西双版纳州、德宏州、楚雄州、红河州、普洱市、玉溪市、文山州、大理州、保山市、临沧市等11个州(市)75个县(市、区)639个乡(镇、街道办事处)现辖行政区域是普洱茶地理标志产品保护范围[24]。普洱茶具有降血脂、降血糖、防癌、抗突变等功效，儿茶素、茶多糖、茶色素等是普洱茶中具有药理作用的主要成分。儿茶素具有延缓衰老、抗氧化、降血糖、抑菌抗病毒、抑制动脉粥样硬化等作用。茶褐素作为普洱茶中最主要的色素成分，含有多酚类、没食子酸、多糖和氨基酸等物质，是普洱茶品质组成的重要因素。新会柑普茶和橘皮普洱茶都具有普洱茶的特质，但是由于两者内在柑皮原料的不同，导致两类产品在营养成分和风味上存在着较大的差异。在科学研究层面上，其风味的差异可以采用顶空固相微萃取-气相色谱质谱联用(HS-SPME-GC-MS)、顶空-气相离子迁移谱(HS-GC-IMS)来综合评价，可以结合感官量化描述分析(QDA)和相对气味活度值(ROVA值)进行研究，也可以从游离氨基酸、茶色素、儿茶素和多糖等指标来分析差异。

柑普茶是近几年来受到大众追捧的网红产品，但市面上也有不少橘皮普洱产品出售。目前，关于新会青柑茶的风味研究文献比较缺乏，通过对青柑茶和橘皮普洱的营养成分和风味的差异研究，可以探究青柑茶品质的奥妙并为柑普茶的质量调控提供理论依据。江津津等人[25]研究了广东新会青柑茶和橘皮普洱茶的风味差异，采用高效液相色谱、气相离子迁移谱、固相微萃取-气质联用、感官量化描述分析以及色差分析对新会出产的3种青柑茶和普通橘皮普洱茶中的营养成分和风味进行分析。结果表明，青柑茶的游离氨基酸的种类和含量均高于橘皮普洱，柑胎样品的游离氨基酸总量最高（421.21 mg/100 g），粒径约50 mm的青柑茶样品的茶氨酸和儿茶素含量最高，分别为2.35 mg/100 g和5.30%。随着柑皮的成熟，青柑茶的多糖含量逐渐增加，升高到51.81 mg/g，汤色渐深，陈皮香气渐淡。橘皮普洱样品的多糖含量最高，为57.03 mg/g。两种橘皮普洱有着相近和稳定的茶汤色泽和风味。通过相对气味活度值初步确定青柑茶的香气活性成分是柠檬烯、γ-松油烯、蒎烯、2-甲氨基苯甲酸甲酯，橘皮普洱茶的香气活性成分为碳氢化合物、松油醇和芳樟醇氧化物。α-松油醇、柠檬烯、香芹酚、蒎烯、辛醛、癸醛、紫苏醛、香芹酮、月桂烯、松油烯、乙酸香叶酯和石竹烯被确定为青柑茶的关键特征挥发性化合物。

## 第四节 其他柑皮茶制品

柑皮茶制品是以干制的柑皮、茶叶为主要原料,经拼配、干燥、包装而成的茶饮用植物制品。前述的青柑普洱茶、大红柑普洱茶是比较常见的柑皮茶制品,其他的柑茶产品还包括新会青柑白茶、广西小青柑普洱茶、湘柑茶、小青柑红茶、小青柑葛根茶、青柑茶树花茶和青柑八宝茶等。

### 一、新会青柑白茶

在中国六大茶系中,红茶、绿茶和黑茶常被人们认识和饮用。但是,白茶的品质及营养成分在各类茶叶中也表现出色,其原因得益于独特的制作工艺——不揉不捻,晒青萎凋,经轻微的发酵后自然氧化而成。白茶是福建省的特产,主产于福鼎市、政和县、松溪县和南平市建阳区等地。与黑茶一样,白茶素有"能喝的古董"之称。白茶汤色黄绿清澈、滋味鲜醇、爽口甘甜。国外的"白茶热"得益于白茶的抗癌、抗辐射和抗病毒的生理功效。除了这些功效之外,白茶还具有贮存和珍藏价值,其价值随贮存年份的增加而增加。作为一款传统的外销茶,我国九成以上的白茶用于出口。

青皮和陈皮都是临床中药常用的理气药。青皮和陈皮来源于芸香科植物橘,因采收时间不同,功效有所差异。青柑皮具有疏肝理气的功效,陈皮(大红皮)则长于理气健脾、燥湿化痰。从现代药理学上来说,青皮在预防心脑血管疾病、抗癌抗肿瘤方面效果更佳,而陈皮具有更好的抑菌、消炎和止咳等功效。青柑皮的药用价值在《本草纲目》中早有记载。陈皮浮而生,入脾肺气分,青皮沉而降,入肝胆气分,一体二用。青皮和陈皮中主要含有黄酮类物质,具有抗病毒、抗肿瘤及抗氧化的药理活性,在养生保健的茶饮中常有运用,其功效不容忽视。

青柑白茶简称"柑白茶"或"柑小白",是近几年兴起的一种新型的果茶。它的主要原料是青柑皮和白茶。青柑白茶是采用未成熟的柑果,剥去其果肉,再填入白茶,经过特殊工艺制作而成的一种茶制品。青皮与白茶相似,均具有抗辐射、抗氧化、抗肿瘤和保护肝脏的保健功效,其功效与白茶相得益彰。依据柑皮的产地来源,青柑白茶主要分为普通柑白茶和新会柑白茶两种类型。

新会柑白茶采用新会茶枝柑果皮作为外壳原料,填入精选的优质白茶(比如,福鼎白茶、政和白茶和云南白茶)后经过半生晒工艺制作而成。目前,较为成熟的半生晒技术是指在去肉青柑中填入经"杀青"处理的白茶茶叶后,放置于日光暴露的场所中生晒5~7天,然后在较为低温的烘箱条件下控干柑茶水分至利于长期保存与陈化。这样的半生晒制作工艺可以弥补全生晒受自然条件变化的限制以及高温烘干过程破坏青柑果皮油囊的缺陷,能最大限度地保留新会柑果皮的品质,有利于青柑皮和茶叶的继续陈化,并且能使柑皮果香与白茶茶香得到良好的融合,柑香清醇、茶香浓郁、二香交汇,激发味蕾和触觉的愉悦[26]。

在专利发明方面,马成英等人公开了一种小青柑白茶及其制备方法:在小青柑底部和侧壁共开3个圆孔,将白茶切成合适的大小片段,以及在低温(40～45 ℃)烘干。所制备得到的青柑白茶的柑皮的香精油散失较少,并保持了青柑皮的颜色和柑橘香。冲泡之后,汤色明亮,口感具有柑味并稍带茶味、回甘。所述制备方法加工效率高,可适合于工业化生产[27]。

## 二、新会青柑红茶

国内外研究显示,红茶具有辅助抗氧化、抗衰老等多方面保健作用。红茶中发挥作用的功能性物质成分包括儿茶素类、茶黄素类、黄酮类等,其中在红茶发酵过程中形成的茶多酚氧化产物是红茶最主要的功能成分。英红九号茶叶原产自我国广东省英德市,是由广东省农业科学院茶叶研究所选育和研发出来的茶树优良品种。英红九号内含物质极其丰富,比较适宜制作甜香、花香型高档名优红茶。用英红九号制得的英九红茶外形条索肥壮紧结,色泽乌褐油润,汤色红浓明亮,甜香馥郁悠长,滋味鲜爽醇厚有回甘,叶底红软均匀明亮,深受人们的喜爱。邵利平[28]以新会柑皮和英红九号红茶为主要原料,以每千克饮料柑皮红茶添加量及感官品评分为指标,通过单因素试验和正交试验,确定了茶枝柑红茶饮料的最佳萃取条件:柑皮红茶配比3∶5,萃取温度55 ℃,萃取时间15 min,茶水比1∶60。在此工艺条件及配比下,感官评分为94.1。以成品茶多酚500 mg/kg为标准,依次加入白砂糖、一定比例的萃取液、碳酸氢钠、维生素C、D-异抗坏血酸钠等辅料,经过超高温灭菌(UHT),得到柑橘皮香、红茶香上扬、滋味协调醇和、不苦涩的茶枝柑红茶饮料,并制定了最终产品的内容物规格标准。

## 三、广西小青柑普洱茶

广西浦北县位于广西壮族自治区南部,属于亚热带气候,自然资源丰富,生态环境优美。浦北拥有2 521 km²的广袤土地,其中耕地2.89万hm²、林地17.8万hm²,森林覆盖率达73.03%,富硒土壤面积超过2 200 km²,占总面积的87.1%,土壤硒平均含量高达0.65 mg/kg,大部分农林产品天然达到了富硒标准。因此,浦北县是名副其实的"生态优势金不换"县城。

近年来,浦北县积极发挥绿色与生态的优势,通过"四会柑"(大红柑)与云南普洱茶的"牵手"与"联姻",生产出具有广西特色的小青柑,既推动了四会柑产业转型升级,也助力小青柑与陈皮普洱茶新兴健康产业的发展。广西小青柑普洱茶的制作过程与新会小青柑类似,将新鲜小青柑(四会柑)果实洗净,把果肉掏空之后晾干填入普洱茶,盖上揭掉的柑皮盖子,晒干或者机器烘干后收缩。该种茶制品融合了柑果的清醇和普洱茶的厚甘香之味,让传统的茶饮品口感得到升华,集陈皮和普洱茶的功效于一身,具有理气健脾、燥湿化痰、降血压、降血脂、抗氧化等功效。小青柑陈皮普洱茶以其独特的口感及突出的保健功效受到了广大消费者的青睐。目前,广西浦北县柑果种植面积达2 666 hm²,小青柑陈皮普洱茶加工企业近30家,现已发展成为该县一大扶贫产业[29]。截至2020年6月,浦北县新种植大红柑 1 540 hm²,总面积达 4 800 hm²,力争在五年内新增大红柑种植面积约 6 000 hm²,实现全县大红柑种植面积 1 万 hm²,陈皮产业一二三产融合发展产值超 100 亿元[30]。

### (一)浦北县小青柑普洱茶的质量因素

产业的持续发展取决于产品质量的优劣,没有质量就没有市场,更谈不上发展。何秋云等人[31]以广西浦北县的小青柑陈皮普洱茶为研究对象,以其理化指标、重金属元素、农药残留和微生物为评价指标,对比国家相应的行业标准,分析其产品质量,并科学地评价了广西浦北县小青柑陈皮普洱茶的产品质量,同时为该产业持续健康发展提供了科学依据。

### (二)小青柑普洱茶的口感体验与研究

小青柑陈皮普洱茶作为一种新兴的茶产品,除了卫生安全指标要符合标准要求外,口感体验也是影响产品销量的重要因素。小青柑普洱茶功能显著,其在消费市场上的成功,不仅源于其深厚的传统根基,也源于其凸显的口感魅力。广西浦北县小青柑陈皮普洱茶质量安全可靠,但茶产品的口感品质参差不齐。若要产品在市场上占据一席之地,则必须在口感品质上下功夫。小青柑陈皮普洱茶的口感受小青柑的成熟度、烘干工艺以及普洱熟茶的等级等多方面因素的影响。鉴于柑香与茶香气滋味的交融对判断柑皮或茶的客观品质(尤其是香气和滋味)影响较大,张勇研究指出小青柑普洱茶的感官审评采用单颗冲泡不合理,应该让陈皮(柑皮)与茶分开,分别单独地做出感官审评较为客观和科学[32]。因此,应该开展更多更深入的研究来对影响小青柑普洱茶口感体验的关键技术加以探索,为广西浦北县陈皮普洱茶产业的发展乃至粤港澳大湾区柑普茶产业的一体化发展提供基础性理论与实践支撑。

## 四、湘柑茶

湖南是柑橘和茶叶的资源大省,湘柑茶的创制为联合湖南省内过剩的柑橘和茶叶资源开发柑橘加工新产品提供了参考。湘柑茶是借鉴了新会柑普茶的制法,采用湖南安化天尖茶(黑茶)与岳阳金盆柚的柑皮经过挖果、填茶、杀青、干燥等工艺加工制备而成的"湘式"柑茶制品。湘柑茶融合了天尖茶和金盆柚皮的香气与营养功效,产生了新的挥发性成分而呈现出新的香气特色,是具有湖南地域特色的新式茶饮[33]。侯粲等人[34]应用超高效液相色谱-四极杆静电场轨道阱质谱系统(UPLC-Q-Exactive)结合代谢组学轮廓分析技术,从化学物质组学方面阐明陈皮黑茶的物质基础及发酵前后的变化规律。通过对比不同茶叶原料制成的陈皮黑茶成品的化学成分变化规律,阐释茶叶原料对陈皮黑茶成品品质的影响。利用体外活性评价模型($\alpha$-葡萄糖苷酶、$\alpha$-淀粉酶、脂肪酶)对陈皮黑茶体外活性进行研究,以期从不同角度考察与揭示陈皮黑茶的功效作用,探索其成分与功效之间的关系,为陈皮黑茶制品的开发及功效机制提供科学依据。发酵陈皮黑茶是一种以陈皮和黑毛茶为原料,经过"金花菌"——冠突散囊菌标准化发酵制成的新型茶品。饮用发酵陈皮黑茶具有较为显著的调节肠道菌群的作用,在门水平主要表现为属抑制变形菌门,降低厚壁菌门/拟杆菌门的比例,从而与维持肠道屏障完整、降低炎症反应相关。基于实验研究结果,肖杰等人指出,成人每日使用 200 mL 沸水冲泡 10~20 g 陈皮黑茶,可能有助于改善糖脂代谢,维护肠道菌群健康[35]。刘沁如等人[36]探索了陈皮、黑茶的提取工艺条件对降糖降脂活性成分的影响,优选提取工艺参数,为陈皮黑茶颗粒提取工艺及降糖降脂作用的药效学实验提供依据。研究结果表明,按最佳提取工艺参数提取制备的陈皮、黑茶提取物的降糖降脂活性成分橙皮苷、川陈皮素、橘皮素及茶多糖等的含量最高,该研究可为后续中试放大和降糖降脂作用的药效学实验提供依据。戚贺亭等人[37]采用不同成熟度的金盆柚制备湘柑茶,从加工特性、营养指标、香气成分、感官评价出发,通过主成分分析方法探究不同成熟度对其综合品质的影响。结果表明,金盆柚样品 T3 的加工特性最佳,样品 T2 的感官评价最优。总酚和橙皮苷在样品 T1 柑皮中含量最高,且其含量随果实成熟度的增加呈现降低趋势,柚皮苷的变化则呈相反趋势;总黄酮含量随成熟度呈先增加后减少的趋势。通过顶空气相色谱-离子迁移谱技术结合顶空固相微萃取-气相色谱质谱分析香气品质,分别鉴定出 64 种和 115 种香气成分,主要包括烯烃类、酯类、醇类、酮醛类和酚类。通过气味活度值计算,筛选出 27 种关键香气成分,不同湘柑茶中均含有具有果香、花香的主体性香气成分如 d-柠檬烯、芳樟醇、α-松油醇和 β-石竹烯等,但也有各自独有的香气成分。主成分分析法显示,3 种湘柑茶(小青柑、二红柑和大红柑)的综合品质存在显著差异,消费者可以通过喜好选择不同类型的湘柑茶。此外,关于金盆柚不同果实成熟度对湘柑茶综合品质的影响,后续可进一步开展加工工艺优化和风味形成规律研究,通过加工过程实现对湘柑茶品质的控制,为湘柑茶的规范生产提供可靠的技术支撑。

在发明专利方面,常国生和江逢灿发明了关于陈皮与黑茶的茶饮及其制备方法。该茶饮由陈皮和黑茶组成。其制备方法是在传统陈皮和黑茶制备工艺的基础上,增加了用普洱茶养皮,混合不同果皮制成的陈皮,混合不同陈化年份的陈皮,在黑茶制作工艺中掺入陈皮,混合人工种植茶叶与野生茶叶,混合不同陈化年份的茶叶,混合不同类型的黑茶,应用茶叶微发酵等方法,使所述茶饮基本去除了黑茶的苦涩和霉味[38]。

## 参考文献

[1] 黄伟亮.柑普茶历史文化探微:从一首新会童谣说起[J].农业考古,2016(5):27-32.

[2] 梁优珍,谭健华.柑普茶冲泡过程中的饮用安全性研究[J].现代食品,2016(22):118-120.

[3] 梁敏诗.柑普茶抗氧化作用的化学研究[D].广州:广州中医药大学,2021.

[4] 苏薇薇,郑玉莹,彭维.广陈皮及新会柑普茶质量与保健功效研究[M].广州:中山大学出版社,2020.

[5] 蔡佳梓,丁敏,何新,等.新会柑普茶的能量和核心营养元素分析[J].化学工程与装备,2016(10):219-221.

[6] 杨伟,廖金梅,周咏莲,等.柑普茶的加工技术研究[J].中国茶叶,2021,43(5):21-25.

[7] 李莉.柿饼擦滑石粉"美容",怎么辨别[J].恋爱婚姻家庭(养生),2016(3):37.

[8] 江新凤,邵宛芳,刘彩霞.普洱茶调节高脂血症大鼠血脂水平的研究[J].蚕桑茶叶通讯,2013(2):29-32.

[9] 熊昌云,杨彬,彭远菊,等.普洱茶抑肥降脂作用比较研究[J].西南农业学报,2018,31(5):1058-1062.

[10] 俞乐安,肖遂,黄亚辉,等.柑普提取物对 HepG2 和 SGG-7901 肿瘤细胞系的抗增殖作用[J].现代食品科技,2020,36(7):42-49.

[11] 邹继伟,胡海娥,李学莉,等.陈皮生物活性成分及其保健功能研究进展[J].饮料工业,2021,24(6):68-72.

[12] 陈晓璐.化痰中药陈皮对光老化皮肤的作用研究[D].广州:广州中医药大学,2015.

[13] 张燕,余根益,高敏,等.4种茶的多酚含量、抗氧化性及抑制α-淀粉酶活性的比较[J].河南工业大学学报(自然科学版),2019,40(1):79-83.

[14] 何国藩,徐福祥,林月婵,等.普洱茶对小鼠$^{60}$Co-γ辐射的防护作用[J].茶叶科学,1991,11(1):50.

[15] 张丽艳,梁茂新.论陈皮潜在功用的发掘与利用[J].中华中医药杂志,2017,32(1):107-110.

[16] 赵小艳,吕武清.陈皮的研究概况[J].中国药业,2006,15(15):68-70.

[17] 陈皮普洱,伴你安然度过"多事之秋"[J].宁波通讯,2015(18):87.

[18] 黄伟亮.柑普茶历史文化探微:从一首新会童谣说起[J].农业考古,2016(5):27-32.

[19] 杨成.新会陈皮普洱茶制备方法[J].食品安全导刊,2021(27):175,177.

[20] 王强,郭兴华,周兵.一种制作小青柑用工具及其方法:CN110710586A[P].2020-01-21.

[21] 武号洋.一种橘子打孔去肉辅助装置:CN210100175U[P].2020-02-21.

[22] 苏红飞,陶仕科,王兴华,等.一种小青柑茶的小青柑壳加工机器:CN110432517A[P].2019-11-12.

[23] 王芳云.小青柑自动挖果肉装置:CN111109620A[P].2020-05-08.

[24] 韩静,陈鸿."一带一路"建设背景下云南省普洱茶出口对策研究[J].对外经贸,2016(8):25-27.

[25] 江津津,贾强,谢佩桦,等.新会青柑茶与橘皮普洱茶的风味差异分析[J].现代食品科技,2021,37(8):266-274.

[26] Wu W W.不同加工方法对新会青柑白茶品质的影响[D].广州:华南农业大学,2018.

[27] 马成英,苗爱清,乔小燕,等.一种小青柑白茶及其制备和品饮方法:CN110892930A[P].2020-03-20.

[28] 邵利平.茶枝柑红茶饮料生产工艺研究[J].饮料工业,2022,25(3):57-61.

[29] 何敏,何秋云,陈旭煜,等.近三年广西浦北县柑普茶产品质量评价[J].食品安全导刊,2021(31):63-65.

[30] 田时胜,梁燕,赖昕,等.一块陈皮,如何在乡村振兴中"陈"风破浪?[N].钦州日报,2022-06-21(1).

[31] 何秋云,冯晓斌,刘月东,等.广西浦北县小青柑陈皮普洱茶产品质量评价[J].湖北农业科学,2020,59(5):124-128.

[32] 张勇.浅谈小青柑茶的感官审评[J].农业知识,2018(26):43-44.

[33] 李想,付复华,潘兆平,等.湘式柑普茶:湘柑茶主要化学成分及挥发性成分分析[J].食品与机械,2021,37(8):16-23,62.

[34] 侯粲,杜昱光,王曦,等.发酵陈皮黑茶的化学成分差异及体外活性[J].食品科学,2020,41(18):226-232.

[35] 肖杰,侯粲,陈鑫,等.发酵陈皮黑茶改善高脂饮食诱导的小鼠糖脂代谢紊乱[J].食品科学,2022,43(5):133-142.

[36] 刘沁如,向茗,瞿昊宇,等.陈皮黑茶颗粒提取工艺条件对降糖降脂活性成分的影响[J].亚太传统医药,2021,17(12):66-73.

[37] 戚贺亭,潘兆平,李想,等.金盆柚不同成熟度对湘柑茶品质的影响[J].食品与发酵工业,2021,47(16):103-116.

[38] 常国生,江逢灿.陈皮与湖南黑茶茶饮及其制备方法:CN108925679A[P].2018-12-04.

# 第八章

# 柑皮茶产品的质量安全与检测

随着社会经济的不断发展,广大人民群众的生活水平日益提高,人们对衣、食、住、行等方面提出了更高的要求。其中,食品安全更是逐渐成为社会各界普遍关注的焦点。俗话常说:"民以食为天,食以安为先,安以质为本。"由此可见,食品安全的根本性问题是食品的质量问题。近年来,与食品安全问题相关的事件在我国乃至世界各国频有发生。因此,探讨造成食品安全问题的原因和提高食品安全检测技术对于保障食品质量安全的重要性不言而喻。归结而言,影响食品质量安全的危害因素主要包括以下三个方面的内容:

## 一、生物性危害因素

食品中的生物性危害因素是引起食源性疾病的主要因素。一般情况下,食品中的生物性危害是指能引起人体危害的生物,包括致病性细菌、病毒、寄生虫和真菌。有时也包括一些能引起食品污染的昆虫。食品生物性污染的途径包括:①原材料的污染;②生产加工过程的污染;③储藏过程的污染;④运输与销售过程的污染;⑤食品消费过程的污染。其中,食品生产加工企业在生产过程中对食品生物性污染的检测与管理是保障食品安全的重要环节。

## 二、化学性污染因素

在食品的化学污染方面,以高毒、高残留的农药为主要污染物,这类化学品的使用容易对农产品、农副产品等带来较大的污染,影响食品的最终食用质量。一般地,食品中的化学性危害因子包括重金属、自然毒素、农用化学药物、洗消剂及其他化学性危害物。重金属主要来源于农用化学物质的使用、食品加工过程中有毒金属以及植物生长过程中从金属含量高的地质中吸取的有毒重金属等。自然毒素有的是食物本身就带有,例如,发芽的马铃薯含有大量的龙葵毒素;有的则是细菌或霉菌在食品中的繁殖过程中所产生的[1]。

## 三、物理性危害因素

物理性因素包括食品的外来杂质或异物,如金属屑、毛发等,也包括因某些食物(如果冻)尺寸大小造成吞咽时阻塞气管等。物理性异物如果夹杂在食品中,容易产生对人体的伤害,如卡住咽喉、划破组织或其他不利于人体健康的后果等。为防止物理性因素引起的危害,食品企业生产者应严格把好质量关,清理或消除加工过程中的外来物,在运输、加工和包装等过程中加以防范。凝胶类食品要严格控制尺寸大小,并在标签中注明食用方法。同时,消费者也要树立安全第一的自我保护意识,正确并恰当地食用食品。

# 第一节 柑橘产品的农药残留检测

柑橘产业在国民经济发展、产业结构调整和"三农"问题等领域发挥着至关重要的作用。在柑橘产业迅猛发展的同时,柑橘果实的产品质量安全也正在面临着考验与挑战。茶枝柑是柑橘属水果的一个特有的地理标志性品种,在质量安全方面也未能置身事外、独善其身。

随着我国社会经济的迅速发展,新会陈皮的药用、保健及食疗价值受到人们重新重视,其应用得到创新发展,并且已经成为江门市新会地区的重要经济农作物,其产业发展前景颇为广阔。然而,受到柑苗质量、种植规模与水土环境以及气候的异常变化等因素的影响,茶枝柑树的病害(柑橘黄龙病、柑橘溃疡病等)和虫害相对地日益严重,防治难度也逐渐地有所提升。由于种植过程中虫害预防的需要,中药广陈皮的果实来源——茶枝柑不可避免且不同程度地受到各类农用化学药物的污染。目前,在茶枝柑的病虫害防治中以化学防治为主。目前有研究指出,农药不合理使用是中草药材和蔬菜水果农药残留超标的主要原因,部分禁限用农药的毒性较强,蓄积风险大,对人体的潜在危害极大,如若被部分农户不规范不合理地施用,势必触发更大的食品安全隐患。因此,农药残留问题已然成为影响包括广陈皮、川陈皮、赣陈皮和建陈皮等在内的所有陈皮质量安全的主要因素之一,应当引起社会各界以及质量监管部门的重点关注。

根据农药的结构和功能特性,人们把全球杀虫剂划分为有机磷类、氨基甲酸酯类、有机氯类、拟除虫菊酯类、苯甲酰脲类、其他昆虫生长调节剂类、杀螨剂类、天然产物类、新烟碱类、其他结构类(包括双酰胺类、吡唑类等多种结构)等[2]。

## 一、有机磷类农药的应用与检测

目前,有机磷类农药(organophosphorus pesticides,OPs)具有高效、广谱、降解快和价格低廉等特点,这些特点使其成为世界上应用广泛和使用量最大的杀虫剂。有机磷类农药通常是类油状液体,一般呈淡黄色、棕褐色或中间过渡色,具有特殊气味。它主要是通过抑制乙酰胆碱酯酶的活性来实现其生物毒杀的作用机理。有机磷类农药的毒性是一种神经性毒性,其残留在食物(蔬菜、水果和谷物等)中会对人体产生一定程度的急慢性的危害。世界各国通过制定食品中有机磷类农药残留的限量法规对其进行监督和管理,日本和欧盟禁止含有未设定最大残留限量标准的农业化学品且其含量超过统一标准的食品的流通[3]。

### (一)有机磷类农药的性质与危害

有机磷类农药的分子通式含有 C—P、C—S—P、C—O—P 或 C—N—P 键,属于有机酯类化合物,大多数为磷酸酯类或硫代磷酸酯类,其化学结构式如图 8-1 所示。其中 $R_1$ 和 $R_2$ 大多数为乙基和甲基取代基,X 为芳香基、烷氧基、卤素或杂环取代基团[4]。

1. 对人体健康的危害及毒性机理。环境中的有机磷类农药可以通过食物摄入、皮肤接

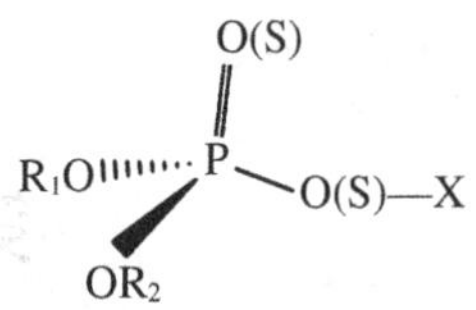

触和呼吸作用等方式进入人体。有机磷类农药的分子结构与乙酰胆碱的结构类似,能与酶共价结合,抑制酶的活性,导致乙酰胆碱代谢紊乱,并在神经系统内大量积蓄。有机磷类农药对胆碱能神经有毒蕈碱(muscarine)样作用、烟碱样作用和中枢神经系统作用。过量的有机磷类农药中毒可以引发人体痉挛、腹泻、呕吐、抽搐、瘫痪乃至死亡。

图 8-1 有机磷类农药化学结构式示意图

2. 对环境与生态的影响。长期大量地施用有机磷类农药会使环境水中的有机磷类农药含量增加,并在水生生物体内不断富集。有机磷类农药在生物体内的蓄积会影响其新陈代谢过程。例如,汝少国等人[5]通过实验研究表明,中国对虾在久效磷(monocrotophos)含量为 0.1 mg/L 的水体中生长,表现出运动失调、狂奔状态的状况,并且最终因为细胞结构损坏而导致死亡。还有一些研究表明,超八成的土壤中含有农药残留物,其中有一半以上的残留物为多种农用化学品。它们的存在容易导致土壤酸化和板结,进而影响动植物的生长和繁殖,严重威胁着生态环境的稳定。此外,有机磷类农药对生物多样性的潜在危害也是不容忽视的。

### (二) 有机磷类农药的检测方法

有机磷类农药残留的现场快速筛查方法包括酶抑制率法、农残速测卡法、活体检测法和胶体金试纸条法等。

酶抑制率法是利用有机磷对有机磷水解酶以及乙酰胆碱酯酶的抑制作用来定量检测农药残留含量,其操作简单、快速,适合批量检测筛选,是目前最成熟的快速检测方法。农残速测卡法是利用胆碱酯酶专门催化神经传导介质乙酰胆碱的水解反应使之由红色变为蓝色的基本原理进行农药残留检测。农药速测卡中含有乙酰胆碱类似物靛酚乙酸酯(红色),靛酚乙酸酯在胆碱酯的催化下迅速发生水解反应,生成靛酚(蓝色)和乙酸,而有机磷易水解,只要有微量有机磷存在,就能强烈地抑制蓝色产物的产生。农药速测卡就是利用有机磷类农药的这种特性来检测农药的残留量,靠肉眼就可从蓝色的深浅来大致判断农药的残留情况。活体检测法是利用农药影响细菌的发光情况来检测残留的一种方法,该方法成本低、方法简单,不需复杂设备,但使用该方法检测残留农药的种类少,准确性低,比较适合野外初步筛测。

蔬菜水果中有机磷类农药的实验室检测方法包括红外光谱法、紫外光谱法、生物传感器法、气相色谱法、气相色谱-质谱法、气相色谱-串联质谱法(GC-MS/MS)和液相色谱-串联质谱法。其中,由于高通量、高选择性、高灵敏度等优势,气相色谱-串联质谱法、液相色谱-串联质谱法成为农产品特别是蔬果中有机磷类农药残留检测的主要精密方法。

相对于气相色谱法和质谱法等大型仪器检测方法来说,农残速测卡法与酶抑制率法都具有操作简单、检测效率高、设备投资小以及检测特异性强的特点。但是,农残速测卡法与酶抑制率法的检测结果不可避免地存在一定的假阳性或假阴性率。因此,在检测实践中,检测人员可以根据实际需要来选择适合的检测手段。

### 二、氨基甲酸酯类农药的应用与检测

氨基甲酸酯类农药是 20 世纪 50 年代发展起来的一类农药,也是继有机磷农药之后

发展起来的合成农药。氨基甲酸酯类农药是一种新型广谱杀虫、杀螨、除草剂,还有一定的促进作物生长的效果。氨基甲酸酯类农药具有分解快、残留期短、生物积累低等优点,其缺点是毒性大、容易污染环境,并且可损害人体免疫系统并引起相关疾病,如过敏反应、自身免疫疾病和肿瘤等[6]。随着氨基甲酸酯类农药使用范围的扩大和使用量的增大,其在农牧产品中的残留以及对环境造成的污染和对人类健康的毒害均引起了人们的关注。

氨基甲酸酯类农药一般无特殊气味,在酸性环境下稳定,遇碱分解,毒性一般较有机磷类农药低。在农业生产领域中,氨基甲酸酯类农药因具有遇碱易分解、水中溶解度高、高效低毒等特点可以弥补有机氯类、有机磷类等农药在杀灭害虫上的短板。氨基甲酸酯类农药主要包括西维因(甲萘威)、涕灭威、速灭威、克百威(呋喃丹)、异丙威(叶蝉散)、巴沙等。从相关中毒事件来看,氨基甲酸酯类农药在一定程度上影响人类神经冲动的传递,具有发病快的特点。为了确保食品的可食用性和安全性,必须加强果蔬中氨基甲酸酯类农药残留物的检测[7]。在氨基甲酸酯类农药的残留检测中,目前我国常用的仪器检测法主要包括高效液相色谱法、柱后衍生-荧光检测法、气相色谱法、气相色谱质谱联用法和液相色谱质谱联用技术法。由于价格较为昂贵,液质联用仪仅在国内的某些科研条件较好的实验室中应用,而氨基甲酸酯类农药因其热不稳定性以及在碱性与高温条件下容易分解等原因,在气相色谱法的检测应用中受到一定限制。

氨基甲酸酯类农药的使用日益普遍,人们对它们的化学结构与性质、代谢产物以及代谢机制等还需要进一步探讨,其在农业生态环境中迁移所造成的环境问题也有待更加深入的研究。近年来,由于食品安全意识的提高,欧盟、美国、日本、澳大利亚及韩国对食品质量安全要求十分严格,且对农用化学品的最大残留限量(MRLs)标准种类及要求也不断增加,提高了食品质量安全的进口门槛。

### 三、有机氯类农药的应用与检测

有机氯类农药又叫氯化烃杀虫剂,是农作物杀虫剂中使用最广泛的一类农药。有机氯类农药是人类最早使用的一类化学合成农药,我国过去所投入使用的农药中,60%属于有机氯类农药。常见的有机氯类农药有滴滴涕(DDT)、六六六(BHC)、五氯硝基苯(PCNB)、敌百虫、艾氏剂、七氯等。其中DDT、BHC因其高残留和高污染,包括我国在内的一些国家已经相继限制和禁用此类农药[8]。在过去,有机氯类农药因具有高效杀虫的特性而被广泛应用于农业生产中,但其有效利用率仅为20%～30%,大部分流失于农田土壤、河流、地下水以及挥发到大气环境中。此外,由于有机氯类农药自身的稳定性和蓄积性,使其在土壤、水体和大气中可存在数十年之久。时至今日,有机氯类农药价廉高效的特性依然吸引着某些人在农业种植中违规使用。有研究者发现,在对粮食和水果等食品的抽检中,检出有机氯类农药含量超标的现象仍然时有发生。

食品中有机氯类农药残留检测方法直接影响着食品有机氯类农药残留检测结果。现今我国食品有机氯类农药残留检测方法最常用的是生物法与化学法。随着科技的发展与进步,食品有机氯类农药残留检测方法也将不断升级。根据样本前处理技术的差异,有机氯类农药残留检测方法主要划分为以下几类：传统检测方法、固相提取与固相微提取检测法、超临界提取法、微波加热提取法、渗透色谱提取与溶剂提取法等[9]。

降解有机氯类农药的方法主要有土壤淋洗、热脱附、化学还原氧化、焚烧及微生物修复等技术。其中，微生物修复技术因具有绿色、高效和低耗等特点而得到广泛的研究，取得了一定的研究成果，也是一个颇为热门的前沿课题[10]。

### 四、我国禁限用农药与药典控制农药

为了有效预防、控制和降低农药使用的安全风险，规范农药市场秩序，确保农业生产安全、农产品质量安全和生态环境安全，自2002年起，我国先后发布了许多禁用和限用的农药。为避免种植户违规用药，现将我国禁用和限用的农药名录[11]介绍如下：

#### （一）禁止生产销售和使用的农药名单

六六六、滴滴涕、毒杀芬、二溴氯丙烷、杀虫脒、二溴乙烷、除草醚、艾氏剂、狄氏剂、汞制剂、砷类、铅类、敌枯双、氟乙酰胺、甘氟、毒鼠强、氟乙酸钠、毒鼠硅、甲胺磷、甲基对硫磷、对硫磷、久效磷、磷胺、苯线磷、地虫硫磷、甲基硫环磷、磷化锌、磷化镁、磷化锌、硫线磷、蝇毒磷、治螟磷、特丁硫磷、氯磺隆、福美胂、福美甲胂、硫丹、林丹、溴甲烷、氟虫胺、杀扑磷、百草枯、2,4-滴丁酯、甲拌磷、甲基异柳磷、水胺硫磷、灭线磷、胺苯磺隆单剂、甲磺隆单剂、胺苯磺隆复配制剂、甲磺隆复配制剂、三氯杀螨醇。甲拌磷、甲基异柳磷、水胺硫磷、灭线磷自2024年9月1日起禁止销售和使用。自2024年6月1日起，撤销含氧乐果、克百威、灭多威、涕灭威制剂产品的登记，禁止生产，自2026年6月1日起禁止销售和使用。

#### （二）限制使用的农药

内吸磷、硫环磷、氯唑磷、灭多威、溴甲烷、氰戊菊酯、丁酰肼（比久）、氟虫腈、溴甲烷、氯化苦、毒死蜱、三唑磷、氯苯虫酰胺、磷化铝。

#### （三）农药最大残留量标准

我国现行有效的农药MRLs标准是《食品安全国家标准 食品中农药最大残留限量》（GB 2763—2021）。该标准规定了食品中564种农药10 092项MRLs，其中应用于柑橘产业的有217种农药537项MRLs（见附表二），包括杀虫剂104种（硫线磷、杀线威等），杀菌剂49种（氯苯甲醚、噻菌灵等），除草剂28种（胺苯磺隆、2,4-滴钠盐等），杀螨剂21种（灭螨醌、炔螨特等），植物生长调节剂5种（氯吡脲、烯效唑等），杀虫/杀螨剂5种（联苯菊酯、丁醚脲等），杀菌/杀螨剂1种（乐杀螨），杀虫/除草剂1种（戊硝酚），杀线虫剂1种（灭线磷），增效剂1种（增效醚），熏蒸剂1种（溴甲烷）。GB 2763—2021规定柑橘类水果主要包括柑、橘、橙、柠檬、柚、佛手柑、金橘等，在537项MRLs中，有126项对柑橘类水果大类做出规定，对单个树种规定411项，占总限量数的76.5%，对橙（114项）、橘（107项）、柑（106项）规定最多，其次为柠檬（32项）和柚（29项），金橘（14项）和佛手柑（9项）规定最少[12]。

#### （四）国内外药典重点控制农药品种

随着中草药市场的国际化，草药中农药残留也成为世界各国重点监控对象，现对中、

日、欧洲等国药典中监控农药种类汇总如下。

中国药典：六六六、滴滴涕、五氯硝基苯；

日本药局方：六六六、滴滴涕；

欧洲药典：乙酰甲胺磷、甲草胺、艾氏剂、狄氏剂、益棉磷、保棉磷、氯溴异氰尿酸（消菌灵）、乙基溴硫磷、甲基溴硫磷（溴硫磷）、溴螨酯、氯丹、毒虫畏、毒死蜱、甲基毒死蜱、氯酞酸甲酯、氯氟氰菊酯、氯氰菊酯、滴滴涕、溴氰菊酯、二嗪磷、苯氟磺胺、敌敌畏、三氯杀螨醇、乐果/氧化乐果、二硫代氨基甲酸酯、硫丹（顺式硫丹、反式硫丹或硫丹硫酸酯）、异狄氏剂、乙硫磷、乙嘧啶磷、皮蝇磷、杀螟硫磷、甲氰菊酯、丰索磷、倍硫磷、氰戊菊酯、氟氰戊菊酯、氟胺氰菊酯、地虫硫磷、七氯（包括七氯、环氧七氯）、六氯苯、六六六、林丹、马拉硫磷、马拉氧磷、灭蚜磷、虫螨畏、甲胺磷、杀扑磷、甲氧滴滴涕、灭蚁灵、久效磷、对硫磷（对氧磷）、甲基对硫磷（甲基对氧磷）、二甲戊灵、五氯甲氧基苯、氯菊酯、伏杀硫磷、亚胺硫磷、增效醚、嘧啶磷、甲基嘧啶磷、腐霉利、丙溴磷、丙硫磷、除虫菊酯、喹硫磷、五氯硝基苯、八氯二丙醚、四氯硝基苯、三氯杀螨砜、乙烯菌核利；

英国药典：英国药典与欧洲药典检测指标相同。

### 五、柑橘类产品农药残留的检测

和茶类产品一样，柑橘类产品的农药残留同样不容忽视。易甜等人[13]通过对湖北部分地区柑橘农药残留情况的调查与分析得出，柑橘农药检出率高，农药使用较为普遍，不过禁、限用农药的使用控制较好，基本保障了农药的使用安全性，但是多种农药残留现象普遍，对柑橘质量安全有一定的影响，并且柑橘中违禁药物使用屡禁不止。崔文文等人[14]在对四川部分地区柑橘农药残留情况的调查与分析中得出，农药残留检出率高。柑橘样品农药残留的检出率高达76%。单个柑橘检出的农药残留种类最多的达11种。118种农药残留项目中，有33项农药残留检出。说明在生产过程中使用的农药种类多，而且这种情况比较普遍。此外，禁限用农药和未登记农药检出率较高。这说明在柑橘生产过程中，未按照相应的标准规程操作，存在着与柑橘质量安全问题相关的较大的风险隐患。

李纯等人[15]在陈皮中农药残留分析及风险评估的研究中得出：对198批陈皮中117种农药进行测定，共检出30种农药，其中包括13种禁用农药，农药总检出率高达98.5%，按《中国药典》2020年版禁用农药的限度判断，不合格率为29.8%，合格率为70.2%，表明陈皮生产过程中存在违规使用禁用农药的现象。陈皮中农药的检出率虽较高，但大多处于痕量残留水平，急性及慢性风险评估结果显示膳食暴露风险不大，总体可控。根据风险排序结果，建议在日常检验中对甲拌磷、灭线磷、硫丹、特丁硫磷、地虫硫磷、克百威及杀扑磷进行重点监控。相关部门有必要加大对农药使用的科普宣传力度，加强农药政策引导、监督及管理。《中国药典》2020年版对禁用农药的要求是有必要的，对中药陈皮的农药残留控制具有积极作用。王莹[16]在对120种中药材（共333批）中的198种农药进行测定时发现，在陈皮中检测到五氯硝基苯、毒死蜱、炔螨特的含量依次为 0.019 mg/kg、0.013 mg/kg、0.340 mg/kg。李晔等人[17]应用数据库建立陈皮、荷叶、葛根、胖大海等代用茶中农药残留的筛查方法,对四种代用茶中 26 种农药残留的分散式固相萃取-气相色谱-串联质谱(GC-MS/MS)分析方法进行确证。四种代用茶检测结果表明,农药集中在陈皮上,而且含有多种残留农药。闫君等人[18]应用改进的 QuEChERS 结合 GC-MS/MS 建立了陈皮中 88 种农药残留在动态多反应检测(dMRM)模式下的检测方法。实验结果表明,该种方法快速高效、灵敏可靠,适用于陈皮中农药残留的快速筛查及日常检测。类似地,从建立方法论的角度看,董冰岩等人[19]应用超高效液相色谱法测定陈皮、蒲公英根中 2 种氨基甲酸酯类农药残留(灭多威、克百威及其代谢物 3-羟基克百威)。结果显示,三种分析物的质量浓度范围在 0.01～0.20 mg/L 内,线性良好,回收率在 84.80%～106.30%之间,变异系数不大于 11%,最低定量限为 0.01 mg/kg。因此,该方法简单、稳定且灵敏度高,可用于中药材(陈皮等)的农药残留检测。

在新会陈皮的农药残留研究方面,区棋铭等人[20]通过对液相色谱工作条件、提取方式和净化效果的优化,建立了新会陈皮中苯氧威残留量的液相色谱分析方法。其中,所测样品中有 3 个样品检出苯氧威,含量分别为 1.5 mg/kg、2.1 mg/kg、3.7 mg/kg。上述实验结果表明,苯氧威在新会陈皮中存有一定的残留量。虽然国家标准中暂未对苯氧威的残留量做出限量要求,但是根据 2015 年欧盟对桃子和橄榄中苯氧威的最大残留限量(≤3 mg/kg)的要求可知,部分新会陈皮产品中苯氧威残留量已超出欧盟的最大限量标准。此外,区棋铭研究团队[21]研究了苯氧威在新会柑及其制品中的残留降解规律之后,建议在新会柑种植基地上谨慎使用苯氧威农药。鉴于苯氧威的自然降解时间较长,应选择在结果期进行喷施,喷药浓度应比农药说明书推荐稀释后的浓度低,并且确保其在新会柑采摘的时候已经降解到了安全的水平。此外,该研究认为,在新会柑果皮的加工过程中应采用合适的温度进行处理以进一步降低药物残留量,并及时进行检测和监控。总之,新会柑种植户应该掌握苯氧威的施药浓度和时机,相关部门也应对陈皮加工企业的生产加强检测,完善监督机制,切实维护"国家地理标志保护产品"的形象。彭晓俊等人[22]利用固相萃取/气相色谱法测定新会陈皮及其制品中的 8 种有机磷类农药,结果发现新会陈皮中治螟磷(sulfotep)的残留量为 0.005 6 mg/kg,久效磷的含量为 0.26 mg/kg;而新会柑普茶中的灭线磷(ethoprophos)、治螟磷(sulfotep)、特丁硫磷(terbufos)和水胺硫磷(isocarbophos)的残留量分别为 0.028 mg/kg、0.019 mg/kg、0.037 mg/kg 和 0.029 mg/kg。表 8-1 展示了广西浦北县小青柑陈皮普洱茶农药残留情况[23],谨供读者参考之用。

表 8-1 广西浦北县小青柑陈皮普洱茶农药残留分析

| 项目 | 极小值/(mg·kg$^{-1}$) | 极大值/(mg·kg$^{-1}$) | 平均值/(mg·kg$^{-1}$) | 标准偏差 | 变异系数/% | 限量值/(mg·kg$^{-1}$) |
| --- | --- | --- | --- | --- | --- | --- |
| 六六六 | 0 | 0.043 | 0.03 | 0.015 | 49.4 | ≤0.2 |
| 滴滴涕 | 0 | 0 | 0 | 0 | — | ≤0.2 |
| 敌敌畏 | 0 | 0 | 0 | 0 | — | ≤0.2 |
| 乐果 | 0 | 0 | 0 | 0 | — | ≤1.0 |

（续表）

| 项目 | 极小值/(mg·kg$^{-1}$) | 极大值/(mg·kg$^{-1}$) | 平均值/(mg·kg$^{-1}$) | 标准偏差 | 变异系数/% | 限量值/(mg·kg$^{-1}$) |
|---|---|---|---|---|---|---|
| 三氯杀螨醇 | 0 | | 0 | 0 | — | ≤0.2 |
| 多菌灵 | 0 | 0 | 0 | 0 | — | ≤5.0 |
| 啶虫脒 | 0 | 0 | 0 | 0 | — | ≤2.0 |
| 吡虫啉 | 0 | 0 | 0 | 0 | — | ≤0.5 |
| 哒螨灵 | 0 | 0 | 0 | 0 | — | ≤5.0 |
| 联苯菊酯 | 0 | 0.047 | 0.014 | 0.013 | 108.0 | ≤5.0 |
| 硫丹 | 0 | 0.01 | 0.003 | 0.002 | 175.7 | ≤10.0 |
| 噻嗪酮 | 0 | 0 | 0 | 0 | — | ≤10.0 |
| 氯氟氰菊酯 | 0 | 0 | 0 | 0 | — | ≤15.0 |
| 甲氰菊酯 | 0 | 0 | 0 | 0 | — | ≤5.0 |
| 丙溴磷 | 0 | 0.11 | 0.045 | 0.038 | 116.0 | ≤0.2 |
| 毒死蜱 | 0 | 0.23 | 0.06 | 0.039 | 155.7 | ≤1.0 |

注：结果为0表示未检出，即小于方法的检出限。

此外，彭晓俊等人[24]还应用自制的双层固相萃取柱对新会陈皮及其制品中的11种有机磷类农药进行了测定。实验结果证实，该方法准确度和灵敏度高，操作简单快速，检出限能满足对有机磷类农药残留的限量要求。自制固相萃取柱可降低成本，值得推广应用。林华锋等人[25-26]采用试剂卡快速检测方法对茶枝柑果皮的农药残留进行筛检时发现，三年及以上的被检陈皮农药残留量较低，阴性率较高，但贮藏年份短（三年以内）的新会陈皮有着较高的阳性检出率。但是，随着贮藏年份的增加，新会陈皮的农药残留量呈现递减趋势并直至消失，其中陈化8年或者10年的新会陈皮农药残留检测结果表现良好，几乎和阴性对照相当。因此，以农药残留量作为产品质量的考量因素，贮藏年份较长的新会陈皮"陈久者良"。

中药材是中医治疗疾病的主要载体，其生产全过程的规范化、现代化成为中医药走向国际市场的关键环节。然而，目前我国中药材在选种、培育、加工以及质量检测等环节的研究明显滞后，这不仅影响了高品质药材的生产，也影响了临床治疗效果，并严重阻碍了中药走向国际市场[27]。新会陈皮作为一味享誉中外的中药材，相关行业必须加强行业自律，自觉承担社会责任，建立健全行业规范，推动行业质量安全体系建设，保护好"新会陈皮"这一知名的金字招牌。

## 第二节 柑普茶微生物含量的检测

微生物是包括细菌、病毒、真菌以及一些小型的原生动物等在内的一大类生物群体。

微生物广泛存在于自然界中,空气、土壤、水源以及动植物体内外都分布有各种各样的微生物。人类赖以生存的食物主要来自植物和动物。这些食物在生产过程中容易受到环境中特定微生物或者细菌的污染,但是大多数种类的细菌对人类是有益处的,而少数的细菌种类则为致病性微生物。

食物原料在采集和加工过程中往往在其表面上附着各种细菌,尤其在原料表面破损之处常有大量微生物聚集。食品微生物污染的危害性质与程度取决于污染食品的细菌种类和数量,如以杂菌为主的食品细菌污染主要会造成食品腐败变质;而当肠道致病菌污染食品时可引起由食品传播的传染病或食物中毒。共存于食品中的细菌的种类及其数量称为食品的菌相,其中相对数量较大的细菌称为优势菌种。人们通过对食品菌相与优势菌的检验分析,可以预测食品的变化。食品的菌相可能随着细菌污染的来源、食品理化性质和食品所处的条件(如温度、水分含量、pH、氧气及渗透压等)等不同而有所差异,因而它决定了食品的品质变化及其安全性[28]。

## 一、普洱茶的微生物研究

普洱茶是一种传统的发酵茶,在普洱茶的生产过程中少不了微生物的参与。基于微生物对普洱茶品质形成有关键性作用的认识,从20世纪50年代起,国内研究人员陆续开展了普洱茶发酵系统中微生物种类和活动规律的研究,现已从普洱茶发酵系统中分离鉴定出曲霉(Aspergillus)、青霉(Penicillium)、根霉(Rhizopus)、毛霉(Mucor)、枝孢霉(Cladosporium)、镰刀霉(Fusarium)、匍柄霉(Stemphylium)等属的丝状真菌及酵母、细菌等微生物[29]。另有研究发现,普洱原料茶中有大量的内生菌,且普洱熟茶渥堆过程中的微生物大多来自茶叶内生菌、茶叶生长环境和茶叶加工车间。在普洱茶中发现的微生物类群主要包括青霉属、曲霉属、酵母菌、丝状真菌和其他细菌[30]。由于不少普洱茶家庭式生产小作坊缺乏严格的灭菌环节,制作过程中有可能会受到如沙门氏菌、大肠杆菌等有害微生物的污染。微生物的种类与数量直接决定普洱茶的品质。因此,对普洱茶及其相关制品进行微生物检验成为食品质量与安全控制工作中的一个重要环节。当然,普洱茶中含有的天然抗氧化物质抑或是人工添加的食品级抗氧化剂都能减缓普洱茶细菌性变质的步伐,从而在一定期限内使其品质保持相对稳定。

周红杰等人[31]对云南普洱茶渥堆过程中的微生物研究表明,普洱茶的主要微生物有黑曲霉(Aspergillus niger)、青霉属(Penicillium)、根霉属(Rhizopus)、灰绿曲霉(Aspergillus glaucus)、酵母属(Saccharomyces)、土生曲霉(Aspergillus terreus)、白曲霉(Aspergillus candidus)和细菌类(Bacterium)。其中,黑曲霉的数量最多,它能产生葡萄糖淀粉酶、果胶酶、纤维素酶等;酵母次之,除了本身含有丰富的对人体有益的营养物质、丰富的酶系统和生理活性物质外,酵母菌还能代谢产生维生素$B_1$、维生素$B_2$和维生素C等物质。这些微生物对普洱茶的品质形成都有直接或间接的作用。雷晓燕[32]以云南七子饼茶(一种著名的云南普洱茶产品)作为研究对象,分析其中的微生物数量和种类。研究结果表明,普洱茶中的微生物主要有霉菌和细菌,其中霉菌的数量较多,霉菌中主要含有黑曲霉、产黄青霉、灰绿曲霉以及根霉。在普洱茶中找到5种细菌,其中1种为革兰氏阴性短杆菌(初步鉴定不属于大肠菌群);另外4种为革兰氏阳性菌,其中芽孢杆菌在数量上占绝对优势,初步鉴定结果显示其为枯草芽孢杆菌。普洱茶为发酵型茶叶,其中的微生物种类和数量对茶叶品质的形成具有非常重要的作用。王白娟等人[33-34]通过研究分析,认为普洱茶中的微生物主要是有益菌群,可以放心品饮。赵振军和刘勤晋[35]以市售普洱茶为研究对象,采用国家标准方法,分别检测普洱茶茶叶和冲泡后各批次茶汤中细菌总数,并采用形态观察与生化试验对从普洱茶汤中分离的细菌进行了鉴定。结果表明,普洱熟茶细菌菌落数多于普洱生茶茶样,同时散茶中细菌菌落数高于紧压茶;普洱茶第一泡茶汤中细菌菌落数超过《茶饮料卫生标准》(GB/T 19296—2003)中小于或等于100 CFU/mL的规定值,且从第一泡茶汤中能检测出致病菌,而其他冲泡批次茶汤中细菌的菌落数与种类都符合安全标准,适合饮用。

在欧美、日本等国家的出口质量标准中,微生物指标的限量值要求高于我国《地理标志产品 普洱茶》(GB/T 22111—2008)的要求,这会给国内普洱茶出口带来一定的影响。王小鹏等人[36]以大肠菌群为例,对可能影响普洱茶产品中的大肠菌群因素做了分析,针对性地提出了从加工源头控制、从蒸压灭菌环节控制和通过包装方式调整控制三个方面的工艺改进方法来管控好普洱茶的微生物种类和数量,提高了出口普洱茶的品质。

近年来,为了建立普洱茶传统渥堆发酵微生物菌种库,改善普洱茶传统发酵工艺和开发新的普洱茶产品,王桥美等人[37]采用传统培养技术和分子生物学测序技术对茶原料、不同发酵阶段茶样、发酵空间空气和发酵地面的可培养微生物进行分离培养、纯化和鉴定,并对其中的可培养微生物种类的异同进行网络关系分析。结果表明,普洱茶发酵过程中可培养的细菌多样性较真菌丰富,分离到细菌14种,分布于2个门9个属,芽孢杆菌属(*Bacillus* sp.)的微生物种类较多;分离到真菌12种,分布于3个门6个属,曲霉属(*Aspergillus* sp.)和酵母(*Arxula* sp.)的微生物种类较多。发酵茶样与茶原料中的可培养微生物种类相似性较大,与发酵环境中可培养微生物的种类相似性较小。

## 二、陈皮的微生物研究

长期以来,科学家对陈皮的研究主要集中在化学成分与药理作用方面,但对陈皮微生物的研究报道较少。鉴于陈皮的附着特性和收集来源与渠道的不同,陈皮容易染菌而又不能水洗或高温烘烤除菌,故陈皮中的微生物可能会影响到中成药陈皮的卫生质量。因此,对陈皮进行微生物的限度检验成为陈皮卫生质量控制的一项重要措施。罗书香[38]使用改进后的微生物限度检验方法检测陈皮粉中的微生物。这种方法既保证了陈皮粉检验量的不变,又解决了供试检样制备、供试液制备及稀释级制备过程中检样先悬浮后溶融成糊胨不能吸取的问题,既不增加实验操作的复杂性,又能按常规计数菌落数及报告检验结果。阳洁等人[39]以陈化7年的陈皮为材料,用四种培养基分离微生物,采用SDS-PAGE全细胞蛋白电泳和IS-PCR指纹图谱对所分离到的微生物进行聚类分析,再选取每个类群的代表菌株进行分子系统发育分析及生理生化鉴定。研究结果发现,从7年陈皮中分离、纯化得到23株细菌,但没有分离到真菌与放线菌。23株细菌聚为4个类群,其中类群Ⅰ属于芽孢杆菌属(*Bacillus*),类群Ⅱ、类群Ⅲ、类群Ⅳ属于类芽孢杆菌属(*Paenibacillus*)。4个类群中只有类群Ⅱ代表菌株cp20具有明显的柠檬酸盐利用能力,其在陈皮的试验制作过程中具有防腐耐储存作用。刘素娟等人[40]从陈皮表面分离得到的优势菌为黑曲霉和黄曲霉(黄曲霉有产毒的隐患)。实验结果表明,真菌代谢转化与陈皮药效物质变化具有相关性,黑曲霉等微生物在陈皮陈化过程中对其药效物质基础的改变起着十分重要的作用。

陈聪聪[41]通过16S rDNA扩增子高通量测序分析对广陈皮样品微生物多样性进行解析,测序深度足够覆盖样品中丰富的细菌群落,每个样品得到了约30 000个过滤后的读段(clean reads),38个样品共产生了440个操作分类单元(OTU)。测序结果表明丰度最高的细菌类群属于厚壁菌门(63.41%)、蓝细菌门(22.11%)和变形杆菌门(12.30%)。选取丰度(abundance)前100个OTU进行物种注释,共获得25个科19个属。在属分类水平上的注释结果表明,广陈皮样品中优势菌属为芽孢杆菌属、乳球菌属和假单胞菌属。另外,在广陈皮样品中还大量存在肠球菌属、肉杆菌属、节细菌属。还有,研究发现39.09%的细菌OTU在三个不同陈皮样品组之间共享。何静[42]采用16S rRNA扩增子测序技术对56个陈皮样品(50个广陈皮样品和6个非广陈皮样品)的总DNA进行分析,发现相对丰度大于1%的OTU有16个,在门分类水平上定位到变形菌门、厚壁菌门和拟杆菌门。陈化第一年的陈皮与陈化2~5年的陈皮在OTU水平上明显分开,陈化第二年是陈皮质量优化的关键时期,其中发挥主要关联作用的OTU在分类水平上分别归属八个属:栖水菌属、慢生根瘤菌属、鞘脂菌属、茎菌属、根瘤菌属、酸单胞菌属、新鞘脂菌属和金黄杆菌属;陈皮陈化2~5年的这些OTU丰度比陈化第一年的高。采用典范对应分析(CCA)和皮尔森相关性分析OTU、植物化学物成分和理化性质如pH和水分之间的相关性,发现随着陈化年份增加而不断减小的pH与OTU683和OTU20相关,这两个OTU都定位为甲基杆菌属;水分与OTU1558肠杆菌属相关;植物化学物成分与OTU也存在相关性,芽孢杆菌属、寡养单胞菌属、嗜酸菌属、鞘氨醇单胞菌属、肠杆菌属、新衣原体属、甲基杆菌属的OTU与多种挥发油组分都相关;新鞘氨醇杆菌属、细杆菌属、芽孢杆菌属的OTU与多种结合态多酚黄酮类化合物相关。杨放晴等人[43]通过高通量测序技术系统地研究了不同陈化时间广陈皮表面细菌、真菌菌群结构及特征,其中细菌采用16S rDNA测序,真菌采用ITS1测序。结果表明,不同陈化时间的广陈皮样本表面细菌、真菌组成结构基本一致,但相对丰度差异明显,优势菌属不同。变形菌门(Proteobacteria)、厚壁菌门(Firmicutes)、放线菌门(Actinobacteria)、蓝藻门(Cyanobacteria)是不同陈化时间广陈皮表面的主要优势细菌菌门。在细菌属水平上,主要分布有未鉴定的立克次氏体(unidentified *Rickettsiales*)、叶杆菌属(*Phyllobacteriu*)、甲基杆菌属(*Methylobacterium*)、未鉴定的蓝藻细菌(unidentified *Cyanobacteria*)、绿脓杆菌(*Pseudomonas*)、鞘氨醇单胞菌属(*Sphingomonas*)、寡氧单胞菌属(*Stenotrophomonas*)、乳酸乳球菌(*Lactococcus*)和芽孢杆菌属(*Bacillus*)。随着陈化时间的增加,从以 *Methylobacterium* 和 *Sphingomonas* 为优势转变为以 *Bacillus*、*Pseudomonas*、*Stenotrophomonas* 和 *Lactococcus* 为主。就真菌而言,子囊菌门(Ascomycota)和担子菌门(Basidiomycota)是不同陈化时间广陈皮表面的主要优势真菌菌门。在真菌属水平上,主要分布有 *Xeromyces*、枝孢属(*Cladosporium*)、平脐疣孢属

(*Zasmidium*)、*Symmetrospora*、*Aureobasidium*、镰孢属(*Fusarium*)、*Aspergillus*。随着陈化时间的增加,从以 *Zasmidium*、*Cladosporium*、*Symmetrospora*、*Fusarium* 为优势转变为以 *Cladosporium*、*Aureobasidium*、*Aspergillus*、*Xeromyces* 为主。该研究不仅全面揭示了参与广陈皮自然陈化过程中的微生物群落及其动态变化规律,还检测出不同陈化时间广陈皮表面的优势菌属,为后续优势功能菌的分离筛选及探究陈皮陈化机理提供了科学依据。

广陈皮是药食同源中药材,其在高温高湿且贮存不当的条件下容易发霉,从而产生毒素,严重威胁着陈皮的质量安全。陈旭玉等人[44]采用平板稀释法分离广陈皮表面的外源真菌,利用分生孢子形态特征结合分子生物学对真菌进行鉴定,采用高效液相色谱-三重串联四极杆质谱联用技术对青霉属和曲霉属进行产毒检测。结果发现,从广陈皮表面分离到外源真菌共132株,鉴定为子囊菌亚门(Ascomycota,98.48%)和毛霉菌亚门(Mucoromycota,1.52%),包括散囊菌纲(Eurotiomycetes,95.45%)、座囊菌纲(Dothideomycetes,3.03%)和毛霉纲(Mucoromycetes,1.52%)。曲霉属真菌(*Aspergillus* spp.)共77株,为广陈皮药材外源真菌的优势菌,青霉属真菌(*Penicillium* spp.)次之。毒素检测筛选出1株产毒真菌,鉴定为黄曲霉 *A. flavus* JXCP1-3。黄曲霉 *A. flavus* JXCP1-3 产生黄曲霉毒素 B1(aflatoxin B1,AFB1),浓度为1.52 ng/mL。因此,全面分析广陈皮表面的外源真菌及产毒真菌,可以为广陈皮表面产毒真菌的防控提供依据。陈林等人[45]采用高通量测序的方法对贮存年限为0、1、2、3、4、5、10、15、30年的广陈皮进行测序,结合 OUT 分析、Alpha 多样性分析与主成分分析方法,分析广陈皮表面真菌与细菌在"属"水平的分布特点。结果显示,九个贮存年限的广陈皮样品中真菌的物种类型丰富程度总体为先上升后下降,在贮存年限为2、3、4、5、10年时,物种类型数目较多且均一性好。陈化年份在10年及以内的广陈皮的优势菌属主要为青霉菌属与曲霉属,其次为耐干霉菌属;10年以上的广陈皮优势菌属为耐干霉菌属。有别于真菌,细菌种类数目的变化波动较大,但每种细菌的丰度变化幅度较小。优势细菌属有鞘氨醇单胞菌属、乳杆菌属、另枝菌属与泛菌属,分别为贮存年限0、1、2、4年样品的优势菌属,以及在各年份样品中均占有较高相对丰度的瘤胃球菌属。该研究进一步指出,根据不同年份菌属的分布特点,建立了以真菌特征菌属为主、细菌特征菌属为辅的模式,可用于初步判断广陈皮药材的贮存时间。

### 三、柑普茶微生物的检测

柑普茶一般特指新会柑普茶,它采用了新会种植的茶枝柑和云南特产的普洱茶,经过特殊工艺在无任何添加剂的情况下加工制成。这种工艺制作出的茶叶风味独特,不仅融合了茶枝柑特有的清冽果香和云南普洱的浓醇茶香,还兼具了陈皮和普洱茶两者的优点,有延缓衰老和醒酒的功效。柑普茶在健脾养胃、清热解毒、化痰止咳、养颜美容、降脂减肥和软化动脉等方面也有着很大的作用。当前,柑普茶正以其良好的保健效果和独特的风味,吸引了大量消费者的注意。近几年,国内柑普茶的市场大热,尤其是出产于新会核心产区的柑普茶,以其独特的口感及突出的保健功效深受消费者的喜爱。当前,市面上的柑普茶根据其品质等级分为尚品、珍藏、玉润、特级等。

据了解，柑普茶的生产制作过程有时会加入普洱茶的洗茶工序。为了安全起见，应该加强家庭作坊生产柑普茶的微生物检查。对于广大消费者而言，建议选购正规厂家生产的柑普茶，并且要注意保存，最好是保存在干燥和阴凉环境当中，使柑普茶能较长时间保持着良好的品质。

梁优珍和谭健华[46]选取不同储存年份的柑普茶，检测其冲泡过程中微生物含量并据此来研究其饮用的安全性。实验以从某商店购买的 3 个不同储存年份的柑普茶为研究对象，参考了普洱茶的国家标准检测方法，分别检测了柑普茶茶叶和茶汤中菌落总数、霉菌和酵母计数、大肠菌群、沙门氏菌和金黄色葡萄球菌。结果表明，柑普茶茶叶和茶汤中微生物含量均随储存年份呈现一定变化规律，茶叶和茶汤中均未检出致病菌。因此，作者认为该实验所选用的柑普茶中存在一定数量的微生物，对人体健康存在一定的安全隐患，应该探究恰当的储存条件，以保证柑普茶的良好品质和饮用安全性。

考虑到小青柑陈皮普洱茶中的普洱茶需要特殊的后发酵工艺，加上陈皮保存需要适宜的环境温湿度，一旦保存方法和条件控制不当，柑普茶极易受到微生物的污染，不仅影响茶产品的品质，还会危害人体健康。何秋云等人[23]对广西浦北县出产的小青柑普洱茶样品的菌落总数、大肠菌群、霉菌和 3 种致病菌沙门氏菌、志贺氏菌、金黄色葡萄球菌进行研究，检测结果见表 8-2。广西浦北县生产的小青柑陈皮普洱茶中菌落总数均有检出，范围是 10~720 CFU/g；大肠菌群数量的结果均少于 30 MPN/100 g；而有 5 个样品检出了 10~20 CFU/g 的霉菌，其余的霉菌结果均小于 10 CFU/g；所有样本中致病菌沙门氏菌、志贺氏菌和金黄色葡萄球菌均未检出。根据标准《食品安全地方标准 代用茶和调味茶》(DBS 45/006—2013)的规定，混合类代用茶菌落总数要求≤$3\times10^4$ CFU/g，大肠菌群要求≤40 MPN/100 g，霉菌要求≤$5\times10^3$ CFU/g，致病菌要求不得检出。在上述微生物指标项目的检测中，广西浦北县小青柑普洱茶均符合标准要求。

表 8-2　广西浦北县小青柑陈皮普洱茶微生物检测结果

| 项目名称 | 菌落总数/(CFU/g) | 大肠杆菌/(MPN/100 g) | 霉菌/(CFU/g) | 沙门氏菌(25 g) | 志贺氏菌(25 g) | 金黄色葡萄球菌(25 g) |
| --- | --- | --- | --- | --- | --- | --- |
| 茶 1 | 430 | <30 | <10 | — | — | — |
| 茶 2 | 720 | <30 | <10 | — | — | — |
| 茶 3 | 580 | <30 | 10 | — | — | — |
| 茶 4 | 10 | <30 | <10 | — | — | — |
| 茶 5 | 300 | <30 | 10 | — | — | — |
| 茶 6 | 260 | <30 | <10 | — | — | — |
| 茶 7 | 470 | <30 | 15 | — | — | — |
| 茶 8 | 35 | <30 | <10 | — | — | — |
| 茶 9 | 440 | <30 | <10 | — | — | — |
| 茶 10 | 340 | <30 | <10 | — | — | — |

(续表)

| 项目名称 | 菌落总数/(CFU/g) | 大肠杆菌/(MPN/100 g) | 霉菌/(CFU/g) | 沙门氏菌(25 g) | 志贺氏菌(25 g) | 金黄色葡萄球菌(25 g) |
|---|---|---|---|---|---|---|
| 茶 11 | 600 | <30 | <10 | — | — | — |
| 茶 12 | 110 | <30 | 10 | — | — | — |
| 茶 13 | 310 | <30 | <10 | — | — | — |
| 茶 14 | 75 | <30 | <10 | — | — | — |
| 茶 15 | 300 | <30 | 20 | — | — | — |
| 茶 16 | 190 | <30 | <10 | — | — | — |
| 茶 17 | 180 | <30 | <10 | — | — | — |
| 限量值 | $\leqslant 3\times 10^4$ | $\leqslant 40$ | $\leqslant 5\times 10^3$ | 0 | 0 | 0 |

注:"—"是指未检出,"0"是指不得检出。

由于柑普茶需要特殊的后发酵工艺,并且陈皮保存需要一定的技巧,因此,一旦柑普茶的保存方法或者储存条件发生异常变化,就很容易遭受有害微生物的侵染。这不仅影响了茶叶品质,还会危害到消费者的身体健康。目前,我国尚未出台新兴的茶饮品相关的卫生标准。因此,柑普茶的卫生标准可以参考国家标准《地理标志产品 普洱茶》(GB/T 22111—2008)。在该标准中,茶叶所需检测的微生物项目有大肠菌群、沙门氏菌、志贺氏菌、金黄色葡萄球菌、霉菌和酵母计数以及乳酸菌检验,且致病菌的检测按照《食品卫生微生物学检验 冷冻饮品、饮料检验》(GB/T 4789.21—2003)执行。

为了评价柑普茶的饮用安全性,可以对以下几种微生物进行针对性的检测和控制:①大肠菌群。大肠菌群是作为粪便污染指标菌而被提出来的,以该菌群的检出情况来表示食品中粪便污染程度,被我国和国外许多国家广泛用作食品卫生质量检验的指示菌。②沙门氏菌。在引起世界各国的细菌性食物中毒的细菌中,沙门氏菌位居榜首。它可引起食物中毒,导致肠胃炎、伤寒和副伤寒等疾病。食品在加工、运输、出售过程中均可被污染。③金黄色葡萄球菌。金黄色葡萄球菌在自然界中无处不在,在空气、水、灰尘及人和动物的排泄物中都可找到。近年来,美国疾病控制中心报告,由金黄色葡萄球菌引起的感染占第二位,仅次于大肠杆菌。金黄色葡萄球菌是人类化脓感染中最常见的病原菌,可引起局部化脓感染,也可引起肺炎、假膜性小肠结肠炎、心包炎等,甚至败血症、脓毒症等。食品加工人员、炊事员或销售人员携带金黄色葡萄球菌均可污染食品[47]。

## 第三节 柑普茶黄曲霉毒素的检测

真菌毒素是由产毒真菌所产生的次级代谢产物,对人体和动物具有潜在的毒性威胁。据文献记载,有 14 种霉菌素有致癌作用,而黄曲霉毒素(aflatoxin,AFT)致癌作用强度位居前列且最为常见。研究发现,能产生黄曲霉毒素的真菌主要包括黄曲霉菌(*Aspergillus flavus*)、寄生曲霉菌（*Aspergillus parasiticus*）、溜曲霉（*Aspergillus tamarii*）和集蜂曲霉（*Aspergillus nomius*）。其中,黄曲霉是世界上一种广泛分布的常见腐生菌,属于曲霉属,归半知菌类。适宜的环境条件是黄曲霉产生毒素的温床。黄曲霉的最低繁殖温度范围是6～8 ℃,最高繁殖温度是44～46 ℃,最适宜生长温度是37 ℃左右,产毒温度略低于最适宜生长温度,为25～32 ℃,相对湿度86%以上时最易产生黄曲霉毒素。

黄曲霉毒素最早被发现于1960年,是某些真菌产生的一类毒性很强的次生代谢产物。它们实际上是一类化学结构非常相似的二氢呋喃香豆素衍生物,双呋喃环为基本毒性结构,氧杂萘邻酮（即香豆素,分子式为$C_9H_6O_2$）与致癌有关。目前已经证实了的黄曲霉毒素有20余种,其中最常见的包括黄曲霉毒素$B_1$（aflatoxin $B_1$，$AFB_1$）、黄曲霉毒素$B_2$（aflatoxin $B_2$，$AFB_2$）、黄曲霉毒素$G_1$（aflatoxin $G_1$，$AFG_1$）、黄曲霉毒素$G_2$（aflatoxin $G_2$，$AFG_2$）以及黄曲霉毒素$M_1$（aflatoxin $M_1$，$AFM_1$）和黄曲霉毒素$M_2$（aflatoxin $M_2$，$AFM_2$）。其化学结构式见图8-2。

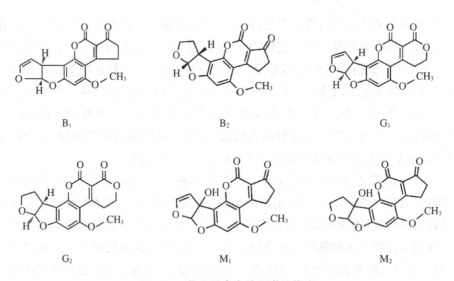

图8-2 黄曲霉毒素的化学结构式

黄曲霉毒素不溶于水,但可溶于常见的有机溶剂（比如乙腈、氯仿和甲醇等）中。黄曲霉毒素的化学性质稳定,一般的加热烹调温度不能破坏其毒性,需要达到269 ℃的高温条件才能被分解。在pH为9～10的碱性条件下,黄曲霉毒素容易降解,紫外线辐照也能使其降解从而降低对生物体的危害。

在我国,黄曲霉毒素主要是由黄曲霉产生的,菌株不同的黄曲霉的产毒能力差异很大。我国的华中、华南和华东地区能产毒的黄曲霉菌种较多,产毒量较高。黄曲霉是我国粮食和饲料中常见的真菌,由于黄曲霉毒素致癌力强,因而受到人们的广泛重视。目前,全球每年约有25%的农产品遭受真菌毒素污染,造成高达数百亿美元的经济损失。其中,黄曲霉毒素对环境污染最严重、对人畜危害最大,能够广泛污染花生、玉米、大豆、小麦、坚果、茶叶等农作物及其制品[48]。许多药材在贮藏过程中易霉变而产生黄曲霉毒素,其中包括桃仁、牛膝、天冬、玉竹、黄精、陈皮、当归、甘草、百部、白术、胖大海、酸枣仁、山药、葛根、知母和天花粉等。因此，必要时还需要对一些药材进行黄曲霉毒素的限量检测，以确保用药的安全。《中国药典》2020 年版中选用高效液相色谱法测定药材中黄曲霉毒素含量（以 $AFB_1$、$AFB_2$、$AFG_1$ 和 $AFG_2$ 总量计），并强调实验应有相关的安全防护措施，不得污染环境。

## 一、陈皮中黄曲霉毒素的研究

近年来中药材的黄曲霉毒素污染现象屡见不鲜，并且该问题已经在业内引起广泛的重视。在中药材的种植/养殖、采收、加工、储藏和运输的过程中，每一环节处理不当或者条件控制不好，都很可能会滋生产黄曲霉毒素的黄曲霉。某些药材因含有较多脂肪、蛋白质等易腐的成分更容易加剧黄曲霉毒素的产生。中药材被黄曲霉毒素污染后其毒素成分难以彻底消除，因而必须及时检测和处理，避免含量超标，消除其在临床应用中所带来的严重安全隐患。黄曲霉毒素 $B_1$ 是二氢呋喃氧杂萘邻酮的衍生物，含有一个双呋喃环和一个氧杂萘邻酮（香豆素）。黄曲霉毒素 $B_1$ 已被世界卫生组织的国际癌症研究机构（IARC）定义为 I 类致癌物，是世界公认的三大强致癌物质之一，也是一种剧毒物质。2020 年版《中国药典》也规定了包括陈皮在内的 24 种中药材中黄曲霉毒素的限量标准。其中，黄曲霉毒素 $B_1$ 的限量值不得超过 5 μg/kg，黄曲霉毒素 $B_1$、黄曲霉毒素 $B_2$、黄曲霉毒素 $G_1$ 和黄曲霉毒素 $G_2$ 的总量不得超过 10 μg/kg。

陈皮是我国常见的"药食两用"中药材，不仅常用于食品烹饪和药品加工行业，而且也是轻工业生产的重要原料。然而，陈皮中所含有的大量多糖类和黄酮苷类等物质，在失当的储藏过程中也很可能滋生黄曲霉菌，产生黄曲霉毒素，进而影响药材的质量及其安全性和有效性[49]。王帆等人[50]经免疫亲和柱处理，结合高效液相色谱-荧光检测仪，测定了 23 个不同来源的陈皮中的黄曲霉毒素 $B_1$、$B_2$、$G_1$、$G_2$ 的含量，用以评价陈皮的安全性。结果显示，黄曲霉毒素 $B_1$、$B_2$、$G_1$、$G_2$ 的含量分别在 0～6.20 μg/kg、0～3.34 μg/kg、0～54.80 μg/kg、0～20.13 μg/kg 之间。结果表明，外观上霉变的陈皮黄曲霉毒素 $G_1$ 的污染状况最为严重，其含量值也上升得最快。温度、湿度等条件会影响陈皮的霉变，在不利的加工储存过程中，容易导致黄曲霉菌的迅速繁殖，产生黄曲霉毒素和发生污染，进而影响到人体的健康。因此，在食用陈皮之前，应当进行必要的安全评价，这对陈皮中药材的挑选和污染控制具有重要的指导作用。

川陈皮一般陈列在医院药房的药斗内，由于四川地区空气潮湿且药斗的密闭性较差，故陈皮在药斗的保存过程中很容易受潮霉变。鉴于此，魏莹等人[51]采用高效液相色谱法-碘柱后衍生化-荧光检测方法测定陈皮样品中黄曲霉毒素 $B_1$、$B_2$、$G_1$ 和 $G_2$ 的含量。结果显示，药房现存 5 批次陈皮样品均未检出黄曲霉毒素。由于黄曲霉毒素 $G_1$、$G_2$、$B_1$ 和 $B_2$ 的进样量分别在 108～1 085 ng、217～2 171 ng、191～1 913 ng、64～644 ng 范围内，与峰面积线性关系良好，加样回收率在 60%～110% 之间，因此该研究团队认为这种方法可作为一种测定陈皮中黄曲霉毒素含量的准确且可靠的应用方法。李珺沫等人[52]通过制备以多巴胺-氧化石墨烯复合物为涂层的搅拌棒（实验所制备的搅拌棒耐受性好，重复使用次数高）对中药材陈皮中的黄曲霉毒素 $B_1$、$B_2$、$G_1$ 和 $G_2$ 进行萃取,并结合 HPLC-FLD 对其进行测定。在优化的条件下,对 12 批陈皮样品进行测定,检测结果均未超过《中国药典》规定的最大限量标准。这种方法操作简便,重现性好,准确度高,能够满足陈皮中黄曲霉毒素的测定要求,同时对其他中药材等复杂基质中黄曲霉毒素的测定具有一定的借鉴意义。

### 二、普洱茶中黄曲霉毒素的研究

普洱茶是云南的特色茶,是国家地理标志性产品。研究表明,普洱茶具有减肥、降脂、防止动脉硬化、抗衰老、抗癌、抑菌、消炎和抗病毒等多种功效。普洱茶在其加工过程中按渥堆发酵工序的有无可分为普洱熟茶和普洱生茶两大类。普洱熟茶是以云南特有的大叶种晒青毛茶为原料,采用特定工艺经微生物固态发酵加工形成。渥堆发酵是普洱茶独特品质形成的关键环节,微生物在其中起主导作用,可以说,没有微生物就没有普洱茶。一般来说,如果生产环境清洁卫生,工人生产操作规范,生产过程严格遵守普洱茶生产体系并合理地存放普洱茶,是不会产生黄曲霉毒素的。普洱茶在自身不受外源微生物污染的情况下,一般是不会含有黄曲霉毒素的。当然,要进一步确认普洱茶的安全性,还需要扩大样本检测量或更多的研究来说明问题。

李亚莉等人[53]通过 LC-MS/MS 法对茶样进行黄曲霉毒素检测,研究普洱茶中黄曲霉的生长及产毒情况。结果表明,所检成品茶样、标准样、发酵阶段样中均未检测到黄曲霉毒素 $B_1$、$B_2$、$G_1$、$G_2$。蔡双福等人[54]在普洱茶中外源接种黄曲霉产毒菌株,以花生粉及未接种产毒菌株的普洱茶作为对照组,在室温和高温高湿条件下存放,对存放 3 天、7 天、15 天、30 天的样品进行黄曲霉和黑曲霉含量测定;同时对存放 15 天、30 天、60 天的样品分别取样以酶联免疫法、液相色谱法、LC-MS/MS 检测法进行黄曲霉毒素的检测。结果显示,对照组花生粉产生黄曲霉毒素,而所有实验组普洱茶均未检出黄曲霉毒素;普洱茶采用酶联免疫吸附法全部检出黄曲霉毒素,而其他先进方法均未检出。因此,酶联免疫吸附法不适用于普洱茶黄曲霉毒素的检测。受黄曲霉污染的普洱茶在室温条件下及高温高湿条件下均不产生黄曲霉毒素,但需关注普洱茶受其他真菌毒素污染。钟舒洁等人[55]以市场随机购买的普洱茶为研究对象,采用酶联免疫吸附法(ELISA)、高效液相色谱-荧光检测法(HPLC-FLD)、超高效液相色谱-串联质谱联用法(UPLC-MS/MS)对普洱茶茶叶进行黄曲霉毒素 $B_1$、$B_2$、$G_1$、$G_2$ 检测,分析 3 种方法检测普洱茶中黄曲霉毒素的适用性以及茶叶中黄曲霉毒素含量情况。结果表明,ELISA 法测得结果为 8.94~588 μg/kg,HPLC 法测得结果为 0.318~0.677 μg/kg,UPLC-MS/MS 法结果均为未检出。UPLC-MS/MS 法具有选择性强、重现性好、稳定性高的特点,对普洱茶茶叶这种基质复杂的样品进行测定,能减少杂质干扰,有效避免假阳性结果,更适用于检测茶叶中黄曲霉毒素 $B_1$、$B_2$、$G_1$、$G_2$ 的含量。陈晓嘉等人[56]的研究也证实了 UPLC-MS/MS 的专属性强、操作简单、灵敏度高、准确性好,适用于普洱茶中黄曲霉毒素 $B_1$、$B_2$、$G_1$ 和 $G_2$ 的检测。

在普洱茶发酵过程中,黑曲霉等优势菌群不仅会抑制黄曲霉的生长及产毒,还可降解其毒素。同时,普洱茶由于含茶多酚、咖啡碱等物质对黄曲霉毒素有一定的抑制作用。潜在的黄曲霉毒素污染风险可能来自鲜叶采摘、产品加工、产品流通及仓储等各生产环节的外源性污染。并且,普洱茶黄曲霉毒素污染风险抑制机制有待进一步研究与阐明。随着质量安全意识的日益提升和科学技术的飞速发展,普洱茶的质量安全风险管控越来越朝着规范化、专业化、标准化、清洁化的方向健康发展,普洱茶真菌毒素污染风险也必将得到越来越有效的控制,广大消费者可不必为此忧心[48]。

### 三、柑普茶中黄曲霉毒素的研究

由于生产过程中质量控制不当和储存失当抑或受环境、季节等因素变化的影响,柑普茶可能会发生霉变,特别是在南方地区的湿热气候环境下,柑普茶在不利储存条件下更容易发生产毒真菌黄曲霉污染。陈妙兰等人[57]优化了高效液相色谱定量检测柑普茶中黄曲霉毒素 $B_1$ 的方法。柑普茶样品通过溶剂柱后衍生法定量分析,加标回收率为 88.2%~92.7%,相对标准偏差(RSD)为 0.37%~1.48%。该方法满足了柑普茶中黄曲霉毒素 $B_1$ 的测定需求。

## 第四节　柑普茶中元素的检测

新会柑普茶是由新会陈皮和云南普洱茶人工结合并晒制而成的一种新型茶制品。柑普茶兼具新会陈皮与云南普洱茶的功效,风味独特,是保健养生佳品。近几年,在全国茶业市场萎缩的情况下,新会柑普茶的产销量却呈现出持续增长的趋势。在没有食品添加剂的情况下,经过一套特殊传统工艺加工而成的新会柑普茶融合了新会柑果皮清醇的果香味和普洱茶的醇厚甘香味,两者味道相互碰撞和融汇并在陈化中进一步升华,给人一种畅快愉悦的喝茶体验。同时,新会柑普茶在养生方面也兼具了新会陈皮和云南普洱茶的保健功效。

茶作为人们日常主要饮品,以热水冲泡为主。茶叶水溶出物包括茶叶中可溶性物质、营养物质等,与茶叶的汤色、滋味密切相关,基本能反映茶叶品质的优劣。采用先进技术如全谱直读电感耦合等离子体原子发射光谱法(ICP-MS)测定其中所含的微量元素及浸出液规律从而探讨与表征茶叶的质量,在绿茶、黑茶和绞股蓝茶中均已有相关的研究报道。

### 一、普洱茶中元素的检测

人们常说,普洱茶品质最根本的特征在于它是"能喝的古董"。著名茶人邓时海先生以"香、甜、甘、苦、涩、津、气、陈"八字来概括普洱茶的品质。在现代科学研究中,茶叶中的元素种类和含量也是表征茶品质的重要依据。侯冬岩等人[58]结合微波消解法样品处理周期短和 ICP-MS 检出限低、线性范围宽、干扰少、分析速度快等分析特性,建立了普洱茶中砷、铅、汞等重金属有害元素的检测方法,并获得了令人满意的结果(表8-3)。宁蓬勃等人[59-60]采集云南省普洱茶主产地的 150 份普洱茶样品,对普洱茶的铅、砷、汞含量进行检测。结果表明,云南相同主产地的生茶和熟茶中铅含量没有显著性差异,目前云南普洱茶质量安全状况良好,但个别普洱茶生产基地的铅残余含量控制情况需要引起关注;西双版纳、思茅、临沧、保山、大理普洱茶中砷、汞富集存在地区性差异,普洱生、熟茶两种不同加工工艺可以影响产品砷和汞的终含量,以这5个地区为代表的普洱茶目前砷、汞质量安全状况良好。史琤等人[61]采用ICP-MS法对普洱市12种普洱生茶及16种普洱熟茶样品中Al、Ti、V、Cr、Mn、Fe、Co、Ni、Cu、Zn、As、Se、Sr、Cd、Ba和Pb等16种矿质元素的质量分数进行测定。结果表明,普洱茶中矿质元素质量分数差异较大,Mn、Al、Fe质量分数较高,Cd、Co、Se质量分数较低。同一矿质元素在不同普洱茶中质量分数差异较大,除了Al、Mn、Se、Ba这四种元素在普洱生茶中的质量分数略高于熟茶外,其他矿质元素在普洱生茶中的平均质量分数均低于熟茶。虽然矿质元素在不同茶品中存在质量分数差异,但普洱市普洱茶饮用安全,质量和品质较高,茶叶中Cr、As、Cd和Pb的质量分数低于国家限量标准,合格率为100%。

表8-3 三份普洱茶样品中有害元素含量的测定结果　　　　单位:μg/g

| 测定元素 | 砷(As) | 铅(Pb) | 汞(Hg) |
| --- | --- | --- | --- |
| 普洱茶1 | 0.130 0 | 0.267 1 | 0.133 4 |
| 普洱茶2 | 0.283 8 | 0.581 6 | 0.217 5 |
| 普洱茶3 | 0.382 7 | 0.208 7 | 0.167 8 |

广东省广州市是云南普洱茶的重要消费地,也是普洱茶最大的集散中心和贸易场所。为了了解广州市市售普洱茶稀土元素的残留现状,也为人群经普洱茶摄入稀土元素的风险评估提供参考,2013—2015年,余超等人[62]在广州市超市、批发市场、零售店、餐饮单位和网店5类场所采集了418份普洱茶样品,采用电感耦合等离子体质谱法(ICP-MS),依据《食品安全国家标准 植物性食品中稀土元素的测定》(GB 5009.94—2012)方法进行稀土总氧化物含量测定。研究结果显示:在418份普洱茶样品稀土总氧化物的检测中,超169份(>2.0 mg/kg),超标率40.43%,检测值范围0.33~6.70 mg/kg,中位数1.75 mg/kg,均值1.95 mg/kg,$P_{95}$为3.74 mg/kg,检测值介于2.0~2.9 mg/kg之间样品占比28.23%,介于3.0~3.9 mg/kg之间样品占比8.38%,介于4.0~4.9 mg/kg之间样品占比1.91%,介于5.0~10.0 mg/kg之间样品占比1.91%。稀土元素在生茶中的合格率高于熟茶,在饼茶中的合格率高于散茶和其他形态茶,年份低于5年的茶叶合格率高于年份大于5年的茶叶。因此,广州市售普洱茶稀土元素超标率较高;稀土残留情况在不同类别、形态、采样场所、年份普洱茶中存在统计学差异;普洱茶监管重点方向为熟茶、砖茶、沱茶以及年份大于5年的茶。肖涵等人[63]采用ICP-MS法对勐海县具有代表性的4类普洱茶及其茶汤中的重金属含量进行分析,通过目标危害系数和风险指数对茶叶和茶汤中重金属元素(As、Cd、Cr、Cu、Ni、Pb和Zn)的摄入健康风险进行评估。结果表明,普洱茶茶叶中的重金属元素含量均低于我国茶叶卫生质量标准限量,茶汤中重金属元素浸出量随着浸泡次数的增加呈减少趋势,各元素总浸出率表现为$\mu(Ni) \approx \mu(As) > \mu(Zn) > \mu(Cu) > \mu(Pb) > \mu(Cr) > \mu(Cd)$;各茶叶和茶汤中重金属元素的日估摄入量均较低。各重金属元素的危害系数和风险指数值

均小于1,说明勐海普洱茶的茶叶中重金属对人体的潜在健康风险较小。张丽芳等人[64]采用ICP-MS方法对普洱市辖区内购买的100批普洱茶进行砷、铅、镉、铬、汞和铜6种重金属含量检测。在所有检出的茶叶样品中,总砷含量为0.001~0.300 mg/kg,铅含量为0.003~0.600 mg/kg,镉含量为0.004~0.090 mg/kg,铬含量为0.07~1.00 mg/kg,总汞含量为0.005~0.100 mg/kg,铜含量为14~32 mg/kg,除思茅区的1个样品铜元素含量为32 mg/kg,超出临界值外,其他元素含量均不超过国家限量标准。

## 二、柑普茶中元素的检测

目前,关于柑普茶及其水溶出物中元素含量的研究甚少有报道。柑普茶作为一款新兴的混合茶品,含有较为丰富的矿物质元素,包括人体必需的微量元素,或含有某些有害的重金属元素。这些微量元素通过调节人体中的各种酶、激素、维生素等生理作用而对人体代谢与健康产生重要的影响。因此,对柑普茶中微量元素及其溶出量进行测定具有重要意义。

蔡佳梓等人[65]采用理化分析方法和原子吸收分光光度法对市场上销售量较高的10种新会柑普茶的能量和核心营养成分含量进行研究。结果表明,所测定的10种新会柑普茶中含:脂肪0~1.9 g/100 g,0~3 NRV%(营养素参考值百分比);蛋白质24.8~30.9 g/100 g,41~52 NRV%;碳水化合物43.0~63.5 g/100 g,15~21 NRV%;钠12~32 mg/100 g,1~2 NRV%;能量1 310~1 450 kJ/100 g,16~18 NRV%。它们之间的能量和核心营养元素含量相差不大。因此,消费者可以根据新会柑普茶营养标签上所注的营养成分来挑选适合自己的茶品来提高和改善膳食营养质量。当然,这项研究也可用于指导柑普茶生产企业调整产品质量,有利于新会柑普茶产业的健康发展。朱国军等人[66]采用电感耦合等离子体质谱法分别对柑普茶中元素含量及浸泡茶水中相应元素进行测定。通过模拟实际生活中的泡茶方式,用100 ℃的水浸泡茶叶,过滤后进行测定。结果表明,柑普茶中含有丰富的Mg、Mn、Fe、Zn等多种有益元素,以及一些重金属元素,如Pb、As、Cr、Cd和Hg。元素的溶出率与浸泡次数成指数关系,第一次浸泡的溶出率最高,随着茶叶被浸泡次数的增加,元素的溶出量逐渐降低。由此可见,通过洗茶(首次浸泡)可以去除茶叶中重金属等有害物质,同时洗茶也会导致有益元素的大量流失。该研究为柑普茶生产加工中质量控制及其保健功能提供理论依据,也引导消费者科学地喝茶和鉴定茶叶的品质。

# 第五节　食品安全管理与茶枝柑产品质量控制

随着我国经济的迅速发展,消费者对于健康生活质量的需求在不断增长,食品安全问题也已经变成广大群众时常关注的焦点问题。食品安全是指食品食用后对食用者身体健康影响的程度。食用后对人体有益的即为安全食品,食用后对人体产生不良反应的、有害的或影响身体健康的则为不安全食品。食品质量安全是指食品质量状况对食用者健康、安全的保证程度。

农药残留依然是目前中国农产品质量安全的最重要问题之一。国家卫健委、农业农村部、国家市场监督管理总局等三部委联合发布了《食品安全国家标准 食品中农药最大残留限量》(GB 2763—2021)并已于 2021 年 9 月 3 日开始实施。该标准中对柑橘的农药残留指标、检测方法等进行了详细的阐述。

目前,影响茶枝柑系列产品质量安全的主要因素包括内源性的质量问题和外源性的污染问题。内源性的质量问题主要是指与其本身的成分相关的品质问题。外源性的污染问题是指通过外部条件因素来影响产品质量的问题,主要包括农用化学物残留污染、微生物安全和重金属超标等问题。

就产品自身质量而言,鲍倩等人[67]采用德尔菲法对广陈皮药材商品规格进行等级评价,得出广陈皮的主要感官评判指标为气、油室、味、厚度、外表面颜色等,且其重要程度依次减弱。陈柏忠[68]凭借多年的实践经验总结出鉴别"优质新会陈皮"的方法。具体地说,就是从产地、皮种、手感(硬度)、气味、颜色、口感、茶色、皮形、质地和油室完整度十项指标来进行考量。2019 年中华医学会颁布的道地药材,广陈皮的鉴别要点是外形、厚度、外表、内表、质地和气味。2021 年颁布的《地理标志产品 新会陈皮》(DB4407/T 70—2021)感官品质要求主要是片张、厚度、质地、完整度、气味、净度、是否有虫蛀、霉变、病斑、烧皮等方面[69]。

在陈皮化学成分的研究方面,胡林峰[70]对市场上的 9 批陈皮药材进行了含量测定,结果发现 9 批药材只有 4 批达到了药典的最低标准。究其原因,可能与陈皮中橙皮苷含量不稳定有很大的关系。同时,对其中的 3 批合格药材进行成分提取并测定橙皮苷的含量,发现橙皮苷的最终损失率都达到了 20%以上。真空低温干燥对橙皮苷的含量有显著的影响,也进一步证明了橙皮苷的不稳定性。因此,使用橙皮苷作为陈皮质量控制的指标仍然需要更多的研究成果来支撑。颇为相似的结果在查付琼的研究[71]中得到了很好的印证。杨得坡科研团队[72]对 32 批不同产地陈皮中橙皮苷的含量进行比较后发现,作为道地药材的广陈皮中橙皮苷含量往往低于其他品种来源的陈皮。因此,该研究团队认为可以用橙皮苷含量作为广陈皮质量的控制方法。张怀等人[73]利用高效液相色谱法建立了新会陈皮的质量控制方法。研究结果发现,橙皮苷、川陈皮素、橘皮素三种化合物的限量标准(橙皮苷含量 $\geqslant$ 2.56%,川陈皮素含量 $\geqslant$ 0.27%,橘皮素含量 $\geqslant$ 0.18%)及比值范围[3 种黄酮类化合物含量的比值范围为 100:(7.58~22.09):(4.89~14.55)]能有效地控制新会陈皮的质量。此外,不少研究文献还建立了陈皮的黄酮类和挥发油类等化学成分的指纹图谱,作为陈皮成分的探索与分析,也为陈皮和新会陈皮的质量控制提供了有效的研究思路和评价方法[74-75]。

实际上,早在 2009 年 3 月 30 日,广东省质量技术监督局就已经正式发布了广东省地方标准《地理标志产品 新会陈皮》(DB44/T 604—2009),该标准对新会陈皮的质量要求和检测方法等进行了界定。该"国家地理标志产品"地方标准的发布标志着"新会陈皮"地理标志产品地方标准正式实施,既规范了"新会陈皮"生产要求,也保护了"新会陈皮"的品牌,充分肯定了"新会陈皮"的质量,又区别于其他产区的陈皮。

在新会柑普茶的质量研究方面,根据龙华清的研究,柑普茶制品(比如小青柑普洱茶)

中普洱熟茶所占的比例约为80%[76]。因此,普洱熟茶的品质很大程度上决定着柑普茶制品的质量。为了保证普洱茶的品质,国家质量监督检验检疫总局和国家标准化管理委员会联合发布了《地理标志产品 普洱茶》(GB/T 22111—2008),该标准于2008年12月1日正式实施。

随着新会柑皮茶类产品的日渐走俏,为了进一步保障食品安全,推动柑普茶行业健康与可持续地发展,2018年11月1日,广东省卫生健康委员会发布了《广东省食品安全地方标准 新会柑皮含茶制品》(DBS 44/010—2018),标志着新会柑皮含茶制品行业有了统一、规范的地方标准。该标准既适用于在新会柑果皮中填充茶叶制成的新会柑普茶,也适用于以新会柑果皮与茶叶拼配而成的含茶制品。该标准对原料、理化指标、污染物限量、农药残留等指标以及贮存和运输条件都有明确的规定。因此,该地方标准为新会柑皮茶行业提供了科学的监管依据,也规范了该行业的发展,促进了食品安全的管理与控制。

广西壮族自治区市场监督管理局以"广西壮族自治区地方标准"的形式批准发布了《小青柑含茶制品生产技术规程》(DB45/T 2079—2019),并于2020年1月30日正式实施。该标准适用于广西境内小青柑含茶制品的生产,标志着广西小青柑含茶制品的生产自此有了标准可依,并从生产源头上保障了小青柑含茶制品的质量。

总之,为了保证陈皮药材及相关产品的质量稳定,促进新会陈皮全产业良好发展,还需建立有效的质量研究方法,不断完善陈皮的质量控制体系。从广义上来讲,道地药材是中华民族传统医药的瑰宝,是老祖宗遗留给我们的宝贵财富。对于道地中药新会陈皮的保护和发展,不能仅仅停留在传统经验上,更应该走标准化、国际化的道路,这也是中药现代化的根本要求。人们相信,随着越来越多的深入研究,新会陈皮道地性的物质内涵与文化象征将被逐渐揭开,行之有效的新会陈皮质控手段也将纷至沓来[77]。

广而言之,在现实的经济生活中,要切实减少食品安全问题,需要提升消费者的食品安全观念,完善食品安全法律法规,优化食品安全管理机制,增强食品监管力度,让社会各行各业的人士都重视起来,从食品生产的根源做好把关,也确保食品的流通过程可以得到监管。

随着对茶枝柑全方面研究的加强以及基于柑茶类食品安全标准体系的建立和其相关行业的规范发展,茶枝柑一系列相关产业必定会加速粤港澳大湾区中药产品与食品产业的转型升级,创造出更大的经济效益和社会效益,进一步推动农村与乡镇经济的健康发展。

## 参考文献

[1] 古毅强.食品安全的影响因素与保障措施探讨[J].轻工标准与质量,2020(3):60-61.
[2] 张一宾,钱虹.世界六大类杀虫剂的发展和新研发的杀虫剂品种[J].精细化工中间体,2015,45(1):1-8.
[3] 孙杭生.日本的食品安全监管体系与制度[J].农业经济,2006(6):50-51.
[4] 马先发.有机磷农药简介及其检测方法[J].广东化工,2020,47(16):286.
[5] 汝少国,李永祺,刘晓云,等.久效磷对中国对虾细胞超微结构的影响Ⅲ.对鳃的毒性效应[J].应用生态学报,1997(6):655-658.
[6] 王缅,李巧,朱明,等.国内外氨基甲酸酯类农药残留限量差异性研究[J].农技服务,2020,37(12):

49-52.

[7] 程雪梅.蔬果中氨基甲酸酯类农药的检测方法[J].农业工程技术,2019,39(32):102.

[8] 杨宝娟.浅谈农药残留对食品安全的影响[J].食品安全导刊,2021(22):152-153.

[9] 姜伟.食品中有机氯农药残留超标危害与检测技术[J].科技创新与应用,2019(19):147-148.

[10] 刘祎丹,王洋洋.微生物降解有机氯农药研究[J].河南农业,2019(11):34-35.

[11] 国家禁用和限用的农药名录[J].农村新技术,2017(5):7.

[12] 梁道崴,张耀海,王成秋,等.国内外柑橘中农药最大残留限量标准的比较分析[J].食品与发酵工业,2022,48(3):273-283.

[13] 易甜,胡定金,龚艳,等.湖北部分地区柑橘农药残留情况调查与分析[J].湖北农业科学,2016,55(22):5937-5939.

[14] 崔文文,王习著,彭立军,等.四川部分地区柑橘农药残留情况调查与分析[J].现代农业科技,2017(24):89-90.

[15] 李纯,熊颖,顾利红,等.陈皮中农药残留分析及风险评估研究[J].分析测试学报,2021,40(3):370-376.

[16] 王莹.中药中GC-MS农药多残留法检测平台的建立[D].北京:中国药品生物制品检定所,2011.

[17] 李晔,王玮,郭爱华,等.陈皮、荷叶、葛根、胖大海代用茶中农药残留筛查和确证[J].卫生研究,2020,49(5):815-822.

[18] 闫君,陈婷,张文,等.气相色谱-串联质谱动态多反应监测模式测定陈皮中88种农药残留[J].分析测试学报,2020,39(5):632-639.

[19] 董冰岩,沈璐璐,章海啸.超高效液相色谱法测定陈皮、蒲公英根中2种氨基甲酸酯类农药残留[J].农药,2020,59(4):281-283.

[20] 区棋铭,李振球,黎强科,等.液相色谱法测定新会陈皮中苯氧威残留量[J].广州化工,2018,46(18):85-87.

[21] 区棋铭,余国枢,李振球,等.苯氧威在新会柑及其制品中的残留降解规律研究[J].广州化工,2018,46(22):73-75,107.

[22] 彭晓俊,梁伟华,彭梅,等.固相萃取/气相色谱法测定新会陈皮及其制品中8种有机磷农药[J].分析测试学报,2016,35(10):1267-1272.

[23] 何秋云,冯晓斌,刘月东,等.广西浦北县小青柑陈皮普洱茶产品质量评价[J].湖北农业科学,2020,59(5):124-128.

[24] 彭晓俊,秦汉,温绮靖,等.自制双层固相萃取柱在新会陈皮及其制品中11种有机磷农药测定中的应用[J].色谱,2016,34(8):817-822.

[25] 林华锋,常彦磊,廖龙.两种快速检测方法对茶枝柑果皮农药残留的筛检比较[C]//广东省食品学会,上海博华国际展览公司."健康中国2030·健康食品的创新与发展"暨2019年广东省食品学会学术年会论文集.广州,2019:4.

[26] 林华锋,常彦磊,廖龙.茶枝柑果实结构组成分析及其陈化果皮的农残检测[C]//广东省食品学会.现代食品工程与营养健康学术研讨暨2020年广东省食品学会年会论文集.广州,2020:5.

[27] 黄铭恒,曾耀佳,梁社坚.小陈皮里学问多[J].生命世界,2016(10):14-17.

[28] 杜荷.食物营养安全与国民健康[M].北京:军事医学科学出版社,2013.

[29] 康冠宏,李亚莉,周红杰.普洱茶安全性研究进展[J].食品工业科技,2013,34(19):387-390.

[30] 田学凤,姚尧,汤一.微生物和辐照对普洱生茶贮藏过程中品质转化的影响[J].浙江大学学报(农业与生命科学版),2021,47(3):354-362.

[31] 周红杰,李家华,赵龙飞,等.渥堆过程中主要微生物对云南普洱茶品质形成的研究[J].茶叶科学,2004,24(3):212-218.

[32] 雷晓燕.普洱茶中主要微生物的研究[J].沈阳化工学院学报,2009,23(2):134-137,146.

[33] 王白娟,王勇,蒋明忠,等.云南普洱茶中大肠杆菌的检测[J].安徽农业科学,2009,37(23):10869-10870.

[34] 王白娟,蒋明忠,刘旭川,等.云南普洱茶中有害菌的检测探究[J].云南农业大学学报(自然科学版),2010,25(3):447-450.

[35] 赵振军,刘勤晋.普洱茶冲泡过程中细菌的安全性分析[J].湖北农业科学,2014,53(5):1032-1035.

[36] 王小鹏,郑向前,沈倩,等.改善出口普洱茶中大肠杆菌指标初探[J].云南科技管理,2020,33(2):43-45.

[37] 王桥美,彭文书,杨瑞娟,等.普洱茶发酵过程中可培养微生物的群落结构分析[J].食品与发酵工业,2020,46(20):88-93.

[38] 罗书香.陈皮粉微生物限度检验方法的改进[J].基层中药杂志,1997(4):39.

[39] 阳洁,尹坤,谭习羽,等.陈皮中微生物的分离与鉴定[J].微生物学报,2015,55(6):700-706.

[40] 刘素娟,张鑫,王智磊,等.陈皮表面优势真菌的分离鉴定及其对药效物质的影响[J].世界科学技术-中医药现代化,2017,19(4):618-622.

[41] 陈聪聪.广陈皮陈化过程中微生物群落多样性解析及代谢物成分变化分析[D].广州:华南理工大学,2017.

[42] 何静.广陈皮细菌群落和植物化学物独特性及其相关性分析[D].广州:华南理工大学,2019.

[43] 杨放晴,何丽英,杨丹,等.不同陈化时间广陈皮表面细菌和真菌多样性变化分析[J].食品与发酵工业,2021,47(15):267-275.

[44] 陈旭玉,刘小敏,赵祥升,等.广陈皮外源真菌的组成及产毒真菌分析[J].微生物学通报,2022,49(3):1076-1083.

[45] 陈林,吴蓓,陈鸿平,等.不同年份标准仓储广陈皮表面微生物的分布[J].中国食品学报,2022,22(3):281-287.

[46] 梁优珍,谭健华.柑普茶冲泡过程中的饮用安全性研究[J].现代食品,2016(22):118-120.

[47] 梁优珍,曾勤,彭晓俊,等.柑普茶的微生物安全性研究[J].食品研究与开发,2017,38(4):138-140.

[48] 涂青,邓秀娟,伍贤学,等.普洱茶黄曲霉毒素污染风险及其抑制研究进展[J].食品安全质量检测学报,2019,10(13):4180-4186.

[49] 赵连华.陈皮中黄曲霉毒素的累积对其质量影响的研究[D].长春:吉林农业大学,2015.

[50] 王帆,乙引,杨占南,等.陈皮中黄曲霉毒素测定及其安全评价[J].广东农业科学,2012,39(3):84-86.

[51] 魏莹,李文东,杨兰,等.高效液相色谱法柱后衍生法测定陈皮中黄曲霉毒素[J].中国药业,2015,24(24):160-162.

[52] 李珺沫,赵甜,刘岩,等.搅拌棒吸附萃取-高效液相色谱-荧光法测定陈皮中黄曲霉毒素[J].分析科学学报,2019,35(5):562-566.

[53] 李亚莉,康冠宏,杨丽源,等.LC-MS/MS法检测普洱茶中黄曲霉毒素及安全性评价研究[C].中国科

学技术协会,云南省人民政府.第十六届中国科协年会:分12茶学青年科学家论坛论文集.昆明,2014:6.

[54] 蔡双福,陈晓嘉,陈敏婷,等.普洱茶中黄曲霉毒素的研究[J].现代食品,2018,5(9):89-95.

[55] 钟舒洁,陈晓嘉,周芳梅,等.UPLC-MS/MS、HPLC和ELISA法测定普洱茶中黄曲霉毒素研究[J].安徽农学通报,2021,27(16):15-19.

[56] 陈晓嘉,周芳梅,钟舒洁,等.UPLC-MS/MS测定普洱茶中黄曲霉毒素$B_1$,$B_2$,$G_1$和$G_2$[J].食品工业,2019,40(12):290-293.

[57] 陈妙兰,蔡佳梓,李振球,等.高效液相色谱定量检测柑普茶中$AFTB_1$方法的探讨[J].现代食品,2021(8):191-192.

[58] 侯冬岩,回瑞华,李红,等.普洱茶中有害元素的ICP-MS法分析[J].食品科学,2007,28(7):425-427.

[59] 宁蓬勃,龚春梅,郭抗抗,等.云南省不同地区普洱茶铅含量的差异性[J].西北农业学报,2010,19(1):116-120.

[60] 宁蓬勃,郭抗抗,王晶钰,等.云南普洱茶砷和汞的含量分析[J].食品科学,2010,31(8):150-153.

[61] 史琤,李烨,杨婉秋.云南省普洱市普洱茶中矿质元素含量分析[J].昆明学院学报,2015,37(3):34-37,55.

[62] 余超,何洁仪,李迎月,等.广州市售普洱茶稀土元素残留现状分析[J].中国公共卫生,2017,33(12):1749-1751.

[63] 肖涵,杨婉秋,李烨.云南勐海普洱茶中重金属元素的健康风险评估[J].昆明学院学报,2020,42(3):37-41,108.

[64] 张丽芳,李海珍,刀兵,等.普洱茶中重金属元素砷铅镉铬汞铜的含量测定及风险评价[J].现代食品,2020(12):179-182.

[65] 蔡佳梓,丁敏,何新,等.新会柑普茶的能量和核心营养元素分析[J].化学工程与装备,2016(10):219-221.

[66] 朱国军,陈梅斯,区棋铭,等.ICP-MS法测定新会柑普茶元素溶出特性[J].化学分析计量,2019,28(4):94-97.

[67] 鲍倩,夏荃,潘超美,等.基于Delphi法对广陈皮商品规格等级划分[J].中国实验方剂学杂志,2017,23(22):48-54.

[68] 陈柏忠.新会陈皮工艺与质量鉴别[C]//江门市新会区人民政府,中国药文化研究会.第三届中国·新会陈皮产业发展论坛主题发言材料.新会,2011:3.

[69] 龙华清.新会陈皮的品质特征、鉴别技术要点及审评方法[J].广东茶业,2021(4):25-29.

[70] 胡林峰.陈皮药材质量标准控制存在的问题探讨[J].海峡药学,2011,23(5):50-51.

[71] 查付琼.Ⅱ陈皮药材及制剂质量标准控制存在的问题探讨[C]//重庆市中医药学会.重庆市中医药学会2011年学术年会论文集.重庆,2011:3.

[72] Zheng G D, Yang D P, Wang D M, et al. Simultaneous determination of five bioactive flavonoids in pericarpium *Citri reticulatae* from China by high-performance liquid chromatography with dual wavelength detection [J]. Journal of agricultural and food chemistry, 2009, 57(15): 6552-6557.

[73] 张怀,陈明权,农根林,等.新会陈皮质量控制研究[J].中国医药导报,2019,16(21):120-124.

[74] 李思琦,李华.陈皮主要化学成分及质量控制研究进展[J].今日药学,2020,30(12):861-864.

[75] 梅振英,张荣菲,赵志敏,等.广陈皮化学成分与质量控制方法研究进展[J].中国中医药信息杂志,

2020,27(7):136-140.
[76] 龙华清.新会小青柑普洱茶的加工原理及其加工方法[J].广东茶业,2020(4):9-11.
[77] 郑国栋,罗健东,李悦山,等.结合《中华人民共和国药典》谈新会陈皮[C]//江门市新会区人民政府,中国药文化研究会.第三届中国·新会陈皮产业发展论坛主题发言材料.新会,2011:5.

# 第九章

# 茶枝柑的产业化发展与守正创新

2020年,中央农村工作会议指出,"要加快发展乡村产业,顺应产业发展规律,立足当地特色资源,推动乡村产业发展壮大,优化产业布局,完善利益联结机制,让农民更多分享产业增值收益"。由此可见,乡村产业兴旺是乡村振兴的重点,是解决农村一切问题的关键前提。

乡村振兴,关键是产业振兴。产业振兴,是广东乡村振兴发展的强力引擎。近年来,广东因地制宜培育和发展特色产业,带动群众脱贫增收致富,促进产业提质增效升级,打造出一条又一条致富产业链。产业振兴是乡村振兴的前提和基础。只有大力推动乡村产业发展,才能吸引各类资源投入农业发展中,壮大农业发展的内生动力,让农业成为有奔头的产业。只有产业振兴,才能为精细农业、精美农村和精勤农民提供持续有力的保障。只有产业振兴,才能发展和壮大乡村产业,不断筑牢农村经济基础,不断提升农民生活水平,才能为乡村的全面振兴奠定坚实基础[1]。

新会陈皮是江门新会乡村振兴的名片,茶枝柑产业的崛起成为广东省农业产业化发展的标杆和乡村振兴的一道亮丽的风景线。创新驱动的陈皮实践证明,大力实施乡村振兴战略,推动县域经济发展,可以从做大做强一个产业起,逐步实现从培育一个产业到带动一片经济、造福一方群众和实现一地小康的蜕变。

## 第一节 茶枝柑产业的特色与优势

在广东新会,茶枝柑产业因时而动、乘势而起、顺策而为,从1996年产值不足300万元的小规模发展到2020年全产业链总产值102亿元的特色大产业,带动新会陈皮相关行业超5万人就业,实现农民人均增收2万元,并且入选了全国乡村产业振兴典型案例。探究新会的茶枝柑产业迅速崛起的原因,国家相关政策的扶持固然不可或缺,但产业自身的特色和优势也是自不言说、难以轻抹。

### 一、独特的品种资源和优越的自然环境

茶枝柑(*Citrus reticulata* cv. "Chachiensis"),别名新会柑或大红柑。在茶枝柑的五个主要品系中,"大种油身"和"细种油身"位列品系中的上品。茶枝柑的果实品质独特、皮肉兼用。茶枝柑的果皮经手工剥离、晾晒、贮藏和陈化后便可制成知名的新会陈皮。新会陈皮

含有挥发性油类、黄酮类、糖类等多种具有药理活性的物质,有理气健脾、化痰祛湿和降压减脂等功效。因此,新会陈皮集食用性与药用性于一体,它既是一味传统中药材,也是一味粤菜烹饪中常用的调味佐料。

一般而言,茶枝柑的原产地和主要产地均在广东省江门市新会区范围内。新会区位于珠江三角洲西南部,西江和潭江纵横贯穿境内,经崖门、虎跳门流入南海,南海海水由崖门上溯与西江、潭江之水汇聚于银洲湖,形成"三水融通、咸淡交汇"的独特河流灌溉水网,造就了水分含量充足、海源性盐分适当和有机质沉积丰富的肥沃土壤。再者,江门新会地区属于北半球热带海洋性季风气候,雨水充沛,年均气温23.8 ℃。这种雨热同期和雨热皆丰的气候十分适宜茶枝柑的生长[2]。在这些天赐自然因素的综合影响下,与其他产地的陈皮相比,由茶枝柑所制作的新会陈皮显得禀赋十足,兼具质量优势、收藏价值和市场竞争力于一体。

## 二、茶枝柑 GAP 种植基地的落成

传统上,新会的茶枝柑种植是以家庭为单位,生产规模偏小,分散程度较高。这是新会陈皮市场范围狭窄、产业结构不合理以及产业化发展步伐缓慢的主要原因。近年来,在政策引导和市场机制的共同作用下,茶枝柑产业快速发展,涌现出越来越多规模化的种植园区。但是,由于种植管理水平仍然较为落后,茶枝柑果实的品质参差不齐、良莠并存。自2012年起,江门市新会区农业部门组织专家和经验户制定标准种植规范,形成了科学合理的茶枝柑标准化规范种植体系,建立了省级茶枝柑 GAP 示范区,采用了无公害栽培技术和新型种植方式来种植茶枝柑。在示范性种植中,茶枝柑的产量从 21 t/hm$^2$ 增加到 50 t/hm$^2$,果实产量和品质均得到了提升,销售价格由 3 元/kg 上升至 10 元/kg。根据广东省质监局数据显示,截至 2016 年 10 月,茶枝柑的标准化种植已推广到全区 55 个自然村 250 多个种植户。依照 GAP 生产标准规程,茶枝柑的种植规模已达 4 333 hm$^2$,挂果规模达 3 500 hm$^2$,柑果总产量预计达 7 万 t。GAP 既加强了茶枝柑鲜果质量的控制,也从源头上保障了茶枝柑产业的壮大和可持续发展。

## 三、加速推进茶枝柑和新会陈皮的品牌建设

老前辈常说:"广东有三件宝,分别是陈皮、老姜、禾秆草。"其中,陈皮居广东三宝之首。由此可见,陈皮在广东人心中的重要价值和地位。近年来,具有良好粤式滋味的新会陈皮更是屡获殊荣。2006 年,茶枝柑、新会陈皮同时获批成为"国家地理标志保护产品"。2008年获国家地理标志证明商标,入选"中欧地理标志保护与合作协定",成为与欧盟互认的地理标志产品,被列入国家地理标志运用促进重点联系指导名录[3]。2009 年,新会陈皮制作技艺成为广东省非物质文化遗产项目。同年,新会陈皮被评为江门市十佳农(土特)产品,并且被广东省食文化研究会特产文化专业委员会、岭南食文化品牌推介委员会评为"广东最具代表性的地方特产"。2013 年,新会陈皮被广东十宝评选活动组委会、南方传媒集团、《南方农村报》评为"广东十件宝"之首。2016 年,广陈皮入选《广东省岭南中药材保护条例》

的首批道地中药材。2018年,在中国品牌价值评价中,"新会陈皮"品牌位列全国地理标志产品第41位,价值达89.1亿元。2019年,新会陈皮入选中国农业品牌目录。

为了进一步推动陈皮产业的快速发展,江门市政府多个部门积极开展品牌塑造工作,发挥茶枝柑和新会陈皮的道地优势与产品特色。从2006年起至2019年底,相关单位已成功举办了七届"新会柑(陈皮)产业发展论坛"。2011年,首届"中国·新会陈皮文化节"举办成功,新会被中国药文化研究会命名为"中国陈皮之乡"和"中国陈皮道地药材产业之乡"。2013年,新会被中国药文化研究会授予"中国和药文化示范基地"。此外,新会区还获得"中国陈皮道地药材产业之乡"等称号……茶枝柑、新会陈皮逐渐从平凡的农副产品变成一个独具地方特色的知名品牌产品。随着茶枝柑、新会陈皮的地理标志保护和农业标准化示范工作的全面开展,新会陈皮产业联盟标准的制定和修订工作也接踵而至,新会区农林部门和质监局等部门先后制订和发布了《新会陈皮预包装标签》《新会柑皮普洱茶》等五项陈皮相关产品的联盟标准,统一了门槛,有效减少了行业的无序竞争,加速了行业内部的优胜劣汰,有效地保护了新会茶枝柑和新会陈皮的优质品牌。

### 四、完善茶枝柑产业链,促进新会陈皮的全产业化发展

茶枝柑全身是宝,果肉酸甜可口,清香诱人。茶枝柑的叶子、橘核、筋络和果皮均能入药。其中,柑橘叶擅长消肿散结;橘核可用来治疗腰痛、寒疝;橘络善通络理气;橘白味苦、性温,主补脾胃,适合脾胃虚寒者服用;茶枝柑果皮更是有着奇妙的效用,依据采摘时期的不同可大致分为柑青皮(广陈青皮)和新会陈皮。近年来,世界多国的研究者们都在进一步发掘陈皮的新用途,其中以我国和日本的研究最为深入。

随着对茶枝柑研究的深入和新会陈皮品牌建设的同步推进,茶枝柑和新会陈皮的价值得到了人们的认可和发掘。新会陈皮的市场需求也不断增大,进一步撬动了社会闲散资金,促进了茶枝柑种植规模的增大和果皮加工产业的发展。2016年,新会区的新会柑果种植面积约0.43万$hm^2$,果品产量达7万t,年加工陈皮量约3 500 t,比2011年增长6倍;茶枝柑初级产品实现年产值9亿元,比2011年增长8倍;新会陈皮主产业年产值近25亿元,比2011年增长9倍,新会陈皮全产业年产值超50亿元。

"一年好景君须记,最是橙黄橘绿时。"大文豪苏轼的名诗佳句早就一言道破了柑橘的观赏价值不亚于自身的食药价值。柑橘在我国文化长河中留下了深刻的痕迹,成为传统文化韵律中的一个美妙的音符。目前,新会茶枝柑产业也正从传统中汲取营养,孕育新生,向着文化、旅游和贸易等多领域多维度全面发展。例如,2014年试业的"新会陈皮村"现已发展成为集休闲养生、特色餐饮、文化旅游、陈皮交易为一身的农产品商业文化综合体,是国家特色文化产业重点项目。不同于传统的新会柑加工产品,柑普茶是由新会柑皮与普洱熟茶经过烘焙、陈化等工艺加工而成的一种茶类,它融柑皮的果香味(或者陈皮的陈香味)和普洱茶的茶醇味于一身。新会柑普茶自推出至今,一直受到众多消费者的青睐。最近,不少的国内茶叶企业进军新会市场,在新会地区建造厂房生产或加工新会柑普茶。新会柑普茶的销售范围已经从原来的广东省扩展至我国北方多个地区。此外,不少新会陈皮企业还

开发了新会陈皮饼、新会柑果肉酵素等新产品。另有相关单位利用新会陈皮储藏年份与药用价值相关这一特点,推出"陈皮银行"的概念,进一步发掘新会陈皮作为收藏珍品的价值。在相关支持政策的扶助和产业配套设施的建立之下,人们进一步探索了新会茶枝柑的产品与加工工艺并拓宽了产品销售渠道,同时也完善了茶枝柑的产业链条。

## 第二节 茶枝柑产业化发展的状况、欠缺与机遇

近年来,茶枝柑产业的链条延伸越来越广,特别是在新会陈皮获授国家地理标志保护产品以及广东非物质文化遗产和广东著名土特产等"金字品牌"后,新会陈皮产业发展迅速,新会也凭此斩获"中国陈皮之乡"、"中国(新会)柑茶之乡"、"中国(新会)陈皮茶之乡"、"中国陈皮道地药材产业之乡"、"中国和药文化示范基地"、"中国保健协会新会陈皮保健基地"以及"中国药文化产业示范基地"等多个荣誉称号。自从新会成为广东省首个国家地理标志保护示范区后,广陈皮(新会陈皮)也被列入了广东省八个岭南中药材立法保护品种之一。2017年,新会陈皮产业园成功入选国家现代农业产业园和广东省岭南中药材产业园。在2018年中国品牌价值评价中,"新会陈皮"以系数为877的品牌强度位列全国地理标志产品第41位,品牌价值为89.1亿元。2020年,茶枝柑种植面积达10万亩,柑果产量达12.5万t,干柑皮产量近7 000 t。茶枝柑产业通过对接普洱茶、黑茶、白茶和红茶等不同茶产区的联合发展,已带动新会区内6.5万人和全国超30万人创新就业,全行业年产值达到102亿元,并且连续多年实现年撬动社会投资超15亿元、对"三农"的贡献超15亿元、产业园内种柑农户均增收超7万元、人均增收超1.88万元的佳绩。在2020年中国区域农业品牌的评选中,新会陈皮凭借96.34的影响力指数,获得区域农业(中药材)第一位,并且产业已具备较好的产业基础和较为完整的工商业态。

### 一、新会茶枝柑(陈皮)的发展状况

江门市新会区是新会陈皮的道地产区。茶枝柑的种植历史悠久,新会出产的陈皮曾在历史上被定为"贡品",享誉华南地区、港澳台、美国和加拿大以及东南亚等地区。下面主要从种植技术水平状况和种植规模状况两个方面来展开茶枝柑发展状况的阐述。

#### (一) 茶枝柑的种植技术水平

传统柑橘栽培技术是指在自然环境条件下,运用人力、畜力和自然物料进行果树生产的技术。据史料记载,新会茶枝柑的人工驯化栽培工作开始于13世纪。新会柑橘传统种植都是在珠江三角洲冲积平原的沙田区,柑橘围(新会的柑橘园大多处于河网地区,故四周要以围堤保护,因柑橘园四周都是由围堤包围住,所以当地人称柑橘围)和稻田相邻,柑橘的前茬农作物一般是水稻。新会柑橘种植地处河网交织、地势低洼的冲积平原区,柑橘围由于受地下水位高、水量过多等因素影响而容易出现果树淹死的现象。因此,种植户在柑橘栽培技术上花费了不少心思以获取更大的果实产量和更好的经济效益,并由此形成了一

套相当完整的新会茶枝柑传统栽培技术。时至1956年,新会才开始出现拖拉机耕田和其他农业机械用具的普遍使用。虽然如此,新会人还是继承了不少祖传的栽培方法。新会柑橘传统栽培技术主要由人力操作和使用自然物料,使生产处于良好的自然状态。在不同的历史时期,新会柑橘栽培技术特点也有变化发展,这个变化发展不是中断的,是在继承中创新发展,从而使不同时期的栽培技术密切相连,这也是新会柑橘栽培技术的特点。新会柑橘的传统栽培技术和种植模式有很大优点。当传统技术和现代科学技术碰撞,出现一些分歧的时候,新会人最终选择在尊重和坚守传统的前提下发展现代新技术,找到一个传统和现代相契合的持续发展的模式,使得现代的新会陈皮生产逐渐走向产业化、标准化和规范化[4]。

### (二)茶枝柑的种植规模

改革开放以来,随着市场需求的增加,新会的茶枝柑种植呈现出可喜的发展势头,种植面积逐年扩大。1996年,新会茶枝柑的总种植面积仅有700多亩,新会开始筹建良种无病毒种苗工程。1997年,有关研究机构开展新会柑的品种筛选和复壮工作,这一年新会柑的第一株无病毒良种苗诞生。到2007年,新会茶枝柑的种植面积近万亩,形成了种植规模的第一波高峰。从2007年到2019年,茶枝柑的种植发展迅速,又形成了一个高峰潮。2011年,茶枝柑的种植面积约1.09万亩。2012年,茶枝柑的种植面积约1.5万亩。2013年,茶枝柑的种植面积约2万亩。到2015年,茶枝柑的种植面积约6.0万亩。2016年底,全区茶枝柑的种植面积约6.5万亩。到2017年,茶枝柑种植面积达到7万亩。2018年,茶枝柑的种植面积约8.5万亩。据悉,2019年新会全区茶枝柑种植面积已达10万亩。截至2021年,新会茶枝柑种植面积已趋于稳定。在相关政策的引领和推动下,许多新会柑农投入柑橘果实的扩种、老树和弱树更新换代中,全区的茶枝柑老龄树、壮旺树和幼年树种植面积也相对稳定。

## 二、茶枝柑(新会陈皮)产业化发展状况

茶枝柑在新会地区的种植历史已有700余年,由其晒制的柑皮经长期贮存与陈化,具有较高的膳食与药用价值,也是岭南餐饮与茶文化构成的重要元素。近年来,在地方政府的大力扶持下,茶枝柑产业发展迅速,逐渐由20世纪自给自足为主的传统家庭分散式种植模式发展成为以陈皮为中心,集陈皮种植加工、柑果交易、仓储物流、文化观光旅游于一体的区域产业聚集区模式,新会陈皮产业成为当地农业的重要支柱产业之一。至2020年底,茶枝柑种植面积突破10万亩,新会陈皮全行业产值突破102亿元。

茶枝柑产业不断向着集约化、标准化和现代化的方向发展。究其原因,一是种植规模大幅增长。至2020年,新会茶枝柑的种植已覆盖江门新会区会城街道及10个乡镇193个行政村,种植面积由1996年发展之初的1.3万亩增加至10万亩,10亩以上种植户由350户发展至超2600户,柑皮年产量由500 t增长至5 000 t,总产值由10亿元增长至102亿元。二是农产品附加值比较高。新会陈皮产业链延伸形成涉及药品、食品、茶品、功能保健品、文化旅游以及金融业6大类35细类100余品种的系列产品规模,其中规模最大的茶类年产

值由 2011 年的 4 000 万元增长至 2020 年的 40 亿元。三是联农带农效益显著。通过"龙头企业＋合作社""龙头企业＋基地＋农户"等利益共享模式,构建企业农户合作平台,发挥龙头企业示范带动作用,建成陈皮中小微企业创新基地,带动规模化种植户 1 000 多户,茶枝柑产业化发展带动的相关就业人数增加至 5.5 万人,农民人均增收 2 万元。四是产业链的延伸。目前,新会陈皮产业已初具规模,形成柑橘种苗繁育、柑果生产、陈皮深加工与开发利用、文化休闲生态旅游等产业链条,实现了由单一产业向三产融合发展,吸引社会投资超 30 亿元,拥有 12 家龙头企业,超 1 000 家经营主体。至此,茶枝柑产业已成为江门新会区乡村振兴的产业支柱和典范[5]。

当前,新会茶枝柑产业已经不是传统意义上的农业产业了。茶枝柑产业化从 2001 年成立的"新会柑产销联合体"开始已经历经二十余载,其变化主要从产品、农业、商业、工业和产业五种形态中体现出来。茶枝柑的主打产品经历了从"皮肉兼用"向"去肉留皮",从单一陈皮向"陈皮＋文化"转变;农业经历了从小农经济向规模经济,从传统耕种向现代种植转变;商业经历了从个体商贩到公司经营,从公司经营到品牌推广与规模化集约化发展;工业经历了从家庭作坊向企业生产,从企业生产向平台构建转变;产业实现从单纯种植业向以工商业为主导的全产业过渡,从单纯农业向食、药、茶跨产融合或全产融合发展的转变。新会陈皮农产品区域公用品牌价值达 98.21 亿元,新会陈皮全产业链产值达 102 亿元,产业发展势头良好。从新会茶枝柑的苗种栽培与种植开始,到陈皮调味料、陈皮酒类、陈皮糕点、陈皮普洱茶,陈皮药品以及其他功能性食品的研制与生产,产业的形态从单一的农产品到各种深加工产品,陈皮产业链进一步延伸,正向着农业、工业和商业的一体化产业方向发展。

新会陈皮产业发展已然取得了长足的进步,有不少优秀企业为新会陈皮产业的发展做出了积极贡献。下面列举几例,以供参考。

江门丽宫国际食品股份有限公司(以下简称"丽宫国际食品")是丽宫国际集团旗下全资企业,也是一家国家质量安全生产卫生注册企业(QS)和食品卫生 A 级企业。丽宫国际食品成立于 2004 年,首先推出"侨宝"品牌,一直专注于新会陈皮产品的开发和新会陈皮文化的推广。目前,该公司拥有先进的产品检验检测中心,厂房面积达 6 000 m$^2$。"丽宫国际食品"以"为广东增光,创民族品牌"作为陈皮系列产品的发展目标,在提倡健康饮食的今天,将目光投向了有着食疗保健功效的新会陈皮上,研究并开发了以新会陈皮为主馅料的月饼。这种月饼是通过精选来自国家企业部产业基地的正宗新会陈皮,配合纯正莲蓉、冬瓜、木瓜、芸香草、虫草、人参、吞拿鱼等健康原料精制而成。

又如,江门市新会陈皮村市场股份有限公司(简称"新会陈皮村")作为广东省重点农业龙头企业,多次获得了国家级以及省级的荣誉,该公司以"向世界传播新会陈皮文化,分享陈皮健康价值"为使命,致力打造新会陈皮"三产融合"的生态平台。目前,新会陈皮村总占地面积 25 万 m$^2$,总投资达 5 亿元,是政府重点发展和扶持的对象。新会陈皮村集新会陈皮产业服务、特色餐饮、文化旅游于一体,是新会陈皮国家现代农业产业园三产融合示范区和核心发展项目。本着"坚持以新会陈皮为核心、以实现多业融合为宗旨、以标准化发展为依据"的思路，新会陈皮村整合多方资源延长产业链，开拓出创新的可持续发展运营模式，共建产业发展新格局，已成为中国现代农业的参考方案，先后获得"国家特色景观旅游名村""广东省重点农业龙头企业""广东省三产融合示范农业基地"等荣誉称号，其品牌影响力在不断地提升。

再如，江门市新会区新宝堂陈皮有限公司（简称"新宝堂"），作为一家创立于光绪三十四年（1908年）、有着112年历史和深厚品牌文化底蕴的"广东老字号"企业，既是广东省非物质文化遗产"新会陈皮制作技艺"传承人单位[6]和省级非物质文化遗产生产性保护示范基地，又是科技部立项的"广陈皮种植示范基地和产地技术加工示范基地"，还是新会陈皮国家现代农业产业园科技创新区龙头企业和广东省高新技术企业。新宝堂的陈皮酵素整体技术经广东省南方食品医药行业评估中心评估达到了国内领先水平。新宝堂生物科技茶枝柑综合利用项目——陈皮酵素产品的成功研发和推出，将废弃的柑果肉变废为宝。同时，随着新会陈皮酵素市场的打开，整个茶枝柑的果皮、肉渣、果汁、柑核都能够得到充分利用，对整个新会陈皮产业延伸产业链、调整产业结构、促进农民增收、解决废弃柑肉污染环境问题以及促进新会陈皮产业化发展等都具有相当重要的意义。此外，作为一种新型产品，新会柑酵素是以新会茶枝柑果肉为原料，经过一定的发酵工艺发酵一段时间后所得的一类发酵品，含有丰富的黄酮类成分、多糖、挥发油、维生素、蛋白质等多种营养物质，有良好的抗过敏、抗氧化、抗菌、抗肿瘤、抗高血糖和保护心血管等保健功能，颇受许多研究者和消费者的喜爱与关注[7]。随着对新会柑酵素保健功能和营养价值研究的深入，新会柑酵素的质量控制体系将日益完善。在未来，新会柑酵素也将会和新会陈皮一样逐步受到大家的认同和喜爱，越来越多的新会柑酵素产品走向人们的生活，为新会茶枝柑产业带来更多的经济红利。

近年来，随着新会茶枝柑产业的蓬勃发展，广东地区涌现出很多与新会陈皮相关的新兴企业。这些企业年轻而又富有创造活力，既有开拓进取精神又有较强的市场适应能力，为茶枝柑产业的发展和壮大注入了新鲜血液，增添了新的前进动能。

比如，广东三通农业有限公司（简称"三通农业"）成立于2012年，坐落于新会陈皮柑核心产区，与新会著名景区小鸟天堂仅一河之隔。目前，三通农业自有农场面积约1 000亩，是正宗新会陈皮柑的栽植基地之一。此外，三通农业经营范围还涵盖新会甜橙、火龙果的种植、加工和销售等业务。三通农业自产、自存（贮藏天马老陈皮超200 t）和自销新会陈皮、小青柑、柑普茶、火龙果干和柠檬干，并且承接新会柑普茶的加工业务。

又如，江门市新会区至专农业发展有限公司（简称"至专农业公司"）与江门市新会区双水镇柑城茶艺厂（简称"柑城茶艺厂"）创新了柑茶的发展经营模式，从茶枝柑的种植、加工、生产到陈皮与柑普茶的销售，打造出新会柑的"一条龙"式的服务模式，并致力于发展无毒、无公害、绿色有机的柑橘产业。至专农业公司专注于柑橘园区土壤的改良工作，主要包括以"菌"（微生物菌肥）治"菌"（有害细菌、真菌和病毒病），增加土壤肥效，增壮复壮树体，延长果实丰产期，提高果实品质和增加单位面积挂果量等方面的内容。目前，在江门地区，至专农业公司服务对象面积已达上千亩，并且有逐年增加的势头。柑城茶艺厂主要经营业务范围包括生产、加工、贮藏和销售新会陈皮,也承接加工、生产和销售新会柑普茶、柑红茶等业务。柑城茶艺厂的生产理念是"以大自然的馈赠为素材,以质量回报社会,希望为客户寻得一份绿色纯净的茶源,更希望让每位茶友都能尝得一口新会陈皮道地健康的甘甜滋味"。

再如,广东天亭陈皮有限公司(简称"天亭陈皮")成立于2020年,是一家集农业生产、陈皮茶业加工与销售于一体的综合性企业。作为一家新成立的年轻企业,天亭陈皮致力于茶枝柑初级产品的收购与销售工作,积极奔走各地,寻求多方面的商业与科研领域的合作。天亭陈皮不仅能够提供新会陈皮产品的仓储服务工作,也乐于为加强茶枝柑及其他水果产品的研发技术攻关贡献自己应有的力量。此外,为了给消费者送上更优质、更健康、更放心的新会陈皮,也让新会陈皮理气健脾的特性发挥得更好,天亭陈皮参与了推动有机富硒陈皮项目的研究与开发工作,期望让消费者在避开农药残留的同时还能从陈皮中摄取到人体所需要的有机硒元素。

### 三、茶枝柑和新会陈皮的贸易状况

民国以前,新会陈皮与葵扇一样都是有名的土特产,两者在历史上也都曾是新会主要的经济支柱产业。新会所产陈皮,相传早在宋代就已成为国内南北贸易的"广货",到明清以后更是如此,清代王永瑞编撰的《新修广州府志》记载:"广人皆货之药材,视他州为盛多陈皮、橘皮、青皮、黄檗木、蔓荆、青木香、白胶香、天门冬、补骨脂。"清代顾禄所撰《桐桥倚棹录·卷十·市廛》记载:"陈皮,以虎丘宋公祠为著名。先止山塘宋文杰公祠制卖,今忠烈公祠及文恪公祠皆有陈皮、半夏招牌,制法既同,价亦无异。朱崑玉《咏吴中食物》诗云:'酸甜滋味自分明,橘瓣刚来新会城。等是韩康笼内物,戈家半夏许齐名。(注:吴郡戈氏秘制半夏,为时所尚)'。"文中出现的虎丘、吴中,说明是在江南的苏州城。"橘瓣刚来新会城"说明柑皮是来自广东新会,有人用新会柑皮制陈皮闻名,这充分说明在清代新会柑皮依然畅销南北。所以在清代吴中名医王子接、叶天士、薛雪等人的医学著作里大量出现了广陈皮、广皮、新会皮的道地陈皮药名,可见新会陈皮为名医大师所看重。19世纪中叶,史学宗师陈垣的祖辈以贩卖新会本地特色药材起家,主要经营新会皮。最初在广州老城晏公街(今天成路内)闽漳会馆旧址开设药铺"陈信义",后生意兴隆,在上海、天津、重庆、香港、新加坡等地都开了"陈信义"分号。由此可见,新会陈皮早已远销海内外[4]。

鉴于新会陈皮属于品质上乘的中药材,其价值和价格均相对地高于普通陈皮,新会地区的老百姓向来有经营该类产品的传统。时至今日,茶枝柑的种植和新会陈皮的销售依旧是新会人民群众经济收入的重要来源。20世纪90年代以来,由于种植方式落后和自然灾害的影响,新会柑种植面积只有约200 $hm^2$,市场价格只有0.8元/kg。近年来,新会陈皮销售量递增,2007年陈皮销量达650 t(新会陈皮占46%),销售额为3 750万元(新会陈皮占60%)。2008—2014年,新会柑皮收购价由2.4元/kg涨到30元/kg,新会柑皮的收购价五六年间涨了10多倍,销售额也从2008年的6 000万元增长到7亿元。广东道地药材陈皮主要分新会陈皮和四会皮,其中新会皮产量占90%,远销海内外。国内市场主要在岭南地区,但尚未被我国北方地区所接受。因此,政府、协会、企业三方需要共同努力,做好宣传工作,多举办类似"陈皮文化节"的活动,提高新会陈皮在全国的知名度;在陈皮村建立大的卖场,把陈皮集中在同一个地方销售,使游客在较短的时间内了解新会陈皮,把新会陈皮塑造为江门第一手信形象。借助于互联网电子商务技术,不少新会陈皮产品已经在淘宝、天猫和京东商城等网络平台进行售卖了。人们相信,新会陈皮产业的发展不仅能带动江门地区的特色产业发展,也将带动江门的旅游产业、饮食产业和文化产业的发展,进而推动江门经济建设的健康与稳步发展[8]。据统计,截至2019年底,新会陈皮产业链总产值达85亿元,新会陈皮品牌价值达126.20亿元。2022年,新会陈皮行业产值超190亿元,比2021年增长31%。江门市新会区最新发布的"新会陈皮产业高质量发展"报告指出,推动新会陈皮全产业链总产值早日突破500亿元,努力向"中国陈皮之都"目标迈进。

**四、新会陈皮文化发展状况**

新会陈皮(含新会茶枝柑)历经千年的传承和发扬,早已成为岭南文化的符号。新会陈皮不仅具有人文形态,也有着独特的"文化"属性。新会陈皮还有"陈久者良"的品质,"百年陈皮赛黄金"的美名正是向世人昭示着它的"藏品"价值属性。因此,新会陈皮早已具备一定的品牌号召力和市场潜力。近年来,在各级政府和相关部门有规划的普及与推广下,陈皮文化类活动包括新会陈皮文化大众讲坛、"新会陈皮"诗词歌赋征集、陈皮诗书画联谊、新会陈皮论坛等一系列活动相继举办,其中每两年一届的"中国·新会陈皮文化节"是规模最大、影响力最广的陈皮文化活动。它的举办不仅为新会陈皮带来了超高人气和销售额,也不断地刷新着新会陈皮的品牌价值并发掘其市场潜力。

新会陈皮文化节每隔两年举办一次,"陈皮博览会"则是每届文化节的一大亮点。2011年11月,新会区以"价值·文化·产业"为主题举办了第一届"中国·新会陈皮文化节"。第一届陈皮文化节建成了陈皮鉴定中心、陈皮展示馆,并在学校开展陈皮讲座,建立了陈皮普及教育基地,培养了承接传统产业新人。新会区积极开展新会陈皮申报非物质文化遗产工作,为擦亮新会陈皮招牌不断努力。新会区与新闻媒体合作拍摄专题片,举办新会陈皮美食节、博览会以及新会陈皮产业发展论坛等,大力推广新会陈皮保健、药用、食疗的文化民俗,深究新会陈皮产业发展之道。新会区在此次文化节期间获授"中国陈皮之乡""中国陈皮道地药材产业之乡"荣誉称号。2013年11月,新会成功举办第二届"中国·新会陈皮文化节",新会区获授"中国和药文化示范基地",新会陈皮村也获得"国家文化产业重点项目"和"国家特色景观旅游名村"两项殊荣。2015年10月28日,新会陈皮走进人民大会堂,成功地举办了第三届"中国·新会陈皮文化节"新闻发布会。2015年11月,新会成功举办了第三届"中国·新会陈皮文化节",新会区获授"中国(新会)陈皮茶之乡"和"中国药文化产业示范基地"称号。2017年12月第四届"中国·新会陈皮文化节"在新会陈皮村成功举办,这也是一届新会陈皮健康万里行和中国新会柑茶产销相对接的会议。文化会议期间,中国茶叶流通协会授予新会区"中国(新会)柑茶之乡"牌匾,中国保健协会授予新会区"新会陈皮保健研究基地"牌匾。同时,会议公布了广东省江门市新会区(新会陈皮)现代农业产园的系列项目,包括新会陈皮科教研产一体化公共服务中心、陈皮村一二三产融合与创业创新示范区、丽宫陈皮研发加工和品牌运营园区、新宝堂生物科技创新示范园区、三江镇新会陈皮柑茶加工运营区、双水镇新会陈皮功能食品产业园和七堡岛新会陈皮保健食品产业园。2019年11月,第五届"中国·新会陈皮文化节"在江门新会成功举办。这次文化节围绕"产业·生态·健康·富民"的主题开展开幕式、新会陈皮博览会、企业专场推介会、丽宫陈皮收藏节、陈皮产区果园游等一系列丰富的活动。2021年6月12日,"文化和自然遗产日"广东主会场(江门)暨新会陈皮文化周圆满收官,江门市政府发言人在会议中表示,江门将以新会陈皮炮制技艺成功入选第五批国家级非遗名录为契机,大力弘扬新会陈皮文化,推动陈皮文化与旅游、康养、科技、金融有机融合,持续打造新会陈皮文化节,深化推进陈皮村、陈皮博物馆、陈皮农业文化创意园等文旅融合项目,实施新会陈皮数字化、标准化溯源管理,加速产业链延伸,使新会陈皮文化焕发新的更大活力。

新会陈皮文化节不仅构建了"新闻发布会+开幕式+博览会+产业发展论坛"的文化节联动模式、"文化节+展会+专题"的推广联动模式和"公用品牌+企业品牌+产品品牌"的品牌联动模式,还进一步引领新会茶枝柑产业走向产品品牌化、产业规模化集群化与产业体系化。其中,新会陈皮国家现代农业产业园和国家级非物质文化遗产代表性项目(新会陈皮炮制技艺)达到了新会陈皮品牌标识的新高度。目前,新会陈皮品牌价值已超百亿元,影响力位居地理标志中药材产品首位。

随着新的生产经营文化雏形的形成,新会陈皮文化产业热逐渐掀起高潮。2002年,由果农发起,经新会农业局和新会工商联推动,新会区成立了新会柑(陈皮)行业协会,俗称"新会陈皮协会",标志着新会陈皮业的重新形成,并进入行业轨道发展,有利于新会陈皮行业的生产、销售、科研和价值保护。从2005年开始,新会区质量技术监督局、农业局等政府有关部门积极申报新会柑、新会陈皮为"国家地理标志产品"。2009年3月13日,江门市政府批准并公布"新会陈皮制作技艺"为第二批市级非物质文化遗产项目,该项目的启动从文化层次推动了新会陈皮产业的发展、新会陈皮"非遗"品牌的弘扬和侨乡特色文化的演绎。同年10月16日,广东省政府批准并公布新会陈皮制作技艺为第三批省级非物质文化遗产项目。此外,丽宫陈皮月饼进入国宴,这是"丽宫人"十多年来致力陈皮产品开发、弘扬陈皮文化最好的奖赏,也是新会陈皮文化的"代表作"之一。"新宝堂"等一批商号重视文化包装,是近几年新会陈皮文化中一个显著的品牌文化。食品产业巨头李锦记也介入新会柑、新会陈皮产品开发,促进了陈皮产业的发展,而"柑普茶"的发展,更加迅速地提升了新会茶枝柑和新会陈皮的身价。

近年来,结合了陈皮产业与养生、休闲旅游的优势,依托会城、三江、双水核心种植区,建设了集采摘体验、科普教育、购物贸易、养生饮食、生态休闲、文化旅游于一体的田园综合体"陈皮小镇",把产业园打造成为一二三产业相互渗透、交叉重组的融合发展区,目的是深挖新会陈皮生态、休闲和文化价值。如今,新会陈皮现代农业产业正按照"一轴、两带、三基地、四中心、五园区"的思路,全面构筑新会陈皮生态、健康、富民大农业产业格局,积极打造"中国陈皮之都·世界陈皮中心"[9]。

### 五、茶枝柑(陈皮)科技发展状况

在广东省柑橘无病苗木繁育场研究的基础上,茶枝柑种植和新会陈皮的相关研究均取得了突破。建立和规划茶枝柑种植永久性保护地,创建了总面积近10 000亩的新会柑GAP示范基地,成立了广东省新会柑标准化示范区和国家柑橘栽培综合标准化示范区,建立了一系列准入标准和管理制度,建成了新会陈皮标准样品试验库、标准仓储,筹建了新会陈皮检验检测中心,为新会陈皮的生产提供规范与标准。新会区还建立了首个市级"新会柑研发中心",从原材料开始保护,提高新会陈皮的质量;质监部门开展了"新会陈皮理化指标和营养成分的建立"及"利用红外光谱快速鉴别新会陈皮"项目研究,为新会陈皮的鉴别提供了依据,减少了外来陈皮对新会陈皮声誉造成的负面影响。此外,为了深入开展新会柑(陈皮)的研究,江门市及新会区还成立了多家新会陈皮研究机构,全面开展新会陈皮的研究、推广和应用工作。

新会陈皮行业协会(简称"陈皮协会")正式成立于2002年12月,是最早致力于新会陈皮的生产、研究、推广和应用的专门机构。2004年,陈皮协会被定为广东省农民专业合作组织试点单位。陈皮协会实质上是由江门市新会区著名土特产新会陈皮的种植者、生产经营和收藏者、研发加工技术人员、生产经营者,以及相关的新会陈皮深加工企业所组成的行业协会。陈皮协会的职能是发挥会员与政府、生产与市场的桥梁和纽带作用,弘扬新会陈皮价值文化,进一步扩大新会陈皮的知名度和影响力,推动新会陈皮产业做大做强,促进新会经济健康快速发展[10]。经过20余年的发展与壮大,陈皮协会现有会员120多人。陈皮协会支持企业抓品质、树品牌、创诚信,在会员与政府、生产与市场之间起到桥梁的作用,并在提高茶枝柑、新会陈皮的品质和价值,弘扬新会陈皮文化,树立产品品牌,拓展国内外市场和发展产业规模等方面起到了模范带头作用。

近几年来,陈皮协会致力于挖掘整理新会陈皮的药用功能,配合和协助科研机构进行药用研究,与中山大学、暨南大学、五邑大学、广东省药品检验所、广东省药学会药学史分会等高校科研检测及学会单位开展陈皮检测、药用历史考证等方面的合作,为准确制定新会陈皮标准做好前期工作。陈皮协会鼓励并支持企业开发食品和饮品等方面的加工产品的研制与生产,正如目前已开发生产的陈皮饼、陈皮酒等食品,以及陈皮茶、柑普茶等养生保健类茶品。陈皮协会自身也在不断地加大新会陈皮的宣传与推广力度,提升新会陈皮的知名度和影响力,弘扬新会陈皮价值文化,并为推动新会陈皮产业的健康快速发展做出不懈努力。

江门市新会区新会陈皮产业研究院是在江门市新会陈皮现代农业产业园的基础上成立的,并于2017年入选国家现代农业产业园创建名单。该研究院及产业园围绕新会陈皮这个主导产业开展研究与推广工作。最近几年,茶枝柑产业吸引了近30亿元社会资本投入,培育了以"三产融合、双创孵化"为特点的陈皮村市场股份有限公司,以产品研发加工为特点全产业发展的丽宫陈皮产业园,以生物科技进行产业深度开发的新宝堂生物科技有限公司,以百年老字号传统凉果进行开发的广东大有食品股份有限公司,以及扶植了金稻田、柑之林、深田、常稳、壹号柑等一大批规模化的生态健康种植基地等,形成了以"新会陈皮"公共品牌为依托、健康种植为基础、科技研发为支撑、产品加工为核心、龙头企业为牵引的产业集聚发展新模式。根据行业调查,产业园已集聚市级及以上产学研平台8个,陈皮相关企业750多家,农业专业合作社42家,龙头企业12家,其中市级以上农业龙头企业6家,规模种植户800多户,相关从业人员超2万人。目前,新会区茶枝柑产业已经通过科技推动全产业链延伸进而提升价值并建立利益分享机制,带动农民人均增收,进而形成了新会陈皮特色产业一二三产业协同发展的格局。

江门市新会陈皮研究所工程技术研究中心于2016年7月获江门市科技局批准立项建设。2017年1月,经江门市科学技术局批准,江门市五邑中医院成立了江门市新会陈皮研究院(简称"陈皮研究院")。陈皮研究院是江门市政府支持的重点建设项目,它立足于新会陈皮和广东省特色中药的发掘和提升,促进中医药产业全面、创新发展,致力于新会陈皮及其他岭南特色中药材的质量标准研究,以及中药复方制剂、中药健康食品及中医药治疗新技术的研发。陈皮研究院的主要工作业绩:①建立了新会陈皮样品储存库,与多家茶枝柑种植户建立新会陈皮采样基地,合作方连续10年为研究院提供新会陈皮。②总结、挖掘名医验方及民间寻宝,研发以陈皮为主药、具有显著临床疗效的医院制剂。③采用了先进的现代化制备工艺,将已有的院内制剂优势品种进行剂型改革,使之更安全、有效、简便。④对广东省特色中药进行基础应用研究,挖掘及提升其药用价值。⑤将陈皮的功效特性与中医特色疗法相结合,创建中医新疗法。目前,在科研团队的共同努力下,陈皮研究院已与澳门科技大学等多家科研机构合作,开展了多项陈皮研究项目的技术攻关。研究院还注册了"陈皮壹"等商标,开展茶枝柑传统文化志愿服务活动,积极并有效地传播岭南道地药材新会陈皮的独特价值。

江门市新会区中医院早就应用新会陈皮作为入药配方研制出新会陈皮制剂,并有40多年的使用历史。目前,医院中药房除提供陈皮饮片之外,还开展了新会陈皮的单方验方整理研究,制成"特制新会蛇胆陈皮饮片"并广泛应用于临床呼吸道疾患,取得显著疗效。近年来,新会区中医院结合本地陈皮产业发展的趋势,为进一步研发利用新会陈皮顺气化痰、祛风健胃的药用功效,开展了"复方新会陈皮口含片"的课题研究,且已申报广东省中医药管理局、江门市科技局、新会区科技局的科研立项,已申请国家发明专利(专利号2018106740.1),该课题将中医院40多年来深受中老年患者青睐的"特制新会蛇胆陈皮饮片"(由新会陈皮、蛇胆、甘草、氯化钠组成,具有顺气化痰、止咳、祛风健胃的功效,用于风寒咳嗽、痰多呕逆)利用现代科学技术研制成口含片新剂型,并建立科学、规范、实用的质量标准,提供临床疗效科学依据。该研究课题已纳入与新会陈皮产业研究院合作研究的"新会陈皮药用临床研究与综合开发"。该剂型有别于蛇胆陈皮片、蛇胆陈皮散口服剂型,口含片的药效作用从局部作用到吸收后的作用,再回到局部作用,充分发挥药效作用,能够达到良好的治疗效果。对"复方新会陈皮口含片"的研究,从选材、组方、制备工艺到质控方法,都是独具特色的药剂开发研究,有良好的创新性,将填补以新会陈皮(道地药材)为主药研制而成药剂的空白。目前,该课题已完成选材、组方、制备工艺方面的研究,最佳生产工艺已建立,生产部分产品开始用于临床疗效观察研究。

同时,新会区的一些陈皮种植、生产、加工及研究应用单位以及陈皮协会还积极与中山大学、暨南大学、华南农业大学、中国药科大学、广州医科大学、广东农林学院等30多家高等院校和研究机构合作,开展新会柑(陈皮)系列种植、加工及基础研究工作。同时,也与中国中医科学院、国家药典委员会、广东省药品检验所、中国药文化研究会、广东省药学会、广东省药师协会等单位合作,开展质量标准提高、药用历史考证、应用文化宣传与推广等研究[8]。

### 六、茶枝柑(陈皮)旅游业发展状况

将陈皮和旅游业有机结合,形成陈皮综合产业,这是新会人在新会陈皮产业发展上的创新。目前,新会在陈皮旅游业的发展方面已经取得了一些成绩,这得益于新会陈皮的悠久历史和显著功效,更得益于国家经济的持续平稳发展。江门新会区当地转变思路,创新发展,于2013年成立江门市新会陈皮村市场股份有限公司(简称"新会陈皮村"),推动了新会陈皮旅游产业发展。新会陈皮村是以陈皮为核心、产业融合为宗旨、弘扬地方传统文化为特色的综合性产业发展平台,是一个全新的"陈皮+旅游"的产业综合体。在新会,它建造起一个独具特色的实体园区,包含65万$m^2$的种植区,25万$m^2$的文化体验区。新会陈皮村最大的特点在于它一改以往单一产业的发展模式,实行多产业融合,将陈皮产业链的各个环节相连互通。它涵盖了茶枝柑的种植、陈皮收储、新会陈皮等级鉴定以及市场营销的各个环节,又把旅游、餐饮、休闲、会展、科普、文化、艺术等产业要素融合在一起,构建起旅游与陈皮生产流通相互联动的局面,开创了"中医药+旅游"的新模式。2015年,新会陈皮村入选"国家特色景观旅游名村"。新会陈皮村作为文化部"2015年特色文化产业重点项目"和江门市农业产业化重点龙头企业,同时也作为江门市重点旅游建设项目、江门市十大农业龙头企业、全国诚信示范市场、广东省养生示范基地、江门市乡村旅游示范点和江门市"农业+旅游业"的示范产业重点企业,目前已通过国家4A级旅游景区的市级初评工作,正等待国家级评定。遵循着国务院办公厅关于推进农村一二三产业融合发展的指导意见,新会陈皮村作为行业龙头企业,率先以种植、加工、收储、鉴定和研发为基础,以市场需求为导向,推进农业改革发展,着力构建农业与二三产业交叉融合的现代化产业体系。新会陈皮村采取"公司+基地+农户+互联网+"的经营管理创新模式,同时建立行业质量、加工及仓储标准,通过促进全产业链发展惠及"三农",并将旅游特色产品金融化,打造出集陈皮金融、休闲养生、生态文化体验等功能于一体的中国首个大型特色农产品商业文化综合旅游休闲区[8]。

新会陈皮村以"纯平台、纯服务"为方向,大力打造"一站式"的新会陈皮全产业供应链平台。目前,新会陈皮村柑橘种植专业合作社含145户农户,负责种植茶枝柑,种植面积多达15 000亩,分布在新会的柑橘种植主要乡镇,主要包括以下几个模块:柑橘种植专业合作社、陈皮投资交易中心、陈皮标准仓储中心、茶枝柑鲜果交易平台,通过这几个平台实现新会陈皮产品的一链化生产。新会陈皮村的陈皮产业具有完整的产业链,此时发展供应链金融有利于企业在维持现有的发展水平基础上,吸引更多的种植户加入,形成新会陈皮行业标准,从而占据市场主导地位。企业设立新会陈皮村柑橘种植专业合作社吸纳新会地区具有种植意愿的农户和生产合作社,农户、合作社通过专业合作社获得优质果苗及种植技术、

虫害防控的指导,科学地生产柑橘,一方面确保陈皮的质量,另一方面利于生产成本的减少。在此过程中,新会陈皮村集结了新会地区分散的柑橘种植户,统一种植标准,实行规模化生产。农产品成熟后,农户既可以选择通过茶枝柑鲜果交易平台与买家签订合同来直接售卖符合标准的产品,也可以签订陈皮产品合同,通过新会陈皮村陈皮投资交易中心预售陈皮。企业获得订单后,将农产品送往陈皮标准仓储中心进行专业的加工、仓储,待陈皮产成后,企业收取货款并发放货物。消费者还可以根据自身需求,借助陈皮投资交易中心平台售卖自有陈皮[11]。

虽然新会陈皮村在陈皮与旅游的产业融合上取得了非常显著的成绩,但在陈皮旅游业开发过程中也存在着一些问题。首先是宣传力不足,市场空间有待拓展。虽然新会陈皮在广东省及周边的港澳台地区知名度较高,但在其他的省份知名度较低,也没有固定的市场。其次是新会虽然已经形成了新会陈皮村等综合性旅游企业,但其营销模式比较单一,多集中在药用和食用的价值上。新会陈皮村的旅游项目和内容也比较单一,主要以旅游美食和旅游节为主,游客体验项目显得比较单薄。新会陈皮村应当多开发其他多种多样的旅游产品,丰富当地旅游项目,争取留住游客,增强其经济价值[8]。

将陈皮产业与旅游产业融合进行产业升级,不仅能够使传统的中医药产业焕发新的青春,还能使旅游业在新形势下完成新的使命,对于中医药产业和旅游产业都具有十分明显的促进作用。虽然,由于发展时间尚短,新会陈皮村当前的陈皮旅游业的开发还存在着一些问题和不足,但笔者相信其未来的发展前途将会十分光明。

## 七、茶枝柑(陈皮)产业的欠缺与机遇

2002年,新会陈皮协会的成立改变了新会陈皮行业的分散经营状态,标志着整个产业战略性地向着系统化、专业化的方向转型。在近20年内,新会陈皮被列入国家地理标志保护产品,新会陈皮炮制技艺则入选国家级非物质文化遗产代表性项目名录。不少企事业单位、科研工作者和陈皮爱好者也根据各自擅长的领域,从餐饮、食品、科研、文化、包装与宣传等方面积极探索产业的微观发展策略。他们的累累成果彰显了新会陈皮产业及其文化所带给人们的源源不断的创造活力。此外,历届陈皮论坛、陈皮文化节、陈皮文化系列活动等大型的社会推广与研讨活动,不仅起到了宣传新会陈皮的作用,也吸引了国内外热心于陈皮文化和陈皮产业发展的人士一同探讨新会陈皮发展大计。

### (一)陈皮产业的发展与需求

如今道地的新会陈皮价格正好,广大新会柑果农与新会陈皮分销商收入日渐居高且越发稳固。然而,"居安思危",稳定可观的收入亦可麻痹忧患意识,弱化前瞻性的战略思考。市场上依然不乏其他产区出产的非新会陈皮与之竞争陈皮市场份额,而正宗的新会陈皮自身也存有着内部质量上的差别。这一切都预示着,新会陈皮产业需要为自己量身筑造一个市场的"长城",用以维护自身的质量与市场价值。该城墙应由里外两道构成:第一道是"技术的长城"。第二道是"人的长城"。技术长城主要解决新会陈皮的"准入"问题,也就是说,用科学技术的手段鉴别新会陈皮及其质量,让新会陈皮产业流通链上唯一性地流通新会陈

皮,以利于新会陈皮从生产到消费的市场管理。"技术长城"是指新会陈皮需要具有技术性保护的功能,亦即新会陈皮在遇到市场或者质量挑战的时候,能起到解决冲击、保护陈皮价值的作用。人的长城是指陈皮产业组织联盟通过各种有效的组织形式来凝聚人力和智慧资源,不断创新和制定策略。同时,组织联盟亦要制定市场规范或者条文,制约损害新会陈皮产业的市场行为。新会陈皮产业在不同的领域、不同的层面都需要补充相应的组织形式来提高自身的市场潜力与产业价值,不断创新。

### (二)"三大标准化"助力新会陈皮产业化发展

要保证新会陈皮的质量,需要构建三大标准——"种植标准化""制作标准化""仓储标准化"。这里所说的标准化,并非市面上常说的"追求合格"的标准化问题,而是追求卓越品质的陈皮标准化问题。这一系列的标准化,直接目的在于解决陈皮生产的品质分布问题,杜绝参差不齐,并提高陈皮在各个环节的议价底牌。这一系列的标准化,并非被动地执行的标准化,而是"主动型"的标准化。如目前倡议的柑树种植方面的标准,虽然描述了如何按照过往经验标准地种植,但是没有解决潜在问题的指引,是不能防范新问题和市场冲击的。因为随着陈皮产品多元化,陈皮作为源头的初级产品在国内市场或者国际市场将会受到更加严格的质量检查(如中药常见的农残、铜、重金属等指标)。例如,对于重金属污染的问题,可能因为土地先前受到污染,或者水体受到污染而扩散到土地,如何通过有效的农业绿色手段来改造土壤,解决污染问题?再者,目前自然可种植的柑树的土地已进入饱和使用的状态,如何进一步开拓可种植土地,改造不合适种植土地?这里论述的"种植标准化"的主动性问题,并非要否决现行标准,而是要指出标准可以周期性升级的动态问题。陈皮制作技术标准化,主要任务是解决天然生晒容易受到天气条件冲击的问题(如2012年冬季阴雨造成无法晒皮,引起业界对当年陈皮质量的广泛担忧),同时亦能作为工业化大量生产优质新皮的方案。该方案的战略意义并不在于取代晒皮的传统制作方法,而是它本身就是天然生晒的工业模拟化,快速地以合理的方式,在最佳的时节生产大量优质新会陈皮(青皮、大红皮等)。而仓储标准化则旨在确保陈皮在长达数十年的陈化储存过程中,保持优质状态,并且发展无虫害、无污染的仓储技术。在标准化储存的基础上,仓储还可以发展为陈皮金融的一个重要的构成要素,为社会创造更大的财富。

### (三)正确认识陈皮产品及其市场

在陈皮产品市场的认识上,目前业界普遍追求产品品种繁多,依然未有直面陈皮产品市场的核心问题。品种种类越多,其最终核心是市场流通量增大。然而,目前陈皮流通量已经足够大,却缺乏流通速度。目前,新会陈皮的流通基本处于供需平衡的状况,流通速度并不快,不利于进一步提高新会陈皮价格,或者形成基于陈皮的金融产品。由于产品繁多,众多产品几乎细分了陈皮的微观流通量,没有产品能够实现陈皮的快速大量消费,因而不存在陈皮议价或者提价的重要筹码——"需求真空"。因此,零散的"产品多样化"发展策略会造成众多"细水长流"的流通现象,是不利于陈皮产业在陈皮流通的基础上形成金融增值的。因此,应该更加深层次地思考如何设计出大量而快速流通的陈皮消费产品。

### (四)夯实陈皮产业的基础,切实保障好果农的收益

茶枝柑的种植是整个陈皮行业发展的基础。新会陈皮从原始初级农产品(柑果)到陈皮成品这一阶段的增值空间已经十分可观。从整个产业链的源头到终末产品,新会陈皮很少存在此消彼长的竞争关系。相反,产业链上下游之间是一种紧密的"休戚与共"的关系。目前,柑农的收益虽然随着新会陈皮价格的上涨而上涨,但其中更多的是市场自主因素附带的收益增长,而柑农自身利益并未得到很好的重视、保障和提高。在市场上,能常见到柑农由于各自分散经营,力量单薄而导致在议价问题上处于劣势,或者在承受自然灾害冲击后难以恢复种植等情况。陈皮协会在功能上主要兼顾陈皮产品、文化、销售、传媒等中下游领域,并未能全面兼顾源头性质的柑树种植,因而应该成立更为专业的属于上游区域的农民协会,负责茶枝柑果树种植技术事宜乃至柑农利益的维护与拓展。再者,陈皮产业并非下游部分才能创造价值,上游柑果栽植依然还有巨大的市场潜力。在成本效益上,柑树种植业农民协会应力争为协会成员统一采购优质化肥,收购有机肥,调配、采购符合标准的农药,并且积极压低其成本价格,通过降低成本提高会员的收益。柑树种植业农民协会还应成立具有前瞻性的部门,即"技术教育部",设有常驻高级人才,进行技术规划、教育推广,及时解决行业难题和提供坚实的支持,并为协会寻求更多合作机会。目前,新会区面临着潜在的土壤和水体重金属污染的难题,如何用行之有效且环保的方法来改造受污染的土壤和水体,从而保证茶枝柑果树种植业的产品质量?这些问题使得柑树种植者们要求农民协会成立高级人才部门的愿望日趋迫切。柑树种植业农民协会还可以主动地挖掘柑树、柑果的产品路线,形成更多的产业增长点,提高行业的总体收益,惠及柑农和社会。柑橘种植业农民协会还应有"保险信用部",设立基金,用以保障柑农资金流通,同时在发生自然灾害的"关键时刻"能减少柑农遭受意外的损失,用心呵护果农"钱袋子",保证生产连续性;在存在基金盈余的情况下,还可以帮助柑农们组织与融资,获得附带的金融收益。协会推广部则专注在市场、媒体、公关等领域的柑树种植业产品推广,塑造行业形象,让行业效益更为丰硕。农民在解决以上问题、为产业创造效益的同时,协会的众多技术方案亦极具为社会创造效益的潜力。农民协会本质上应为非营利性组织,除了为柑农管理基金,提供保险、投资之外,自身收支应为平衡状态[12]。

## 第三节 茶枝柑产业的研究及其发展的 SWOT 分析

江门市是我国著名的"侨都",有着"中国第一侨乡"的嘉誉[13]。江门新会区地处珠江三角洲西翼,毗邻香港和澳门。截至2022年底,新会全区土地面积为 1 362.06 km², 耕地面积为 47.62 万亩,户籍人口为 76.56 万人。作为珠西枢纽之城,新会扮演着承接港澳、辐射粤西的重要角色。基于地理交通的便利和文化品牌等方面的优势,新会茶枝柑产业得以延伸出一系列链条产业,成就其全产业发展模式。

## 一、产业概况

随着粤港澳大湾区事业的蓬勃发展与加速建设,江门市在产业的集中与联动、结构的配置与优化、区域的交流与合作等经济领域进行了改革和发力,其在未来粤港澳大湾区经济建设以及中国经济发展舞台上的地位将越来越重要和突出。古语说得好:"机不可失,时不再来。"新会茶枝柑产业更应趁着此关键时期,满足粤港澳大湾区食品产业转型升级的要求,找准其在大湾区建设中的定位,融入"大湾区一体化"发展进程中去。"广义经济增长极理论"认为,能够促进经济增长的积极因素和生长点包括制度创新点、消费热点和对外开放度等等。鉴于此,江门新会区正积极整合与发挥好自身的各种资源优势,进一步发掘"枢纽经济"和"门户经济"作用,不失时机地提高产业化结构水平和提升对外开放合作水平,构建茶枝柑产业的新的经济增长极。

茶枝柑(*Citrus reticulata cv. Chachiensis*),又名新会柑或大红柑,是生产南药广陈皮的道地柑橘品种,其栽培历史已有700余年。作为江门新会区的传统栽培柑橘品种,茶枝柑主要由大种油身、细种油身、大蒂柑、短枝密叶柑和高笃柑5个品系组成。茶枝柑全身是宝,皮肉兼用,药食均宜,其花果均可入茶。茶枝柑的果皮经手工剥离、翻晒、贮藏和陈化等传统工艺后便可制成著名的新会陈皮。新会陈皮香气异常,醇厚浓郁,极具收藏价值。它含有黄酮类、挥发油类、碳水化合物和微量元素等多种药理活性物质,具有理气健脾、燥湿化痰等功效,医学上常用于治疗脘腹胀满、食少吐泻、咳嗽痰多。其中,广陈青皮(柑青皮)对乳腺疾病有独特的治疗效果。有学者在研究中医古典方剂时发现,在856个被调查的方剂中就有267个方剂含有陈皮成分,占总方剂数量的31.2%。总而言之,茶枝柑深受五邑本地人、港澳台同胞和海外侨胞的喜爱,并由此形成特有的侨乡食疗文化。目前,茶枝柑系列产品已经行销全国及东南亚、美洲等地区。

## 二、茶枝柑产业与经济结构分析

### (一)茶枝柑产业发展规模

据文献记载,1936年新会全县的种柑面积为30 623亩,产量为4 0383 t,亩产约1.32 t/亩。在抗日战争之前,新会陈皮年产量约为700 t,基本上是供不应求。在1980—1990年期间,新会茶枝柑的种植面积急剧增加。据统计,1989年茶枝柑的栽植规模已达11万亩。由于历史原因和柑橘黄龙病的侵害,茶枝柑产业经历了从1991年到1997年的下滑期,其年均减少种植面积近2.3万亩。1996年,新会茶枝柑的总种植面积仅有700多亩,达到历史种植的最低潮。这一年,新会陈皮产业总产值还不足300万元,庞大的茶枝柑产业濒临崩溃的边缘。直到2000年,茶枝柑产业得以恢复并迅猛发展。2007年,茶枝柑的种植规模接近1万亩,鲜柑果产量超1.5万t,年加工陈皮量达1 000 t,年出口量达400 t,初级产品年产值4 000多万元,全行业年产值超1亿元。2011年,茶枝柑种植面积约1.09万亩,其中挂果面积5 800亩,鲜柑果产量为1.16万t,初级产品(鲜果+柑皮)产量约11万t,新会柑皮产业产值为3亿元。2012年,茶枝柑总种植面积约1.5万亩,初级产品(鲜果+柑皮)产量约20

万 t。2013 年，茶枝柑种植面积达到约 2 万亩，初级产品（鲜果＋柑皮）产量约 25 万 t，全行业产值为 8 亿元。2014 年，新会区茶枝柑种植面积约 3.7 万亩，鲜柑果总产量接近 3 万 t，全产业产值 8 亿元。到 2015 年，茶枝柑种植面积约 6.0 万亩，挂果面积超 3 万亩，鲜柑果产量约为 6 万 t，新会柑皮产量约 3 000 t，初级产品（鲜果＋柑皮）年产值 9 亿元，全产业产值超 15 亿元。2016 年底，全区茶枝柑种植面积约 6.5 万亩，挂果规模 5.2 万亩，鲜果产量超 7 万 t，柑皮产量超 3 500 t，新会陈皮柑茶（柑普茶）产量为 4 000 t，初级产品（鲜果＋柑皮）年产值约 9 亿元，陈皮主业年产值近 25 亿元，全产业产值超 30 亿元。2017 年，茶枝柑种植面积达到 7 万亩，新会陈皮柑茶产量达 8 000 t，全产业产值超 50 亿元。2018 年，茶枝柑的种植面积约 8.5 万亩，柑果产量超 10 万 t，新会陈皮产量超 5 000 t，新会柑茶产量达 1 万 t，全行业产值达 66 亿元。2019 年，茶枝柑的栽植面积已经超过 10 万亩，鲜果产量达 8 万 t，陈皮柑茶产量近 1 万 t（产值 32 亿元），陈皮初级产品产量超 1 250 t，全产业产值超 85 亿元。2020 年，茶枝柑全产业产值已达 102 亿元。表 9-1 即为茶枝柑产业发展指标分析。

表 9-1 茶枝柑产业发展指标分析

| 年份 | 种柑面积/万亩 | 柑皮产量/t | 产业总产值/亿元 | 产值同比增速/% | 新会区GDP/亿元 | 总产值占区GDP比重/% | 品牌价值/亿元 | 加工企业/家 |
|---|---|---|---|---|---|---|---|---|
| 2014 | 3.7 | 1 300 ± 200 | 8.0 | — | 505.51 | 1.58 | — | — |
| 2015 | 6.0 | 3 000 | 18.0 | 125.00 | 539.97 | 3.33 | — | 32 |
| 2016 | 6.5 | 3 500 | 30.0 | 66.67 | 550.80 | 5.45 | 37.08 | 83 |
| 2017 | 7.0 | 4 300 | 50.0 | 66.67 | 597.62 | 8.37 | 57.28 | 197 |
| 2018 | 8.5 | 5 000 | 66.0 | 32.00 | 677.03 | 9.75 | 89.10 | 258 |
| 2019 | 10.0 | 6 250 | 85.0 | 28.79 | 806.22 | 10.54 | 126.20 | 276 |
| 2020 | 10.0 | — | 102.0 | 17.65 | | | | |

注：表中数据来源于《现代农业价值共创：社会动员与资源编排——基于新会陈皮产业的案例观察》《新会陈皮的研究与应用》和《新会区国民经济和社会发展统计公报（2014—2019）》。

**（二）茶枝柑产业经济增速与发展指标分析**

新会区 2014—2020 年茶枝柑产业比重及其发展指标如表 9-1 所示。最近 6 年，茶枝柑产业发展迅速，产业总产值从 2014 年的 8 亿元增长到 2020 年的 100 亿元，年均增长率为 52.34%；茶枝柑总产值占新会区 GDP 的比重从 2014 年的 1.58% 增长到 2019 年的 10.54%，实现了产业发展的蜕变。这种蜕变与本土传统食疗文化、全面大健康理念以及我国经济稳定发展密切相关。

**（三）茶枝柑产业发展的 SWOT 分析**

为了推动茶枝柑产业的快速发展，新会区政府多个部门深入开展了多方面的工作，包括新会柑 GAP 级种植示范基地、陈皮村产业园区的建立、品牌建设与推广和完善产业链条等，旨在规避茶枝柑产业的劣势，凸显新会柑系列产业的潜质与特色优势。

表 9-2 为茶枝柑产业发展的 SWOT 分析。基于 SWOT 的产业分析有利于进一步帮助

新会茶枝柑产业探索科技驱动、产业联动、市场推动、人文特色和生态环境友好的产业纵深发展路径,同时有利于加快推进全省特色县域茶产业发展方式转变,也进一步推动粤港澳大湾区食品产业的转型升级以及乡村振兴和农业现代化发展的步伐。

表 9-2 茶枝柑产业发展的 SWOT 分析

| | |
|---|---|
| 优势(S) | ① 品牌优势:新会陈皮享誉海内外,有较好的产品价值和品牌价值;<br>② 人缘优势:食疗文化、侨乡特色,是感情与生活的联络纽带;<br>③ 地理优势:位于珠江三角洲西翼,毗邻港澳,珠西枢纽之城;<br>④ 文化优势:药食同源,具有深厚的传统文化底蕴,是"中国和药文化示范基地";<br>⑤ 生态优势:水文气候条件优良,"三水"融通,咸淡交汇,已建立了省级新会柑 GAP 示范区;<br>⑥ 质量优势:有国家标准、地方标准和行业标准的规范;<br>⑦ 政策优势:政府引导和银行信用优惠贷款支持;<br>⑧ 管理优势:新型柑橘种植合作社制度;<br>⑨ 健康理念优势:绿色食品,具有药用价值和收藏价值;<br>⑩ 环保优势:绿化环境,清新空气,保持水土 |
| 劣势(W) | ① 自然灾害影响:台风与虫害、病理性落果;<br>② 长期单一施化学肥料造成土壤板结;<br>③ 茶枝柑种群生态系统单一,防虫成本增加;<br>④ 果肉深加工水平落后,柑肉资源浪费;<br>⑤ 农业生产与销售分散式管理;<br>⑥ 供求信息不平衡,销售渠道仍需拓宽 |
| 机遇(O) | ① 粤港澳大湾区的设立和粤港澳大湾区食品产业转型升级;<br>② 国家新型城镇化规划:提高城市可持续发展能力,推动城乡发展一体化;<br>③ 国家"三农"政策和社会主义新农村建设:便农、助农、惠农,围绕"美丽乡村建设""农业现代化建设""农产品安全"等主题开展工作;<br>④ 三产融合之路:形成集休闲农业、特色餐饮、乡村观光旅游和陈皮交易等于一身的农产品商业文化综合体;<br>⑤ "互联网+"背景下的电子商务模式 |
| 威胁(T) | ① 农用化学品及废弃物对土壤生态环境与食物安全的影响;<br>② 来自其他商品陈皮(川陈皮、建陈皮、湘陈皮、台陈皮和江西陈皮等)的竞争;<br>③ 其他产区柑橘冒充茶枝柑生产新会柑普茶;<br>④ 个别商家对新会陈皮的年份进行混淆处理;<br>⑤ 其他同质化生态环境旅游区的竞争 |

## 三、产业前景与展望

作为粤港澳大湾区西翼的重要节点城市,江门新会区正处于提升城市化发展质量与水平的关键时期。城市经济的发展壮大是国家经济和社会发展走向现代化的必经之路,新农村建设则是城市化和工业化的坚强后盾。茶枝柑产业是新会竭力打造的综合性产业,是连接城镇化和新农村建设的桥梁与纽带。近年来,江门新会区积极响应国家城市化和农村农业现代化发展政策的要求,借力粤港澳大湾区战略发展带来的巨大机遇,坚持立足本区,辐射全国乃至世界各地,从传统制作工艺与人文理念出发,融入新的科学技术元素,迎合大湾区全民健康发展的需求,适时顺势地推进茶枝柑产业的发展、壮大和完善[14-15]。

## 第四节 中医药学的文化传承与陈皮产业的守正创新

毛泽东曾在《讲堂录》笔记中写道:"医道中西,各有所长。中言气脉,西言实验。然言气脉者,理太微妙,常人难识,故常失之虚。言实验者,求专质而气则离矣,故常失其本,则二者又各有所偏矣。"毛泽东所言的"二者又各有所偏矣",其实是一种折中的说法。本质上而言,毛泽东对于中医治本和西医治标的认识非常深刻。

几千年的医学实践和经验证明了中医学的有效性和科学性。中医学是我们中华民族的伟大创造,是中国古代科学的瑰宝。中医药学及其科学理论体系成就了一门科学——中医药学,中医药学文化为中华民族的繁衍生息、中华文明的绵延不绝以及世界文明的发展进步都做出了重要贡献。当然,中医药学也不是故步自封、独善其身,而是开放包容,博采众长!

### 一、中医药学的文化传承

中医药学是中华民族传统文化不可分割的一部分,是中华民族几千年来跟疾病作斗争的过程中对实践与经验进行总结而逐步形成的一套理论体系和方法。中医药学及其文化构成充分体现了我国传统文化的根本观念和思维方式。

我国中医药自从传入日本后,便与日本的社会文化体系逐渐融合,成为日本人尊崇的"汉方药"。汉方药在日本的受欢迎程度和被认可度不断增强,它的年销售额也不断地增加,目前正在向食品、医药和日用品等多个领域发展,并且已经成为日本传统汉方医学体系中的临床治疗和家庭保健药物,在日本社会中也具有广阔的市场和重要的地位[16]。暨南大学姚新生院士曾经指出,"日本汉方药是以中医经方为主,与我国传统医学理论一脉相承。日本汉方药自1975年恢复了其法定地位后,在日本政府的政策协调与推动下,通过科研机构和企业的合作,以现代科学技术加强对汉方药的研究,使其产品质量、安全性以及有效性均获得了提升,自此汉方药产业在日本进入了快速发展轨道"[17]。常言道,"窥一斑而见全豹,见一叶而知深秋",由此及彼,我国的中医药学具有深邃的思想基础和旺盛的生命力。

在迎接中华民族伟大复兴的今天,"弘扬、传承、创新"的基调一直是支撑和推动国粹中医药学走出一条遵循自身发展规律的振兴之路的关键。在产业发展转型中,中医药学的传承与创新依然是一个永恒的话题。

"传承"不是要求全面地继承,更重要的是去粗存精、取长补短,并进一步实事求是、与时俱进地发掘和光大其"精华"。中医药学传承精华主要包含科学精神、哲学思想、医学理论、临床经验以及人文德育五个部分的内容。因此,如何实事求是、与时俱进地传承中医药学的"精华"是中医药学研究者要着力认识和思考的重点内容。

"守正"是创新之正道。中医药发展不但要重视传承,更要重视创新。中医药创新之

"守正"在于坚定中医药文化与理论的自信,具有开放包容的心态和注重创新目标的现实意义。"守正创新"是学术界对于中医药学继承与发展提出的要求和希望。对于中药研发而言,守正就是坚持中药学的基本概念和基本理论,特别是基于人体实践经验总结得出的药性理论;创新则是不拒绝利用现代科技的方法和手段,通过确定中药的有效成分、治疗靶标,阐释中药的作用机制和揭示方剂配伍原理,并进一步用于新药的研发。

对于中药研究开发和产业持续发展来说,无论是在药材种植与培育、新药或新产品研发和专业人才培养方面,还是在医疗服务、健康需求以及解决实际病患问题等方面,都应该走顺应时代潮流、社会需求以及促进社会经济发展的"以人为本"的现实道路。

发展中医药事业始终是传承中医药学及其文化的根本之道,也是中医药各个学科的创新之根,更是中医药事业的创新守正与文化弘扬。

党的十八大以来,中医药发展上升为国家战略,开启了传承精华、守正创新的新格局。"十四五"时期是党和国家事业承前启后、继往开来的关键期,立足开局之年,要加快中医药服务供给侧结构性改革,坚持中医药"事业、产业、文化"三位一体发展新模式,积极推进中医药融入经济社会发展大局和健康中国建设,着力提升人民群众的中医药获得感。发展中医药不仅仅是健康中国建设的需要,也是社会经济发展的好帮手[18]。

中医药学凝结着我国古代先贤们智慧的结晶,其历史地位和社会价值不可言喻、无可替代。中草药是中医药不可分割的一部分,保证它的质量是保障中医药相关产业稳固前进、创新发展的基础和前提条件。

## 二、新会陈皮产业的守正创新

"百年陈皮,千年人参"的赞誉正好说明人们对陈皮良好药理功效的认可。

新会陈皮是"陈皮家族"的一个分支。作为一味传统的中药材,新会陈皮备受各大医家的推崇。广东民间常把陈皮视为一种"和药",认为陈皮"同补药则补,同泻药则泻,同升药则升,同降药则降"[19],故此便有了"陈皮入方可以和百药,入膳可以调百味"的佳话。

新会陈皮的药理功效是有口皆碑的,但是其产业发展之路并非一帆风顺,而是一波三折、跌宕起伏。经历20世纪八九十年代陈皮产业的兴衰成败,如今的新会陈皮产业成功兴起,迈向了一个更高的台阶。新会人用勤劳、执着和智慧世代守护着祖宗留下来的陈皮事业,目前已经联动了黑茶、白茶和红茶等茶产区同步持续地发展。在"2021中国品牌·区域农业产业品牌影响力指数"品牌评选活动中,广东省共有四个区域品牌入围,其中新会陈皮高居全省第一、全国第六,连续4年入围该榜单,同时也蝉联中药材品类榜首。

在每年9月的葵乡土地上,当红黄相间的柑果缀满枝头,新会柑果实收获时期便来临了,这也预示着新会陈皮一年一度的"晒皮节"的开始。茶枝柑和新会陈皮作为新会最具代表性的区域特色农业品牌,不但凝结着当地人的人文地理和历史情怀,同时还引领出一条条脱贫致富的道路。新会陈皮预售、陈皮产业小镇招商、陈皮主题论坛……一系列相关的新会陈皮产业活动正如期精彩上演。新会陈皮从业者和爱好者欢聚一堂,在中国陈皮之乡——新会这片热土上,了解陈皮行业的最新动向,寻找合作商机,解读新会陈皮发展难题和障碍,展望未来和探讨发展前景,并为推动陈皮产业高质量多元化发展做出努力和起到示范带动作用。时至今日,新会陈皮已经不再是普通的农副产品,由其质量、价值和文化共同孕育出一个巨大的特色产业,凝结着历代新会人的文化特质和精神内涵,在传统文化的继承中守正创新地发展。

当前,面对新的形势和新的发展阶段,新会陈皮产业更要守护好产品质量安全,维护好产品的道地性,经营好诚信的服务,合理地利用好资本资源,才能更好地做大做强陈皮产品市场。新会陈皮产业在遵循传统文化传承的道路上,只有守正创新,走纵横拓展之路,才可以实现陈皮产业日渐强盛的宏伟目标。当然,也只有走健康高质量发展之路,新会陈皮产业才能实现新会陈皮的一品(品种品质品牌)、二核(保护道地来源、发展药食同源)、三业(一二三产融合,三二一产导向)、四高(高价值、高质量、高信誉、高水平产业)、五良(良种、良苗、良田、良法、良品种植业)、六态(药、食、茶、健、文旅、金融产业)的产业转型升级发展。

新会陈皮产业的崛起有力地助推了江门新会的乡村振兴,也推动了广东省产业振兴和农业现代化的发展,成为新会全产业圈内的一个业界标杆。

### (一)建设美丽宜居乡村,助推企业乡村振兴

近年来,新会区政府以建设新会陈皮国家现代农业产业园为驱动,从强化种质资源保护、推动绿色标准化种植、提升监督管理能力、盘活土地流转使用、培育新型农业经营主体以及扶持新会陈皮电商等入手,大力推进陈皮产业转型升级,并成功打造了"大基地+大加工+大科技+大融合+大服务"的五位一体现代农业产业园发展格局,形成药、食、茶、健和文旅、金融多种规模,实现新会陈皮由单一产业向多元产业的融合发展。

陈皮因具有独特的香气和药用价值而深深吸引了来自全国各地的陈皮爱好者。不同年份的陈皮有不同的味道,皮身的颜色也不尽相同;陈皮贮存年份越高,味道越陈香,价值也越高。在乡村振兴方面,新会陈皮产业以现代农业产业园为核心载体,建设现代农业产业园,推进农业供给侧结构性改革,加快了农业农村现代化。新会陈皮产业已经成为江门乡村产业振兴的"领头羊",是农民就业增收的"动力源",也是县域经济增长的"新引擎",更是乡村建设的"助推器"。

因此,新会陈皮产业是培育农业农村经济发展新动能和推进乡村产业兴旺的重要载体。

### (二)科技创新点燃陈皮产业的"燎原之火"

新会陈皮入选十大"广药"之一,是因为其能止咳化痰、理气和中、健脾开胃,又是药食同源的滋补佳品。一直以来,新会陈皮都受到了国家有关单位的格外重视与关爱。如今,新会陈皮作为中医药中的重点药材品种,在促进大健康产业发展中也可以起到积极作用。

新会陈皮的加工、晒制和贮藏,必须在保证产品质量的前提下,利用现代工业手段,推动传统产品现代化、专业化和标准化生产,才能使新会陈皮从土特产跃升为现代药品、保健品、调味品工业的重要原材料。此外,陈皮产业科研人才缺乏,欠缺利益分享机制,投入不

足,对新会陈皮质量标准化、药理功效、有效物质提取工艺等方面的研究进展缓慢,对产业的推动效应不理想。因此,应该增加科技投入,加速新会陈皮产业集聚,形成龙头企业,积极与知名科研院所合作,加强品种选育、栽培、有害生物防治等方面的研究[20]。

随着粤港澳大湾区的进一步发展,新会陈皮产业需要积极对接粤港澳大湾区的战略建设,进军港澳市场,开拓更大的市场。由此可见,新会陈皮产业具有燎原之势,利好不断,大有可为。

### (三) 守住质量底线,促进新会陈皮产业振兴

新会陈皮既是药品,又是食品,品质优良是其所有价值的核心。保障新会陈皮这个传统品牌,关键要抓好生产和加工环节的监管。加强新会陈皮的产品质量监管需要从下面几个方面着手:一是根据新会柑地理标志产品的要求,保持新会柑种性特点和独特的生长环境,防止因追求一时利益而改变新会柑的特有品质。二是建立详细的新会陈皮加工、晒制、贮藏等行业工艺规范,制定验证标志,确保产品质量。三是研究可行措施,保证市面上陈皮的陈化时间正确,不误导消费者,保障消费者的消费信心。四是要在各个环节上杜绝使用违禁化学药品和农药,注意监测新会柑和新会陈皮的重金属含量,确保产品质量安全。目前,政府已经出台了规范的种植标准,改变了大产业链种植模式下缺少优质产品的现状。果农应该树立正确的价值观,多种植纯种茶枝柑,减少果树嫁接量,保证产品质量纯正,切忌一味追求产量。

一流企业做标准,二流企业做品牌,三流企业做产品。目前,新会陈皮质量参差不齐,市场上假冒伪劣、以次充好等问题突出,其优势和现代作用机理尚待深入研究。鉴于此,由新会陈皮产业相关龙头企业牵头成立了国家一级协会下属的新会陈皮专委会,制定了行业认可的质量标准,为优质新会陈皮产品生产和品牌的树立奠定了坚实基础。

另外,新会陈皮产业建立产业园的宗旨是带动农民创收增收。同时,产业发展着力于开辟多渠道,创新发展机制,把基层产业链的就业岗位更多地留在农村、把增值收益更多地留给柑农,带动了农民就业增收,促进产品质量的提升。陈皮产业园精深加工优质产品比率、上等陈皮比率有了显著的提高。陈皮创新联农机制增加了农民收入,提高了新会陈皮的质量。

### (四) 培育产业增长新动能,壮大县域经济

政府工作报告明确提出"加快发展乡村产业,壮大县域经济,拓宽农民就业渠道"。新会陈皮产业的建设需要注入现代化科技要素,科技创新赋能,智慧引领陈皮行业的发展。新会陈皮产业园大力推动人才、土地、科技、信息等要素向产业园聚集,引导先进生产力"出城进园入农",促进了产业集中、企业集聚、要素集约,形成了一批线上线下的资源整合、紧密协作的产业集群,成为县域经济发展的新引擎。同时,新会陈皮产业园以"产业兴、农村美、生态优"为导向,与"休闲观光、民俗风情"有机结合,推动了产村融合,带动了新会乡村建设,并将产业的发展与村庄空间布局、基础设施配套、公共服务配置和美丽新村建设同步推进。

第九章　茶枝柑的产业化发展与守正创新

守正创新是将茶枝柑产业科技、标准和人才等要素融入发展的强大推手,也是新会陈皮集聚资源的一种有效办法。当前,中医药振兴发展迎来了天时、地利、人和的大好时机。中草药是中医治疗人体疾病的重要武器。"药材好,药才好",在中药传承中继承和创新,提高中药质量,让中医人有好药可用,提升中药特色服务,让广大人民群众认可中医,为中医药走出国门、走向世界做出努力。新会陈皮产业也就是在这样的理念和时势机遇下蓬勃发展起来的。

#### （五）推出预售模式,构建新会陈皮产业共享生态圈

千年名产,新会陈皮。新会陈皮是集"药、食、健、茶"于一身的广东名产,早在宋代就已成为南北贸易的"广货"之一,道地性是其根本。每年一到柑果飘香的季节,就会有不少新会陈皮爱好者前来购买大量新鲜柑果,自制自存新会陈皮,但后期由于晾晒和储存经验不足,难以把控晾晒或存放的温度和湿度,就会导致花了大心思制作的新会陈皮最终质量不高。

如今,作为新会陈皮产业龙头企业之一的"新会陈皮村"创新地推出了预售模式,客户在选购完新皮之后,可选择与"新会陈皮村"合作进行标准加工服务。通过"新会陈皮村"的先进陈化技术和安全放心的存储空间,使每一片陈皮从采摘到晒制,从入仓到出仓,都可以追踪溯源。当客户需要化整为零销售或者送礼的时候,也可以选择分装定制服务,而"新会陈皮村"也会提供不同风格和规格的品牌包装,实现品牌共享。据了解,2013 年,"新会陈皮村"开启标准仓储陈皮元年,与广东省农业科学院和广东省粮食研究所进行产学研对接,建立了三大质量保障体系。2019 年,"新会陈皮村"标准化仓储中心升级为更标准、更科学、更安全、更高效的现代化陈皮仓储,提供全方位的仓储管家服务,根据全年四季气候进行控温控湿,让新会陈皮始终保持在最适宜陈化的温度和湿度。此外,每年还会进行一次全面除虫服务,最大限度地保障陈化质量和品质。2018 年,"新会陈皮村"敢为人先,成为全国首家举办新会陈皮预售活动的企业,短短几年,该项活动已经成为行业的"金字招牌",走出了一条具有本土特色的产业化之路。"我们坚守道地和标准的决心,坚守真年份、纯干仓的信念,赢得了新会陈皮爱好者的信赖,赢得了市场的认可。现在,越来越多的人关注新会陈皮,不同产区、不同年份的新会陈皮百花齐放,为大健康产业发展做出贡献。未来,新会陈皮市场供需缺口将进一步扩大,大浪淘沙始见金,道地至上、品质为王的新会陈皮才能获得消费者青睐。""新会陈皮村"负责人吴国荣如是说。

新会陈皮预售活动的成功开启,不仅是"新会陈皮村"推行标准化种植的举措,同时也是一个宣扬新会陈皮道地文化的重要窗口,更为构建新会陈皮产业共享生态圈、激活文旅交融的新业态以及新会陈皮产业大融合大发展带来积极推动作用。值得一提的是,新会陈皮预售活动还推出了移动式家庭标准仓储铁箱,为新会陈皮爱好者提供了一款更为科学便捷的储存器具,也获得了一致好评。

#### （六）建立一体化"星平台",助推新会陈皮产业纵深发展

近年来,在江门市委、市政府和新会区委、区政府的正确领导下,在新会陈皮国家现代农业产业园的驱动下,新会陈皮产业不断做大做强,从 1996 年总产值不足 300 万元到 2020

年总产值达102亿元,越来越多的农民、企业和商家选择加入新会陈皮的相关行业,共同推动新会陈皮产业向着高质量与多元化发展方向前进,为全省乃至全国乡村产业振兴提供了"新会样板"。日前,新会陈皮产业小镇正式启动招商,标志着新会陈皮行业又增添了一员"猛将"。数千年的文化小城,延续数千年的文化脉络,孕育出一方水土和一方风物。新会陈皮产业小镇位于新会区双水镇,以潭江侨旅情怀为文化核心,串联龙舟文化与陈皮文化,打造具有鲜明特色的潭江水乡文化风情图。据了解,新会陈皮产业小镇分两期规划,致力于推动构建"农业、加工业、商业、文旅、体育"五大产业体系。第一期规划发展以新会陈皮主体业务为核心,包括陈皮交易、标准仓储研发基地、商业孵化、现代化陈皮产业制造中心等,与政府单位和研发机构联合助推新会陈皮产业纵深发展。第二期则是以"康、养、文、旅"相结合,用3~5年的时间来搭建完整的特色产业群落,以大健康理念、文化、价值和产品扶助健康生活、健康社会和健康中国的事业,带动产业纵深发展。走进九层楼高的新会陈皮产业城,人们可以发现其功能区的设计科学巧妙且式样多变,该产业城是新会陈皮及相关产品的品牌商家展示精妙产品的一座"宝殿"。据悉,新会陈皮产业城是新会陈皮产业小镇一期的重点工程,总建筑面积约为6万 $m^2$,总投资逾亿元,致力于打造以产业集群化、服务智能化、投资网络化为特征的产业资源共享平台。新会陈皮产业城旨在给新会陈皮以五星级的"家",依托陈皮水乡资源优势打造独具特色产业群落的"星环境",以独树一帜的养护"星技术"为无忧仓储提供"星安全",凭借增值交易等"星服务",建立覆盖新会陈皮全产业链的一体化"星平台"。

在中国陈皮之乡(新会)的千年陈皮文化氛围驱动下,新会陈皮产业将积极推动"药、食、茶、健、文旅、金融"全产业态发展,努力做强产品质量与价值品牌内核,做活柑橘种植生态面,做大陈皮文化产业链条,做美陈皮水乡风情面和做好新会陈皮文化生活面,构建陈皮产业小镇"点、线、面、宇"的宏大工程,助力乡村振兴,为实现新会成为"中国陈皮之都"和"世界陈皮中心"作贡献[21]。

### (七)要做强做大新会柑产业依旧任重道远

做强做大新会茶枝柑(陈皮)产业,需要注意落实以下几项要点:第一,要发挥政府机构的职能作用,统筹协调全行业的产业发展,统筹和解决产业面临的关键问题,比如基础投入不足和基础研究薄弱的问题,论著缺乏以及宣传普及力度不够的问题。在陈皮标准体系建设和完善方面,首先,作为传统道地药材,一部分产品(主要是黄皮、红皮)还未能完全达到《中国药典》的指标,这就无形地制约了新会柑(新会陈皮)向着大健康产业方向发展的步伐。其次,由于基础研究投入的不足,作为产品品质保证的质量标准目前尚待修订和完善,同时在食材、药材、茶材和健材等子产业领域的系列标准也有待建立和完善。比如,相关专业的研究机构和工程中心尚少,技术力量也十分有限,以致产品研发力度不足,产学研结合的发展模式不够深入,研究专利和产品成果偏少。新会柑和新会陈皮的药、食、茶、健等产品化潜力未能进一步发挥。此外,在激烈的市场化竞争中,陈皮园区、企业、品牌和联盟还显得比较弱小。即使是在迅速发展的柑茶行业中,还存在着代工生产的弊端问题。第二,要促进产业优化升级和提质增效,解决产业融合创新、战略性关键性项目和新业态的培育工作等问题。在战略层面上,茶枝柑产业的发展规划与发展政策要与时俱进,把握好产业的整体运行态势。在行业管理模式上,管理方式与体制要注意避免恶性竞争,发挥好政府的引导作用。第三,要做好商标规划培育和推进等工作。第四,要做好中国陈皮之乡等国家标识的管理规划和建设的工作。第五,要做好水土保育和品种选育等工作。在产品的质量与安全方面,建立完善的品级鉴定、年份鉴定和产地鉴定标准及相关研究方法,推动社会各阶层特别是民营机构和联合机构,对新会陈皮在药、食、茶和保健品方面进行研究开发,并开展产品的产业化工作。

作为有近千年传承的传统道地药材,也作为广东岭南中药材立法保护品种之一,新会陈皮完成了产业化的建设,并已初步升级转型和蓬勃发展,成为潜在的全国性乃至世界性的朝阳产业。目前,虽然茶枝柑全产业管理的广度和强度都比较大。但是,做强、做大和做好陈皮产业的社会诉求也十分强烈。有专家认为,产业发展的外部条件已经具备,如果政府不适时纳入重点产业进行培育,茶枝柑产业将会失去政策层面的方向引导、战略层面的规划支撑和社会层面的监督管理以及运作层面的统筹协调。如果政府放任产业的完全自由化,行业将可能会由于资本过度对利润的追逐而陷入恶性的竞争和内耗,从而失去对产业目标的持续健康的追求,茶枝柑产业的未来发展可能会面临受挫的局面。

因此,有专家建议新会区政府将新会柑(陈皮)产业列入新会区绿色大健康支柱龙头产业进行重点培育。具体实现途径:一是将茶枝柑(陈皮)产业单列为新会区绿色大健康支柱和龙头产业,进行重点培育,并争取列入市、省和国家层次。二是从现有行政事业单位人力资源中配套产业专门管理机构和资源,赋予管理职能和目标任务,进行全行业全产业的专门管理。三是迅速编制21世纪中叶千亿产业中心的规划,制定产业战略、产业政策和重大产业项目计划。四是整合政府各级、各部门和社会各个层面的资源,成立区一级产业培育政策项目和基金,建立产业扶持政策平台,运用税收等多种政策和市场机制协同推动发展,促进研究创新与新价值集聚、全产业与新平台集聚、总部与品牌集聚的产业中心和新业态的形成。

## 第五节　陈皮药膳文化的继承、实践与发扬

我国是世界四大文明古国之一,中式饮食文化作为我国传统文化的一个重要分支,长久以来在传统文化体系中占有重要的地位。在五千多年的历史长河中,我国的饮食文化形成了自己独特的体系,成为闪耀在世界璀璨文化中的一颗明珠。

我国独特的文化气息和丰富美味的菜品,得到了世界范围的认可,并为我国赢得了"烹饪王国"的美誉。在我国的饮食文化里,中药材常常作为菜肴的配料或者佐料。它们不但能增加食物的滋味,而且可以发挥中药的药性与功效,达到维护健康的目的。陈皮所含挥发油对胃肠道有温和刺激作用,可以促进消化液分泌,能帮助排出肠管内积气和增进食欲,也具有理气健脾、祛湿化痰、解腻留香、降逆止呕的功效。烹饪时可适量添加陈皮,每次的适宜添加量在10 g左右[22]。

## 一、陈皮药膳的历史与记载

追溯陈皮与膳食文化相联系的历史,从陈皮诞生之日起到陈皮及新会陈皮开始走进千家万户的餐桌,再到现在可以看到的历史记录,陈皮入馔已经悄无声息地走过了相当悠远的时光。据史料记载,早在南北朝时期的农学家贾思勰所著的《齐民要术》中就已经有了陈皮作为菜肴佐料和汤料的记载。

东台陈皮酒是江苏省东台的地方传统名产,已有悠久的历史。相传宋朝天圣元年(1023年),范仲淹在东台西溪任盐仓监。当时,范母体弱多病且厌服汤药。侍母至孝的范仲淹一筹莫展,忧心忡忡。为了寻求不服汤药而能治病的良方,他八方求医。一日,当地一位名医给范仲淹开了一剂良方:用糯米配以中药,制成药酒饮用,可治老太太的病。范母饮用后果然见到奇效。天圣二年(1024年)冬,雨雪连旬,修堤民夫多卧病不起,范仲淹也令人配制此酒给民夫服用,民夫饮用不久均病愈。当时东台民间甚是缺医少药,特别是妇女产后体弱多病,范仲淹见此,便请名医和酒师研制医治病民的药酒[23]。这种药酒以麻筋糯米为原料,配以陈皮、黄芪、党参、当归、肉桂、丹参、红花、木瓜等16种滋补药物,采用淋饭法酿成。该酒具有补气养血、益肝强肾、祛风散寒、舒筋活络、理气开胃、壮筋健体的功效。对于产妇尤其适宜,每餐前温饮一杯,不仅散寒温宫,而且促进子宫恢复。该药酒在酿制后用瓮贮藏,取名"陈醅酒",因谐音且又含有陈皮,故称之为"陈皮酒",从此便流传民间。清代中后期,东台陈皮酒已远近闻名,堪称"东台一绝"。目前,东台陈皮酒酿造技术已被列为非物质遗产文化。东台陈皮酒不愧是陈皮及其他中药在我国饮食文化中的一个典范式的应用。

我国第一部食疗专著《饮膳正要》成书于元朝天历三年(1330年),该书是由饮膳太医忽思慧所撰,广泛收集蒙古族、回族、汉族等民族的民间食疗方法,总结历代宫廷的食疗经验,加上自己为皇家监制饮膳的心得汇总而成,其中涉及使用陈皮的菜肴等条目较为丰富,可见陈皮在当时的膳食中已经被普遍使用[24]。

明代《本草纲目》有记载:"陈皮宜五脏,统治百病。"历代医家均喜以陈皮入汤。清代医师叶天士的"二陈汤"特别注明要用"新会皮"。澳门林则徐纪念馆展出了晚清禁烟运动时期的一味戒烟方中便含有广陈皮。其组分和用法如下:罂粟壳一两,制香附四分,黑炮姜四分,焦山楂四分,棉杜仲八分,生白术八分,广陈皮八分,西党参二钱,大成芪三钱,升麻三分。水二碗煎八分,早晚各服一剂,不必翻渣。隐大者服十二三日可愈。倘隐不能断者,再服数日无不痊愈。如隐未断时仍可照常服用。另据《救迷良方》[25]记载,"何其伟忌酸丸又名断瘾丸,林文忠公戒烟忌酸丸方,该方剂中加入烟灰。此方忌与酸物同服且方剂组分为洋参五钱(生用)、白术二钱、当归二钱五分、黄柏四钱、黄连四钱、炙草三钱、陈皮二钱五分、天麻三钱(无头晕者轻用)、柴胡三钱五分(生用)、木香二钱五分、升麻三钱五分、黄芪三钱(炙)、沉香二钱五分、附子七分(生用),水浸"。这个断隐方子共由15味中药组成,其中也含有陈皮成分。

在民国时期,1940年的《申报》有这样的广告:南京路冠生园食品公司新近发明特制陈皮香肠一种,系选用上等鲜肉,配以新会陈皮等名贵作料制成,风味清香鲜美,食之有助消化的功效,家庭自食,最为合宜,馈赠亲友,尤为名贵。并将陈皮腊肠取名为"冠生园特制陈皮腊肠"。上海冠生园食品在当时是全国鼎鼎有名的食品公司,时至今日依然是全国知名的老字号。新会曾有这样的民谣:"三月杨梅四月李,五月西瓜又沙梨;六月荔枝红似火,七月龙眼兼黄皮;八九两月香蕉熟,十月吃柑晒陈皮;深秋甜橙甜似蜜,腊月红橘挂门楣。"新会陈皮已经成为新会人日常生活中不可或缺的居家用品和送礼佳品。新会当地人往往会将柑皮挂在灶尾,享受烟熏的待遇,这样做以防虫蛀发霉,柑皮会越陈越香,这早已成为新会人世代相传的传统习惯。走进新会,我们可以吃到新会陈皮做的陈皮鸭、陈皮牛肉和陈皮猪肉丸,还有各式各样的新会陈皮养生汤等。新会传统名菜陈皮古井烧鹅已经成为央视著名美食纪录片《舌尖上的中国》第三季中的美食,新会古井烧鹅店已经在全国各地纷纷开业。新会还有其他特色名菜如陈皮排骨、陈皮鹧鸪汤、陈皮禾虫、陈皮冬瓜盅等。新会当地的酒店还开发出样式翻新的"陈皮宴"[4]。新会陈皮耐煎耐煮、味道甘香,食后口齿留香,既增加了食材的风味,又有中药食疗补益健康的作用。可以说,新会人对优质的保健药材特别是新会陈皮怀有一份淳朴又热烈的爱。

## 二、新会陈皮药膳文化的实践与发扬

北京同仁堂所用陈皮必选广东新会所产;广州陈李济每逢茶枝柑的收获季节,必派人到新会采购柑皮,运回厂中制作、保存备用[26]。除了药用之外,新会人素来习惯使用陈皮作为调味料烹制各式菜肴、汤羹和甜食等,形成了新会独特的陈皮膳食文化。使用新会陈皮烹制鱼肉、牛羊肉菜肴时可辟腥除膻、提升鲜味;使用新会陈皮熬制骨头汤和肉汤,芳香去腻;使用新会陈皮制作的陈皮梅、九制陈皮、蛇胆陈皮等有生津止渴的功效;新会陈皮也常用于制作豆沙、豆粥等甜食,甘香可口;新会陈皮还可制作成健康美味的调味料如乳陈皮卤水、陈皮豉油等。新会陈皮小食品更是层出不穷,常见的有陈皮干、陈皮糖、陈皮丹、陈皮梅、陈皮姜、陈皮嘉应子、陈皮风味饼和新会柑果肉酱等。在新会,有些酒厂使用陈皮酿制"新会陈皮酒",因其风味独特,曾经获过省级优秀新产品称号。毋庸置疑,新会陈皮的确具有很高的药膳保健价值。

事实上,陈皮的食疗与养生文化早已渗透到广东人日常生活的方方面面。各种经典私房菜如陈皮焗禾虫、陈皮蒸鱼嘴、陈皮牛肉丸、陈皮冬瓜芡实水鸭汤和陈皮糖心鲍鱼等常常成为各种宴席的主打菜式。国医大师邓铁涛针对岭南地区的气候特征,公布了一款适合广东人的食疗养生汤方,就是每月一盅10 g红参加1 g陈皮做的炖汤。这款炖汤能够有效解决困扰广东老百姓多年来的想补但又担忧"虚不受补"的难题。福建中医学院张理平教授也认为,陈皮"补虚"功不可没,是一味名副其实的具有"补益"作用的标本兼治理气药。陈皮与人参、甘草同用,有补肺气的作用;与白术同用,有补脾胃的作用;与半夏同用,有燥湿的作用;与杏仁同用,有通降大肠气秘的作用;与竹茹同用,有降气止呕的作用;与桃仁同用,有通润大肠血秘的作用;与茯苓同用,有祛湿的作用;与干姜同用,能温化寒痰;与黄连同用,能清除热痰。在我国四大佛教名山之一的九华山中的祇园禅寺山门照壁上有一"醒世咏",言之"红尘白浪两茫茫,忍辱柔和是妙方……一剂养神平胃散,两盅和气二陈汤……"平胃散是由苍术、厚朴、陈皮、甘草四味药配伍而成,陈皮行佐药的功能;而二陈汤是由法半夏、陈皮、茯苓、甘草四味药配伍,陈皮在方中为臣药。因此,对于养生与保健来说,除了补养后天之母——脾胃外,也要通达柔和,才能实现"化痰理气",达到所谓的"幸福者气顺也"的目的[27]。由此及彼,在物质生活不断丰裕的今天,陈皮与陈皮文化对于防病和治病以及修身养性都有着重要的价值和意义。

作为"广东三宝"之一的新会陈皮,是目前江门地区最具"国际范"的"侨字号"农产品。它伴随着五邑同胞出洋的脚步逐渐走向世界各地。在海外游子心中,陈皮就是故乡,就是亲情和眷恋,更是一种文化的象征。新会人晒制陈皮、食用陈皮世代相承,已经成为一项生活习俗,并由此衍生出一种称为"新会陈皮文化"的精神财富。近年来,随着"陈皮+"的概念不断被推出,陈皮菜、陈皮酒、陈皮月饼、陈皮饮料、陈皮酱、陈皮酵素等产品类型横空出世,给新会陈皮产业创造了更为广阔的市场价值空间。新会不仅在陈皮的生产加工与产品研发上狠下功夫,而且非常注重陈皮品牌形象的塑造。如今,新会已经建成了陈皮文化博览中心、陈皮种质资源保护与良种苗木繁育中心、陈皮检验检测中心等多家机构和单位,形成了集绿色种植、精深加工、电子商务、健康养生、文化旅游和艺术博览等于一体的现代化农业产业园。这一系列的工作为陈皮膳食文化的继承、实践与发扬奠定了坚实的物质基础。

新会陈皮的价值与文化的逐步呈现过程,暴露出一个含金量极高的品牌和产业资材。随着人们对药食同源的保健养生理念认识的加深,对于像新会陈皮这样历经岁月考验且被证实了效用的道地性中药材的追求也日益殷切。经过21世纪前10年的基础投资与建设,新会陈皮产业化发展的内外环境条件已发生了重大变化。这个现代特色产业正在形成和成长,并逐渐发展成为养生保健食品或功能食品产业。这也显示了陈皮产业所蕴含着的巨大产业化发展潜力[28]。当然,在这一产业当中也必然包含着陈皮的药膳文化。

随着我国综合国力的日益强盛,中医药养生保健文化必定会随中华优秀文化在全球文化交流中加速传播。作为一味优质的传统中药材,新会陈皮以其珍贵的药膳价值和丰富的人文内涵,也必定会在文化交流浪潮中乘势而上,助力中华优秀传统文化的加速传播。总之,关于陈皮和新会陈皮的应用,当前研究已由传统的药学功效向着作用更多、用途更广的维度发展。随着科学技术的发展,人们将进一步认识陈皮及陈皮膳食文化。

### 三、新会陈皮的茶饮应用

#### (一)新会陈皮茶

新会陈皮、金银花、绿茶、甘草、冰糖适量。长期饮用可安神养性,祛湿化痰。

#### (二)新会陈皮普洱茶

新会陈皮、普洱茶两者按一定比例搭配做茶饮,入口细腻滑爽,风味一绝,陈香浓郁,沁人心脾,回味甘甜。

#### (三)新会陈皮丁香茶

新会陈皮3 g,公丁香3 g,适用于胃寒、胃痛及胃寒呃逆。

### (四) 降脂茶

新会陈皮 15 g,山楂 9 g,甘草 3 g,丹参 6 g,适用于高脂血症的亚健康人群。

### (五) 健脾茶

新会陈皮 10 g,炒山楂 3 g,生麦芽、荷叶各 15 g,用于脾失健运所致之湿浊内蕴食积症,症见食滞不化,厌食腹胀,小儿疳积。

### (六) 新会陈皮罗汉果茶

新会陈皮 5 g,罗汉果 4 g。加水适量,文火煮开,盖上盖子焖 10 min 左右至茶温凉即可饮用。新会陈皮罗汉果茶具有理气健脾、止咳祛痰和润肠通便等功效。

### (七) 新会陈皮菊花红茶

新会陈皮 3~5 g,菊花 3 g,红糖适量。沸水冲泡加盖焖 10 min 左右。适用于感冒初期的鼻塞、流涕、头痛、咽喉痛和咳嗽等症状。

### (八) 新会陈皮桑叶茶

新会陈皮 5 g,桑叶 10 g,山楂 10 g,白术 6 g。加清水 600 mL,大火煮开后转中火再煮 5 min。新会陈皮桑叶茶(一般成人可服用,孕妇禁用)具有降脂减肥、清肝明目等功效。

### (九) 新会陈皮姜茶

新会陈皮 15 g,生姜片 10 g。加清水 1 000 mL 煮开静待 10 min 即可饮用(可加入少许冰糖)。陈皮生姜茶适用于治疗风寒型类风湿兼中气不和之呕吐反胃等症。可以止咳化痰,亦有预防感冒、健胃消食的保健功能。注意,阴虚者、内热者和肝炎患者不宜饮用。

### (十) 新会陈皮枸杞茶

新会陈皮 10 g,枸杞 10 粒,决明子 10 g,荷叶 5 g,甘草 5 g,胖大海 2 颗,山楂 6 瓣。所有材料经清洗晾干后用沸水冲泡,茶水温凉即可饮用(可加蜂蜜调制)。新会陈皮枸杞茶具有化痰祛湿、活血化瘀、清肝明目、清肺止咳和降低血脂等功效,可用于老年人的高脂血症,也适用于肝火旺盛、痰湿体质的人群。

## 四、新会陈皮的膳食应用

### (一) 新会陈皮老鸭汤

材料:老鸭一只,三瓣式新会陈皮一片(约 15 g),玉竹 10 g,莲子 5 g,枸杞 10 g,红枣几颗,盐适量,料酒适量。

制作方法:食材放入炖锅中,大火煮沸后,转小火慢熬 1~2 h。

营养功效:暖胃健脾,滋补五脏,止咳平喘。使用陈年的新会陈皮会让汤水加倍美味。

### (二) 黑豆陈皮老鸡汤

材料:老母鸡一只(约重 1 000 g),瘦肉 250 g,黑豆 100 g,新会陈皮 25 g,蜜枣 25 g,生姜片 10 g。

调味料:精盐 6 g,味精 2 g,鸡粉 2 g,冰糖 5 g,绍酒 5 g。

制作方法：

1. 新会陈皮用清水浸软去瓤，黑豆炒香后用温水洗干净备用。

2. 把鸡清洗干净，斩成块状；瘦肉横切成方粒（长 3 cm），一起放入沸水中滚 2 min 捞起过凉备用。

3. 把处理好的材料一起放入炖盅。

4. 用白开水 1 500 g 加入调味料调匀后倒入炖盅，封上纱纸隔水炖 3 h，取掉纱纸，撇去汤面上的浮油即成。

营养功效：黑豆性平味甘，补肾乌发；陈皮理气和中。新会陈皮与黑豆炖老鸡汤营养价值高，能补益肝肾，是冬季暖身的靓汤。

### （三）新会陈皮双冬蒸牛肉

材料：新鲜牛肉 300 g，新会陈皮 20 g，冬笋 25 g，水发冬菇 20 g，生姜 10 g，香葱 10 g。

调味料：花生油 10 g，精盐 2 g，味精 5 g，胡椒粉 2 g，鸡粉 5 g，白糖 6 g，生抽 15 g，蚝油 10 g，食粉 3 g，淀粉 5 g。

制作方法：

1. 将牛肉切成片，洗净滤干水分。

2. 牛肉片加入调味料腌制 20 min 备用。

3. 冬笋和冬菇切片，生姜切角，将新会陈皮用清水浸软去瓤切丝，香葱切葱花。

4. 把牛肉倒入容器，加入冬笋、冬菇片和余下的调味料拌匀，然后冬笋冬菇之间夹肉片摆放整齐上碟。

5. 将整理好的双冬牛肉放入蒸柜，大火蒸 4 min 至熟透，放入葱花即成。

营养功效：陈皮理气调中、祛湿化痰；牛肉具有强筋壮骨、补虚养血、滋养益精和提高免疫力的功效。该菜品笋鲜菇香、牛肉嫩滑，陈皮丝的加入使其风味更好，滋味更独特。

### （四）秘制新会陈皮排骨

材料：排骨 500 g，新会陈皮 2 个，生粉 1 碗，盐 2 勺，鸡精 1 勺。

制作方法：

1. 将新会陈皮分成 2 份，2/3 泡水 6 h，另外 1/3 备用；

2. 去掉泡水新会陈皮里面的白色部分，因为白色部分有苦味；

3. 将泡好的新会陈皮洗干净，切成小条，加水，用搅拌机搅拌成陈皮酱，另外的干陈皮擦干净，切成小条，用搅拌机的干磨器将其打成陈皮粉备用；

4. 在切好的排骨里加入陈皮酱、鸡精、盐搅拌均匀，放入冰箱腌制 2～3 h；

5. 将腌好的排骨拿出来加入生粉搅拌均匀，热油锅，炸排骨；

6. 将炸好的排骨捞上来晾油、装盘，并撒上干磨的陈皮粉。

营养功效：化痰止咳，理气开胃。

### （五）豉香陈皮乳鸽

材料：乳鸽 500 g，新会陈皮 20 g。

调味料：花生油 20 g,生姜 10 g,豆豉 20 g,精盐 5 g,味精 15 g,冰糖 50 g,生抽 250 g,清水 500 g。

制作方法：

1. 将乳鸽去毛清洗干净。将新会陈皮用清水浸软去瓤,一半切丝备用。

2. 瓦煲烧热倒入花生油,将豆豉和生姜爆香,加入清水、陈皮及调味料,放入乳鸽大火烧开,转慢火煲 25 min 捞出,斩件撒上陈皮丝,装碟即成。

营养与功效：鸽子肉蛋白质含量丰富,易于人体消化,具有滋补益气、祛风解毒的功能；陈皮开胃消食,能增进风味和促进食欲。

#### (六) 陈皮牛肉粒炒饭

材料：丝苗米 200 g,牛肉 100 g,生菜 50 g,葱 10 g,新会陈皮 10～15 g,蛋丝 50 g,姜 20 g。

调味料：食用油 100 g,精盐 8 g,味精 3 g,生抽 8 g,淀粉 10 g。

制作方法：

1. 提前将丝苗米煮熟取出晾凉,放入冰箱保鲜柜保存。

2. 牛肉直刀切成粒,放入精盐 3 g。

3. 热锅中放入食用油爆香姜粒,放入牛肉炒熟,放入冷饭、陈皮粒,加入调味料,中火炒至饭在锅里呈弹跳状,落入生菜丝、葱花、香菜粒炒匀,放入包尾油,装碟成品。

营养功效：牛肉性平味甘,有养气补血、健脾和胃、强精壮骨和利水消肿的功效；陈皮有消食解腻、燥湿化痰的功效。该种炒饭饭粒有韧劲、软硬适中、色泽金黄,陈皮香和牛肉香交融在一起,美味可口。

## 第六节　无人机技术及其在柑橘产业中的应用

无人机(unmanned aerial vehicle, UAV)是对无人驾驶飞行器的简称。无人机是指利用先进的无线电遥控设备或者自备的程序控制装置(比如车载计算机等)进行智能操控的非载人飞机。无人机的最早开发可追溯到一战时期(世界上第一架无人机诞生于 1917 年),其主要用途是执行侦查、实施攻击以及伤亡评估等军事任务。随着电子科学技术的进步和发展,无人机技术在军事领域中的地位不言而喻。

为了满足社会经济发展和农业现代化扩大生产的需求,航空技术开始从军事领域向农业实践与应用方向转移和发展。20 世纪初,加拿大率先利用固定翼飞机对果园和农田进行农药喷洒,美国和日本等国家也相继进行了类似的研究和应用。这些工作无疑催生了无人机技术在现代农业生产中应用的萌芽。最近,西班牙安达卢西亚执行小组和塞维利亚大学合作进行了一个项目,利用无人机结合机器学习模型来获得 RGB 图像(也称为"真彩图像"),借此开发出一种"甜橙检测系统"来监测柑橘园的情况。据该研究小组表示,这一系统的研发将有助于更好地估计柑橘产量[29]。在我国,无人机技术在现代农业中的应用起步相对较晚,但其研究发展势头强劲,应用前景广阔。2010 年 7 月,吉林省梨树县第一次应用无人机进行大面积（200 hm²）经济作物的农药喷洒作业，无人机技术在中国现代农业中的应用由此正式揭开了历史性序幕。此后，无人机技术得到了地方政府和农业从业人员的广泛支持，其在中国现代农业实践的研究与应用蓄势待发、蓬勃开展。芮玉奎等人[30]在评价无人机技术对于现代农业的重要性时曾断言"无人机喷药将是今后农业发展的重要机械和技术"。如今，我国的无人机技术已经挤进了世界前列。我国现已有植保无人机3万架，其数量和需要作业的面积居全球第一。截至2018年，我国无人机的作业面积已经达到了3亿多亩，这是我国航空农用无人机发展史上的一个重大进步[31]。

## 一、无人机在现代农业中的应用

我国是世界农业大国，必须把保证我国现代农业的可持续发展视为工作的重中之重。在现代农业生产中，基于安全环保、方便高效和节约减省等优势，无人机技术正在悄悄地掀起一场新的农业生产方式的革命[32]。其具体应用如下：

### （一）种苗播撒

目前，在无人机种苗播撒方面研究较多的是水稻无人机播撒。它是指利用无人机直接将秧苗精准播种于农田的一种新兴种植模式。刁友等人对水稻无人机播撒进行了专门的研究，认为无人机播撒可以提高水稻种植机械自动化水平，从而节约生产成本，提高生产效益[33]。水稻无人机播撒主要分抛洒和条播两类，可以适应各种地形环境，不受地势限制；与传统机械播种相比，无人机播种效率可高达5倍以上。无人机技术除了用于空播水稻秧苗外，还可承担播撒肥料[34]、作物授粉[35]等空中作业。其中，有田间试验数据表明，无人机施肥效率约为人工施肥的12.5倍。

### （二）农药喷洒

农业生产过程中一个重要的环节就是农作物病虫害的防治。传统的喷洒农药方式劳动强度大，而且很难将药液均匀喷洒，防治效果差，容易出现产量不稳定的现象[36]。基于高效的农药喷洒效率，植保无人机开始成为农业生产的"新宠"。据报道，江西崇仁县郭圩乡种粮大户刘某于2020年8月28日利用无人机给水稻喷洒农药，不到3 h就完成了50亩的喷洒作业，高效省力又节约成本。无人机旋翼产生的旋翼风场，不仅加速了药液的沉积、减少雾滴飘移，同时扰动了水稻冠层，使水稻冠层出现间隙，有利于药液沉积到水稻中下部，从而提高了药液对害虫的防治效果[37]。

### （三）信息监测与收集

无人机的信息监测主要包括病虫害监测、旱情监测、作物生长监测等等。无人机使用以遥感技术为主的空间信息捕获技术，可以收集到土壤、作物及周围环境的相关信息，有助于全面准确地了解农作物的生长状况、环境变化和病虫灾害等情况。中国是农业大国，土地广博，地形复杂多变，具体情况也因地而变。随着城镇化和新农村建设的发展，规模化农业已成为必然趋势，要想更好地解决种植面积广、检测难度大、成本高的农业生产管理难题，使用无人机进行信息监测就是一个很好的途径。无人机具有轻便小巧的机身，可以灵活快捷地飞翔,具有强大的环境适应性,这不仅降低了监测成本,还节约了劳动力资源,其在现代农业中的应用必将愈来愈广。

## 二、无人机在柑橘产业中的研究与应用

截至2017年底,我国柑橘种植面积已超过3 500万亩,植物保护环节占柑橘生产成本的50%以上,每年柑橘类果园植保服务市场约为750亿元。就广西壮族自治区而言,其柑橘种植面积约为700万亩,每年用于柑橘类果园植保市场服务的费用约为150亿元[38]。无人机在柑橘种植实践中发展迅速。与有人驾驶固定翼飞机相比,无人机具有起飞不需要跑道、飞行高度较低且药液漂移低等优势。此外,无人机还可以根据植株的高矮调整飞行高度,适用于地形复杂的丘陵、山区、坡地等作业环境。

2015年,为了满足西南地区大面积柑橘园巡检的应用需求,高绪等人[39]研究了四翼无人机在柑橘园巡检系统中的应用。该测试研究表明,四翼无人机巡检系统操作简单,提高了对柑橘园的巡检效率,节省了劳力,且系统运行稳定、可靠,适用于西南地区大中型柑橘园区的巡检工作。2016年,张盼等人[40]开展了一项小型无人机在柑橘园中的喷雾效果的研究。该研究表明:在小型四旋翼无人机喷雾的雾滴空间分布上,树冠上层获得了较好的沉积效果;无人机飞行过程中的喷雾性能相对稳定;距离冠层顶部1.0 m高度处无人机喷洒的雾滴覆盖率、沉积密度等各项参数较为理想;对比旋转离心式喷头,压力式喷头的喷雾效果更佳。2017年,陈盛德等人[41]研究小型植保无人机喷雾参数对橘树冠层雾滴沉积分布的影响时,为了保证航空喷施作业雾滴在橘树冠层的有效沉积分布,针对植保无人机旋翼风场的影响和橘树独特的树形结构,对植保无人机的作业参数进行了优选研究。该研究可为小型无人机对果树的合理喷施、提高喷施效率提供参考和指导。2018年,郑文艳等人[42]在初步探究无人机对柑橘红蜘蛛防治效果时得出,无人机的防治效果比人工背负式喷雾机效果好很多,而且省时、省力、省钱。

柑橘黄龙病是柑橘产业的毁灭性病害,及早发现并挖除病株是防治黄龙病的有效手段。通过无人机低空遥感监测大面积果园,可大大减少黄龙病排查工作量。2019年,兰玉彬等人[43]开展了一项基于无人机高光谱遥感的柑橘黄龙病植株的监测与分类的研究工作,结果表明利用无人机搭载高光谱遥感系统监测柑橘黄龙病的手段具有可行性,可大大提高果园管理效率和政府防控病情力度。孙胜[44]应用植保无人机(ZHKU-0404-02型)研究了柑橘木虱的防治,通过优选喷头和农药剂型来分析作业高度和飞行速度等参数对柑橘木虱防治效果的影响。2020年,邓小玲等人[45]结合传统与现代农业病虫害监测的优缺点,探索通过无人机高光谱遥感技术检测出患病的柑橘植株,通过人工田间调查方式判断其患病种类及患病程度的病虫害监测方法。研究结果表明,基于特征波长建模在患病样本分类中表现出很高的准确率,证明了特征波长组合的有效性,可为柑橘种植园的病虫害监测提供一定的数据和理论支撑。唐明丽等人[46]应用植保无人机(极飞P20)研究不同施药方式和不同农药对柑橘木虱的防控效果。结果表明:在特定条件下(飞行高度为2 m、飞行速度1.5 m/s、喷幅3 m、流速50 mL/s),无人机低空低容量施药对柑橘木虱有良好的防控效果,对柑橘安全且无药害;"亩旺特+极显+橘皮精油"、"亩旺特+极显"和"亩旺特+橘皮精油"3种

混剂表现出良好的速效性,单剂"亩旺特"速效性欠佳;人工背负式电动喷雾器施药效果优于无人机施药防效。同年,万祖毅[47]详细地研究了基于无人机遥感的柑橘果树信息(果树株数、树冠信息、高度信息和产量估计)提取和应用。马传金[48]应用无人机遥感技术获取的自然场景下的柑橘果实影像在 YOLO v3 算法下获得了较好的柑橘识别效果。该研究成果应用到现实的柑橘生产实践中,有助于提高果农的种植管理水平和增加柑橘种植的经济收益。2021 年,束美艳等人[49]首先利用无人机数码影像及分水岭算法进行柑橘单木分割,然后构建柑橘树冠层高度模型,提取柑橘株数、株高、冠幅投影面积等结构参数信息。该研究可为使用无人机平台进行果园精准管理提供技术支撑。

近几年,无人机技术在柑橘生产中的应用发展迅速。据了解,目前新会区茶枝柑的种植面积约为 10 万亩,无人机监测和施药技术已经在一些较大型的茶枝柑基地开展了多项研究与应用工作。

## 三、无人机在现代农业应用中的发展建议

如今,无人机在社会发展和经济建设发展中起到了重要的作用,无人机在现代农业中的应用已然成为趋势。但是,无人机技术在中国农业生产中依旧处于初级水平,仍然有许多需要改进和提升的空间。提高无人机技术无疑能够更好地服务中国农业现代化建设事业。以下就无人机及其技术发展提出几点建议:

1. 加强科技研发,提高无人机续航能力和监测精度。现在的无人机多以电力为驱动力,单次续航时间为 15 min,不利于大面积作业;而作物病虫害复杂多变,有突发性,初期发病不易监测。所以,应该通过研发和改进材料,降低机身重量,提高蓄电量,搭载红外线光谱扫描设备,提高作物病虫害的监测精度。

2. 构建完整立体的无人机智能系统,实现"防治一体"的无人机信息监测是农业生产的"天眼",农药喷洒是农业生产的"手术刀"。只有"天眼"和"手术刀"协调运用,才能增强农业防治病虫灾害的能力,提高农业生产效益。

3. 改革科研体制。科研机构数量多但业务不精,且机构之间合作较少,研究相对分散,大多数无人机研究机构以数据观测为主。

4. 制定和完善统一的行业标准、认证标准及配套服务标准,提升无人机的可靠性。加强飞手的操作技能和专业知识的培训,做到持证上岗。

5. 政府部门应制定切实可行的扶持政策,从政策和技术上大力支持飞防组织,将飞防作业服务纳入补贴范围,协调处理好飞防组织与农户之间的矛盾纠纷,帮助飞防组织规避风险、提高收益[50]。

最近几年,民用无人机蓬勃兴起,其在民用领域的应用已达近百种,涉及农林业、电力、环境保护、气象探测、国土测绘、海洋、水利和科学考察等多个领域。目前已经较为成熟的应用场景有航空摄影、农林植保、电力巡检等。此外,一些如应急救援、物流配送等应用领域正日趋成熟。

## 第七节　农业病虫害新型防治技术的研究与实践

我国农业化学农药过量施用的现象比较严重。据统计,中国1990—2016年农药施用量从73.3万t增至174万t,增幅达到137.38%,位居世界第一位。化学农药的大量使用不仅对生态环境造成了巨大压力,也因农药残留超标对农产品质量安全产生了不利影响[51]。近年来,绿色有机农业开始得到了我国乃至世界范围的广泛关注、研究和发展。新型农业病虫害防治技术也在陆续取得进步和不断满足生态农业持续发展的需求。目前,我国在植物病虫害防控方面形成了以化学农药为主,以栽培技术调控、物理防治、生物防治为辅的防控体系。随着国内外有机农业的迅速发展,利用新型的、先进的科学技术手段进行病虫害的防治成为有机农业生产中重要而关键的控制点。此外,由于农药长期不合理的施用导致病原菌对化学药剂产生了抗性,新型病虫害防治手段的研究越来越受到人们的关注。

### 一、病虫害预测

行之有效的病虫害预测是提高农产品综合防控水平的关键。病虫害的发生发展与温度、降水、湿度、风和光照等局部气象条件直接相关。这些局地气象因子由于能够更容易地被准确观测而成为预测模型中的关键输入因子。温度、降水、湿度等参数常被用于作物病虫害预测模型的输入参数,而风、光照等因素在模型中体现得较少,后续研究有待在这一方面得到加强。农产品病虫害的发生除了受到气候、气象因素的影响外,还受到病虫源分布、寄主状况以及种植模式等因素的影响,是这些综合因素共同作用的结果。病虫源是病虫害发生的基础,普遍的病虫源寄生地除了田间植物残体外,还有土壤、种子和其他繁殖体。因寄主或气候的影响,有些病虫害的病虫源可能或者只能来自异地。另外,作物的敏感期也是预测与防护病虫害的重要时期,可以针对性地防治气候型流行性病虫害。

### 二、生物防治

#### (一)天敌防治

天敌防治是一种环保且长效的防治措施。目前已发现很多植物病虫害的天敌,有些天敌已经实现了工厂化生产,经过科学合理施用,可以达到很好的防治害虫的效果(见表9-3)。

表9-3　不同种类害虫与对应天敌

| 害虫种类 | 天敌 |
| --- | --- |
| 食叶类害虫 | 螳螂,寄生蜂,寄生蝇,蟥类,捕食螨,啄木鸟,大山雀,灰喜鹊,等等 |
| 刺吸式害虫 | 瓢虫,寄生蜂,捕食螨,草蛉,等等 |
| 蛀干类害虫 | 啄木鸟,寄生蜂,等等 |

比如,六条瓢虫是著名的柑橘害虫天敌(图9-1),它们的成虫可以捕食各种蚜虫和介壳

虫、壁虱等作物害虫,可以大大减轻柑橘果树、瓜果及各种农作物遭受害虫的损害,故常被人们称为"活农药"。

图 9-1　柑橘蚜虫天敌——六条瓢虫

**(二)生物农药**

生物农药的定义在全球各国农药管理部门和国际组织间并不统一。生物农药是指利用生物活体或生物代谢过程中产生的具有生物活性的物质,或从生物体中提取具有农药作用的物质,作为防治农林作物病、虫、草、鼠害的农药。生物农药就是我们通常所说的生物源农药,具体类型有微生物农药、植物源农药、抗生素类农药、生物化学农药、天敌生物、转基因生物等[52]。其中,微生物农药、植物源农药及抗生素类农药等都是环境友好的生物农药。

1. 微生物农药。微生物农药是利用微生物及其基因表达的各种生物活性成分制备的用于防治植物病虫害、杂草、鼠害以及调节植物生长的制剂的总称,包括微生物杀虫剂、微生物杀菌剂、微生物除草剂、微生物生长调节剂、微生物杀鼠剂等[53]。按功能作用来分,微生物源农药主要包括杀菌微生物农药、杀虫微生物农药、除草微生物农药和植物生长调节剂微生物农药四大类。其中,蝗虫微孢子虫作为一种已经商品化的微生物杀虫剂,目前已经广泛应用于蝗虫灾害防治,且具有人畜无害、环境友好、成本低廉、防治时间持久等优越性,是一种十分重要的生物农药。

2. 植物源农药。植物源农药的常用化合物有生物碱类化合物、黄酮类化合物、萜类化合物和挥发油等。不同类型的化合物具有不同的骨架结构、不同的抑菌能力以及不同的提高植物抗氧化能力等的生理特性。一般地,根据不同的化合物特性采取不同方式提取[54]、生产和研制所需的植物源农药。按防治对象来说,植物源农药可分为植物杀虫剂、植物杀菌剂和植物杀螨剂三类。例如,从瑞香科狼毒属植物瑞香狼毒中提取的一些化合物可用于蚜虫、螨虫、菜青虫及其他害虫防治。瑞香狼毒所含有的香豆素类化合物可分为两部分开发:一部分作为杀虫剂开发,另一部分作为除草剂开发。为增强除草效果,可以添加一些能引起植物活性氧累积的助剂。采用二氧化碳超临界提取法提取狼毒大戟中的有效成分配制成药剂,高浓度药剂可迅速杀灭蛾蝶类害虫;低浓度药剂可以杀灭小型害虫,效果可达100%。银杏外种皮与垂序商陆叶提取物均能对小菜蛾表现出良好的杀灭活性。12α-羟基鱼藤酮是一种从豆科植物灰毛豆(*Tephrosia purpurea*)中提取的次生代谢产物,将其制备成生物农药,其杀虫机理是通过抑制害虫呼吸作用中的电子传递达到防治烟蚜的效果。

3. 抗生素类农药。农用抗生素是在20世纪40年代医用抗生素发展的基础上研究开发的。农用抗生素是细菌、真菌和放线菌等微生物在生长代谢过程中所产生的次级代谢产物,这类物质在低微浓度时即可抑制或杀灭农作物的病、虫、草害或调节农作物的生长发育[55]。因此,有研究者认为农用抗生素也应当归属于生物农药的范畴。目前,农业上应用的抗生素大多来自放线菌,这些抗生素通过干扰细胞内蛋白质的合成来达到抑菌杀菌的效果。农用抗生素目前作为高效、低毒、无残留的生物农药已被广泛地使用。但是,农用抗生素的滥用也会给人类的健康带来某些风险。

### 三、转基因技术防治

转基因技术是指将来源于其他生物(动物、植物或微生物等)或者人工合成的外源基因,转入另一生物物种或品种的基因组中,使之稳定遗传并赋予其靶标性状。植物转基因技术主要有农杆菌介导法、基因枪法、电击/聚乙二醇(PEG)法、花粉管通道法等[56]。利用基因工程技术为植物导入抗病虫害基因可以提升植株自身的抗性,如将苏云金杆菌(*Bacillus thuringiensis*,Bt)中杀虫蛋白基因导入大豆基因组,转Bt基因的大豆植株提高了对抗暗黑鳃金龟幼虫的能力。转入CryIIem基因的大豆对鳞翅目类害虫具有显著的抗虫作用。小菜蛾是一种世界性的十字花科蔬菜主要害虫,它对化学杀虫剂和生物杀虫剂都能很快地产生抗性。PnKTI基因编码的产物能够通过抑制小菜蛾肠道内胰蛋白酶的合成,从而对小菜蛾表现出良好的抗性。另有研究表明,干扰小菜蛾的保幼激素受体(met)可以使小菜蛾卵巢发育受到明显抑制,卵黄沉积减缓,成熟卵子数目减少,产卵量也随之降低。最近,科学家发展出一种名为"自限性基因技术基因"来防治害虫小菜蛾。经改造后的雄性小菜蛾被释放,与雌性害虫交配。由于它们的雌性后代无法存活,导致无法进一步进行繁殖,这样一来,害虫小菜蛾的数量就会大大减少。这种方法完全只针对一种物种,也就是只影响目标害虫种群。因为自限性基因是无毒的,所以鸟类等动物吃了这种小菜蛾后不会有不良反应[57]。

转基因技术在柑橘中的研究已有20多年。柑橘果树在转基因方法的探索、外源基因的分离和转化植株的检测等方面已取得了不少的成就。但是,目前的研究离实际应用还有不小的距离,对柑橘产量、品质和抗性等相关的外源目的基因的分离及转入植株的研究依然处于初始阶段[58]。随着基因分离技术和柑橘遗传转化技术的进一步成熟,以及基因功能和植物代谢研究的发展,通过转基因技术来改良柑橘品种以达到防虫治虫的目的会在不久的将来提上日程。

转基因技术在农业生产中的应用前景广阔。它有助于减少农药使用,减少二氧化碳排放,保护和节约耕地。然而,转基因作物带来的生态安全问题也不容小觑,这其中包括转基因作物对土壤生态系统带来的影响,主要表现为对土壤的养分、理化性质、酶活性、土壤中动植物及微生物的影响。此外,转基因技术还具有使用门槛过高、技术不成熟、病毒杀虫效率低、速率慢、易产生抗药性等一系列问题。

## 四、物理防治

随着农业生产绿色防控的蓬勃发展,利用昆虫色觉和嗅觉系统开发防治害虫的物理防治方法备受科学家关注。昆虫可通过视觉感受器上不同的载色体种类以及与视蛋白的不同组合方式,产生感光色素的不同光谱吸收性,使昆虫对不同光源具有选择性从而形成昆虫的趋光性现象。许多昆虫,特别是夜行昆虫,如蛾类、鞘翅类和蜡类,对人工光源敏感,可以利用其趋光性开发诱捕器,用于害虫的监测和防治。目前,LED杀虫灯已在柑橘害虫的防治上得到应用。太阳能杀虫灯能诱集多种鳞翅目、鞘翅目和直翅目的害虫,也能诱捕以鳞翅目和鞘翅目为优势的害虫种群。黄、蓝光板能少量诱集柑橘小实蝇和蚜虫。木虱、小实蝇、潜叶蛾、斜纹夜蛾、棉铃虫等诱捕器能专一诱集靶标害虫。这些物理技术的使用能有效降低柑橘果园害虫种群数量,从而减轻害虫发生和危害程度,并通过协同作用减轻病害的发生。同时,研究人员也指出,人工光源诱捕昆虫会干扰动物的行为和习性,会对生态系统造成光污染[59]。此外,害虫的物理防治除了以上的诱杀技术外,物理植保液(PPP液)作为新型物理植保防治技术,是一种采用强烈液中放电形成的无任何重金属、无任何农药成分、无磷的半有机半无机的能使细胞膜分解的张力碎片化液体,无色无味。PPP液的灭虫原理是瞬间分解昆虫口器的呼吸孔道黏膜,致其细胞内水分瞬间极速蒸发而致害虫死亡,灭虫效率极高,几乎是瞬间完成灭虫过程。PPP液不含化学农药成分,是单纯利用物理变化效应来实现快速杀虫杀菌的液体制剂。PPP液具有对环境友好、无污染、不留残余等优点,可以代替植物源农药进行大面积防治温室种植的有机草莓的有害生物瓜蚜。

## 五、纳米技术防治

纳米技术在农药生产、高抗性肥料的研制、纳米转基因以及病原体检测方面均有应用。纳米材料是指粒径在任一维度处于1~100 nm的材料,因其尺寸小,结构特殊,从而具有许多新的理化特性,如小尺寸效应、大比表面积、高反应活性、量子效应等。对于纳米农药,国际上没有统一的定义,通常将尺度小于1 000 nm或以"纳米"为前缀,或具有与小尺寸相关的新特性的农药剂型称为纳米农药[60]。纳米农药粒径较传统农药更小,具有更大的分散度。因此,其防治害虫的效果通常比传统农药剂型更高。目前,纳米技术在植物病虫害防控方面取得了突破性研究进展,为纳米技术成为现代化农业高效生产和可持续发展的强有力工具奠定了基础。用臭氧微纳米气泡处理植物幼苗,可杀灭幼苗植株携带的赤星病菌分生孢子,有效地预防病害的发生。

纳米农药可以充分发挥农药有效成分的药效,提高农药施用效果,达到减施增效、改善环境的目的。但是,纳米材料因尺寸小而容易被植物吸收,并通过食物链富集和传递,能透过人体解剖学屏障,对植物、微生物、土壤生物有直接或间接的毒性,进而影响农业生态系统,也可能影响纳米材料的环境行为和药理功效。因此,纳米材料也可能具有潜在的安全性问题,目前对其应用于农业病虫害防治的安全性研究较少,尚不确定具体的危险性。

## 六、化学防治

化学防治是指使用化学药剂(杀虫剂、杀菌剂、杀螨剂和杀鼠剂等)来防治病虫、杂草和鼠类的危害。化学防治一般采用浸种、拌种、毒饵、喷粉、喷雾和熏蒸等方法,其优点是收效迅速,方法简便,急救性强,且不受地域性和季节性限制。化学防治在病虫害综合防治中占有重要地位。目前,传统的药剂拌种、药剂灌根、植株喷雾、种子包衣等常用病虫害化学防治技术因其见效快、效率高,仍然是病虫害防治的主要手段,利用静电喷雾技术和利用臭氧水进行病虫害防治的研究也在快速发展。在柑橘害虫防治方面,化学方法仍然是防虫治虫的重要措施。由于常规的柑橘果园管理通常存在用药期较长且重复使用同种或同类杀虫剂的问题,导致柑橘害虫抗药性日趋严重。因此,多元化的绿色柑橘害虫防控技术迫在眉睫。

### (一)静电喷雾

静电喷雾是利用静电高压使农药雾滴带电,并在喷头和目标间形成静电场,静电效应使雾滴吸附于植株隐蔽部位,从而提高雾滴的吸附效果,增加雾滴在植株叶片正背面的沉积率,具有雾化均匀、飘失减少、黏附牢固、提高农药使用效果、减轻环境污染等优点。随着无人机植保作业技术的不断发展,无人机植保技术与静电喷雾技术相结合的新型植保作业模式也引起了国内学者的重视。植保无人机静电喷雾技术具有作业效率高、人力需求小、药液用量少等优势,是未来农业植保作业的重要发展方向。但是,无人机静电喷雾技术尚不够成熟,有些技术上的问题还需进一步改善才能更好地应用于生产。

### (二)臭氧

臭氧是一种具有强氧化性、清洁环保的广谱型杀菌剂,臭氧溶解在水中形成的臭氧水具有更强的杀菌消毒和降解农药残留物的作用,臭氧水常温下易被还原为氧气,不会对环境造成二次污染,人们把臭氧称为"理想的绿色强氧化药剂"。郭正红[61]研究表明,4~6 mg/L臭氧水可明显抑制真菌的生长;臭氧水可以预防青菜虫虫害的发生,减少害虫造成的啃食,且不会影响蔬菜的生长。臭氧水不会改变微生物群落结构,对组成土壤微生物中的重要微生物群落并无伤害[62]。韩双等人[63]研究发现,臭氧功能水通过控制黄瓜霜霉病的发病来实现黄瓜的增产。龙君[64]通过活体实验研究臭氧对柑橘青霉的致病力及其直接处理柑橘后柑橘的自然发病率和果实贮藏品质的影响。结果表明,臭氧处理可显著抑制柑橘青霉病菌分生孢子的萌发,延迟萌发时间,抑制菌丝生长、产孢及菌落扩展,且剂量越高,效果越明显。使用浓度为100 mg/m³以上的臭氧气体熏蒸及1.96 mg/L以上的臭氧水处理能够显著地提高对柑橘青霉病病菌的抑菌活性。

## 七、有害生物综合治理

有害生物综合治理(IPM)的历史可以追溯到19世纪后期,当时人们认为生态科学是植物保护的基础。自从化学农药问世以来,这段历史被认为是戏剧性和有争议的。化学农药对病虫害的防治的确起到了非常重要的作用,但长期不合理使用产生的 3R(Resistance, Residue, Resurgence)效应日益突出,对食品和生态安全构成了严重威胁,病虫害的发生和流行有增无减,植保投入不断增加,IPM 越来越受到人们的关注。随着 IPM 的发展,其在不同国家呈现出多种应用途径,并超出了昆虫学研究的范围,IPM 的应用也越来越广泛。已有研究表明,在肯尼亚采用 IPM 策略对以木瓜和柑橘为目标的果蝇产生了积极而显著的交叉商品溢出效应,这表明 IPM 在肯尼亚和撒哈拉以南非洲其他水果产区的投资范围很广。采用 IPM 策略控制芒果果蝇的同时,对柑橘和木瓜的毛利率也产生了显著的正向影响。因此,果蝇 IPM 技术在芒果、柑橘和木瓜等多种农作物的种植中应用或将产生更大的积极经济影响。现有研究表明,与低多样性 IPM 体系相比,尽管在高多样性 IPM 体系中,早期害虫使玉米减产 10%,但两种体系的最终总产量是相等的,说明高多样性 IPM 体系具备与低多样性 IPM 系统抗衡的能力,先发制人的害虫管理并不是提高玉米产量的必要条件。

从生态学角度对病虫害进行综合治理,目前研究人员已经开展了大量工作,包括天敌的保护、农业产业结构调整、植被恢复、水位调控、合理放牧、物种多样性保护、资源的合理开发与利用等方面,并取得了一定的成果。但是,在研究过程中所发现的问题越来越多,不同领域的技术手段也各有利弊,在农业生产实践中应该结合实际,综合评估,以实现经济效益和生态效益的最大化[65]。

## 参考文献

[1] 彭伟两,温志勇.广东:产业振兴添动能乡村蝶变换新颜[J].农产品市场,2020(14):42-43.

[2] 梁锡环,黄明德.新会柑的栽培历史与品种考证[C]//第三届中国·新会陈皮产业发展论坛主题发言材料.新会,2011:153-156.

[3] 谢伟,萧萧,熊星.新会陈皮促地方经济快速发展[N].中国食品报,2023-06-02(5).

[4] 赖昌林.中药广陈皮与新会皮历史考论[D].广州:华南农业大学,2018.

[5] 农发行广东省分行,江门市分行联合课题组.信贷支持新会陈皮产业发展调研[J].农业发展与金融,2021(10):40-43.

[6] 传新会经典文化承陈皮养生精粹[J].中国产业,2012(1):126.

[7] 胡坪君,罗美霞,陈柏忠,等.新会柑酵素成分综合测定[J].中国医院药学杂志,2018,38(5):496-499.

[8] 梅全喜,杨得坡.新会陈皮的研究与应用[M].北京:中国中医药出版社,2020.

[9] 黄文生.把陈皮做成文化助推陈皮产业发展[J].食品界,2019(9):65-67.

[10] 江门市新会区人民政府,中国药文化研究会.第三届中国·新会陈皮产业发展论坛主题发言材料[C].新会,2011:2.

[11] 曾雪琦,阮靖恩.我国农业供应链金融优化途径探讨:以陈皮村为例[J].北方经贸,2020,430(9):113-116.

[12] 肖海光,陈新昊.新会陈皮产业的所缺与机遇[J].经营者,2015(8):47.

[13] 雷柳贞,范佳凤.江门市行业协会的现状、问题与发展思路[J].广东经济,2008(8):29-32.

## 第九章　茶枝柑的产业化发展与守正创新

[14] 林华锋,陈泃,常彦磊,等.茶枝柑产业的研究及其发展的SWOT分析[C]//国际食品安全与营养健康高峰论坛组委会.第三届国际食品安全与营养健康高峰论坛论文集.北京,2021:15-20.

[15] 林华锋,陈泃,常彦磊.茶枝柑系列产品与功效及其质量控制标准[C]//广东省食品学会.现代食品工程与营养健康学术研讨会暨2020年广东省食品学会年会论文集.广州,2020:43-46.

[16] 王诗恒,刘剑锋,秦培洁,等.日本汉方药产业管理现状概况[J].世界中医药,2021,16(2):351-354.

[17] 姚新生,王乃利,邱峰,等.21世纪中药发展面临的机遇和挑战[C]//中国科技部,中国对外贸易经济合作部,中国教育部.第四届中国北京高新技术产业国际周暨中国北京国际科技博览会论坛报告集.北京,2001:5.

[18] 田兴军.中医药创新发展要坚持三位一体[N].健康报,2021-03-01(2).

[19] 万明新.陈皮的临床应用[J].江西中医学院学报,1996(S1):59-60.

[20] 陈娅.发展陈皮产业带动乡村振兴:江门新会市陈皮村调研分析[J].教育教学论坛,2019(11):83-84.

[21] 任晓盈,郭永乐.推动新会陈皮产业高质量多元化发展[N].江门日报,2021-09-04(A3).

[22] 中药佐餐饮食[J].农产品加工,2011(4):64-65.

[23] 张健.陈皮的故事[J].保健与生活,2019(21):44.

[24] 王培珍.舌尖上的陈皮[J].科学生活,2018(4):40.

[25] 刘悦.清代鸦片烟毒与中医戒烟研究的历史考察[D].北京:中国中医科学院,2008.

[26] 叶琼莹.陈皮新会会旧友镇店之宝续前缘[C]//第三届中国·新会陈皮产业发展论坛主题发言材料.新会,2011:242-243.

[27] 谭耀文.弘文化道养生陈皮香久远[C]//中国药文化研究会会议论文集,2011:49-50.

[28] 潘华金.善用道地性密码打造陈皮全球中心[C]//中国药文化研究会会议论文集,2011:121-126.

[29] 禾本.西班牙:用无人机监测柑桔生产[J].中国果业信息,2019,36(7):32.

[30] 芮玉奎,芮法富,杨林,等.我国首次使用无人机大面积喷洒农药纪实[J].农技服务,2010,27(12):1575-1576.

[31] 梁家玮,任神河,刘英,等.无人机在农业生产中的应用[J].湖北农机化,2020(3):73.

[32] 张思峰.无人机技术在现代农业中的应用[J].农业工程技术,2020,40(36):51-52.

[33] 刁友,朱从桦,任丹华,等.水稻无人机直播技术要点及展望[J].中国稻米,2020,26(5):22-25.

[34] 任万军,吴振元,李蒙良,等.水稻无人机撒肥系统设计与试验[J].农业机械学报,2021,52(3):88-98.

[35] Liu A, Zhang H, Liao C, et al. Effects of supplementary pollination by single-rotor agricultural unmanned aerial vehicle in hybrid rice seed production [J]. Agricultural science & technology, 2017, 18(3): 543-547,552.

[36] 王苗,朱超,田多林.植保无人机在农作物领域病虫害的防治研究[J].新型工业化,2020,10(6):98-99.

[37] 张海艳,兰玉彬,文晟,等.植保无人机水稻田间农药喷施的作业效果[J].华南农业大学学报,2019,40(1):116-124.

[38] 唐泉舟,唐全.智能无人机技术在广西贺州地区的应用研究[J].农家参谋,2019(3):210.

[39] 高绪,谢菊芳,胡东,等.四旋翼无人机在柑橘园巡检系统中的应用[J].自动化仪表,2015,36(7):26-30.

[40] 张盼,吕强,易时来,等.小型无人机对柑橘园的喷雾效果研究[J].果树学报,2016,33(1):34-42.
[41] 陈盛德,兰玉彬,周志艳,等.小型植保无人机喷雾参数对橘树冠层雾滴沉积分布的影响[J].华南农业大学学报,2017,38(5):97-102.
[42] 郑文艳,余桂林,谢合平.无人机对柑橘红蜘蛛防效初探[J].湖北植保,2018(4):12-13,18.
[43] 兰玉彬,朱梓豪,邓小玲,等.基于无人机高光谱遥感的柑橘黄龙病植株的监测与分类[J].农业工程学报,2019,35(3):92-100.
[44] 孙胜.植保无人机作业参数优化及柑橘木虱防效研究[D].广州:仲恺农业工程学院,2019.
[45] 邓小玲,曾国亮,朱梓豪,等.基于无人机高光谱遥感的柑橘患病植株分类与特征波段提取[J].华南农业大学学报,2020,41(6):100-108.
[46] 唐明丽,邓明学,门友均,等.极飞P20植保无人机飞防柑橘木虱试验初探[J].广东蚕业,2020,54(11):72-73,146.
[47] 万祖毅.基于无人机遥感的柑橘果树信息提取及应用研究[D].重庆:西南大学,2020.
[48] 马传金.基于深度学习的无人机遥感柑橘果实识别[D].武汉:华中师范大学,2020.
[49] 束美艳,李世林,魏家玺,等.基于无人机平台的柑橘树冠信息提取[J].农业工程学报,2021,37(1):68-76.
[50] 柯伟.枞阳县植保无人机应用现状及发展建议[J].现代农业科技,2021(20):92-93,95.
[51] 周蒙.中国生物农药发展的现实挑战与对策分析[J].中国生物防治学报,2021,37(1):184-192.
[52] 刘晓漫,曹坳程,王秋霞,等.我国生物农药的登记及推广应用现状[J].植物保护,2018,44(5):101-107.
[53] 袁兵兵,张海青,陈静.微生物农药研究进展[J].山东轻工业学院学报(自然科学版),2010,24(1):45-49.
[54] 于忻滢,张国良,范松,等.植物源农药研究进展[J].黑龙江农业科学,2021(7):123-129.
[55] 朱玉坤,尹衍才.微生物农药研究进展[J].生物灾害科学,2012,35(4):431-434.
[56] 潘华,王志美,胡文亭,等.转基因技术及农业生产应用[J].现代园艺,2022,45(8):181-183.
[57] 自限性基因技术大大减少小菜蛾数量 开启无毒无杀虫剂防虫新未来[J].中国食品学报,2015,15(7):146.
[58] 蒋迪,徐昌杰,陈大明,等.柑橘转基因研究的现状及展望[J].果树学报,2002,19(1):48-52.
[59] 李钊,付文,李永川,等.柑橘果园物理防治技术集成应用的防效评价[J].热带农业科学,2018,38(11):47-53.
[60] 郭勇飞,张小军.纳米农药研究进展[J].世界农药,2021,43(4):1-7.
[61] 郭正红.臭氧水对设施蔬菜病害的防治及其生理机制的研究[D].上海:上海师范大学,2017.
[62] 王永强,李英东,郭正红,等.臭氧水对土壤微生物群落的影响[J].上海师范大学学报(自然科学版),2018,47(6):688-696.
[63] 韩双,王友平,王富建,等.臭氧功能水对黄瓜霜霉病防治效果以及产量和品质的影响[J].河北农业科学,2020,24(3):62-64,79.
[64] 龙君.臭氧处理对柑橘青霉病菌抑制作用及柑橘保鲜效果的研究[D].上海:上海师范大学,2013.
[65] 王欣,曹真.农业病虫害新型防治技术概述[J].现代农村科技,2021(6):41-43.

# 附录一

# 江门市新会陈皮保护条例

(2019年12月30日江门市第十五届人民代表大会常务委员会第二十七次会议通过 2020年3月31日广东省第十三届人民代表大会常务委员会第十九次会议批准)

## 第一章 总 则

**第一条** 为了继承和弘扬新会陈皮文化,保证新会陈皮的质量和特色,促进新会陈皮产业持续健康发展,根据有关法律法规,结合本市实际,制定本条例。

**第二条** 本条例适用于本市行政区域内新会陈皮的保护以及新会陈皮文化的传承和发展等活动。

本条例所称新会陈皮,是指在国家公告的地理标志产品产地范围内,以新会柑皮为原料,采用特殊的干燥、贮存工艺陈化而成,具有独特风味和品质的柑皮。

本条例所称新会柑,是指在国家公告的地理标志产品产地范围内,采用茶枝柑大种油身、细种油身等品系栽培而成的茶枝柑果实。

**第三条** 产地范围内县级以上人民政府应当将新会陈皮保护及其产业发展规划纳入本级国民经济和社会发展规划,所需经费列入本级年度财政预算。

市场监督管理主管部门负责新会陈皮市场秩序和知识产权保护等工作。

农业农村主管部门负责新会柑种质资源保护、种苗繁育、种植规范指导服务等工作。

文化和旅游主管部门负责新会陈皮文化产业发展和旅游资源开发等工作。

生态环境主管部门负责新会陈皮生态环境保护和污染防治等工作。

发展改革、自然资源、城市管理和综合执法、财政、住房城乡建设、民政等主管部门在各自职责范围内做好新会陈皮保护相关工作。

镇人民政府、街道办事处应当配合有关部门做好新会陈皮保护工作,引导和支持村民委员会、居民委员会依法组织制定新会陈皮保护相关村规民约、居民公约。

**第四条** 产地范围内县级以上人民政府应当建立新会陈皮保护联席会议制度,研究、协调解决保护工作中的产业发展、信息共享、文化传承、媒体宣传等重大事项。

在召开新会陈皮保护联席会议时,可以邀请新会陈皮行业组织、技术专家、生产经营者代表列席会议,听取意见。

**第五条** 产地范围内县级以上人民政府应当加强新会陈皮保护宣传和普及工作。

新闻媒体应当开展新会陈皮保护相关法律法规和新会陈皮知识的宣传,对违反新会陈皮保护的行为进行舆论监督。

## 第二章 道地性保护

**第六条** 产地范围内县级人民政府应当指定相关主管部门会同城乡规划主管部门共同组织编制新会陈皮产地保护规划。新会陈皮产地保护规划由组织编制机关报本级人民政府批准实施。

在编制新会陈皮产地保护规划时,组织编制机关可以根据产地内的地理、气候、土壤等自然因素和文化传承等人文因素,对产地实行分区保护,并明确具体规划措施。

新会陈皮产地保护规划应当符合国土空间规划。

**第七条** 新会陈皮产地保护规划报送批准前,组织编制机关应当依法将规划草案予以公告,并采取论证会、听证会或者其他方式征求专家和公众的意见。公告的时间不得少于三十日。

新会陈皮产地保护规划经批准后,应当在政府网站、新闻媒体和专门场所公告,并在政府网站长期公布。

**第八条** 产地范围内农业农村主管部门应当广泛宣传柑橘黄龙病等重大病虫疫情的危害特点和传播规律,落实防控措施,提升防控水平。

生产经营者应当按照国家和地方标准,合理使用农药、肥料等投入品;在有关主管部门技术指导下,开展柑橘黄龙病等重大病虫疫情防治,维持果园的健康水平,履行生产经营主体防控义务。

**第九条** 鼓励企业开展新会柑肉综合化、产品化利用;引导生产经营者开展新会柑肉资源化利用,或者提供给有资质的企业进行深加工和综合利用。

任何单位和个人不得随意倾倒、丢弃新会柑肉,防止污染环境,影响环境卫生。

产地范围内农业农村、林业、生态环境、城市管理和综合执法等主管部门应当加强对新会柑肉收集、贮存、利用、处置的监督管理。

**第十条** 产地范围内农业农村或者林业主管部门应当依法对集中分布的新会柑天然种质资源进行保护。

林业主管部门应当依法将符合条件的柑树纳入古树名木保护目录,建立档案,实行挂牌保护。

任何单位和个人不得侵占和破坏新会柑天然种质资源。

**第十一条** 产地范围内农业农村主管部门应当推动依法设立新会柑良种繁育基地。

新会柑良种繁育基地应当设置保护标识,标明繁育种类、认定单位、建设单位等,接受社会监督。

**第十二条** 产地范围内县级人民政府农业农村等主管部门可以根据国家、省公告的产品质量技术要求,制定新会柑种植和新会陈皮生产技术指导规范,并向社会公布。

鼓励和支持新会柑种植和新会陈皮生产企业进行标准化、规模化种植和生产,制定企业标准。

鼓励新会陈皮行业组织、农业合作社积极推行新会柑种植和新会陈皮生产工艺标准化,对其成员统一提供生产资料和技术服务,保障新会陈皮质量安全。

**第十三条** 鼓励、支持企业和个人与科研机构、高等院校联合研究新技术、新工艺,以新会柑、新会陈皮为原料开发生产药品、食品、茶制品等衍生品,延长新会陈皮产业链,增加新会陈皮行业附加值;以科教双创促进新价值和新业态的形成,拓展产业链。

**第十四条** 产地范围内县级以上人民政府农业农村等主管部门应当逐步建立统一的新会柑种植和新会陈皮生产、仓储、流通的全过程质量可追溯体系。

生产经营者应当建立健全质量管理制度,如实记录、提供可供追溯的相关信息。

## 第三章 品牌保护

**第十五条** 产地范围内县级以上人民政府及其相关部门应当鼓励和支持新会陈皮生产经营者加强品牌建设,依法保护企业注册域名。

**第十六条** 新会柑、新会陈皮地理标志产品管理机构应当向社会公开地理标志产品专用标志的申请条件、使用规则以及管理细则。

产地范围内生产经营者可以向新会柑、新会陈皮地理标志产品管理机构申请使用地理标志产品专用标志。

**第十七条** 新会柑、新会陈皮地理标志产品管理机构应当对地理标志产品专用标志的印刷、发放、数量、使用情况等进行日常监督管理。

地理标志产品管理机构应当根据实际情况控制专用标志的使用数量。

**第十八条** 产地范围内生产经营者可以向新会陈皮证明商标注册人申请使用证明商标。

证明商标注册人应当向社会公开新会陈皮证明商标使用管理规则,明确证明商标的使用宗旨、条件、手续和使用人的权利、义务以及应当承担的责任等内容。

证明商标注册人应当对该商标的使用进行有效管理或者控制,使该商标使用的商品达到其使用管理规则的要求,防止对消费者造成损害。

**第十九条** 凡符合新会陈皮证明商标使用管理规则规定条件的生产经营者,在履行相关手续后,可以使用该证明商标。证明商标注册人不得拒绝办理手续。

**第二十条** 任何单位和个人不得从事下列行为:

(一)擅自使用或者伪造新会柑、新会陈皮地理标志产品名称及专用标志;

(二)伪造、擅自制造新会陈皮证明商标标识或者销售伪造、擅自制造新会陈皮证明商标标识;

(三)其他侵犯新会柑、新会陈皮知识产权的行为。

## 第四章 传承与发展

**第二十一条** 产地范围内县级以上人民政府应当根据法律法规有关规定,在土地、资金、人才等方面制定具体措施,加大对新会陈皮生产经营者在天然种质保护、繁育种质保护以及技术改造、科技创新、节能减排、品牌创建等方面的支持力度。

鼓励和支持社会资金投资新会陈皮产业,促进新会陈皮产业壮大发展。

**第二十二条** 产地范围内县级以上人民政府应当重视新会陈皮文化的保护与传承,对涉及新会陈皮的传统技艺、饮食文化、民风民俗、故事传说等文化遗产进行搜集、研究和整理,并合理开发利用。

产地范围内县级以上人民政府可以对长期从事新会陈皮生产经营活动的企业或者生产技艺精湛、成就显著的人员,依法授予荣誉称号,给予相应的补助、奖励。

鼓励新会陈皮生产技艺传承人开展授徒、传艺、交流等传承传播活动。

**第二十三条** 新会陈皮行业组织应当发挥行业自律作用,积极参与新会陈皮保护工作,落实保护措施;提供信息交流、技术培训、信用建设和咨询等服务。

新会陈皮生产企业应当加强职工生产技艺培训,有计划地组织开展技术交流、技能竞赛和业务学习等活动。

**第二十四条** 鼓励金融机构创新金融产品,改善金融服务,加大对新会陈皮产业发展的信贷投放。

鼓励商业保险机构开发新会陈皮产业相关保险产品,支持新会陈皮生产经营者购买商业保险。

**第二十五条** 鼓励科研机构、企业和个人建立产学研合作机制,创新新会柑种植和新会陈皮生产等技术,为新会陈皮保护提供技术支持。

## 第五章 监督与管理

**第二十六条** 市场监督管理主管部门应当对新会柑、新会陈皮市场进行监督检查,对以假充真、以次充好、伪造产地等违法行为进行查处;依法打击侵犯知识产权的行为。

**第二十七条** 产地范围内农业农村主管部门应当加强对农药、化肥等投入品使用的监督管理;对新会柑的良种选育、种苗繁育、标准种植等进行指导服务。

**第二十八条** 产地范围内生态环境、城市管理和综合执法等主管部门应当加强日常监测和巡查,及时发现和处置污染事件,确保自然生态环境良好,市容环境整洁、有序。

**第二十九条** 对分散于农户中种植新会柑、生产新会陈皮的,鼓励新会陈皮行业组织和农业合作社按照有关行业标准、企业标准进行生产指导和技术服务。

**第三十条** 新会陈皮生产经营者应当建立种植、采摘、加工、仓储、销售台账,按照要求向相关主管部门报告生产经营情况。

## 第六章 法律责任

**第三十一条** 产地范围内相关主管部门以及其他有关单位和部门有下列行为之一的,由其上级行政机关责令改正;情节严重的,对直接负责的主管人员和直接责任人员依法给予处分;构成犯罪的,依法追究刑事责任:

(一)未依法组织编制新会陈皮产地保护规划的;

(二)未依法将符合条件的新会柑树纳入古树名木保护目录,建立档案,实行挂牌保护的；

（三）未逐步建立统一的新会柑种植和新会陈皮生产、仓储、流通全过程质量可追溯体系的；

（四）未根据实际情况控制地理标志产品专用标志使用数量的；

（五）其他滥用职权，玩忽职守，徇私舞弊行为。

**第三十二条** 违反本条例第九条第二款规定，随意倾倒、丢弃新会柑肉，造成环境污染，或者影响环境卫生的，由生态环境或者城市管理和综合执法等主管部门依法追究法律责任。

**第三十三条** 违反本条例第十条第三款规定，侵占和破坏新会柑天然种质资源的，由农业农村或者林业主管部门责令停止违法行为，没收种质资源和违法所得，并处一万元以上五万元以下罚款；造成损失的，依法承担赔偿责任。

**第三十四条** 违反本条例第十四条第二款规定，生产经营者未如实记录、提供可供追溯相关信息的，由农业农村主管部门或者其他有关主管部门责令限期改正；逾期不改正的，可以处两千元以下罚款。

**第三十五条** 违反本条例第十八条第三款规定，新会陈皮证明商标注册人没有对该商标的使用进行有效管理或者控制，致使该商标使用的商品达不到其使用管理规则的要求，对消费者造成损害的，由市场监督管理主管部门责令限期改正；拒不改正的，处以违法所得三倍以下的罚款，但最高不超过三万元；没有违法所得的，处两千元以上一万元以下的罚款。

**第三十六条** 违反本条例第二十条第一项规定，擅自使用或者伪造新会柑、新会陈皮地理标志产品名称及专用标志的，由市场监督管理主管部门依法进行查处。

违反本条例第二十条第二项规定，伪造、擅自制造新会陈皮证明商标标识或者销售伪造、擅自制造新会陈皮证明商标标识的，由当事人协商解决；不愿协商或者协商不成的，商标注册人或者利害关系人可以向人民法院起诉，也可以请求市场监督管理主管部门依法处理；构成犯罪的，除赔偿被侵权人的损失外，依法追究刑事责任。

## 第七章 附 则

**第三十七条** 除法律法规另有规定外，在本市行政区域内地理标志产品产地范围外陈皮的保护工作，参照本条例执行。

**第三十八条** 本条例自2020年7月1日起施行。

# 附录二

# 新会柑皮含茶制品

## 1 范围
本标准适用于新会柑皮含茶制品。

## 2 产品分类

### 2.1 填充型新会柑皮含茶制品
在新鲜的新会柑果皮中填入茶叶,经干燥、包装而成的含茶制品,如新会柑普茶。

### 2.2 拼配型新会柑皮含茶制品
以新鲜或干制的新会柑果皮、茶叶为主要原料,经拼配、压制或不压制、干燥、包装而成的含茶制品。

## 3 技术要求

### 3.1 原料要求

3.1.1 新会柑应采用新鲜果实,果面不应打蜡,并符合《地理标志产品 新会柑》DB 44/T 601、《食品安全国家标准 食品中污染物限量》GB 2762 和《食品安全国家标准 食品中农药最大残留限量》GB 2763 的规定。

3.1.2 茶叶应符合 GB 2762、GB 2763 以及相应食品标准和有关规定。

### 3.2 感官要求
感官要求应符合表 1 规定。

表 1 感官要求

| 项 目 | 要 求 | 检验方法 |
| --- | --- | --- |
| 组织形态 | 干燥,无霉变、无虫蛀 | 将样品置于清洁、干燥白色瓷盘中,在自然光下观察组织形态,检查杂质;按包装说明冲泡后品尝滋味气味 |
| 滋味气味 | 茶汤应具有相应的香气和滋味,无霉味 | |
| 杂质 | 无正常视力可见外来杂质 | |

### 3.3 理化指标
理化指标应符合表 2 规定。

表 2 理化指标

| 项 目 | 指标 | 检验方法 |
| --- | --- | --- |
| 水分/(g·100 $g^{-1}$) | 13.0 | 《食品安全国家标准 食品中水分的测定》GB 5009.3 |

### 3.4 污染物限量
污染物限量应符合表 3 规定。

表3　污染物指标

| 项　目 | 指标 | 检验方法 |
|---|---|---|
| 铅(以 Pb 计)/(mg·kg$^{-1}$) | 3.5 | 样品采集应符合 GB 5009.1 的规定,检测取样时应将柑皮与茶叶充分混匀,按 GB 5009.12 规定的方法测定 |

3.5　农药残留限量

农药残留限量应符合《食品安全国家标准　食品中农药最大残留限量》GB 2763 对茶叶的规定。

3.6　食品添加剂的使用

3.6.1　生产加工过程中不添加食品用香料、香精。

3.6.2　其他食品添加剂的使用应符合《食品国家安全标准　食品添加剂使用标准》GB 2760 的规定。

**4　贮存和运输**

4.1　不得与有毒、有害或有异味的物品一同贮存、运输。

4.2　贮存、运输和装卸的容器、工器具和设备应当安全、无害,保持清洁,贮存和运输过程中应避免日光直射、雨淋、显著的温湿度变化和剧烈撞击等不良因素。

4.3　贮存环境应维持相对湿度在 70% 以下。

4.4　在符合以上条件的情况下,产品可长期保存。

# 附录三

# 新会柑普茶质量标准

## 1 范围

本标准规定了新会柑普茶的定义、分类和相关概念,规定了产品货式和技术要求、工艺流程和技术要求,规定了生产加工储存过程的技术要求、卫生要求、检验方法、检验规则、标志标签、包装运输等。本标准适用于以普洱茶为主要原料,配以新会柑皮、陈皮,经原料清洗、开皮挖肉、拼配、干燥、包装等工艺制成的新会柑(陈皮)普茶制品。

## 2 规范性引用文件

下列文件中的条款通过本标准的引用而成为本标准的条款。凡是注日期的引用文件,其随后所有修改单(不包括勘误的内容)或修订版均不适用于本标准。然而,鼓励根据本标准达成协议的各方研究使用这些文件的最新版本。凡是未标注日期的引用文件,其最新版本适用于本标准。

GB/T 191  包装储运图示标志

GB 2760  食品安全国家标准 食品添加剂使用卫生标准

GB 2761  食品安全国家标准 食品中真菌毒素限量

GB 2762  食品安全国家标准 食品中污染物限量

GB 2763  食品安全国家标准 食品中农药最大残留限量

GB/T 4789.3  食品卫生微生物学检验 大肠菌群测定

GB/T 4789.21  食品卫生微生物学检验 冷冻饮品、饮料检验

GB 5009.3  食品安全国家标准 食品中水分的测定

GB 5009.4  食品安全国家标准 食品中总灰分的测定

GB 5009.11  食品安全国家标准 食品中总砷和无机砷的测定

GB 5009.12  食品安全国家标准 食品中铅的测定

GB 5009.15  食品安全国家标准 食品中镉的测定

GB/T 5009.103  植物性食品中甲胺磷和乙酰甲胺磷农药残留量的测定

GB/T 6388  运输包装收发货标志

GB 7718  食品安全国家标准 预包装食品标签通则

GB/T 8302  茶 取样

GB/T 8303  茶 磨碎试样的制备及其干物质含量测定

GB/T 8305  茶 水浸出物测定

GB/T 8310  茶 粗纤维测定

GB/T 8313　茶叶中茶多酚和儿茶素类含量的检测方法
GB 9687　食品包装用聚乙烯成型品卫生标准
GB/T 9833.6　紧压茶 第6部分：紧茶
GB 14880　食品安全国家标准 食品营养强化剂使用卫生标准
GB 14881　食品安全国家标准 食品生产通用卫生规范
GB/T 22111　地理标志产品 普洱茶
GB/T 23204　茶叶中519种农药及相关化学品残留量的测定 气相色谱-质谱法
SB/T 10035　茶叶销售包装通用技术条件
SB/T 10036　紧压茶运输包装
DB44/T 601　地理标志产品 新会柑
DB44/T 604　地理标志产品 新会陈皮
DBS 44/010　新会柑皮含茶制品
中华人民共和国药典

## 3　术语与定义

下列术语和定义适用于本标准。

新会柑普茶以产于广东省江门市新会区行政区域内的茶枝柑（*Citrus reticulate* "Chachi"）鲜果皮（小果或果实）的干品，或其经陈化后的陈皮，与普洱茶按一定形式与比例搭配混合而成的，在形式、品味、功能和茶道上有新变化和发展的茶种。按其茶枝柑不同采摘时期可分为新会小青柑（陈皮）茶、新会花青柑（陈皮）茶、新会黄柑（陈皮）茶和新会大红柑（陈皮）茶。主要形式为陈皮茶、果形茶、袋泡茶、萃取茶、混搭压紧茶和混搭散配茶等产品形式。

## 4　要求

**4.1**　原料来源于新会的柑普茶由新会柑（陈皮）和普洱茶两种原料构成。其中，新会柑与新会陈皮分别指《地理标志产品　新会柑》和《地理标志产品　新会陈皮》所规定的产自江门市新会区的植物品种茶枝柑（大红柑）或产品新会陈皮，它是有近千年生产历史传承的道地药材，具有非常明显的质量特色和与之相关非常严格的地域性。普洱茶为国家标准《地理标志产品　普洱茶》所规定的，以地理标志保护范围的云南大叶种晒青茶为原料，并采用特定的加工工艺而成的普洱茶熟茶。

**4.2**　工艺

**4.2.1**　产品技术参数

**4.2.1.1**　新会小青柑（皮）茶。以在7月中至9月中膨大期采摘的小果（果皮纯青色，黄酮类含量高，糖分低，鲜果规格：3.5 cm≤鲜果直径≤6.0 cm，25 g≤鲜果质量≤75 g）的干果皮所配搭的茶，皮品辛香。

**4.2.1.2**　新会花青柑（皮）茶。以在9月中旬至10月下旬采摘的小果（其果皮开始褪绿、青色或黄色，生理未成熟，黄酮类含量较高，糖的含量较低，鲜果规格：5.5 cm≤鲜果直径≤8.5 cm，75 g≤鲜果质量≤125 g）的干果皮所配搭的茶，皮品清香。

**4.2.1.3**　新会黄柑（皮）茶。以在10月中旬至11月下旬采摘的果实（果皮开始着色转黄,但未完全转红或橙红,生理基本成熟,果皮黄酮类和糖的含量较多,鲜果规格:5.5 cm≤鲜果直径≤9.0 cm,100 g≤鲜果质量≤175 g)的干果皮所配搭的茶,皮品香甜。

4.2.1.4 新会大红柑(皮)茶。以在11月中旬至12月下旬采摘的果实(其果皮已充分着色,生理已充分成熟,果皮黄酮类含量低,多糖含量高,鲜果规格:5.5 cm≤鲜果直径≤10.0 cm,100 g≤鲜果质量≤175 g)的干果皮所配搭的茶,皮品甜香。

4.2.2 新会柑普茶加工工艺符合环保要求,加工场所取得食品生产许可,设备安全,具有配套工艺流程。新会柑普茶包括采摘、清洗、分类分级、开果壳、清洗除渍、杀青、晾水、配填茶、自然发酵、干燥和提香、半成品分拣分级包装、半成品干仓退火、二次干燥和提香、成品包装、商品包装等15道工序。

4.2.2.1 鲜果清洗分级。按区域、质量和批次,按程序清洗,按大小、颜色分级。

4.2.2.2 开柑壳。在鲜柑果果皮开缺口(目前以开蒂口和脐口法为主),将鲜果的果肉从缺口掏出,并将完整的果皮洗净,及时清除冷渍水,保持果壳干爽。

4.2.2.3 杀青。可采用蒸汽浴、热水浴、热烘等方法。建议采用蒸汽高温(100~200 ℃)瞬间(30~180 s)表面杀青方法,及时清除热渍水,保持果壳干爽。

4.2.2.4 配茶和填茶。根据产品要求选择普洱茶的等级并按一定比例搭配,将搭配好的茶料装填入柑壳中。也可从4.2.2.2直接填茶,进入发酵阶段4.2.2.5。

4.2.2.5 发酵。建议在可控模拟自然气候棚内,采用自然日照、温湿和通风条件发酵24~96 h,其间注意翻茶,防果底渍水,注意不良天气造成沤茶、烧茶,注意夜间通风或冷气进行降温等。

4.2.2.6 干燥和提香。

(1) 自然晒干法就是趁秋冬晴朗干燥北风天,先晾(晒)壳至一定程度后填茶,并将装好的果茶置于专用晒皮容器或晒场内自然晒干(建议晒干全程连续且不能多于7天,如果天气温湿度较高则干壳填茶、低温风干)。

(2) 烘干法是将装好的果茶置于干茶专用容器中,在烘房内烘干。待柑茶完全达到干燥度后,为了保证充分干燥,可在24 h后进行回炉干燥。达到干燥度后,在80 ℃以上进行30 min 的提香。

4.2.2.7 分拣和分级。在对柑果、陈皮分级的基础上,对完成干燥的半成品在包装前进行再分级,保证产品外观完好、观感一致、品质一致。

4.2.2.8 干仓裸储。将未密封或只进行首层用食品级纱纸包装半成品,用专用箱筒装后放入品质仓进行退火和陈化,保质提质。建议采用干净卫生、防虫气密仓库,同时配置抽湿机、低温烘干机或整体控温控湿房,确保仓库能提供最佳品质保存条件和提升环境。

4.2.2.9 成品包装。包装前应再进行一次低温超干燥处理,首层用食品级纱纸包装,提倡采用单个独立防潮包装。

4.2.3 新会陈皮普洱茶加工工艺

4.2.3.1 陈皮原皮茶。经晒(低温烘)干,置于干净干仓,在新会境内,经3年及以上时间自然活性陈化为不霉变、不烧皮、不变质消蚀、没有严重虫蛀的新会陈皮。可采用原片、切丝或制成其他形状。

4.2.3.2 陈皮混合茶。将陈皮与普洱等其他茶类混合（或混合存放），成散茶或压紧成饼茶等。

4.2.3.3 陈皮萃取茶。通过现代萃取技术和方式将陈皮和搭配茶的主要风味物质提取和融合制成的茶萃。

4.2.3.4 储存和陈化。

（1）在具备良好控温控湿条件和控风条件的干净干仓，按食品要求，采用无毒、无味、透气容器和材料包装，实行"三离（离地、离墙、离顶）"放置等贮存方法。柑普茶理化指标见附表1。

附表1 柑普茶理化指标

| 项目 | 指标 | 项目 | 指标 |
| --- | --- | --- | --- |
| 水分/% | ≤13.0 | 粗纤维/% | ≤15.0 |
| 总灰分/% | ≤8.5 | 茶多酚/% | ≤15.0 |
| 水浸出物/% | ≥28.0 | | |

（2）储存和陈化场地具备符合国家食品卫生要求的防烧、防霉和防虫等保质的硬件和制度要求。

4.3 质量要求

4.3.1 品质柑皮完整，无虫蛀、霉变，无或极少量病斑，茶叶品质正常，无劣变、无异味。洁净，不含非茶类夹杂物，不得加入任何添加剂。

4.3.2 新会柑普茶的理化指标应符合附表1的规定。

4.3.3 指纹图谱中应呈现6个特征峰，其中1号峰为没食子酸，3号峰为咖啡因，4号峰为橙皮苷，5号峰为川陈皮素，6号峰为橘皮素（附图1）。供试品指纹图谱中应分别呈现与参照物色谱峰保留时间相同的色谱峰。按中药色谱指纹图谱相似度评价系统计算，供试品指纹图谱与对照指纹图谱的相似度不得低于0.95。

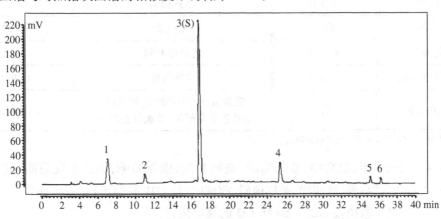

附图1 对照指纹图谱

峰1：没食子酸；峰2：未确证物质；峰3(S)：咖啡因；峰4：橙皮苷；峰5：川陈皮素；峰6：橘皮素

#### 4.3.4 安全性指标

新会柑普茶安全性指标应符合附表2的规定。

#### 4.3.5 预包装柑普茶产品净含量的允许短缺量应符合国家质量监督检验检疫总局令〔2005〕第75号《定量包装商品计量监督管理办法》的规定。

### 5 试验方法

#### 5.1 取样与试样制备

5.1.1 取样按 GB/T 8302 的规定执行。

5.1.2 试样制备按 GB/T 8303 的规定执行。

#### 5.2 理化指标检验

5.2.1 水分按 GB 5009.3 的规定执行。

5.2.2 总灰分按 GB 5009.4 的规定执行。

5.2.3 水浸出物按 GB/T 8305 的规定执行。

5.2.4 粗纤维按 GB/T 8310 的规定执行。

5.2.5 茶多酚按 GB/T 8313 的规定执行。

#### 5.3 安全性指标检验（附表2）

5.3.1 总砷按 GB 5009.11 的规定执行。

5.3.2 铅按 GB 5009.12 的规定执行。

5.3.3 镉按 GB 5009.15 的规定执行。

附表2 柑普茶安全性指标

| 项目 | 指标 | 项目 | 指标 |
| --- | --- | --- | --- |
| 铅 | ≤5.0 | 乐果 | ≤0.1 |
| 总砷 | ≤0.5 | 六六六 | ≤0.2 |
| 镉 | ≤0.1 | 敌敌畏 | ≤0.1 |
| 氯菊酯 | ≤20 | 滴滴涕（DDT） | ≤0.2 |
| 联苯菊酯 | ≤5.0 | 杀螟硫磷 | ≤0.5 |
| 氯氰菊酯 | ≤0.5 | 喹硫磷 | ≤0.2 |
| 溴氰菊酯 | ≤5.0 | 乙酰甲胺磷 | ≤0.1 |
| 顺式氰戊菊酯 | ≤2.0 | 大肠菌群 | ≤300 |
| 氟氰戊菊酯 | ≤20 | 致病菌（沙门氏菌、志贺氏菌、金黄色葡萄球菌、溶血性链球菌） | 不得检出 |

注：其他安全性指标按国家相关规定执行。

5.3.4 农药残留（氯菊酯、联苯菊酯、氯氰菊酯、溴氰菊酯、顺式氰戊菊酯、氟氰戊菊酯、乐果、六六六、敌敌畏、滴滴涕、杀螟硫磷、喹硫磷）按 GB/T 23204 的规定执行。

5.3.5 乙酰甲胺磷按 GB/T 5009.103 的规定执行。

5.3.6 大肠菌群、致病菌按 GB/T 4789.3 和 GB/T 4789.21 的规定执行。

5.4 指纹图谱的鉴定

按照高效液相色谱法[《中国药典》2015年版(四部)通则0512]测定。

附表3 流动相洗脱梯度

| 时间/min | 流动相A/% | 流动相B/% |
|---|---|---|
| 0～25 | 5→50 | 95→50 |
| 25～35 | 50→90 | 50→10 |
| 35～40 | 90 | 10 |

5.4.1 色谱条件与系统适用性试验。以十八烷基硅烷键合硅胶为填充剂(柱长为25 cm,内径为4.6 mm,粒径为5 μm);以甲醇为流动相A,以0.1%磷酸溶液为流动相B,按附表3中的规定进行梯度洗脱;检测波长为270 nm;柱温30 ℃;流速为1.0 mL/min。理论塔板数按咖啡因峰计算应不低于5 000。

5.4.2 参照物溶液的制备。取没食子酸对照品、咖啡因、橙皮苷对照品适量,精密称定,加甲醇制成每毫升含没食子酸25 μg、咖啡因50 μg、橙皮苷50 μg的混合溶液,即得。

5.4.3 供试品溶液的制备。称取0.5 g试样(精确至0.001 g),置于锥形瓶中,精密加入80%甲醇溶液100 mL,称定质量,超声处理(功率250 W,频率40 kHz)30 min,放置室温,用80%甲醇溶液补足减失的质量,滤过,取滤液,即得。

5.4.4 测定法。分别精密吸取参照物溶液与供试品溶液各10 μL,注入液相色谱仪,测定,记录色谱图,即得。

5.5 净含量检验。预包装柑普茶产品净含量检验按《定量包装商品净含量计量检验规则》(JJF1070)的规定执行。计算按《紧压茶 第1部分:花砖茶》GB/T 9833.1—2013中附录C的规定执行。

**6 检验规则**

6.1 组批及抽样

6.1.1 组批

以同一原料、同一工艺、同一规格、同一生产周期内所生产的产品为一批。

6.1.2 抽样

按GB/T 8302的规定进行。

6.2 出厂检验每批产品均需由生产企业质量检验部门抽检,经检验合格,签发合格证方可出厂销售。出厂检验项目分别为品质、水分、茶多酚。

6.3 型式检验

在产品正常生产的情况下,每年进行一次型式检验。型式检验项目为本标准规定的全部项目。有下列情况之一时,亦应进行型式检验:

(1)当原料、生产工艺有较大改变时。

(2)出厂检验结果与上一次型式检验结果有较大差异时。

(3)国家质量监督机构提出型式检验要求时。

6.4 判定规则

6.4.1 判定原则

结果判定分为实物质量判定、标签判定和综合判定三部分。实物质量和标签均合格时,综合判定合格;实物质量或标签有一项不合格时,综合判定不合格。

6.4.2 实物质量判定

6.4.2.1 检验结果的全部项目均符合本标准规定的要求,判定为合格;检验结果中有任一项不合格时,则判定为不合格。

6.4.2.2 对检验结果有异议时,可进行复检。凡劣变、有污染、有异味和安全性指标不合格的产品,均不得复检;其余项目不合格时,可对备样进行复检,也可按 GB/T 8302 加倍取样,对不合格项目进行复检,以复检结果为准。

6.4.3 标签判定全部项目均符合 GB 7718 和本标准 7.1 的规定,判定为合格;有任意一项不符合 GB 7718 或本标准 7.1 的规定,判定为不合格。

**7 标志、包装、运输、贮存**

7.1 标志标签、标识应符合 GB/T 191、GB/T 6388、GB/T 7718 的规定。真实反映产品的属性(如新会柑普茶、新会陈皮茶等)、净含量、制造者名称和地址、生产日期保存期、贮存条件、产品标准号,标签、标识文字应清晰可见。

7.2 包装

7.2.1 包装应符合 SB/T 10035、SB/T 10036 的规定。包装应牢固、洁净、防潮,能保护茶叶品质,便于长途运输。

7.2.2 接触茶叶的内包装材料应符合国家有关规定,包装容器应干燥、清洁、卫生安全、无异味。

7.3 运输

7.3.1 运输工具应清洁、卫生、无异味、无污染。

7.3.2 运输时应防雨、防潮、防曝晒。

7.3.3 严禁与有毒、有害、有异味、易污染的物品混装、混运。

7.4 贮存

贮存的仓库应通风、干燥、清洁、阴凉、无阳光直接照射,严禁与有毒、有异味、潮湿、易生虫、易污染的物品同仓贮存。

7.5 保质期

在符合本标准的贮存条件下,柑普茶适宜长期保存。

# 附表一

# 新会陈皮黄酮类化学成分

| 序号 | 化学名 | 英文名 | 分子式 | 相对分子质量 | 结构式 |
|---|---|---|---|---|---|
| 1 | 橙皮苷 | hesperidin | $C_{28}H_{34}O_{15}$ | 610 | |
| 2 | 6,8-二-C-β-葡糖基芹菜苷 | vicenin-2 | $C_{27}H_{30}O_{15}$ | 594 | |
| 3 | 芸香柚皮苷 | narirutin | $C_{27}H_{32}O_{14}$ | 580 | |
| 4 | 川陈皮素 | nobiletin | $C_{21}H_{22}O_8$ | 402 | |
| 5 | 橘皮素(橘红素) | tangeretin | $C_{20}H_{20}O_7$ | 372 | |
| 6 | 柚皮黄素 | natsudaidain | $C_{21}H_{22}O_9$ | 418 | |
| 7 | 3,5,6,7,8,3',4'-七甲氧基黄酮 | 3,5,6,7,8,3',4'-heptamethoxyflavone | $C_{22}H_{24}O_9$ | 432 | |

(续表)

| 序号 | 化学名 | 英文名 | 分子式 | 相对分子质量 | 结构式 |
|---|---|---|---|---|---|
| 8 | 5-羟基-6,7,8,3′,4′-五甲氧基黄酮 | 5-demethylnobiletin | $C_{20}H_{20}O_8$ | 388 | |
| 9 | 柚皮苷-4′-O-葡萄糖苷 | naringin-4′-O-glucoside | $C_{33}H_{42}O_{19}$ | 742 | |
| 10 | 芹菜素-6,8-二-C-葡萄糖苷 | apigenin-6,8-di-C-glucoside | $C_{27}H_{30}O_{15}$ | 594 | |
| 11 | 金圣草黄素-6,8-二-C-葡萄糖苷 | chysoeriol-6,8-di-C-glucoside | $C_{28}H_{32}O_{16}$ | 624 | |
| 12 | 香叶木素-6,8-二-C-葡萄糖苷 | diosmetin-6,8-di-C-glucoside | $C_{28}H_{32}O_{16}$ | 624 | |
| 13 | 圣草次苷 | eriocitrin | $C_{27}H_{32}O_{15}$ | 596 | |
| 14 | 新圣草次苷 | neoeriocitrin | $C_{27}H_{32}O_{15}$ | 596 | |

附表一　新会陈皮黄酮类化学成分

（续表）

| 序号 | 化学名 | 英文名 | 分子式 | 相对分子质量 | 结构式 |
|---|---|---|---|---|---|
| 15 | 柠檬黄素-3-O-(3-羟基-3-甲基戊二酸)-葡萄糖苷及其异构体 | limocitrin-3-O-(3-hydroxy-3-methylglutarate)-glucoside or iosmers | $C_{29}H_{30}O_{17}$ | 652 | |
| 16 | 香风草苷 | didymin | $C_{28}H_{34}O_{14}$ | 594 | |
| 17 | 橙皮素 | hesperetin | $C_{16}H_{14}O_6$ | 302 | |
| 18 | 柚皮黄素-3-O-(5-葡萄糖苷-3-羟基-3-甲氧基戊二酸)葡萄糖苷 | natsudaidain-3-O-(5-glucosyl-3-hydroxy-3-methylglutarate)-glucoside | $C_{39}H_{50}O_{23}$ | 886 | |
| 19 | 柚皮黄素-3-O-葡萄糖苷 | natsudaidain-3-O-glucoside | $C_{27}H_{32}O_{14}$ | 580 | |
| 20 | 柚皮黄素-3-O-(3-羟基-3-甲基戊二酸)-葡萄糖苷 | natsudaidain-3-O-(3-hydroxy-3-methylglutarate)-glucoside | $C_{33}H_{40}O_{18}$ | 724 | |
| 21 | 异橙黄酮 | isosinensetin | $C_{20}H_{20}O_7$ | 372 | |
| 22 | 橙黄酮 | sinensetin | $C_{20}H_{20}O_7$ | 372 | |

（续表）

| 序号 | 化学名 | 英文名 | 分子式 | 相对分子质量 | 结构式 |
|---|---|---|---|---|---|
| 23 | 3,5,6,7,3',4'-六甲基黄酮 | 3,5,6,7,3',4'-hexamethoxyflavone | $C_{21}H_{22}O_8$ | 402 | |
| 24 | 四甲基-$O$-异黄芩素 | Tetramethyl-$O$-isoscutellarein | $C_{19}H_{18}O_6$ | 342 | |
| 25 | 8-羟基-3,5,6,7,3',4'-六甲氧基黄酮 | 8-hydroxy-3,5,6,7,3',4'-hexamethoxyflavone | $C_{21}H_{22}O_9$ | 418 | |
| 26 | 6,7,8,4'-四甲氧基黄酮 | 6,7,8,4'-tetramethoxyflavone | $C_{19}H_{18}O_6$ | 342 | |
| 27 | 5-羟基-3,7,3',4'-四甲氧基黄酮 | 5-hydrocy-3,7,3',4'-tetramethoxyflavone | $C_{19}H_{18}O_7$ | 358 | |
| 28 | 3,6,7,8,2',5'-六甲氧基黄酮 | 3,6,7,8,2',5'-hexamethoxyflavone | $C_{21}H_{22}O_8$ | 402 | |
| 29 | 5,4'-二羟基-3,6,7,8,3'-五甲氧基黄酮 | 5,4'-dihydroxy-3,6,7,8,3'-pentamethoxyflavone | $C_{20}H_{20}O_9$ | 404 | |
| 30 | 5-羟基-3,6,7,8,3',4'-六甲氧基黄酮 | 5-hydroxy-3,6,7,8,3',4'-hexamethoxyflavone | $C_{21}H_{22}O_9$ | 418 | |
| 31 | 2'-羟基-3,4,4',5',6'-五甲氧基查尔酮 | 2'-hydroxy-3,4,4',5',6'-pentamethoxychalcone | $C_{20}H_{21}O_7$ | 417 | |
| 32 | 2'-羟基-3,4,3',4',5',6-六甲氧基查尔酮 | 2'-hydroxy-3,4,3',4',5',6'-pentamethoxychalcone | $C_{21}H_{23}O_7$ | 403 | |

## 附表一　新会陈皮黄酮类化学成分

（续表）

| 序号 | 化学名 | 英文名 | 分子式 | 相对分子质量 | 结构式 |
|---|---|---|---|---|---|
| 33 | 7-羟基-3,5,6,3',4'-五甲氧基黄酮 | 7-hydroxy-3,5,6,3',4'-pentamethoxyflavone | $C_{20}H_{20}O_8$ | 388 | |
| 34 | 5,6,7,8,3',4'-六甲氧基黄酮 | 5,6,7,8,3',4'-hexamethoxyflavone | $C_{21}H_{22}O_8$ | 402 | |
| 35 | 5,7,8,4'-四甲氧基黄酮 | 5,7,8,4'-tetramethoxyflavone | $C_{19}H_{18}O_6$ | 342 | |
| 36 | 5,6,7,4'-四甲氧基黄酮 | 5,6,7,4'-tetramethoxyflavone | $C_{19}H_{18}O_6$ | 342 | |
| 37 | 7-羟基-3,5,6,8,3',4'-六甲氧基黄酮 | 7-hydroxy-3,5,6,8,3',4'-hexamethoxyflavone | $C_{21}H_{22}O_9$ | 418 | |

# 附表二

## GB 2763—2021 规定的 217 种柑橘中农药 MRLs

单位：mg/kg

| 农药 | MRLs | 农药 | MRLs | 农药 | MRLs | 农药 | MRLs | 农药 | MRLs |
|---|---|---|---|---|---|---|---|---|---|
| 硫线磷 | 0.005 | 烯虫炔酯 | 0.01* | 硫环磷 | 0.03 | 敌百虫 | 0.2 | 虱螨脲 | $0.5^{1,2,3}$ |
| 地虫硫磷 | 0.01 | 烯虫乙酯 | 0.01* | 甲基硫环磷 | 0.03* | 敌敌畏 | 0.2 | 烯啶虫胺 | $0.5^{1,2,3}$ |
| 丁硫克百威 | 0.01 | 二溴磷 | 0.01* | 倍硫磷 | 0.05 | 灭多威 | 0.2 | 氟虫脲 | $0.5^{1,2,3,4,5}$ |
| 毒虫畏 | 0.01 | 甲维盐 | $0.01^{1,2,3}$ | 除虫菊素 | 0.05 | 氯噻啉 | $0.2^{*1,2,3}$ | 噻嗪酮 | $0.5^{1,2,3,4,5}$ |
| 对硫磷 | 0.01 | 苯线磷 | 0.02 | 甲胺磷 | 0.05 | 亚砜磷 | $0.2^{*4}$ | 氟苯脲 | $0.5^{1,2,3,4,6}$ |
| 甲拌磷 | 0.01 | 氟虫腈 | 0.02 | 磷胺 | 0.05 | 丙溴磷 | $0.2^{1,2,3}$ | 吡丙醚 | $0.5^a, 2^{1,2,3}$ |
| 甲氧滴滴涕 | 0.01 | 甲基对硫磷 | 0.02 | 硫丹 | 0.05 | 三唑磷 | $0.2^{1,2,3}$ | 除虫脲 | $0.5^c, 1^{1,2,3,4,5}$ |
| 乐果 | 0.01 | 克百威 | 0.02 | 杀扑磷 | 0.05 | 烟碱 | $0.2^{1,2,3}$ | 苯氧威 | $0.5^{*1,2,3}$ |
| 氯唑磷 | 0.01 | 水胺硫磷 | 0.02 | 辛硫磷 | 0.05 | (高)氯氟氰菊酯 | $0.2^{1,2,3,5,6}, 1^4, 2^7$ | 喹硫磷 | $0.5^{*1,2,3}$ |
| 杀虫脒 | 0.01 | 涕灭威 | 0.02 | 蝇毒磷 | 0.05 | 氰(S-氰)戊菊酯 | $0.2^a, 1^{1,2,3}$ | 硝虫硫磷 | $0.5^{*1,2,3}$ |
| 杀虫畏 | 0.01 | 氧乐果 | 0.02 | 艾氏剂 | 0.05 | (高)氟氯氰菊酯 | 0.3 | 螺虫乙酯 | $0.5^{*f}, 1^{*1,2,3}, 3^{*7}$ |
| 治螟磷 | 0.01 | 乙酰甲胺磷 | 0.02 | 滴滴涕 | 0.05 | (高)氯氰菊酯 | $0.3^c, 1^{1,2}, 2^{3,4,5}$ | 氯虫苯甲酰胺 | $0.5^{*g}, 2^4$ |
| 灭蚁灵 | 0.01 | 狄氏剂 | 0.02 | 六六六 | 0.05 | 多杀霉素 | 0.3* | 溴氰虫酰胺 | 0.7* |
| 七氯 | 0.01 | 氯丹 | 0.02 | 异狄氏剂 | 0.05 | 噻虫嗪 | 0.5 | 保棉磷 | 1 |
| 阿维菌素 | $0.01^a, 0.02^{1,2,3}$ | 溴氰菊酯 | $0.02^c, 0.05^{1,2,3,4,5}$ | 噻虫胺 | $0.07^a, 0.5^{1,2,3}$ | 杀螟硫磷 | 0.5 | 毒死蜱 | $1^{1,2,6,7}, 2^{3,4,5}$ |
| 庚烯磷 | 0.01* | 丙酯杀螨醇 | 0.02* | 杀铃脲 | $0.05^{1,2,3}$ | 单甲脒(盐酸盐) | $0.5^{1,2,3}$ | 吡虫啉 | $1^{1,2,3,5,6,7}, 2^4$ |
| 甲基异柳磷 | 0.01* | 巴毒磷 | 0.02* | 毒杀芬 | 0.05* | 氟啶脲 | $0.5^{1,2,3}$ | 虫螨腈 | $1^{1,2,3}$ |

## 附表二 GB 2763—2021 规定的 217 种柑橘中农药 MRLs

(续表)

| 农药 | MRLs | 农药 | MRLs | 农药 | MRLs | 农药 | MRLs | 农药 | MRLs |
|---|---|---|---|---|---|---|---|---|---|
| 特丁硫磷 | 0.01* | 久效磷 | 0.03 | 乙基多杀菌素 | 0.15*[1,2], 0.07*[3] | 噻虫啉 | 0.5[1,2,3] | 苦参碱 | 1*[1,2,3] |
| 噻螨酮 | 0.5[1,2,3,4,5] | 代森铵 | 5[3] | (精)吡氟禾草灵 | 0.01 | 抑草蓬 | 0.05* | 三唑锡 | 2[1,2], 0.2[3,4,5] |
| 肟菌酯 | 0.5[1,2,3,4,5,6,7] | 福美锌 | 5[3] | 甲磺隆 | 0.01 | 2甲4氯(钠) | 0.1[1,2,3] | 哒螨灵 | 2[1,2,3] |
| 腈苯唑 | 0.5[e], 1[4] | 苯菌灵 | 5[1,2,3] | 氯磺隆 | 0.01 | 除草定 | 0.1[1,2,3] | 溴螨酯 | 2[1,2,3,4,5] |
| 溴菌腈 | 0.5*[1,2,3] | 丙森锌 | 5[1,2,3] | 氯酞酸甲酯 | 0.01 | 草甘膦 | 0.1[a], 0.5[1,2,3] | 炔螨特 | 5[1,2,3,4,5] |
| 噻唑锌 | 0.5*[1,2,3] | 代森联 | 5[1,2,3] | 草芽畏 | 0.01* | 2,4-滴(钠盐) | 1[a], 0.1[1,2,3] | 氟吡脲 | 0.05[3] |
| 苯醚甲环唑 | 0.6[a], 0.2[1,2,3] | 代森锰锌 | 5[1,2,3] | 氟除草醚 | 0.01* | 灭螨醌 | 0.01 | 萘乙酸(钠) | 0.05[1,2,3] |
| 百菌清 | 1[1,2,3] | 代森锌 | 5[1,2,3] | 氯酞酸 | 0.01* | 三氯杀螨醇 | 0.01 | 复硝酚钠 | 0.1*[1,2,3] |
| 氟环唑 | 1[1,2,3] | 福美双 | 5[1,2,3] | 茅草枯 | 0.01* | 乙酯杀螨醇 | 0.01 | 氟节胺 | 0.2[1,2,3] |
| 嘧菌酯 | 1[1,2,3] | 甲基硫菌灵 | 5[1,2,3] | 三氟硝草醚 | 0.01* | 格螨酯 | 0.01* | 烯效唑 | 0.3[1,2,3] |
| 三唑酮 | 1[1,2,3] | 腈菌唑 | 5[1,2,3] | 特乐酚 | 0.01* | 环螨酯 | 0.01* | 联苯菊酯 | 0.05[1,2,3,4,5] |
| 烯唑醇 | 1[1,2,3] | 克菌丹 | 5[1,2,3] | 二甲戊灵 | 0.03 | 乙螨唑 | 0.1[a], 0.5[1,2,3] | 速灭磷 | 0.01 |
| 噁唑菌酮 | 1[1,2,3,4,5] | 喹啉铜 | 5[1,2,3] | 茚草酮 | 0.01* | 三环锡 | 0.2[3] | 消螨酚 | 0.01* |
| 氟吡菌酰胺 | 1*[1,2,3] | 抑霉唑硫酸盐 | 5[1,2,3] | 草枯醚 | 0.01* | 丁氟螨酯 | 0.3[a], 5[1,2,3] | 内吸磷 | 0.02 |
| 亚胺唑 | 1*[1,2,3] | 多菌灵 | 5[1,2,3], 0.5[4,6] | 乙氧氟草醚 | 0.05[1,2,3] | 苯螨特 | 0.3*[1,2,3] | 丁醚脲 | 0.2[1,2,3] |
| 啶酰菌胺 | 2 | 抑霉唑 | 5[1,2,3,4,5] | 苄嘧磺隆 | 0.02[1,2,3] | 螺螨酯 | 0.4[a], 0.5[1,2,3] | 乐杀螨 | 0.05* |
| 氟啶胺 | 2[1,2,3] | 嘧霉胺 | 7 | 敌草快 | 0.02 | 双甲脒 | 0.5[1,2,3,4,5] | 戊硝酚 | 0.01* |
| 氟硅唑 | 2[1,2,3] | 丙环唑 | 9[3] | (高)氟吡甲禾灵 | 0.02* | 四螨嗪 | 0.5[1,2,3,4,5,6,7] | 灭线磷 | 0.02 |
| 戊唑醇 | 2[1,2,3] | 咯菌腈 | 10 | 丙炔氟草胺 | 0.05 | 唑螨酯 | 0.5[a], 0.2[1,2,3] | 增效醚 | 5 |
| 吡唑醚菌酯 | 2[b], 3[1,2,3,5], 7[4], 5[7] | 邻苯基苯酚 | 10 | 百草枯 | 0.02*[a], 0.2*[1,2,3] | 苯硫威 | 0.5*[1,2,3] | 溴甲烷 | 0.02* |
| 双胍三辛烷基苯磺酸盐 | 3*[1,2,3] | 咪鲜胺和咪鲜胺锰盐 | 10[f], 5[1,2,3], 7[7] | 苯嘧磺草胺 | 0.01*[a], 0.05*[1,2,3] | 联苯肼酯 | 0.7[1,2,3] | 氯苯甲醚 | 0.01 |
| 毒菌酚 | 0.01* | 活化酯 | 0.015 | 春雷毒素 | 0.1*[1,2,3] | 氟唑菌酰胺 | 0.3*[3] | 醚菌酯 | 0.5[3,5] |

（续表）

| 农药 | MRLs | 农药 | MRLs | 农药 | MRLs | 农药 | MRLs | 农药 | MRLs |
|---|---|---|---|---|---|---|---|---|---|
| 二氰蒽醌 | $3^{*1,2,3,5}$ | 噻菌灵 | $10^{1,2,3,4,5}$ | 草铵膦 | $0.05^a$, $0.5^{1,2,3}$ | 苯丁锡 | $1^{1,2}$, $5^{3,4,5,6,7}$ | 氯菊酯 | 2 |
| （精）甲霜灵 | 5 | 胺苯磺隆 | 0.01 | 灭草环 | $0.05^*$ | 乙唑螨腈 | $1^{*1,2,3}$ | 虫酰肼 | 2 |
| 氟啶虫胺腈 | $2^{*1,2,3}$, $0.4^{*4}$, $0.5^{*5}$ | 氟吡呋喃酮 | $1^{*1,2,3}$, $1.5^{*4}$, $0.7^{*5}$ | 马拉硫磷 | $2^{1,2}$, $4^{3,4,5}$ | 啶虫脒 | $2^d$, $0.5^{1,2,3,4,7}$ | 呋虫胺 | $2^d$, $0.5^{1,2,3,4,7}$ |
| 甲氧虫酰肼 | 2 | 抗蚜威 | 3 | 杀螟丹 | $3^{1,2,3}$ | 亚胺硫磷 | $5^{1,2,3,4,5}$ | 甲氰菊酯 | $5^{1,2,3,4,5,6,7}$ |
| 杀线威 | $5^*$ | 稻丰散 | $1^{1,2,3}$ | | | | | | |

注：甲维盐是指甲氨基阿维菌素苯甲酸盐；(高)氯氟氰菊酯是指氯氟氰菊酯和高效氯氟氰菊酯；氰(S-氰)戊菊酯是指氰戊菊酯和 S-氰戊菊酯；(高)氟氯氰菊酯是指氟氯氰菊酯和高效氟氯氰菊酯；(高)氯氰菊酯是指氯氰菊酯与高效氯氰菊酯；单甲脒(盐酸盐)是指单甲脒和单甲脒盐酸盐；(精)甲霜灵是指甲霜灵和精甲霜灵；(精)吡氟禾草灵是指吡氟禾草灵和精吡氟禾草灵；(高)氟吡甲禾灵是指氟吡甲禾灵和高效氟吡甲禾灵；2,4-滴(钠盐)是指 2,4-滴和 2,4-滴钠盐；萘乙酸(钠)是指萘乙酸和萘乙酸钠。此外，* 表示此 MRLs 为临时值；1 表示此值适用于柑；2 表示此值适用于橘；3 表示此值适用于橙；4 表示此值适用于柠檬；5 表示此值适用于柚；6 表示此值适用于佛手柑；7 表示此值适用于金橘。a 表示柑橘类水果(柑、橘、橙除外)；b 表示柑橘类水果(柑、橘、橙、柠檬、柚、金橘除外)；c 表示柑橘类水果(柑、橘、橙、柠檬、柚除外)；d 表示柑橘类水果(柑、橘、橙、柠檬、金橘除外)；e 表示柑橘类水果(柠檬除外)；f 表示柑橘类水果(柑、橘、橙、金橘除外)；g 表示柑橘类水果(金橘除外)。如未特别说明，此值适用于所有柑橘类水果。

# 后记

在本书即将完稿之际,正好碰上我国2022年中央一号文件的正式发布。这是21世纪以来第19个指导"三农"工作的中央一号文件。文件指出,"牢牢守住保障国家粮食安全和不发生规模性返贫两条底线,突出年度性任务、针对性举措、实效性导向,充分发挥农村基层党组织领导作用,扎实有序做好乡村发展、乡村建设、乡村治理重点工作,推动乡村振兴取得新进展、农业农村现代化迈出新步伐"。下面从三个方面来谈一谈与新会陈皮相关的一些问题和认识。

**1. 关于"三农"问题和农业生态环境保护的认识**

农业、农村和农民所带来的问题是关系我国国计民生的根本性问题。"农系邦本,本固邦兴。"在新的征程上,让我们牢记总书记的殷殷嘱托,始终把"三农"工作作为重中之重,胸怀"国之大者",坚定不移地推进乡村振兴,全面推进农业、农村和农民的现代化。

知名作家何亮华曾写下了"五佰春秋誉本草,六合齐仰领头羊"的诗句来颂扬新会陈皮。新会陈皮不仅是新会农业、农村和农民的产品,也是"道地"的产品,"道地性"是新会陈皮的质量标志和品质保证。新会陈皮的质量好则其功效好,但是再好的药材也是出自一方水土,良好的水资源和肥沃的土壤条件是保持新会陈皮品质的关键因素。因此,呵护好既有的生态环境资源才能养好一片瓜果林木和庇佑好一方老百姓。"绿水青山就是金山银山"应该成为新会人必须崇尚的陈皮文化精神与经济实践的指南。

良好的生态环境是人民群众最普惠的民生福祉。因此,我们应该认识并强调生态环境的重要性,特别是"水土"生态环境对于"道地性"药材新会陈皮的重要性。我们应该且必须要"像保护眼睛一样保护生态环境,像对待生命一样对待生态环境"。唯其如此,我们才能在推进新会乡村振兴的工作中立于不败之地,在推进新会陈皮产业发展的过程中守正创新。

**2. 关于传统中医药的问题和认识**

正如四川人对于辣椒和花椒的运用——帮助祛除体内的湿气与寒气,新会人对陈皮的使用也大多源于新会陈皮芳香馥郁、健脾化痰的特征。时至今日,新会人对于新会陈皮的喜好与运用也达到了"登峰造极"的地步。新会陈皮不仅作为广东道地药材,更是成为新会人餐桌上的必备调料以及茶余饭后的热门话题。

传统医学认为,气血是人体生命的根本。陈皮长于理气健脾,它是保护和调节人体气机系统的一员得力"大将"。本书试图以综合的多维角度来阐释新会陈皮,希冀"扶正祛邪、激浊扬清",借他山之石来"雕成"新会陈皮之书。

### 3. 关于陈皮文化与乡土情怀的追忆

村上春树曾经说过："文章这种不完整的容器所能容纳的，只能是不完整的记忆和不完整的意念。"即便如此，我们还是精益求精、孜孜不倦，力求在展现专业的深度和广度的同时，也能够"力透纸背"，反映新会老一辈农民朋友们"面朝黄土背朝天"的辛勤耕耘。"忆苦思甜想当年，饮水思源不忘本"，新会的农民前辈用忘我的奋斗撑起了一个个咽苦吞甘的旧日年华，用勤勉务实的态度撑起了新会柑种植和陈皮生产岁月中的清风朗月和蓝天白云。

言毕，愿读者您开卷获益、如沐春风，也愿您在合上此书的时候，心潮澎湃而又冷静，感怀对自然万物的敬畏，秉承对祖国医学的热爱和向往，充满着热爱社会主义的正能量。这一切实属来之不易，因为它们源自生活的点点滴滴，源自劳动人民的辛勤劳作和大自然的馈赠，更是源自社会主义国家的农业、农村和农民。

谨以此书献给热爱人民，热爱工作，坚持在平凡的工作岗位上为家庭幸福、为社会主义国家的建设矢志不渝、努力奋斗的人们！

编者

2022 年 9 月